TRAITÉ ÉLÉMENTAIRE

DES

NOMBRES DE BERNOULLI

PAR

Niels NIELSEN

PROFESSEUR A L'UNIVERSITÉ DE COPENHAGUE,
MEMBRE DE L'ACADÉMIE ROYALE DES SCIENCES DE DANEMARK

PARIS

GAUTHIER-VILLARS ET Cⁱᵉ, ÉDITEURS

LIBRAIRES DU BUREAU DES LONGITUDES, DE L'ÉCOLE POLYTECHNIQUE

55, Quai des Grands-Augustins

1923

TRAITÉ ÉLÉMENTAIRE

DES

NOMBRES DE BERNOULLI

PARIS. — IMPRIMERIE GAUTHIER-VILLARS ET Cⁱᵉ,

Quai des Grands-Augustins, 55.

64477-23

TRAITÉ ÉLÉMENTAIRE

DES

NOMBRES DE BERNOULLI

PAR

Niels NIELSEN

PROFESSEUR A L'UNIVERSITÉ DE COPENHAGUE,
MEMBRE DE L'ACADÉMIE ROYALE DES SCIENCES DE DANEMARK

PARIS

GAUTHIER-VILLARS ET Cⁱᵉ, ÉDITEURS

LIBRAIRES DU BUREAU DES LONGITUDES, DE L'ÉCOLE POLYTECHNIQUE

55, Quai des Grands-Augustins

—

1923

PRÉFACE

Jacques Bernoulli, dans son œuvre posthume (¹), a introduit,
par une méthode parfaitement élémentaire, la suite infinie des
nombres rationnels, devenus plus tard célèbres dans l'Analyse
sous le nom de *Nombres de Bernoulli*, et le géomètre suisse a
calculé les cinq premiers de ces nombres.

Euler (²), une vingtaine d'années après Bernoulli, a trouvé
de son côté les nombres de Bernoulli, évidemment sans connaître la découverte de son compatriote. La méthode d'Euler,
savoir l'étude de la formule sommatoire qui porte son nom,
est aussi parfaitement élémentaire.

L'immortelle *Introductio* (³) d'Euler donne les valeurs en
décimales des coefficients rationnels α_n qui figurent dans la
formule

$$\frac{1}{1^{2n}} + \frac{1}{2^{2n}} + \frac{1}{3^{2n}} + \ldots = \alpha_n \pi^{2n}$$

de $n = 1$ jusqu'à $n = 13$, mais l'illustre géomètre n'a pas
observé que la partie essentielle et apparemment irrégulière
de ces coefficients α_n est précisément formée par les nombres
de Bernoulli.

(¹) *Ars conjectandi*, p. 97 ; Bâle, 1713.

(²) *Methodus generalis summandi progressiones* (*Commentarii
Petropolitanæ*, t. 6, 1739).

(³) *Introductio in Analysin infinitorum*, art. 168 ; Lausanne, 1748.

Mais une dizaine d'années plus tard, Euler[1] a déchiffré les énigmes des coefficients susdits en retrouvant, pour la seconde fois, les nombres de Bernoulli comme la partie essentielle des coefficients des séries de puissances qui représentent les fonctions trigonométriques méromorphes

$$\cot x, \quad \tan x, \quad \frac{1}{\sin x},$$

et cette fois il reconnaît expressément la priorité de Bernoulli, car il dit :

« ... vnde isti numeri, qui ab Inuentore *Jacobo Bernoullio* vocari solent Bernoulliani... »

Or, cette belle découverte d'Euler a été fatale pour le développement de la théorie des Nombres de Bernoulli, parce que sa grande autorité a poussé les géomètres à appliquer presque exclusivement dans les recherches sur ces nombres rationnels des méthodes transcendantes.

En effet, on a généralement rattaché les nombres de Bernoulli aux fonctions exponentielles et trigonométriques, de sorte que les résultats obtenus se présentent comme des conséquences des identités contenant de telles fonctions. Et l'on a si parfaitement oublié la formule récursive

$$\frac{n-1}{2} = \sum_{s=1}^{\leq \frac{n}{2}} (-1)^{s-1} \binom{n+1}{2s} B_s \qquad (n \geq 2),$$

appliquée par Bernoulli, dans son calcul des nombres

$$B_1, \quad B_2, \quad B_3, \quad B_4, \quad B_5,$$

---

[1] *Institutiones calculi differentialis*, p. 420; Petrograd, 1755.

que l'on attribue généralement à Moivre et à Jacobi la formule susdite, selon que n est pair ou impair, et l'on dit ordinairement que Moivre a trouvé la première formule récursive pour le calcul des Nombres de Bernoulli!

On a même poussé si loin la méthode transcendante qu'on s'en sert pour déduire, par des procédés assez compliqués, des formules récursives qui ne sont autre chose que des conséquences immédiates de la formule fondamentale de Bernoulli

$$S_n(p) = \frac{p^{n+1}}{n+1} + \frac{p^n}{2} + \sum_{s=1}^{\frac{n}{2}} \frac{(-1)^{s-1}}{n+1}\binom{n+1}{2s} B_s p^{n-2s+1},$$

obtenues en attribuant simplement à p des valeurs spéciales, par exemple $p = 2,4$. C'est simplement pour mettre en pleine lumière l'absurdité de ce procédé que j'ai développé, dans le Chapitre VIII, un si grand nombre de formules de ce genre.

Or, il faut remarquer expressément que plusieurs des plus belles découvertes concernant les Nombres de Bernoulli sont obtenues par des méthodes parfaitement élémentaires, ce qui a lieu par exemple pour les formules récursives incomplètes de von Ettingshausen [1] et pour le théorème fondamental de von Staudt [2]. Mais ces géomètres distingués ont prêché dans le désert, parce que l'on a appliqué, jusqu'à notre temps, la méthode transcendante.

Il est, à ce point de vue, très regrettable que Göpel [3], en mentionnant le Livre de von Ettingshausen, ne dise rien sur les formules intéressantes que contient cet Ouvrage; autre-

---

[1] *Verlesungen über hohere Mathematik*, t. I, p. 284-285; Vienne, 1827.

[2] *Journal de Crelle*, t. 21, 1840; p. 372-374.

[3] *Archiv de Grunert*, t. 8, 1843; p. 65.

ment on n'aurait certainement pas prêté à von Seidel [1] et à
Stern [2] l'honneur d'avoir découvert les premières formules
incomplètes de ce genre, un demi-siècle après la publication
du Traité élémentaire de von Ettingshausen.

Et c'est la même chose pour beaucoup d'autres résultats
concernant les Nombres de Bernoulli; citons par exemple les
formules récursives incomplètes d'une forme entièrement différente, trouvées par van den Berg [3]. Le *Jahrbuch* [4] ne
cite aucun résultat exposé dans le Mémoire très remarquable
du géomètre hollandais.

Généralement on peut dire que la plupart des géomètres
qui se sont occupés des Nombres de Bernoulli n'ont pas étudié
assez attentivement leurs prédécesseurs, ce qui amène des conséquences assez curieuses.

On lit, par exemple, dans un compte rendu de feu
M. Lampe [5] :

« Die allgemeine Herleitung der Formeln, durch welche S_i^m
und $S_i S_k S_l \ldots$ als lineare Ausdrücke verschiedener S_p [6] dar-
gestellt werden, hat Referent im *Journal für Mathematik* 84,
p. 270-272 gegeben.... Der Verfasser des vorliegenden
Aufsatzes hat offenbar weder diese Veröffentlichungen noch
andere auf den Gezenstand bezügliche kennen gelernt ».

Or, cette juste critique retombe en quelque mesure sur son

---

[1] *Sitzungsberichte der Münchener Akademie*, 1877, p. 164-165.

[2] *Beiträge zur Theorie der Bernoullischen und Eulerschen
Zahlen* (*Mémoires de la Société de Goettingue*, 1878).

[3] *Verslagen en mededeelingen der Koninlijke Akademie
Amsterdam*, 2ᵉ série, t. 16, 1881; p. 69.

[4] *Jahrbuch über die fortschritte der Mathematik*, t. 13, 1881;
p. 193.

[5] *Ibid.*, t. 38, 1907, p. 314.

[6] Les S_i sont les sommes de puissances.

auteur lui-même, parce que Lucas [1] a publié, trois ans avant Lampe, un développement de la forme susdite du produit de deux sommes de puissances $S_m(p)$ et $S_n(p)$ [2].

En me décidant à développer plus amplement ma théorie sur les nombres de Bernoulli et à écrire un Traité sur ces nombres célèbres, je m'étais proposé de consulter aussi soigneusement que possible la littérature mathématique pour résoudre des questions de priorité. Les cas ci-dessus mentionnés de von Ettingshausen et de van den Berg prouvent assez la nécessité de ces constatations.

Or, la guerre m'a empêché de mener à bien ces recherches, parce que nos bibliothèques ne possèdent qu'une partie assez modeste de la littérature scientifique nécessaire pour la résolution satisfaisante des problèmes que je viens d'indiquer.

C'est pourquoi je prie Messieurs mes collègues d'excuser si je ne rattache pas leurs noms à des développements qu'ils ont donnés. Une telle omission signifie simplement que je n'ai pas pu constater avec sûreté leur priorité d'auteur des développements en question.

Quant à ma théorie élémentaire des Nombres de Bernoulli, on voit que ses fondements sont les polynomes symétriques, ou, ce qui est la même chose, l'équation fonctionnelle

$$f(-x-1) = (-1)^n f(x),$$

où $f(x)$ est un polynome du $n^{\text{ième}}$ degré, méthode élémentaire qui est beaucoup plus fondamentale que la méthode symbolique, développée notamment par Lucas [3], parce qu'un

---

[1] *Nouvelles Annales*, 2ᵉ série, t. 14, 1875, p. 492.

[2] Le *Jahrbuch*, t. 7, 1875, p. 127, ne mentionne que le cas particulier $m = n$.

[3] *Voir* notamment *Annali di Matematica*, 2ᵉ série, t. 8, 1877, p. 56-79.

polynome symétrique donne immédiatement des résultats concernant tous les nombres B_n, E_n, T_n.

La guerre a aussi beaucoup retardé la publication de l'étude présente, et je saisis cette occasion pour adresser mes remerciements à nos deux fonds scientifiques, la Fondation Carlsberg et la Fondation Rask-Oersted; sans les secours que j'en ai reçus la publication de mon Ouvrage aurait été retardée indéfiniment.

Niels NIELSEN.

Copenhague, le 21 novembre 1922.

TRAITÉ ÉLÉMENTAIRE

DES

NOMBRES DE BERNOULLI

PREMIÈRE PARTIE.

DES CLASSES DE POLYNOMES ENTIERS.

CHAPITRE I.

THÉORÈMES ET FORMULES AUXILIAIRES

I. — Polynomes identiques.

L'équation algébrique du degré n

$$(1) \qquad f(x) = a_0 x^n + a_1 x^{n-1} + \ldots + a_p x^{n-p} + \ldots + a_{n-1} x + a_n = 0$$

est identique, pourvu qu'elle soit satisfaite par une valeur quelconque de x.

Cette définition adoptée, il est évident que l'équation susdite est identique, pourvu que tous les coefficients a_p s'évanouissent, savoir :

$$(2) \qquad a_0 = a_1 = a_2 = \ldots = a_n = 0.$$

Or, il est très facile de démontrer que ces conditions suffisantes sont nécessaires aussi. A cet effet, supposons que les $n + 1$ nombres quelconques mais inégaux

$$(3) \qquad z_1, \ z_2, \ z_3, \ \ldots, \ z_n, \ z_{n+1}$$

satisfassent à l'équation (1), nous aurons les $n+1$ équations

$$(4) \quad \begin{cases} a_0\, x_1^n + a_1 x_1^{n-1} + \ldots + a_{n-1}\, x_1 + a_n = 0, \\ a_0\, x_2^n + a_1 x_2^{n-1} + \ldots + a_{n-1}\, x_2 + a_n = 0, \\ \cdots\cdots\cdots\cdots\cdots\cdots\cdots\cdots\cdots \\ a_0\, x_n^n + a_1 x_n^{n-1} + \ldots + a_{n-1}\, x_n + a_n = 0, \\ a_0 x_{n+1}^n + a_1 x_{n+1}^{n-1} + \ldots + a_{n-1} x_{n+1} + a_n = 0, \end{cases}$$

linéaires et homogènes par rapport aux coefficients a_p, équations qui représentent évidemment une condition nécessaire pour que l'équation (1) soit identique.

Cela posé, il est évident que le déterminant des équations linéaires (4) est différent de zéro, parce qu'il est égal au produit de tous les facteurs de la forme

$$a_p - a_q, \qquad p > q,$$

de sorte que les équations (4) entraînent nécessairement les conditions (2); c'est-à-dire que nous avons démontré les deux théorèmes suivants :

I. *L'équation algébrique* (1) *est identique, pourvu que tous ses coefficients s'évanouissent, et seulement dans ce cas.*

II. *Une équation algébrique du degré n est identique, pourvu qu'elle soit satisfaite par n + 1 valeurs inégales de l'inconnue.*

Les deux polynomes entiers

$$(5) \qquad f(x) = a_0 x^n + a_1 x^{n-1} + \ldots + a_{n-1} x + a_n,$$
$$(6) \qquad \varphi(x) = b_0 x^p + b_1 x^{p-1} + \ldots + b_{p-1} x + b_p$$

sont identiques, pourvu que l'équation algébrique

$$f(x) - \varphi(x) = 0$$

soit identique, définition qui donnera immédiatement les conditions suffisantes et nécessaires

$$(7) \qquad \begin{cases} n = p, \\ a_q = b_q \qquad (0 \leqq q \leqq n). \end{cases}$$

De plus, nous aurons cet autre théorème :

III. *Deux polynomes entiers par rapport à x, du degré n au* *plus, sont identiques, pourvu qu'ils soient égaux pour $n+1$ valeurs inégales de la variable x.*

Nous avons encore à démontrer, comme application directe des développements précédents, le théorème suivant :

IV. *Soit* $F(x)$ *un polynome donné du degré n, et soient*

$$(8) \qquad f_0(x), \quad f_1(x), \quad f_2(x), \quad \dots, \quad f_n(x)$$

$n+1$ *polynomes donnés, tels que $f_p(x)$ est toujours du degré p, il est possible de déterminer uniformément les $n+1$ constantes*

$$(9) \qquad \alpha_0, \quad \alpha_1, \quad \alpha_2, \quad \dots, \quad \alpha_n,$$

de sorte que l'équation algébrique

$$(10) \qquad F(x) = \alpha_0 f_n(x) + \alpha_1 f_{n-1}(x) + \dots + \alpha_{n-1} f_1(x) + \alpha_n f_0(x)$$

soit identique.

En effet, posons pour abréger

$$(11) \quad F(x) = A_0 x^n + A_1 x^{n-1} + \dots + A_{n-1} x + A_n,$$
$$(12) \quad f_p(x) = a_{p,0} x^p + a_{p,1} x^{p-1} + \dots + a_{p,p-1} x + a_{p,p} \qquad (0 \leqq p \leqq n),$$

nous aurons par conséquent

$$(13) \qquad A_0 \neq 0, \quad a_{p,0} \neq 0 \qquad (0 \leqq p \leqq n),$$

et l'équation identique (10) donnera

$$(14) \qquad A_p = \alpha_0 a_{n,p} + \alpha_1 a_{n-1,p-1} + \dots + \alpha_p a_{n-p,0} \qquad (0 \leqq p \leqq n),$$

équations qui déterminent successivement les coefficients α_p.

On trouvera par exemple

$$(15) \qquad \alpha_0 = \frac{A_0}{a_{n,0}},$$

valeur qui est différente de zéro.

II. — Formule de Taylor.

Soit

$$(1) \qquad f(x) = a_0 x^n + a_1 x^{n-1} + \dots + a_p x^{n-p} + \dots + a_{n-1} x + a_n$$

un polynome entier du degré n par rapport à x, et soit h un nombre quelconque, nous aurons le développement

$$(2) \qquad f(x+h) = f(x) + \frac{h}{1!} f'(x) + \frac{h^2}{2!} f''(x) + \ldots + \frac{h^n}{n!} f^{(n)}(x),$$

où nous avons posé pour abréger

$$(3) \qquad \frac{1}{p!} f^{(p)}(x) = \sum_{s=0}^{s=n-p} \binom{n-s}{p} a_s x^{n-p-s} \qquad (1 \leqq p \leqq n).$$

De plus, nous posons, à cause de l'uniformité des significations,

$$(4) \qquad f^{(0)}(x) = f(x).$$

Quant à la démonstration de la formule (2), il est évident que la puissance h^p qui figure dans $f(x+h)$ provient seulement des termes

$$a_0(x+h)^n, \quad a_1(x+h)^{n-1}, \quad \ldots, \quad a_{n-p}(x+h)^p,$$

et la formule binomiale donnera immédiatement, comme coefficient de h^p, l'expression qui figure au second membre de (3).

La formule (2) est due à Brook Taylor [1].

Les polynomes entiers

$$f'(x), \quad f''(x), \quad f'''(x), \quad \ldots, \quad f^{(p)}(x), \quad \ldots, \quad f^{(n)}(x),$$

définis par la formule (3), sont désignés comme les dérivées des ordres

$$1, \quad 2, \quad 3, \quad \ldots, \quad p, \quad \ldots, \quad n$$

de $f(x)$, prises par rapport à x. Dans nos recherches suivantes nous écrirons souvent

$$(5) \qquad \begin{cases} f^{(p)}(x) = D^p f(x) = D_x^p f(x), \\ f(x) = D^0 f(x) = D_x^0 f(x). \end{cases}$$

On trouvera, par exemple, en vertu de (3),

$$(6) \qquad f'(x) = n\, a_0 x^{n-1} + (n-1) a_1 x^{n-2} + \ldots + 2 a_{n-2} x + a_{n-1},$$
$$(7) \qquad f^{(n)}(x) = n!\, a_0.$$

---

[1] *Methodus incrementorum directa et inversa*, p. 21-23, Londres, 1717.

Soit a une constante par rapport à x, la formule binomiale donnera immédiatement, en vertu de (a),

$$(8) \quad D_x^p (x + a)^n = n(n - 1)\ldots(n - p + 1)(x + a)^{n-p} \qquad (1 \leq p \leq n);$$

de plus, nous aurons

$$(9) \qquad D_x[a f(x)] = a f'(x),$$

$$(10) \qquad D_x f(ax) = a f'(ax),$$

où $f'(ax)$ désigne la valeur obtenue de $f'(x)$, en y introduisant $y = ax$.

Appliquons ensuite, sur $f^{(p)}(x + h)$, la formule de Taylor, il résulte, en vertu de (3),

$$(11) \qquad D_x^i f^{(p)}(x) = f^{(p+i)}(x).$$

Cela posé, remarquons que les dérivées d'une constante sont toutes égales à zéro, nous verrons, en vertu de (7), que les dérivées d'un ordre plus élevé que n, prises d'un polynome entier du degré n, s'évanouiront.

Soit maintenant $\varphi(x)$ un polynome entier du degré p par rapport à x, et soient a et b des constantes quelconques, la formule de Taylor, appliquée sur la fonction

$$a f(x) + b \varphi(x)$$

donnera immédiatement

$$(12) \qquad D_x^m [a f(x) + b \varphi(x)] = a f^{(m)}(x) + b \varphi^{(m)}(x),$$

c'est-à-dire que l'opération D_x est distributive.

Étudions ensuite la fonction $f(x)\,\varphi(x)$, la formule de Taylor donnera

$$(13) \qquad f(x + h)\varphi(x + h) = \sum_{s=0}^{s=n+p} \frac{h^s}{s!} D_x^s [f(x)\varphi(x)];$$

multiplions maintenant la formule (2) par le développement correspondant

$$\varphi(x + h) = \varphi(x) + \frac{h}{1!}\varphi'(x) + \frac{h^2}{2!}\varphi''(x) + \ldots + \frac{h^p}{p!}\varphi^{(p)}(x),$$

puis cherchons, dans ce produit, le coefficient de la puissance h^m, il résulte la formule importante

$$(14) \qquad D_x^m[f(x)\varphi(x)] = \sum_{s=0}^{s=m} \binom{m}{s} D_x^{m-s} f(x)\, D_x^s \varphi(x),$$

qui est un cas spécial d'une formule générale due à Leibnitz [1].

Soit par exemple $m = 1$, nous aurons, en vertu de (14),

$$(15) \qquad D_x[f(x)\varphi(x)] = f(x)\varphi'(x) + f'(x)\varphi(x).$$

Appliquons encore l'identité évidente

$$x = -z + (x + z),$$

nous aurons, en vertu de (2),

$$(16) \qquad f(x) = \sum_{s=0}^{s=n} \frac{f^s(-z)}{s!} (x + z)^s,$$

formule qui est un cas spécial du théorème IV du paragraphe I, à savoir

$$f_p(x) = (x + z)^p.$$

III. — Des zéros d'un polynome entier.

Soient

$$(1) \qquad z_1, \quad z_2, \quad z_3, \quad \ldots, \quad z_n$$

des nombres complexes quelconques, le produit

$$(2) \qquad f(x) = (x - z_1)(x - z_2)\ldots(x - z_n)$$

est toujours un polynome entier du degré n par rapport à x.

Posons pour abréger

$$(3) \qquad f(x) = x^n + a_1 x^{n-1} + \ldots + a_p x^{n-p} + \ldots + a_{n-1} x + a_n,$$

il est bien connu que

$$(-1)^p a_p$$

est la somme de tous les produits possibles formés de p facteurs, pris sans réitération parmi les z_m.

---

[1] *Mathematische Schriften*, t. III, p. 141, publiées par C.-J. Gerhardt.

On trouvera par exemple

$$(4) \quad \begin{cases} -a_1 = z_1 + z_2 + z_3 + \ldots + z_n, \\ (-1)^n a_n = z_1 z_2 z_3 \ldots z_n. \end{cases}$$

Regardons maintenant les n polynomes du degré $n-1$:

$$(5) \quad f_\nu(x) = \frac{f(x)}{x - z_\nu} \qquad (\nu = 1, 2, 3, \ldots, n),$$

posons

$$(6) \quad f_\nu(x) = x^{n-1} + a_1^{(\nu)} x^{n-2} + \ldots + a_p^{(\nu)} x^{n-p-1} + \ldots + a_{n-2}^{(\nu)} x + a_{n-1}^{(\nu)}$$

et, par définition particulière,

$$(7) \quad a_n^{(\nu)} = 0, \qquad a_0^{(\nu)} = 1,$$

l'identité évidente

$$f(x) = (x - z_\nu) f_\nu(x)$$

donnera immédiatement

$$(8) \quad a_m = a_m^{(\nu)} - a_{m-1}^{(\nu)} z_\nu \qquad (1 \leqq m \leqq n),$$

ce qui nous conduira à des résultats essentiels dans la théorie des équations algébriques.

En effet, multiplions respectivement par

$$1, \quad z_\nu, \quad \ldots, \quad z_\nu^q, \quad \ldots, \quad z_\nu^{p-2}, \quad z_\nu^{p-1},$$

les équations

$$a_p = a_p^{(\nu)} - a_{p-1}^{(\nu)} z_\nu,$$
$$a_{p-1} = a_{p-1}^{(\nu)} - a_{p-2}^{(\nu)} z_\nu,$$
$$\cdots\cdots\cdots\cdots\cdots\cdots\cdots,$$
$$a_{p-q} = a_{p-q}^{(\nu)} - a_{p-q-1}^{(\nu)} z_\nu,$$
$$\cdots\cdots\cdots\cdots\cdots\cdots\cdots,$$
$$a_2 = a_2^{(\nu)} - a_1^{(\nu)} z_\nu,$$
$$a_1 = a_1^{(\nu)} - z_\nu,$$

valables pour $1 \leqq p \leqq n$ et tirées directement de (8), puis additionnons toutes les formules ainsi obtenues, il résulte

$$(9) \quad a_p^{(\nu)} = a_p + a_{p-1} z_\nu + \ldots + a_1 z_\nu^{p-1} + z_\nu^p.$$

Cela posé, introduisons les sommes des puissances semblables des nombres α_ρ, savoir

$$(10) \qquad s_m = x_1^m + x_2^m + \ldots + x_n^m,$$

puis posons, dans (9), successivement

$$\nu = 1, 2, 3, \ldots, n,$$

nous aurons, en ajoutant toutes les équations ainsi obtenues,

$$(11) \qquad a_\rho^{(1)} + a_\rho^{(2)} + \ldots + a_\rho^{(n)} = n a_\rho + a_{\rho-1} s_1 + \ldots + a_1 s_{\rho-1} + s_\rho.$$

Soit $p = n$, la somme qui figure au premier membre de (11) a, en vertu de (7), la valeur zéro. Quant au cas général, où p est supposé plus petit que n, la somme en question est évidemment une fonction entière et rationnelle, symétrique par rapport aux nombres α_ρ; c'est-à-dire que nous aurons

$$a_\rho^{(1)} + a_\rho^{(2)} + \ldots + a_\rho^{(n)} = k a_\rho,$$

où k est un positif entier, facile à déterminer.

En effet, remarquons que a_ρ et $a_\rho^{(\nu)}$ contiennent respectivement

$$\binom{n}{p}, \quad \binom{n-1}{p}$$

produits à p facteurs pris parmi les n nombres α_ρ, il résulte

$$\binom{n}{p} k = \binom{n-1}{p} n,$$

ce qui donnera

$$k = n - p,$$

et nous aurons finalement, en vertu de (11),

$$(12) \qquad s_\rho + a_1 s_{\rho-1} + a_2 s_{\rho-2} + \ldots + a_{\rho-1} s_1 + p a_\rho = 0,$$

où il faut supposer $1 \leqq p \leqq n$.

Soit ensuite $p > n$, savoir $p = m + n$, la formule (2) donnera

$$a_\nu^m f(x_\nu) = a_\nu^{m+n} + a_1 x_\nu^{m+n-1} + \ldots + a_{n-1} x_\nu^{m+1} + a_n x_\nu^m = 0,$$

d'où il résulte, en posant

$$\nu = 1, 2, 3, \ldots, n,$$

puis, ajoutant les n formules ainsi obtenues,

$$(13) \qquad s_p + a_1 s_{p-1} + \ldots + a_{n-1} s_{p-n+1} + a_n s_{p-n} = 0 \qquad (p \geqq n).$$

Les deux formules (12) et (13) sont dues à Newton [1].

Soit maintenant $f(x)$ un polynome quelconque du $n^{ième}$ degré par rapport à x, on démontre dans l'Algèbre qu'il existe toujours n nombres

$$z_1, \ z_2, \ z_3, \ \ldots, \ z_n,$$

savoir les racines de l'équation algébrique

$$f(x) = 0,$$

de sorte que

$$(14) \qquad\qquad f(x) = k(x - z_1)(x - z_2)\ldots(x - z_n),$$

où k désigne une constante par rapport à x.

Supposons que la formule (14) se présente sous la forme

$$(15) \qquad\qquad f(x) = (x - \alpha)^p \varphi(x),$$

où $\varphi(\alpha) \neq 0$, le nombre α est une racine multiple de l'ordre p de l'équation algébrique $f(x) = 0$, ou un zéro multiple de l'ordre p du polynome entier $f(x)$.

Cette définition adoptée, les formules (8) et (15) du paragraphe II donnent, en vertu de (15),

$$f'(x) = (x - \alpha)^{p-1} [p \varphi(\alpha) + (x - \alpha) \varphi'(x)];$$

remarquons ensuite que le dernier facteur qui figure au second membre a, pour $x = \alpha$, la valeur

$$p \varphi(\alpha) \neq 0,$$

il résulte le théorème suivant :

I. *Un zéro multiple de l'ordre p du polynome entier $f(x)$ est un zéro du $(p-1)^{ième}$ ordre de la fonction dérivée $f'(x)$.*

IV. — La fonction $\varphi(n)$ d'Euler.

Soit n un positif entier, décomposé en facteurs premiers comme suit :

$$(1) \qquad\qquad n = p_1^{a_1} p_2^{a_2} p_3^{a_3} \ldots p_r^{a_r},$$

---

[1] *Arithmetica Universalis (De transmutatione æquationum).*

nous avons à déterminer le nombre $\varphi(n)$ des positifs entiers plus petits que n et premiers à n.

A cet effet, remarquons que les deux positifs entiers q et $np + q$, où p désigne un positif entier quelconque, sont en même temps premiers à n ou non, il est évident que le nombre des positifs entiers, premiers à n et situés entre les deux multiples pn et $(p+1)n$, est précisément égal à $\varphi(n)$. De plus, le nombre des positifs entiers, premiers à n et plus petits que pn, est égal à $p\,\varphi(n)$.

Cela posé, regardons tout d'abord la puissance d'un nombre premier

$$n = p^a,$$

l'ensemble des multiples de p, égaux à n au plus, est

$$p, \quad 2p, \quad 3p, \quad \dots, \quad p.p^{a-1},$$

dont le nombre est précisément p^{a-1}, tandis que tous les autres positifs entiers plus petits que n sont premiers à n; c'est-à-dire que nous aurons dans ce cas

$$(2) \qquad \varphi(n) = p^a - p^{a-1} = p^{a-1}(p-1) = n\left(1 - \frac{1}{p}\right).$$

Considérons ensuite le positif entier

$$(3) \qquad n_1 = p_2^{a_2} p_3^{a_3} \dots p_r^{a_r}$$

contenant $r - 1$ facteurs premiers, puis supposons

$$(4) \qquad \varphi(n_1) = p_2^{a_2-1}(p_2-1)\, p_3^{a_3-1}(p_3-1) \dots p_r^{a_r}(p_r-1),$$

il est évident, en vertu de (3), que la formule (4) est applicable pour $r = 2$.

Remarquons maintenant que les nombres

$$p_1, \quad 2p_1, \quad 3p_1, \quad \dots, \quad \frac{n}{p_1} p_1$$

représentent l'ensemble des multiples du nombre premier p_1, égaux à n au plus, remarquons ensuite que le nombre de ces multiples qui ne sont divisibles par aucun des nombres premiers

$$p_2, \quad p_3, \quad p_4, \quad \dots, \quad p_r$$

est précisément $p_1^{a_1-1}\varphi(n_1)$, il est évident que le nombre total des positifs entiers, premiers à n et égaux à n au plus, deviendra

$$\varphi(n) = p^{\alpha_1}\varphi(n_1) - p_1^{\alpha_1-1}\varphi(n_1) = p_1^{\alpha_1-1}(p_1-1)\varphi(n_1),$$

d'où, en vertu de (4),

$$(5)\qquad \varphi(n) = p_1^{\alpha_1-1}(p_1-1)p_2^{\alpha_2-1}(p_2-1)\dots p_r^{\alpha_r}(p_r-1)$$

ou, ce qui est la même chose,

$$(6)\qquad \varphi(n) = n\left(1-\frac{1}{p_1}\right)\left(1-\frac{1}{p_2}\right)\dots\left(1-\frac{1}{p_r}\right),$$

expression qui est de la même forme que (4); c'est-à-dire que notre formule est valable pour un nombre quelconque de facteurs premiers.

Ce résultat général relatif au nombre des positifs entiers, premiers à n et égaux à n au plus, est dû à Euler [1].

Cela posé, nous avons à étudier d'un autre point de vue la formule (6). A cet effet, désignons par

$$n_1^{(q)},\quad n_2^{(q)},\quad \dots,\quad n_{t_q}^{(q)}$$

les positifs entiers, obtenus en divisant n par q de ces facteurs premiers, ce qui donnera évidemment

$$t_q = \binom{r}{q};$$

désignons ensuite par

$$\pi_1^{(q)},\quad \pi_2^{(q)},\quad \dots,\quad \pi_{t_q}^{(q)}$$

les produits correspondants des q facteurs premiers de n, nous aurons toujours

$$(7)\qquad \pi_s^{(q)} n_s^{(q)} = n \qquad (1 \leq s \leq t_q,\ 1 \leq q \leq r).$$

Ces définitions adoptées, il est évident que la formule (6) se présente sous cette autre forme aussi

$$(8)\qquad \varphi(n) = n + \sum_{q=1}^{q=r}(-1)^q\left(\sum_{\nu=1}^{\nu=t_q} n_\nu^{(q)}\right).$$

---

(1) Voir *Commentarii Petropolitanæ*, t. VIII, 1760-1761 (1763), p. 74-104; *Acta Academiæ Petropolitanæ*, 1780, II (1784), p. 18-30; *Commentationes arithmeticæ*, t. I, p. 274-286. Petrograd, 1849.

formule qui indique une règle très simple pour déduire de la suite

$$1, \quad 2, \quad 3, \quad \ldots, \quad n$$

l'ensemble des nombres

$$(9) \qquad z_1, \quad z_2, \quad z_3, \quad \ldots, \quad z_\mu \qquad [\mu = \varphi(n)],$$

plus petits que n et premiers à n.

Comme autre application de la règle susdite, posons

$$(10) \qquad S_m = z_1^m + z_2^m + z_3^m + \ldots + z_\mu^m;$$

$$(11) \qquad S_m(a) = 1^m + 2^m + 3^m + \ldots + a^m,$$

où a désigne un positif entier, nous aurons, en vertu de (7) et (8),

$$(12) \qquad S_m = S_m(n) + \sum_{q=1}^{q=r} (-1)^q \left\{ \sum_{\nu=1}^{\nu=l_q} (\pi_\nu^q)^m \, S_m[n_\nu^{(q)}] \right\}.$$

Dans nos recherches suivantes nous avons à donner d'autres applications intéressantes de la règle susdite.

CHAPITRE II.

DU CALCUL AUX DIFFÉRENCES FINIES.

V. — L'opération Δ.

Soit

$$(1) \qquad f(x) = a_0 x^n + a_1 x^{n-1} + \ldots + a_{n-1} x + a_n$$

un polynome du degré n par rapport à x, la différence du premier ordre de $f(x)$ est définie par l'expression

$$(2) \qquad \Delta f(x) = f(x) - f(x-1),$$

de sorte que nous aurons immédiatement, en désignant par a et b des constantes quelconques, tandis que $\varphi(x)$ est un autre polynome entier,

$$(3) \qquad \Delta[a f(x)] = a \Delta f(x),$$
$$(4) \qquad \Delta[a f(x) + b \varphi(x)] = a \Delta f(x) + b \Delta \varphi(x);$$

c'est-à-dire que l'opération Δ est distributive.

De la différence du premier ordre, on forme la différence du second ordre, à l'aide de l'expression

$$(5) \qquad \Delta^2 f(x) = \Delta f(x) - \Delta f(x-1),$$

et ainsi de suite; de la différence de l'ordre $p-1$ on forme celle du $p^{\text{ième}}$ ordre par l'expression

$$(6) \qquad \Delta^p f(x) = \Delta^{p-1} f(x) - \Delta^{p-1} f(x-1).$$

Cela posé, il est très facile de démontrer la formule générale

$$(7) \qquad \Delta^p f(x) = \sum_{s=0}^{s=p} (-1)^s \binom{p}{s} f(x-s)$$

qui n'est, pour $p = 1$, autre chose que la définition (2). Supposons maintenant vraie la formule (1), puis posons $x - 1$ au lieu de x, nous aurons, en soustrayant les deux formules ainsi obtenues, et en appliquant la relation bien connue

$$(8) \qquad \binom{p}{s} + \binom{p}{s+1} = \binom{p+1}{s+1},$$

une expression analogue pour $\Delta^{n+1} f(x)$.

Appliquons ensuite la formule

$$(9) \qquad (1-1)^p = \sum_{s=0}^{s=p} (-1)^s \binom{p}{s} = 0,$$

la formule (7) se présente sous cette autre forme

$$(10) \qquad \Delta^p f(x+p) = \sum_{s=0}^{s=p-1} (-1)^s \binom{p}{s} \left[f(x+p-s) - f(x) \right].$$

Posons pour abréger

$$(11) \qquad \Delta^0 f(x) = f(x),$$

nous aurons comme inversion de (7)

$$(12) \qquad f(x) = \sum_{s=0}^{s=p} \binom{p}{s} \Delta^{p-s} f(x-s) = \sum_{s=0}^{s=p} \binom{p}{s} \Delta^s f(x-p+s).$$

En effet, soit $p = 1$, la formule (12) est une conséquence immédiate de la définition (2); appliquons ensuite l'identité

$$\Delta^{p-s} f(x-s) = \Delta^{n-s+1} f(x-s) + \Delta^{n-s} f(x-s-1),$$

tirée directement de la définition (6), la conclusion de n à $n+1$ est évidente, en vertu de la formule numérique (8).

Quant à l'étude plus ample de la différence d'un ordre quelconque, du polynome $f(x)$, défini par la formule (1), nous développons, conformément à la formule de Taylor, la fonction $f(x-1)$. Soit

$$(13) \qquad \Delta f(x) = b_0 x^{n-1} + b_1 x^{n-2} + \ldots + b_{n-2} x + b_{n-1},$$

il résulte par conséquent,

$$(14) \quad b_{p-1} = a_p - \frac{f^{(n-p)}(-1)}{(n-p)!} = \sum_{s=0}^{s=p-1} (-1)^s \binom{n-p+s+1}{n-p} a_{p-s-1},$$

d'où particulièrement

$$(15) \qquad\qquad b_0 = na_0,$$

ce qui donnera

$$(16) \qquad\qquad \Delta^n f(x) = n!\,a_0 = f^{(n)}(x),$$

de sorte que nous aurons

$$(17) \qquad\qquad \Delta^p f(x) = f^{(p)}(x) = 0 \qquad (p > n).$$

Cela posé, je dis que les formules (7) et (12) se présentent sous cette autre forme plus générale

$$(18) \qquad \Delta^p f(x) = \sum_{s=0}^{s=n} (-1)^s \binom{p}{s} f(x-s),$$

$$(19) \qquad f(x+p) = \sum_{s=0}^{s=n} \binom{p}{s} \Delta^s f(x+s).$$

La généralisation susdite de la formule (7) est évidente, parce que les coefficients binomiaux qui figurent au second membre s'évanouiront pour $s > p$.

Quant à la formule (19), soit tout d'abord $p = n$, la formule en question peut être obtenue directement de (12) en y posant $x+p$ au lieu de x; soit ensuite $p < n$, les coefficients binomiaux qui figurent au second membre s'évanouiront pour $s > p$. Soit, en dernier lieu, $p > n$, les différences de $f(x+s)$ s'évanouiront pour $s > n$.

On déduira de la même manière ces deux formules plus générales encore :

$$(21) \qquad \Delta^p f(x) = \sum_{s=0}^{s=m} (-1)^s \binom{p}{s} f(x-s),$$

$$(22) \qquad f(x+p) = \sum_{s=0}^{s=m} \binom{p}{s} \Delta^s f(x+s),$$

où il faut supposer $m \geq n$.

Dans le paragraphe VIII nous aurons à généraliser beaucoup la formule (22).

Posons pour abréger

$$(23) \qquad \mathcal{A}_p^n(x) = \Delta^p(x+\mu)^n,$$

nous aurons, en vertu de (7),

$$(24) \qquad \mathcal{A}_p^n(x) = \sum_{s=0}^{s=p}(-1)^s\binom{p}{s}(x+p-s)^n,$$

ou, ce qui est la même chose,

$$(25) \qquad \mathcal{A}_p^n(x) = \sum_{s=0}^{s=m}(-1)^s\binom{p}{s}(x+p-s)^n \qquad (m \geq p).$$

Cela posé, nous aurons, quelle que soit la variable x,

$$(26) \qquad \mathcal{A}_n^n(x) = n!$$

$$(27) \qquad \mathcal{A}_p^n(x) = 0 \qquad (p > n).$$

Soit $x = 0$, nous posons pour abréger

$$(28) \qquad \mathcal{A}_p^n = \mathcal{A}_p^n(0) = \sum_{s=0}^{s=p-1}(-1)^s\binom{p}{s}(p-s)^n,$$

ce qui donnera

$$(29) \qquad \mathcal{A}_p^n(-p) = (-1)^{n+p}\mathcal{A}_p^n.$$

Les nombres $\mathcal{A}_p^n$ sont introduits dans l'Analyse par Euler ([1]) et étudiés plus tard par plusieurs géomètres; nous nous bornerons à citer Laplace ([2]) et Grunert ([3]).

L'introduction des $\mathcal{A}_p^n$ nous permet de donner sous forme simple l'expression explicite de la différence quelconque d'un polynome entier. En effet, développons, conformément à la formule de Taylor,

---

([1]) *Institutiones calculi differentialis*, p. 485-486. Petrograd, 1755.
([2]) *Mémoires de l'Académie des Sciences*, 1777 (1780), p. 99-122.
([3]) *Mathematische Abhandlungen*, p. 67-92. Altona, 1822.

le terme sommatoire qui figure au second membre de (7), il résulte

$$f(x - s) = \sum_{q=0}^{q=n} \frac{(-1)^q s^q}{q!} f^{(q)}(x);$$

introduisons ensuite, dans (7), les expressions ainsi obtenues, puis ordonnons d'après les $f^{(r)}(x)$, nous aurons

$$(30) \qquad \Delta^p f(x) = \sum_{s=0}^{s=n-p} \frac{(-1)^s \mathcal{A}_p^{p+s}}{(p+s)!} f^{(p+s)}(x),$$

Introduisons maintenant, dans (30), les développements

$$\frac{f^{(m)}(x)}{m!} = \sum_{s=0}^{s=n-m} \binom{n-s}{m} a_s x^{n-m-s},$$

puis ordonnons, d'après les puissances de x, le résultat ainsi obtenu, il résulte finalement

$$(31) \qquad \Delta^p f(x) = \sum_{s=0}^{s=n-p} \alpha_{p,s} x^{n-p-s},$$

où nous avons posé pour abréger

$$(32) \qquad \alpha_{p,s} = \sum_{q=0}^{q=s} (-1)^q \binom{n-s+q}{p+q} a_{s-q} \mathcal{A}_p^{p+q} \qquad (p+s \leqq n).$$

Supposons connus, dès à présent, les coefficients $\alpha_{p,s}$ de la différence $\Delta^p f(x)$, la formule (32) peut être regardée comme une formule récursive pour le calcul successif des $\mathcal{A}_p^{p+q}$.

VI. — L'opération δ.

Dans nos recherches suivantes, les opérations

$$(1) \qquad \delta f(x) = f(x) + f(x-1),$$
$$(2) \qquad \delta^p f(x) = \delta^{p-1} f(x) + \delta^{p-1} f(x-1)$$

jouent un rôle analogue à celui des opérations Δ^p, étudiées dans le paragraphe précédent.

On voit que l'opération δ est distributive; de plus, on trouvera ici les deux relations, inverses l'une de l'autre

$$(3) \qquad \delta^p f(x) = \sum_{s=0}^{s=p} \binom{p}{s} f(x-s),$$

$$(4) \qquad f(x) = \sum_{s=0}^{s=p} (-1)^s \binom{p}{s} \delta^{p-s} f(x-s),$$

et il saute aux yeux que la première de ces deux formules se présente aussi sous cette autre forme

$$(5) \qquad \delta^p f(x+p) = \sum_{s=0}^{s=p-1} \binom{p}{s} [f(x+p-s) - (-1)^{p-s} f(x)].$$

La formule (3) se présente, en vertu des remarques faites relativement aux formules (7) et (12) du paragraphe V, sous la forme plus générale

$$(6) \qquad \delta^p f(x) = \sum_{s=0}^{s=m} \binom{p}{s} f(x-s), \qquad (m \gtreqless p),$$

tandis que la formule (4) n'est pas susceptible à une telle généralisation, parce que les expressions $\delta^p f(x)$ sont toujours, quel que soit l'indice p, des polynomes du degré n par rapport à x.

Posons

$$(7) \qquad \delta f(x) = b_0 x^n + b_1 x^{n-1} + \ldots + b_{n-1} x + b_n,$$

nous aurons, en vertu de la formule de Taylor,

$$b_q = a_q + \frac{f^{(n-q)}(-1)}{(n-q)!},$$

ce qui donnera

$$(8) \qquad \begin{cases} b_0 = 2a_0, \\ b_q = 2a_q + \sum_{s=1}^{s=q} (-1)^s \binom{n-q+s}{n-q} a_{q-s}. \end{cases}$$

L'analogie de la fonction $\Lambda_p^n(x)$, étudiée dans le paragraphe précédent, deviendra ici

$$(9) \qquad \Lambda_p^n(x) = \delta^p(x+p)^n,$$

savoir

$$(10) \qquad A_p^n(x) = \sum_{s=0}^{s=p} \binom{p}{s}(x + p - s)^n$$

ou, plus généralement,

$$(11) \qquad A_p^n(x) = \sum_{s=0}^{s=m} \binom{p}{s}(x + p - s)^n \qquad (m \geqq p).$$

Soit $x = 0$, nous posons pour abréger

$$(12) \qquad A_p^n = A_p^n(0) = \cdot \sum_{s=0}^{s=p-1} \binom{p}{s}(p - s)^n,$$

ce qui donnera

$$(13) \qquad A_p^n(-p) = (-1)^n A_p^n,$$

et particulièrement pour $n = 0$

$$(14) \qquad A_p^0 = x^p.$$

L'introduction des nombres A_p^n nous permet de donner, sous une forme simple, l'expression explicite de $\delta^p f(x)$; la méthode appliquée dans le paragraphe précédent donnera, en effet,

$$(15) \qquad \delta^p f(x) = \sum_{s=0}^{s=n} \frac{(-1)^s A_p^s}{s!} f^{(s)}(x).$$

Posons ensuite

$$(16) \qquad \delta^p f(x) = \sum_{s=0}^{s=n} \beta_{p,s} x^{n-s},$$

il résulte finalement, en vertu de (15),

$$(17) \qquad \beta_{p,s} = \sum_{r=0}^{r=s} (-1)^r \binom{n-s+r}{n-s} a_{s-r} A_p^r.$$

Supposons donnés dès à présent les coefficients $\beta_{p,s}$ de $\delta^p f(x)$, la formule (17) peut être regardée comme une formule récursive pour le calcul successif des A_p^r.

VII. — Des coefficients binomiaux.

Il est bien connu, depuis la naissance de l'Analyse moderne, que la factorielle

$$(1) \qquad \begin{cases} \omega_n(x) = x(x+1)(x+2)\ldots(x+n-1), \\ \omega_0(x) = 1 \end{cases}$$

joue, pour l'opération Δ, un rôle analogue à celui de la puissance x^n dans le calcul différentiel, parce que nous aurons

$$(2) \qquad \Delta\omega_n(x) = n\,\omega_{n-1}(x) \qquad (n \geqq 1).$$

Posons, comme ordinairement,

$$(3) \qquad \omega_n(x) = C_n^0 x^n + C_n^1 x^{n-1} + \ldots + C_n^p x^{n-p} + \ldots + C_n^{n-1} x,$$

les positifs entiers C_n^p sont les coefficients de factorielle du rang n; nous aurons particulièrement

$$(4) \qquad C_n^0 = 1, \qquad C_n^{n-1} = (n-1)!.$$

Dans nos recherches suivantes, nous appliquons le développement plus général

$$(5) \qquad \omega_n(x + \alpha) = \sum_{s=0}^{s=n} C_n^s(\alpha)\, x^{n-s},$$

de sorte que nous aurons

$$(6) \qquad C_n^0(\alpha) = 1, \qquad C_n^n(\alpha) = \omega_n(\alpha),$$

et de plus, en vertu de (3),

$$(7) \qquad C_n^s(0) = C_n^s \qquad (0 \leqq s \leqq n-1).$$

Cela posé, nous avons à étudier le coefficient binomial

$$(8) \qquad \binom{x}{n} = \frac{x(x-1)(x-2)\ldots(x-n+1)}{n!} \qquad (n \geqq 1),$$

et particulièrement, même pour $x = 0$,

$$(9) \qquad \binom{x}{0} = 1.$$

Cela posé, nous aurons immédiatement

$$(10) \qquad \binom{-x}{n} = (-1)^n \binom{x+n-1}{n}$$

ou, ce qui est la même chose,

$$(11) \qquad \binom{-x+n-1}{n} = (-1)^n \binom{x}{n};$$

de plus, nous aurons, en vertu de (1) et (8),

$$(12) \qquad \binom{x+n-1}{n} = \frac{\omega_n(x)}{n!},$$

d'où, en vertu de (2),

$$(13) \qquad \Delta \binom{x}{n} = \binom{x-1}{n-1},$$

ce qui donnera immédiatement

$$(14) \qquad \sum_{s=0}^{s=n} \binom{x-n+s-1}{s} = \binom{x}{n} \qquad (n \geq 0).$$

Posons, dans la formule ainsi obtenue, $-x+n$ au lieu de x, nous aurons, en vertu de (11), cette autre forme de (14),

$$(15) \qquad \sum_{s=0}^{s=n} (-1)^s \binom{x}{s} = (-1)^n \binom{x-1}{n}.$$

Remplaçons ensuite, dans (15), x par $x-p$, puis multiplions par

$$\binom{x}{p}$$

les deux membres de la formule ainsi obtenue, l'identité évidente

$$\binom{x}{p}\binom{x-p}{s} = \binom{x}{p+s}\binom{p+s}{s}$$

donnera cette autre formule

$$(16) \qquad \sum_{s=0}^{s=n} (-1)^s \binom{x}{p+s}\binom{p+s}{s} = (-1)^n \binom{x}{p}\binom{x-p-1}{n}.$$

En dernier lieu, appliquons l'identité

$$\binom{x+n-s}{n-s}\binom{x+1}{s} = \frac{x+1}{n!}\binom{n}{s}\omega_{n-1}(x+2-s),$$

nous aurons

$$\sum_{s=0}^{s=n}(-1)^s\binom{x+n-s}{n-s}\binom{x+1}{s} = \frac{x+1}{n!}\Delta^n\omega_{n-1}(x+2)$$

ou, ce qui est la même chose,

$$(17) \qquad \sum_{s=0}^{s=n}(-1)^s\binom{x+n-s}{n-s}\binom{x+1}{s} = 0 \qquad (n \geqq 1),$$

car $\omega_{n-1}(x+2)$ est un polynome entier du degré $n-1$ par rapport à x.

Quant aux opérations Δ et δ, nous aurons, en vertu de (13),

$$(18) \qquad \Delta\binom{x+n}{n+1} = \binom{x+n-1}{n},$$

tandis que le polynome $g_n(x)$, déterminé par l'équation

$$(19) \qquad \delta g_n(x) = \binom{x+n-1}{n},$$

se présente sous la forme

$$(20) \qquad g_n(x) = \sum_{s=0}^{s=n}\frac{1}{2^{n-s+1}}\binom{x+s-1}{s} \qquad (n \geqq 0).$$

En effet, nous aurons

$$g_0(x) = \frac{1}{2}, \qquad g_1(x) = \frac{x}{2} + \frac{1}{4},$$

de sorte que la formule (20) est certainement vraie pour $n=0$, $n=1$. Soit ensuite $n \geqq 1$, nous aurons tout d'abord, en vertu de (20),

$$(21) \qquad g_n(x) = \frac{1}{2}g_{n-1}(x) + \frac{1}{2}\binom{x+n-1}{n},$$

ce qui donnera

$$(22) \qquad \delta g_n(x) = \frac{1}{2}\delta g_{n-1}(x) + \frac{1}{2}\binom{x+n-1}{n} + \frac{1}{2}\binom{x+n-2}{n}.$$

Supposons maintenant, conformément à (19),

$$\delta g_{n-1}(x) = \begin{pmatrix} x + n - 2 \\ n - 1 \end{pmatrix},$$

puis appliquons l'identité

$$\begin{pmatrix} x + n - 1 \\ n \end{pmatrix} = \begin{pmatrix} x + n - 2 \\ n \end{pmatrix} + \begin{pmatrix} x + n - 2 \\ n - 1 \end{pmatrix},$$

il résulte, en vertu de (22), que $g_n(x)$ satisfait à la condition (19).

Soit particulièrement $x = 0$, nous aurons, en vertu de (20),

$$(23) \qquad g_n(0) = \frac{1}{2^{n+1}} \qquad (n \geqq 0),$$

$$(24) \qquad g_n(-1) = -\frac{1}{2^{n+1}} \qquad (n \geqq 1),$$

$$(25) \qquad g_0(-1) = \frac{1}{2}.$$

Dans le Chapitre XII nous avons à développer des relations curieuses entre les fonctions $A_s^n(x)$, $C_n^s(x)$ et $g_n(x)$.

VIII. — Développements d'un polynome quelconque.

Revenons maintenant à la formule (22) du paragraphe V, savoir

$$(1) \qquad f(\beta + p) = \sum_{s=0}^{s=m} \binom{p}{s} \Delta^s f(\beta + s) \qquad (m \geqq n),$$

où $f(x)$ est un polynome du degré n par rapport à x, savoir

$$(2) \qquad f(x) = a_0 x^n + a_1 x^{n-1} + \ldots + a_{n-1} x + a_n,$$

tandis que p désigne un nombre entier non négatif; je dis que nous aurons l'identité suivante, beaucoup plus générale,

$$(3) \qquad f(x + \beta) = \sum_{s=0}^{s=m} \binom{x}{s} \Delta^s f(\beta + s) \qquad (m \geqq n),$$

où x et β sont des variables complexes quelconques.

En effet, étudions l'équation algébrique (3); elle est du degré m au plus par rapport à x; néanmoins cette équation admet, en vertu de (1), comme racine un positif entier quelconque, c'est-à-dire que cette équation est une identité.

Introduisons maintenant, dans (3), au lieu des différences qui figurent au second membre, les expressions correspondantes tirées de la formule (7) du paragraphe V, puis ordonnons, d'après les $f(\beta + p)$; le coefficient de $f(\beta + p)$ deviendra, en vertu de la formule (16) du paragraphe VII,

$$\sum_{r=0}^{r=m-p} (-1)^r \binom{x}{p+r} \binom{p+r}{r} = (-1)^{m-p} \binom{x}{p} \binom{x-p-1}{m-p},$$

ce qui donnera cette autre forme de la formule (3) :

$$(4) \quad f(x+\beta) = \sum_{s=0}^{s=m} (-1)^{m-s} \binom{x}{s} \binom{x-s-1}{m-s} f(\beta+s) \qquad (m \geqq n).$$

Cela posé, nous aurons par exemple

$$\left(\frac{\beta}{\alpha} + x\right)^p = \sum_{s=0}^{s=m} (-1)^{m-s} \binom{x}{s} \binom{x-s-1}{m-s} \left(\frac{\beta}{\alpha} + s\right)^p \qquad (m \geqq p),$$

d'où, en posant $x : \alpha$ au lieu de x, puis en multipliant par α^p les deux membres de la formule en question,

$$(5) \quad (\beta+x)^p = \sum_{s=0}^{s=m} (-1)^{m-s} \binom{\frac{x}{\alpha}}{s} \binom{\frac{x}{\alpha}-s-1}{m-s} (\beta+\alpha s)^p \qquad (m \geqq p).$$

Posons maintenant, dans (5), successivement

$$p = n, \quad n-1, \quad n-2, \quad \ldots, \quad 2, \quad 1, \quad 0,$$

puis multiplions respectivement par

$$a_0, \quad a_1, \quad a_2, \quad \ldots, \quad a_{n-2}, \quad a_{n-1}, \quad a_n,$$

les équations ainsi obtenues, nous aurons, en vertu de (2),

$$(6) \quad f(x+\beta) = \sum_{s=0}^{s=m} (-1)^{m-s} \binom{\frac{x}{\alpha}}{s} \binom{\frac{x}{\alpha}-s-1}{m-s} f(\beta+s\alpha) \qquad (m \geqq n).$$

Remplaçons encore, dans (6), α par $-\alpha$, puis appliquons l'identité (10) du paragraphe VII, nous aurons le théorème suivant :

1. *Désignons par $f(x)$ un polynome entier du degré n par rapport à x, par x, α, β des variables complexes, de sorte que α n'est pas égal à zéro, tandis que m est un positif entier assujetti à satisfaire seulement à la condition $m \gtreqless n$, nous aurons toujours*

$$(7) \quad f(x+\beta) = \sum_{s=0}^{s=m} (-1)^s \binom{\frac{x}{\alpha}+s-1}{s} \binom{\frac{x}{\alpha}+m}{m-s} f(\beta - s\alpha), \quad (m \gtreqless n),$$

Regardons le cas spécial

$$f(x) = 1,$$

nous aurons, en vertu de (7),

$$(8) \quad 1 = \sum_{s=0}^{s=m} (-1)^s \binom{\frac{x}{\alpha}+s-1}{s} \binom{\frac{x}{\alpha}+m}{m-s} \quad (m \gtreqless 0);$$

multiplions ensuite par $f(\beta)$ les deux membres de (8), puis soustrayons de (7) la formule ainsi obtenue, nous aurons

$$(9) \quad f(x+\beta) - f(\beta) = \sum_{s=0}^{s=m} (-1)^s \binom{\frac{x}{\alpha}+s-1}{s} \binom{\frac{x}{\alpha}+m}{m-s} [f(\beta - s\alpha) - f(\beta)]$$
$$(m \gtreqless n).$$

Enfin, appliquons l'identité évidente

$$\binom{x+s-1}{s} \binom{x+m}{m-s} = \frac{x}{x+s} \binom{m}{s} \binom{x+m}{m},$$

nous aurons cette autre forme de la formule (7) :

$$(10) \quad f(x+\beta) = x \binom{\frac{x}{\alpha}+m}{m} \sum_{s=0}^{s=m} \frac{(-1)^s}{x+\alpha s} \binom{m}{s} f(\beta - s\alpha) \quad (m \gtreqless n).$$

Dans le Chapitre XII, nous avons à donner des applications très intéressantes des formules que nous venons de développer.

IX. — Développements d'une seule puissance.

Appliquons maintenant la fonction

$$(1) \qquad \Lambda_s^n(x) = \Delta^s(x+s)^n = \sum_{r=0}^{r=s}(-1)^r \binom{s}{r}(x+s-r)^n,$$

introduite dans les formules (23) et (24) du paragraphe V ; le développement général (3) du paragraphe VIII donnera

$$(2) \qquad (x+\alpha)^n = \sum_{s=0}^{s=m}\binom{x}{s}\Lambda_s^n(\alpha) \qquad (m \geqq n),$$

d'où, en posant $-x$ au lieu de x, puis appliquant l'identité (10) du paragraphe VII,

$$(3) \qquad (x-\alpha)^n = \sum_{s=0}^{s=m}(-1)^{n-s}\binom{x+s-1}{s}\Lambda_s^n(\alpha) \qquad (m \geqq n),$$

ce qui donnera pour $\alpha = 0$

$$(4) \qquad x^n = \sum_{s=1}^{s=m}(-1)^{n-s}\binom{x+s-1}{s}\Lambda_s^n \qquad (m \geqq n).$$

Posons encore, dans (4), $m = n$; la formule ainsi obtenue est appliquée déjà par Fermat pour déterminer les premières des sommes de puissances semblables

$$S_n(p) = 1^n + 2^n + 3^n + \ldots + p^n.$$

La formule (4) est indiquée par Stirling [1] et retrouvée par beaucoup de géomètres, par exemple Kramp [2], Herschel [3], Cauchy [4], Puiseux [5].

Revenons maintenant à la formule générale (2), elle nous donnera immédiatement une équation fonctionnelle qui doit être satisfaite

---

[1] *Methodus differentialis*, p. 8. Londres, 1730.
[2] *Hindenburg comb. analyt. Abhandlungen*, t. II, p. 365. Leipzig, 1800.
[3] *Calculus of finite differences*. Londres, 1820.
[4] *Résumés analytiques*, p. 34-35. Turin, 1833.
[5] *Journal de Mathématiques*, t. II, 1846, p. 477-488.

par les fonctions $\mathcal{A}_s^n(\alpha)$. En effet, multiplions par

$$x + \alpha = (x - s) + (\alpha + s),$$

nous aurons l'identité

$$\sum_{s=0}^{s=n+1} \binom{x}{s} \mathcal{A}_s^{n+1}(\alpha) = \sum_{s=0}^{s=n} \binom{x}{s+1}(s+1)\,\mathcal{A}_s^n(\alpha) + \sum_{s=0}^{s=n} \binom{x}{s}(\alpha+s)\,\mathcal{A}_s^n(\alpha),$$

ce qui donnera, en vertu du théorème IV du paragraphe I,

$$(5) \qquad \mathcal{A}_s^{n+1}(\alpha) = s\,\mathcal{A}_{s-1}^n(\alpha) + (\alpha+s)\,\mathcal{A}_s^n(\alpha),$$

où il faut supposer $1 \leqq s \leqq n$, tandis que nous aurons

$$(6) \qquad \begin{cases} \mathcal{A}_0^{n+1}(\alpha) = \alpha\,\mathcal{A}_0^n(\alpha) = \alpha^{n+1}, \\ \mathcal{A}_{n+1}^{n+1}(\alpha) = (n+1)\,\mathcal{A}_n^n(\alpha) = (n+1)! \end{cases}$$

Cherchons encore, dans (2), le coefficient de la puissance x^{n-r} qui figure aux deux membres de la formule susdite, nous aurons l'identité

$$(7) \qquad \binom{n}{r}\alpha^r = \sum_{s=0}^{s=n-r} \frac{(-1)^s}{(r+s)!}\, C_{r+s}^s\,\mathcal{A}_{r+s}^n(\alpha),$$

où les C_m^s sont les coefficients de factorielle du rang m.

Dans nos recherches suivantes nous avons besoin d'un autre développement de la puissance x^n. A cet effet, posons pour abréger

$$(8) \qquad \mathfrak{h}_p^{m,n}(\alpha) = \sum_{s=0}^{s=p} (-1)^s \binom{m+1}{s}(\alpha+p-s)^n,$$

où m, n, p désignent des entiers non négatifs, tandis que α est une variable complexe; je dis que nous aurons l'identité

$$(9) \qquad \sum_{s=0}^{s=p} \binom{n+p-s}{p-s}\,\mathfrak{h}_s^{n,r}(\alpha) = (\alpha+p)^r.$$

En effet, introduisons dans (9), au lieu de $\mathfrak{h}_s^{n,r}(\alpha)$, les expressions correspondantes tirées de la définition (8), puis ordonnons, d'après les puissances $(\alpha+p-q)^r$, le coefficient de cette même puissance·

deviendra, en vertu de la formule (17) du paragraphe VII,

$$\sum_{s=0}^{s=q}(-1)^s\binom{n+q-s}{q-s}\binom{n+1}{s}=0\qquad(q>0).$$

Cela posé, il est facile de démontrer le théorème suivant :

I. *Soient x et α des variables complexes, tandis que m et n désignent des positifs entiers, tels que $m\gtreqless n$, nous aurons toujours*

$$(10)\qquad(-1)^{m-n}(x-\alpha)^n=\sum_{s=0}^{s=m+1}\binom{x+s-1}{m}\mathfrak{W}_s^{m,n}(\alpha)\qquad(m\gtreqless n).$$

En effet, étudions l'équation algébrique (10), dont le degré par rapport à x est égal à m au plus, puis posons

$$x=-p,\qquad 1\lesseqgtr p\lesseqgtr m+1,$$

nous retrouvons toujours la formule (9); c'est-à-dire que notre équation est une identité parce qu'elle a $(m+1)$ racines inégales.

Dans le cas spécial $m=n$, nous posons pour abréger

$$(11)\qquad\mathfrak{W}_p^{n,n}(\alpha)=\mathfrak{W}_p^n(\alpha).$$

ce qui donnera, en vertu de (8),

$$(12)\qquad\mathfrak{W}_p^n(\alpha)=\sum_{s=0}^{s=p}(-1)^s\binom{n+1}{s}(\alpha+p-s)^n;$$

soit encore $\alpha=0$, nous posons de plus

$$(13)\qquad\mathfrak{W}_p^{m,n}(0)=\mathfrak{W}_p^{m,n},\qquad\mathfrak{W}_p^{n,n}(0)=\mathfrak{W}_p^n(0)=\mathfrak{W}_p^n.$$

savoir

$$(14)\qquad\mathfrak{W}_p^{m,n}=\sum_{s=0}^{s=p}(-1)^s\binom{m+1}{s}(p-s)^n,$$

$$(15)\qquad\mathfrak{W}_p^n=\sum_{s=0}^{s=p}(-1)^s\binom{n+1}{s}(p-s)^n.$$

Le cas spécial de la formule (10) qui correspond à $\alpha=0$, $m=n$, est dû à Worpitsky ([1]), tandis qu'Euler ([2]) a appliqué les nombres $\mathfrak{W}_p^n$.

Introduisons maintenant, dans (7), successivement

$$x = 0, 1, 2, 3, \ldots,$$

la conclusion ordinaire de n à $n+1$ donnera l'identité remarquable

$$(16) \qquad \mathfrak{W}_{m-p+1}^{m,n}(x) = (-1)^{m-n}\, \mathfrak{W}_p^{m,n}(x) \qquad (0 \leqq p \leqq m+1)$$

ou, ce qui est la même chose,

$$(17) \qquad \mathfrak{W}_{m-p+1}^{m,n}(x) = (-1)^m \sum_{s=0}^{s=p} (-1)^s \binom{m+1}{s}(x-p+s)^n.$$

En effet, la formule en question est évidente, $p = 0$ et $p = 1$; supposons ensuite qu'elle soit vraie pour

$$(18) \qquad p = 0, 1, 2, \ldots, q-1,$$

puis posons, dans (10), $x = q$ et introduisons les expressions correspondantes aux valeurs (18) de p, tirées directement de la formule (17), puis ordonnons d'après les expressions

$$(-1)^{m-n-1}(q-s-x)^n,$$

le coefficient correspondant deviendra, en vertu de la formule (17) du paragraphe VII,

$$\sum_{r=0}^{r=s-1} (-1)^r \binom{m+s+r}{s-r}\binom{m+1}{r} = (-1)^{s-1}\binom{m+1}{s} \qquad (s \geqq 1),$$

ce qui nous conduira immédiatement au but.

L'hypothèse $\alpha = 0$ donnera, en vertu de (16),

$$(19) \qquad \mathfrak{W}_{m-p+1}^{m,n} = (-1)^{m-n}\, \mathfrak{W}_p^{m,n} \qquad (1 \leqq p \leqq m),$$

d'où, pour $m = n$,

$$(20) \qquad \mathfrak{W}_{n-p+1}^{n} = \mathfrak{W}_p^{n} \qquad (1 \leqq p \leqq n),$$

([1]) *Journal de Crelle*, t. 94, 1883, p. 203-232.
([2]) *Institutiones calculi differentialis*, p. 487-491. Petrograd, 1755.

tandis que nous aurons

$$(21) \qquad \mho b^{m+1}_{m+1} = \mho b^{n}_{n+1} = 0 \qquad (n > 0).$$

X. — Remarques sur les opérations D, Δ, δ.

Supposons que les deux polynomes

$$F(x) = a_0 x^n + a_1 x^{n-1} + \ldots + a_{n-1} x + a_n,$$
$$f(x) = b_0 x^{n-1} + b_1 x^{n-1} + \ldots + b_{n-2} x + b_{n-1}$$

soient liés par la relation

$$(1) \qquad F'(x) = f(x),$$

nous aurons, en vertu de la formule (6) du paragraphe II,

$$(2) \qquad (n-p)a_p = b_p \qquad (0 \leqq p \leqq n-1);$$

c'est-à-dire que $f(x)$ est parfaitement déterminé, pourvu que $F(x)$ soit donné.

Inversement, supposons donné $f(x)$, l'équation (2) ne nous permet pas de déterminer le coefficient a_n, ce qui est évident du reste. En effet, soit $F(x)$ un polynome qui satisfait à l'équation (1), et soit C une constante quelconque, le polynome

$$(3) \qquad \Phi(x) = F(x) + C$$

est aussi une solution de (1), et inversement; la différence de deux solutions quelconques de (1) est une constante par rapport à x.

Dans ce qui suit, nous désignons par

$$(4) \qquad F(x) = D^{-1}f(x)$$

un polynome quelconque qui satisfait à (1).

Supposons maintenant que les deux polynomes $F(x)$ et $f(x)$ satisfassent à l'équation aux différences finies

$$(5) \qquad \Delta F(x) = f(x),$$

la formule (14) du paragraphe V détermine parfaitement $f(x)$, pourvu que $F(x)$ soit donné. Inversement, supposons connu le polynome $f(x)$, l'équation (5) ne détermine pas parfaitement le polynome $F(x)$. En effet, soit $F(x)$ une solution quelconque de (5), la fonction $\Phi(x)$ définie par la formule (3) est une solution aussi.

Dans ce qui suit, nous désignons par

$$(6) \qquad\qquad \mathrm{F}(x) = \Delta^{-1} f(x)$$

un polynome quelconque qui satisfait à l'équation (5).

Quant à l'équation

$$(7) \qquad\qquad \delta\, \mathrm{F}(x) = f(x),$$

nous avons démontré, dans le paragraphe VI, que cette équation détermine parfaitement un quelconque des deux polynomes $f(x)$ et $\mathrm{F}(x)$, pourvu que l'autre soit donné.

Dans ce qui suit, nous posons

$$(8) \qquad\qquad \mathrm{F}(x) = \delta^{-1} f(x).$$

Revenons maintenant aux fonctions dérivées d'un polynome entier, nous avons à démontrer le théorème suivant :

1. *Supposons que les dérivées du polynome entier*

$$(9) \qquad \mathrm{F}(x) = a_0 x^n + a_1 x^{n-1} + \ldots + a_{n-1} x^{n-1} + a_n$$

satisfassent aux conditions

$$(10) \qquad \mathrm{F}^{(p)}(\alpha) = \mathrm{F}^{(p)}(\beta) \qquad (\alpha \neq \beta,\ \ 0 \leqq p \leqq n),$$

nous aurons

$$(11) \qquad\qquad a_0 = a_1 = a_2 = \ldots = a_{n-1} = 0,$$

tandis que le coefficient a_n peut être choisi arbitrairement.

En effet, introduisons dans (10), savoir

$$\sum_{s=0}^{s=n-p} \binom{n-s}{p} a_s \alpha^{n-p-s} = \sum_{s=0}^{s=n-p} \binom{n-s}{p} a_s \beta^{n-p-s},$$

successivement

$$p = n-1, \qquad n-2, \quad \ldots, \quad 2, 1, 0,$$

nous aurons immédiatement les conditions (11). Soit $p = n$, nous aurons toujours

$$\mathrm{F}^{(n)}(\alpha) = \mathrm{F}^{(n)}(\beta) = n!\, a_0.$$

Il est évident, du reste, que l'inversion du théorème I est juste aussi.

Comme application directe du théorème I, on conclut qu'un polynome entier $F(x)$ satisfaisant à la condition

$$(12) \qquad F(x + \alpha) = F(x),$$

où α est une quantité différente de zéro, se réduit à une constante.

Cela posé, il est très remarquable, ce me semble, qu'il existe une infinité de polynomes $f(x)$ du $n^{\text{ième}}$ degré, qui satisfont à un des deux groupes de conditions

$$(13) \qquad f^{(n-2p)}(0) = (-1)^n f^{(n-2p)}(-1) \qquad \left(0 \leqq p \leqq \frac{n}{2}\right)$$

ou

$$(14) \qquad f^{(n-2p-1)}(0) = (-1)^{n-1} f^{(n-2p-1)}(-1) \qquad \left(0 \leqq p \leqq \frac{n-1}{2}\right),$$

et l'existence d'un seul de ces deux groupes de conditions entraîne nécessairement le second.

Les polynomes qui satisfont à de telles conditions sont les polynomes symétriques que nous avons à étudier dans le Chapitre V.

De plus, il existe, pour une valeur quelconque de n plus grande que l'unité, des polynomes $f(x)$ du $n^{\text{ième}}$ degré, tels que

$$(15) \qquad f^{(p)}(-1) = f^{(p)}(0), \qquad p \neq n-1, \qquad f^{(n-1)}(-1) = -f^{(n-1)}(0)$$

ou

$$(16) \qquad f^{(p)}(-1) = -f^{(p)}(0), \qquad p \neq n, \qquad f^{(n)}(-1) = f^{(n)}(0).$$

Ces polynomes sont les fonctions de Bernoulli, respectivement d'Euler, fonctions que nous avons à introduire dans le Chapitre suivant.

On voit, en vertu de nos remarques sur les deux opérations $\Delta F(x)$ et $\delta F(x)$, que le polynome entier $F(x)$ est déterminé, abstraction faite d'une constante additive peut-être, pourvu qu'une seule des deux expressions $F(x) \pm F(x-1)$ soit donnée.

Supposons maintenant donné un polynome entier $\varphi(x)$, qui n'est pas égal à une constante; il existe une infinité de polynomes entiers $f(x)$ qui satisfont à une seule des deux conditions

$$(17) \qquad f(x) \pm f(-x-1) = \varphi(x).$$

Dans ce cas, le polynome donné $\varphi(x)$ est un polynome symétrique.

Dans nos recherches suivantes, nous avons à étudier plus amplement les polynomes remarquables que nous venons de mentionner ici.

CHAPITRE III.

LES SUITES HARMONIQUES.

XI. — Propriétés fondamentales.

Dans ce qui suit, nous avons à étudier une suite infinie de polynomes entiers

$$(1) \qquad f_0(x), \; f_1(x), \; f_2(x), \; \ldots, \; f_n(x), \; \ldots,$$

assujettis à satisfaire aux deux conditions suivantes :

1° $f_n(x)$ est toujours, quel que soit l'indice n, du degré n par rapport à x;

2° Soit $n \gtreqless 1$, nous aurons constamment

$$(2) \qquad f_n'(x) = f_{n-1}(x).$$

Cela posé, je dis qu'il existe une suite infinie ordinaire

$$(3) \qquad a_0, \; a_1, \; a_2, \; \ldots, \; a_n, \; \ldots,$$

telle que nous aurons, pour une valeur quelconque de l'indice n,

$$(4) \qquad f_n(x) = \frac{a_0 x^n}{n!} + \frac{a_1 x^{n-1}}{(n-1)!} + \ldots + \frac{a_p x^{n-p}}{(n-p)!} + \ldots + \frac{a_n}{0!}.$$

En effet, le polynome $f_n(x)$ se présente toujours sous la forme

$$f_n(x) = \sum_{s=0}^{s=n} \frac{a_{n,s} x^{n-s}}{(n-s)!},$$

où les $a_{n,s}$ sont des constantes par rapport à x, ce qui donnera, en vertu de (2),

$$f_n'(x) = f_{n-1}(x) = \sum_{s=0}^{s=n-1} \frac{a_{n,s} x^{n-s-1}}{(n-s-1)!},$$

de sorte que nous aurons immédiatement

$$a_{n,s} = a_{n-1,s} \qquad (0 \leqq s \leqq n-1).$$

Soit ensuite s un indice quelconque, nous aurons par conséquent

$$a_{n,s} = a_{s,s} = a_s \qquad (n \geqq s),$$

ce qui donnera précisément l'expression générale (4).

Inversement, il est évident que les polynomes $f_n(x)$, définis par l'expression générale (4), satisfont aux deux conditions susdites.

Dans ce qui suit nous disons pour abréger que la suite (1) est une suite harmonique, dont la base est la suite ordinaire (3), ce que nous désignons par le symbole $[f_n(x), a_n]$. De plus, nous désignons par $[a_n]$ la base (3) de la suite harmonique (1), et nous disons simplement que le polynome $f_n(x)$, défini par l'expression (4), est un polynome harmonique.

Ces définitions adoptées, nous avons tout d'abord à développer les propriétés fondamentales des suites harmoniques, propriétés qui nous sont indispensables dans nos recherches suivantes, et parmi lesquelles nous retrouvons, sous forme élégante, plusieurs des théorèmes que nous venons de démontrer.

Étudions tout d'abord le théorème IV du paragraphe I, nous aurons ici :

1. *Soient* $[f_n(x), a_n]$ *et* $[\varphi_n(x), b_n]$ *deux suites harmoniques quelconques, il existe une suite ordinaire*

$$(5) \qquad x_0, \; a_1, \; a_2, \; \ldots, \; x_n, \; \ldots,$$

de sorte que nous aurons, pour une valeur quelconque de n,

$$(6) \quad \varphi_n(x) = x_0 f_n(x) + a_1 f_{n-1}(x) + \ldots + a_p f_{n-p}(x) + \ldots + a_n f_0(x).$$

En effet, les polynomes $f_m(x)$ et $\varphi_p(x)$ étant toujours d'un degré égal à l'indice, il existe, en vertu du théorème IV du paragraphe I, une identité de la forme

$$(7) \qquad \varphi_n(x) = \beta_{n,0} f_n(x) + \beta_{n,1} f_{n-1}(x) + \ldots + \beta_{n,n} f_0(x),$$

où les $\beta_{n,s}$ sont des constantes par rapport à x. Introduisons ensuite, dans (7), les expressions obtenues pour $\varphi_n(x)$ et les $f_{n-s}(x)$, nous aurons, en égalant les coefficients de la puissance x^{n-s} qui figurent aux deux membres de (7),

$$(8) \qquad b_s = \beta_{n,0} a_s + \beta_{n,1} a_{s-1} + \ldots + \beta_{n,s} a_0 \qquad (0 \leqq s \leqq n).$$

Cela posé, désignons par s un nombre fixe quelconque, la formule (8) est applicable pour $n \geqq s$; c'est-à-dire que nous aurons successivement, en introduisant

$$0, \ 1, \ 2, \ 3, \ \ldots, \ s-1$$

au lieu de s,

$$\beta_{n,s} = \beta_{s,s} = \alpha_s \qquad (n \geqq s),$$

ce qui donnera précisément la formule (6).

II. *Soient* $[f_n(x), a_n]$ *et* $[\varphi_n(x), b_n]$ *deux suites harmoniques quelconques, l'expression*

$$(9) \qquad A_n = \sum_{s=0}^{s=n} (-1)^s f_{n-s}(x) \varphi_s(x)$$

a toujours une valeur constante, tandis que les polynomes

$$(10) \qquad \Phi_n(x) = \frac{1}{2^n} \sum_{s=0}^{s=n} f_{n-s}(x) \varphi_s(x)$$

forment une nouvelle suite harmonique.

Étudions tout d'abord l'expression A_n, nous aurons, en cherchant la dérivée de A_n,

$$A'_n = \sum_{s=0}^{s=n-1} (-1)^s f_{n-s-1}(x) \varphi_s(x) + \sum_{s=1}^{s=n} (-1)^s f_{n-s}(x) \varphi_{s-1}(x) = 0;$$

c'est-à-dire que A_n a une valeur constante par rapport à x.

Soit $x = 0$, il résulte, en vertu de (9),

$$(11) \qquad A_n = \sum_{s=0}^{s=n} (-1)^s a_{n-s} b_s.$$

Quant aux polynomes $\Phi_n(x)$, définis par la formule (10), nous aurons de même

$$(12) \qquad \Phi'_n(x) = \Phi_{n-1}(x) \qquad (n \geqq 1),$$

de sorte que les $\Phi_n(x)$ forment une suite harmonique; soit $[\mathfrak{a}_n]$ la base correspondante, il résulte, en vertu de (10),

$$(13) \qquad \mathfrak{a}_n = \Phi_n(0) = \frac{1}{2^n} \sum_{s=0}^{s=n} a_{n-s} b_s.$$

Comme conséquence immédiate de la définition des suites harmoniques, nous aurons la proposition suivante :

III. *Soit* $[f_n(x), a_n]$ *une suite harmonique quelconque, la formule de Taylor se présente sous la forme*

$$(14) \qquad f_n(x+h) = f_n(x) + \frac{h}{1!} f_{n-1}(x) + \frac{h^2}{2!} f_{n-2}(x) + \ldots + \frac{h^n}{n!} f_0(x).$$

Supposons $h = -1$, il résulte

$$(15) \qquad f_n(x-1) = \sum_{s=0}^{s=n} \frac{(-1)^s}{s!} f_{n-s}(x) = \sum_{s=0}^{s=n} \frac{x^{n-s}}{(n-s)!} f_s(-1),$$

ce qui donnera immédiatement

$$(16) \qquad \Delta f_n(x) = f_n(x) - f_n(x-1) = \sum_{s=0}^{s=n-1} \frac{(-1)^s}{(s+1)!} f_{n-s-1}(x),$$

$$(17) \qquad \delta f_n(x) = f_n(x) + f_n(x-1) = 2 f_n(x) + \sum_{s=1}^{s=n} \frac{(-1)^s}{s!} f_{n-s}(x).$$

Cela posé, il est très facile de démontrer les deux théorèmes suivants :

IV. *Supposons que les éléments des deux suites harmoniques* $[F_n(x), A_n]$ *et* $[f_n(x), a_n]$ *soient liés par les équations aux différences finies*

$$(18) \qquad F_n(x) - F_n(x-1) = f_{n-1}(x) \qquad (n \geqq 1),$$

puis supposons donnée une seule de ces deux suites harmoniques, la seconde est parfaitement déterminée à l'aide des équations (18).

Soit tout d'abord donnée la suite $[\mathrm{F}_n(x), \mathrm{A}_n]$, nous aurons, en vertu de (16),

$$(19) \qquad f_{n-1}(x) = \sum_{s=0}^{s=n-1} \frac{(-1)^s}{(s+1)!} \, \mathrm{F}_{n-s-1}(x),$$

ce qui donnera immédiatement

$$(20) \qquad a_p = \sum_{s=0}^{s=p} \frac{(-1)^s}{(s+1)!} \, \mathrm{A}_{p-s} \qquad (p \geqq 0);$$

c'est-à-dire que les coefficients a_p ainsi déterminés forment une suite ordinaire, de sorte que l'équation aux différences finies (18) détermine parfaitement la suite harmonique $[f_n(x), a_n]$.

Inversement, supposons donnée la suite $[f_n(x), a_n]$, les équations (20) déterminent successivement les éléments de la base $[\mathrm{A}_n]$.

Dans ce qui suit, nous désignons comme suites correspondantes de première espèce deux suites harmoniques $[\mathrm{F}_n(x), \mathrm{A}_n]$ et $[f_n(x), a_n]$, dont les éléments satisfont aux équations aux différences finies (18).

Le même procédé nous conduira au second des théorèmes susdits :

V. *Supposons que les éléments des deux suites harmoniques* $[\mathrm{F}_n(x), \mathrm{A}_n]$ *et* $[f_n(x), a_n]$ *soient liés par les équations aux différences finies*

$$(21) \qquad \mathrm{F}_n(x) + \mathrm{F}_n(x-1) = f_n(x) \qquad (n \geqq 0),$$

puis supposons donnée une seule de ces deux suites, la seconde est parfaitement déterminée à l'aide des équations (21).

En effet, nous aurons, en vertu de (17),

$$(22) \qquad f_n(x) = 2\mathrm{F}_n(x) + \sum_{s=1}^{s=n} \frac{(-1)^s}{s!} \, \mathrm{F}_{n-s}(x),$$

ce qui donnera immédiatement

$$(23) \qquad \begin{cases} a_0 = 2\mathrm{A}_0, \\[2mm] a_p = 2\mathrm{A}_p + \displaystyle\sum_{s=1}^{s=p} \frac{(-1)^s}{s!} \, \mathrm{A}_{p-s}. \end{cases}$$

Dans ce qui suit, nous désignons comme suites correspondantes de seconde espèce deux suites harmoniques $[F_n(x), A_n]$ et $[f_n(x), a_n]$, dont les éléments satisfont aux équations aux différences finies (21).

Quant aux suites harmoniques, nous aurons encore à citer cet autre théorème, évident du reste :

VI. *Supposons que les éléments des deux suites harmoniques* $[f_n(x), a_n]$ *et* $[\varphi_n(x), \alpha_n]$ *satisfassent, pour une valeur quelconque de n, aux conditions*

$$(24) \qquad f_n(0) = \varphi_n(0) \qquad (n \gtreqless 0),$$

les deux suites harmoniques en question sont identiques.

En effet, il est évident que les équations (24) ne sont autre chose que les égalités

$$a_n = \alpha_n \qquad (n \gtreqless 0).$$

Il est bien connu que M. Appell (^{1}) a étudié, le premier, d'un point de vue systématique, les suites harmoniques.

En effet, soit (1) une suite harmonique conformément à notre définition, et soit, pour une valeur quelconque de n,

$$F_n(x) = n!\, f_n(x),$$

l'illustre géomètre français étudie la suite infinie

$$F_0(x), \quad F_1(x), \quad F_2(x), \quad \ldots \quad F_n(x), \ldots,$$

dont les éléments satisfont à la condition

$$F_n'(x) = n\, F_{n-1}(x) \qquad (n \gtreqless 1).$$

Or, les applications suivantes des suites harmoniques montrent clairement l'avantage de notre modification des définitions de M. Appell.

Ces remarques générales faites relativement aux suites harmoniques, nous avons à étudier les équations aux différences finies (18) et (21), dans lesquelles le second membre se réduit à une seule puissance.

(^{1}) *Annales de l'École Normale*, 2ᵉ série, t. X, 1880, p. 119-145.

XII. — Les fonctions de Bernoulli.

La suite des fonctions de Bernoulli

$$(1) \qquad B_0(x), \quad B_1(x), \quad B_2(x), \quad \ldots, \quad B_n(x), \quad \ldots$$

est la suite harmonique dont les éléments satisfont à l'équation aux différences finies

$$(2) \qquad B_n(x) - B_n(x-1) = \frac{x^{n-1}}{(n-1)!} \qquad (n \geqq 1);$$

c'est-à-dire que cette équation et la condition fondamentale des suites harmoniques

$$(3) \qquad B_n'(x) = B_{n-1}(x) \qquad (n \geqq 1)$$

déterminent parfaitement la suite des polynomes de Bernoulli.

Cela posé, nous aurons immédiatement le théorème suivant :

I. *Soient* $[F_n(x), A_n]$ *et* $[f_n(x), u_n]$ *des suites correspondantes de première espèce, nous aurons, quel que soit l'indice* n,

$$(4) \quad F_n(x) = a_0 B_n(x) + a_1 B_{n-1}(x) + \ldots + a_p B_{n-p}(x) + \ldots + a_n B_0(x).$$

En effet, il est évident que les polynomes $F_n(x)$, définis par les expressions (4), forment une suite harmonique; de plus, nous aurons, en vertu de (2),

$$F_n(x) - F_n(x-1) = f_{n-1}(x) \qquad (n \geqq 1).$$

Étudions maintenant la base $[\alpha_n]$ de la suite harmonique (1), nous aurons, en vertu de la formule (20) du paragraphe XI,

$$(5) \qquad \begin{cases} \alpha_0 = 1, \\ \displaystyle\sum_{s=0}^{s=n} \frac{(-1)^s \alpha_{n-s}}{(s+1)!} = 0, \end{cases}$$

ce qui donnera, pour les premiers des coefficients α_p,

$$(6) \qquad \alpha_0 = 1, \qquad \alpha_1 = \frac{1}{2}, \qquad \alpha_2 = \frac{1}{12}, \qquad \alpha_3 = 0.$$

Quant à l'étude plus approfondie des équations (5), nous prenons pour point de départ la suite harmonique, dont l'élément général est déterminé par les expressions

$$(7) \qquad \begin{cases} F_n(x) = (x+1)B_{n-1}(x) - (n-1)B_n(x), \\ F_0(x) = 1, \end{cases}$$

puis cherchons les éléments $f_n(x)$ de la suite correspondante, nous aurons

$$f_{n-1}(x) = F_n(x) - F_n(x-1),$$

ce qui donnera

$$f_{n-1}(x) = B_{n-1}(x) + x[B_{n-1}(x) - B_{n-1}(x-1)] - (n-1)[B_n(x) - B_n(x-1)],$$

d'où, en vertu de (2),

$$f_{n-1}(x) = B_{n-1}(x) = \sum_{s=0}^{s=n-1} \frac{a.x^{n-s-1}}{(n-s-1)!}.$$

Cela posé, le théorème I donnera

$$F_n(x) = \sum_{s=0}^{s=n} \alpha_s B_{n-s}(x);$$

appliquons ensuite la valeur $\alpha_0 = 1$, nous aurons par conséquent

$$(8) \qquad (x+1)B_{n-1}(x) = nB_n(x) + \sum_{s=1}^{s=n} \alpha_s B_{n-s}(x) \qquad (n \geqq 1).$$

Cherchons ensuite, aux deux membres de (8), le coefficient de la puissance x^{n-p}, il résulte

$$\frac{\alpha_p}{(n-p-1)!} + \frac{\alpha_{p-1}}{(n-p)!} = \frac{n\alpha_p}{(n-p)!} + \sum_{s=1}^{s=p} \frac{\alpha_s \alpha_{p-s}}{(n-p)!} \qquad (p \geqq 1),$$

ce qui donnera, en vertu des deux premières des valeurs numériques (6),

$$(9) \qquad (p+1)\alpha_p = -\sum_{s=2}^{s=p-2} \alpha_s \alpha_{p-s} \qquad (p \geqq 4).$$

Cela posé, la valeur $\alpha_3 = 0$, indiquée dans la formule (4), donnera, par la conclusion ordinaire de m à $m+1$, le résultat général

$$(10) \qquad \alpha_{2p+1} = 0 \qquad (p \geqq 1).$$

Posons ensuite

$$(11) \qquad \alpha_{2p} = \frac{(-1)^{p-1} B_p}{(2p)!} \qquad (p \geqq 1),$$

il résulte, en vertu de la valeur de α_2, indiquée dans la formule (6),

$$(12) \qquad B_1 = \frac{1}{6},$$

tandis que la formule (9) donnera généralement

$$(13) \qquad (2p+1) B_p = \sum_{s=1}^{s=p-1} \binom{2p}{2s} B_s B_{p-s};$$

c'est-à-dire que les éléments de la suite infinie

$$(14) \qquad B_1, \; B_2, \; B_3, \; \ldots, \; B_n, \; \ldots$$

sont des nombres rationnels et positifs.

Introduisons maintenant, dans (5), les expressions (10) et (11), il résulte, pour le calcul successif des B_n, la formule récursive

$$(15) \qquad \frac{p-1}{2} = \sum_{s=1}^{\leqq \frac{p-1}{2}} (-1)^{s-1} \binom{p+1}{2s} B_s, \qquad (p \geqq 2).$$

Euler ([1]) désigne comme *nombres de Bernoulli* les éléments de la suite (14), parce que Jacques Bernoulli ([2]) a introduit ces nombres dans l'Analyse et calculé les cinq premiers des B_n, précisément à l'aide de la formule (15); nous le verrons dans le paragraphe XXXVII. Bernoulli a aussi regardé une suite des fonctions intimement liées aux $B_n(x)$, mais seulement définies pour des valeurs positives entières de la variable x.

La formule (13) est due à Euler ([3]).

La base $[\alpha_n]$ de la suite des fonctions de Bernoulli étant déter-

---

([1]) *Institutiones calculi differentialis*, p. 422. Petrograd, 1755.

([2]) *Ars conjectandi*, p. 95-97. Bâle, 1713.

([3]) *Institutiones calculi differentialis*, p. 421-422. Petrograd, 1755. — *Opuscula analytica*, t. II, p. 266. Petrograd, 1785.

minée, nous aurons les expressions suivantes :

$$(16)\quad\left\{\begin{aligned}&B_0(x)=1,\\&B_1(x)=x+\frac{1}{2},\\&B_n(x)=\frac{x^n}{n!}+\frac{1}{2}\frac{x^{n-1}}{(n-1)!}+\sum_{s=1}^{\leq\frac{n}{2}}\frac{(-1)^{s-1}B_s\,x^{n-2s}}{(2s)!\,(n-2s)!},\end{aligned}\right.$$

et l'équation aux différences finies (2) donnera par conséquent

$$(17)\quad\left\{\begin{aligned}&B_0(x-1)=1,\\&B_1(x-1)=x-\frac{1}{2},\\&B_n(x-1)=\frac{x^n}{n!}-\frac{1}{2}\frac{x^{n-1}}{(n-1)!}+\sum_{s=1}^{\leq\frac{n}{2}}\frac{(-1)^{s-1}B_s\,x^{n-2s}}{(2s)!\,(n-2s)!};\end{aligned}\right.$$

d'où les valeurs numériques

$$(18)\quad\left\{\begin{aligned}&B_0(0)=1,\\&B_{2n}(0)=\frac{(-1)^{n-1}B_n}{(2n)!};\end{aligned}\right.$$

$$(19)\quad\left\{\begin{aligned}&B_1(0)=\frac{1}{2},\\&B_{2n+1}(0)=0;\end{aligned}\right.$$

$$(20)\quad\left\{\begin{aligned}&B_0(-1)=1,\\&B_{2n}(-1)=\frac{(-1)^{n-1}B_n}{(2n)!};\end{aligned}\right.$$

$$(21)\quad\left\{\begin{aligned}&B_1(-1)=-\frac{1}{2},\\&B_{2n+1}(-1)=0;\end{aligned}\right.$$

c'est-à-dire que nous aurons, conformément à la formule (16) du paragraphe X,

$$(22)\qquad B_n(0)=B_n(-1)\qquad(n\neq 1),$$

$$(23)\qquad B_1(0)=-B_1(-1).$$

Remarquons encore que la formule (8) se présente sous la

forme

$$(24) \qquad \left(x + \frac{1}{2}\right) B_{n-1}(x) = n B_n(x) + \sum_{s=1}^{\leqq \frac{n}{2}} \frac{(-1)^{s-1} B_s}{(2s)!} B_{n-2s}(x) \qquad (n \geqq 2),$$

formule qui nous sera très utile dans nos recherches suivantes.

XIII. — Les fonctions d'Euler.

Les fonctions d'Euler

$$(1) \qquad E_0(x), \quad E_1(x), \quad E_2(x), \quad \ldots, \quad E_n(x), \quad \ldots$$

sont définies comme l'ensemble des polynomes entiers qui satisfont aux équations aux différences finies

$$(2) \qquad E_n(x) + E_n(x-1) = \frac{x^n}{n!} \qquad (n \geqq 0);$$

c'est-à-dire que la suite (1) est une suite harmonique, savoir

$$(3) \qquad E_n'(x) = E_{n-1}(x) \qquad (n \geqq 1),$$

ce qui met en pleine lumière l'analogie des fonctions d'Euler aux fonctions de Bernoulli.

La définition des fonctions d'Euler donnera immédiatement le théorème suivant :

I. *Soient* $[F_n(x), A_n]$ *et* $[f_n(x), a_n]$ *des suites correspondantes de seconde espèce, nous aurons, quel que soit l'indice* n,

$$(4) \quad F_n(x) = a_0 E_n(x) + a_1 E_{n-1}(x) + \ldots + a_p E_{n-p}(x) + \ldots + a_n E_0(x).$$

Quant à la base de la suite harmonique (1), il résulte, en vertu de la formule (23) du paragraphe XI,

$$(5) \qquad \begin{cases} \beta_0 = \dfrac{1}{2}, \\[2ex] 2\beta_p + \displaystyle\sum_{s=1}^{s=p} \frac{(-1)^s}{s!} \beta_{p-s} = 0, \end{cases}$$

ce qui donnera, pour les premiers des nombres β_p,

$$(6) \qquad \beta_0 = \frac{1}{2}, \qquad \beta_1 = \frac{1}{4}, \qquad \beta_2 = 0, \qquad \beta_3 = -\frac{1}{48}.$$

Étudions maintenant la suite harmonique formée des fonctions

$$G_n(x) = (x+1)E_n(x) - (n+1)E_{n+1}(x),$$

nous aurons

$$G_n(x) + G_n(x-1) = E_n(x) + x[E_n(x) + E_n(x-1)] - (n+1)[E_{n+1}(x) + E_{n+1}(x-1)],$$

d'où, en vertu de (2),

$$G_n(x) + G_n(x-1) = E_n(x) = \sum_{s=0}^{s=n} \frac{\beta_s x^{n-s}}{(n-s)!},$$

ce qui donnera

$$(7) \qquad (x+1)E_n(x) = (n+1)E_{n+1}(x) + \sum_{s=0}^{s=n} \beta_s E_{n-s}(x).$$

Cela posé, nous aurons, en appliquant la méthode expliquée dans le paragraphe précédent,

$$(8) \qquad p\beta_p = -\sum_{s=1}^{s=p-2} \beta_s \beta_{p-s-1} \qquad (p \geqq 3),$$

de sorte que la valeur particulière $\beta_2 = 0$ nous conduira au résultat général

$$(9) \qquad \beta_{2p} = 0 \qquad (p \geqq 1).$$

Posons ensuite

$$(10) \qquad \beta_{2p-1} = \frac{(-1)^{p-1}T_p}{(2p-1)! \, 2^{2p}} \qquad (p \geqq 1),$$

nous aurons tout d'abord, en vertu de la valeur de β_1, indiquée dans la formule (6),

$$(11) \qquad T_1 = 1,$$

tandis que la formule (8) donnera

$$(12) \qquad T_{p+1} = \sum_{s=0}^{s=p-1} \binom{2p}{2s+1} T_{s+1} T_{p-s} \qquad (p \geqq 1),$$

de sorte que la conclusion de n à $n+1$ nous conduira au théorème suivant :

II. *Les nombres T_n, généralement désignés comme les coefficients des tangentes, sont des positifs entiers et des nombres pairs, abstraction faite de $T_1 = 1$.*

Les coefficients des tangentes sont introduits dans l'Analyse par Euler, qui a trouvé aussi la formule (12) ([1]). Dans le paragraphe XXXVIII, nous avons à revenir à la détermination des T_n.

La base $[\beta_n]$ des polynomes d'Euler ainsi déterminée, nous avons les expressions suivantes :

$$(13) \quad \begin{cases} E_0(x) = \dfrac{1}{2}, \\[2ex] E_n(x) = \dfrac{1}{2}\dfrac{x^n}{n!} + \displaystyle\sum_{s=1}^{\leq \frac{n+1}{2}} \dfrac{(-1)^{s-1} T_s\, x^{n-2s+1}}{(2s-1)!\,(n-2s+1)!\,2^{2s}}, \end{cases}$$

et l'équation aux différences finies (2) donnera par conséquent

$$(14) \quad \begin{cases} E_0(x-1) = \dfrac{1}{2}, \\[2ex] E_n(x-1) = \dfrac{1}{2}\dfrac{x^n}{n!} - \displaystyle\sum_{s=1}^{\leq \frac{n+1}{2}} \dfrac{(-1)^{s-1} T_s\, x^{n-2s+1}}{(2s-1)!\,(n-2s+1)!\,2^{2s}}, \end{cases}$$

d'où les valeurs numériques

$$(15) \quad \begin{cases} E_0(0) = \dfrac{1}{2}, \\[2ex] E_{2n}(0) = 0; \end{cases}$$

$$(16) \quad E_{2n+1}(0) = \dfrac{(-1)^n T_{n+1}}{(2n+1)!\,2^{2n+2}};$$

$$(17) \quad \begin{cases} E_0(-1) = \dfrac{1}{2}, \\[2ex] E_{2n}(-1) = 0; \end{cases}$$

$$(18) \quad E_{2n+1}(-1) = \dfrac{(-1)^{n+1} T_{n+1}}{(2n+1)!\,2^{2n+2}};$$

c'est-à-dire que nous aurons, conformément à la formule (16) du

---

[1] *Opuscula analytica*, t. II, p. 272-273. Petrograd, 1785.

paragraphe X,

$$(19) \qquad E_n(-1) = -E_n(0), \qquad n > 0, \qquad E_0(-1) = E_0(0).$$

Remarquons encore que la formule (7) se présente sous la forme

$$(20) \qquad \left(x + \frac{1}{2}\right) E_n(x) = (n+1) E_{n+1}(x)$$
$$+ \sum_{s=1}^{\overset{\leqq}{n}\frac{n+1}{2}} \frac{(-1)^s\, T_s}{(2s-1)!\, 2^{2s}} E_{n-2s+1}(x) \qquad (n \geqq 1),$$

formule qui nous sera très utile dans nos recherches suivantes.

Euler (¹) a appliqué les fonctions $E_n(x)$, pour des valeurs positives entières de x, tandis que Raabe (²) a introduit les fonctions en question pour une valeur quelconque de l'argument x, sans connaître évidemment le développement d'Euler.

XIV. — Des suites correspondantes.

L'introduction des fonctions de Bernoulli et d'Euler nous permet d'étudier plus amplement les suites correspondantes, introduites dans le paragraphe XI.

En premier lieu, soient $[F_n(x), A_n]$ et $[f_n(x), a_n]$ des suites correspondantes de première espèce, savoir

$$(1) \qquad F_n(x + \alpha) - F_n(x + \alpha - 1) = f_{n-1}(x + \alpha) \qquad (n \geqq 1),$$

où x et α sont des variables complexes quelconques; nous aurons, en développant, d'après la formule de Taylor, la fonction qui figure au second membre de (1), puis, appliquant la formule (4) du paragraphe XII,

$$(2) \qquad F_n(x + \alpha) = \sum_{s=0}^{s=n} B_{n-s}(\alpha) f_s(x).$$

Posons ensuite, dans (2), $\alpha = 0$, puis appliquons les valeurs numériques indiquées dans les formules (18) et (19) du para-

---

(¹) *Institutiones calculi differentialis*, p. 499. Petrograd, 1755.
(²) *Mathematische Mittheilungen*, t. I-II, p. 129-138. Zurich, 1857-1858.

graphe XII, nous aurons

$$(3) \quad \begin{cases} F_0(x) = f_0(x), \\[4pt] F_1(x) = f_1(x) + \dfrac{1}{2} f_0(x), \\[8pt] F_n(x) = f_n(x) + \dfrac{1}{2} f_{n-1}(x) + \displaystyle\sum_{s=1}^{<\frac{n}{2}} \frac{(-1)^{s-1} B_s}{(2s)!} f_{n-2s}(x); \end{cases}$$

d'où, en cherchant les coefficients de la même puissance qui figure aux deux membres de ces formules,

$$(4) \quad \begin{cases} A_0 = a_0, \\[4pt] A_1 = a_1 + \dfrac{1}{2} a_0, \\[8pt] A_n = a_n + \dfrac{1}{2} a_{n-1} + \displaystyle\sum_{s=1}^{<\frac{n}{2}} \frac{(-1)^{s-1} B_s}{(2s)!} a_{n-2s}, \end{cases}$$

formules qui représentent les valeurs des A_n, tirées des équations (20) du paragraphe XI.

Cela posé, revenons à l'équation (1), nous aurons, en développant d'après la formule de Taylor, les deux fonctions qui figurent au premier membre

$$(5) \quad f_n(x + z) = \sum_{s=0}^{s=n} \frac{x^{s+1} - (x-1)^{s+1}}{(s+1)!} F_{n-s}(z),$$

ce qui donnera, pour $x = 0$, la formule (19) du paragraphe XI.

Soit, dans (5), $z = 0$, il résulte le développement remarquable

$$(6) \quad f_n(x) = \sum_{s=0}^{s=n} \frac{x^{n-s+1} - (x-1)^{n-s+1}}{(n-s+1)!} A_s;$$

posons, dans (5), $z = -1$ et $x+1$ au lieu de x, nous aurons de même

$$(7) \quad f_n(x) = \sum_{s=0}^{s=n} \frac{(x+1)^{n-s+1} - x^{n-s+1}}{(n-s+1)!} F_s(-1).$$

En second lieu, soient $[F_n(x), A_n]$ et $[f_n(x), a_n]$ des suites correspondantes de seconde espèce, savoir

$$(8) \quad F_n(x+\alpha) + F_n(x+z-1) = f_n(x+z) \qquad (n \geqq 0),$$

nous aurons de même

$$(9) \qquad F_n(x + \alpha) = \sum_{s=0}^{s=n} F_{n-s}(\alpha) f_s(x),$$

d'où, en posant $\alpha = 0$, puis appliquant les valeurs numériques indiquées dans les formules (15) et (16) du paragraphe XIII,

$$(10) \qquad \begin{cases} F_0(x) = \dfrac{1}{2} f_0(x), \\[2ex] F_n(x) = \dfrac{1}{2} f_n(x) + \displaystyle\sum_{s=1}^{\leq \frac{n+1}{2}} \frac{(-1)^{s-1} T_s}{(2s-1)!\, 2^{2s}} f_{n-2s+1}(x); \end{cases}$$

ce qui donnera

$$(11) \qquad \begin{cases} A_0 = \dfrac{1}{2} a_0, \\[2ex] A_n = \dfrac{1}{2} a_n + \displaystyle\sum_{s=1}^{\leq \frac{n+1}{2}} \frac{(-1)^{s-1} T_s}{(2s-1)!\, 2^{2s}} a_{n-2s+1}, \end{cases}$$

savoir les valeurs des A_n, tirées des équations (23) du paragraphe XI.

Quant aux fonctions $f_n(x)$, nous aurons, en vertu de (8),

$$(12) \qquad f_n(x + \alpha) = \sum_{s=0}^{s=n} \frac{x^s + (x-1)^s}{s!} F_{n-s}(\alpha),$$

ce qui donnera immédiatement ces deux autres développements

$$(13) \qquad f_n(x) = \sum_{s=0}^{s=n} \frac{x^{n-s} + (x-1)^{n-s}}{(n-s)!} A_s,$$

$$(14) \qquad f_n(x) = \sum_{s=0}^{s=n} \frac{(x+1)^{n-s} + x^{n-s}}{(n-s)!} F_s(-1).$$

Soit par exemple

$$F_n(x) = B_n(x),$$

respectivement

$$F_n(x) = E_n(x);$$

nous aurons ces deux développements remarquables

$$(15) \qquad \frac{(x+1)^n + x^n}{2} = \frac{(x+1)^{n+1} - x^{n+1}}{n+1}$$

$$- \sum_{s=1}^{\leq \frac{n}{2}} (-1)^s \binom{n}{2s} B_s \frac{(x+1)^{n-2s+1} - x^{n-2s+1}}{n-2s+1},$$

$$(16) \qquad \frac{(x+1)^{n+1} - x^{n+1}}{2} = \sum_{s=0}^{\leq \frac{n}{2}} (-1)^s \binom{n+1}{2s+1} T_{s+1} \frac{(x+1)^{n-2s} + x^{n-2s}}{2^{2s+1}}.$$

Les hypothèses

$$F_n(x) = (x+1) B_{n-1}(x) - (n-1) B_n(x),$$

$$F_n(x) = (x+1) E_n(x) - (n+1) E_{n+1}(x),$$

qui correspondent à

$$f_n(x) = B_{n-1}(x),$$

respectivement

$$f_n(x) = E_n(x),$$

donnent, en vertu des valeurs numériques indiquées dans les formules (20) du paragraphe XII et (18) du paragraphe XIII,

$$(17) \qquad B_n(x) = \frac{(x+1)^{n+1} - x^{n+1}}{(n+1)!}$$

$$+ \sum_{s=1}^{\leq \frac{n}{2}} \frac{(-1)^s (2s-1) B_s}{(2s)!} \frac{(x+1)^{n-2s+1} - x^{n-2s+1}}{(n-2s+1)!}$$

$$(18) \qquad E_n(x) = \sum_{s=0}^{\leq \frac{n}{2}} \frac{(-1)^s T_{s+1}}{(2s)! \, 2^{2s+1}} \frac{(x+1)^{n-2s} + x^{n-2s}}{(n-2s)!},$$

où il faut supposer naturellement $n \geq 2$.

Dans le paragraphe XVII, nous avons à donner deux développements analogues à (17) et 18).

CHAPITRE IV.

XV. — Théorème de Jacobi.

Revenons maintenant aux équations aux différences finies qui figurent dans les définitions des $B_n(x)$ et des $E_n(x)$, savoir

$$B_n(x) - B_n(x-1) = \frac{x^{n-1}}{(n-1)!} \qquad (n \geqq 1),$$

$$E_n(x) + E_n(x-1) = \frac{x^n}{n!} \qquad (n \geqq 0),$$

puis mettons $-x$ au lieu de x, il résulte, en vertu des expressions des $B_n(x)$ et des $E_n(x)$, trouvées dans les paragraphes XII et XIII, respectivement

$$(-1)^n B_n(-x-1) = (-1)^n B_n(-x) + \frac{x^{n-1}}{(n-1)!} = B_n(x) \qquad (n \geqq 1),$$

$$(-1)^n E_n(-x-1) = (-1)^{n-1} E_n(-x) + \frac{x^n}{n!} = E_n(x) \qquad (n \geqq 0).$$

Remarquons encore que $B_0(x)$ a une valeur constante, nous aurons le théorème suivant :

I. *Les polynomes* $B_n(x)$ *et* $E_n(x)$ *satisfont tous deux, quel que soit l'indice n, aux équations fonctionnelles*

$$(1) \qquad \begin{cases} (-1)^n B_n(-x-1) = B_n(x), \\ (-1)^n E_n(-x-1) = E_n(x). \end{cases}$$

Jacobi ([1]) a indiqué, évidemment pour la première fois, la pre-

---

[1] *Journal de Crelle*, t. 12, 1834, p. 267.

mière des équations fonctionnelles (1) qui correspond à la fonction

$$(2) \qquad b_{2n}(x) = B_{2n}(x) + \frac{(-1)^n B_n}{(2n)!} \qquad (n \geqq 1),$$

c'est-à-dire précisément l'équation fonctionnelle en question pour une valeur paire de l'indice n.

Plus tard, la formule générale concernant les $B_n(x)$ est trouvée par Dienger ([1]), Malmsten ([2]), Raabe ([3]). La dernière des équations fonctionnelles (1) s'est évidemment présentée aux regards de Raabe ([4]); cependant, il n'a pas réussi à formuler explicitement l'expression fonctionnelle en question.

Introduisons maintenant, dans (1), $2n+1$ au lieu de n, puis posons $x = -\frac{1}{2}$, il résulte

$$B_{2n+1}\left(-\frac{1}{2}\right) = -B_{2n+1}\left(-\frac{1}{2}\right),$$

$$E_{2n+1}\left(-\frac{1}{2}\right) = -E_{2n+1}\left(-\frac{1}{2}\right),$$

ce qui donnera immédiatement

$$(3) \qquad \begin{cases} B_{2n+1}\left(-\frac{1}{2}\right) = 0, \\ E_{2n+1}\left(-\frac{1}{2}\right) = 0. \end{cases}$$

Cela posé, nous avons à étudier la valeur numérique

$$(4) \qquad E_n = (-1)^n (2n)! \, 2^{2n+1} E_{2n}\left(-\frac{1}{2}\right) \qquad (n \geqq 1).$$

A cet effet, introduisons tout d'abord, dans la formule (13) du paragraphe XIII, $x = -\frac{1}{2}$, puis posons $2n$ au lieu de n, nous aurons immédiatement

$$(5) \qquad \begin{cases} E_1 = 1, \\ E_n = (-1)^n + \displaystyle\sum_{s=0}^{s=n-1} (-1)^s \binom{2n}{2s+1} T_{n-s}, \end{cases}$$

([1]) *Journal de Crelle*, t. 34, 1847, p. 99.
([2]) *Ibid.*, t. 35, 1847, p. 64.
([3]) *Ibid.*, t. 42, 1851, p. 354. — *Mathematische Mittheilungen*, t. I-II, p. 48-49. Zurich, 1857-1858.
([4]) *Math. Mitth.*, p. 138.

de sorte que les E_n sont des nombres entiers. Quant à la nature de ces nombres, introduits dans l'Analyse par Euler ([1]) et par conséquent désignés généralement comme les nombres d'Euler, nous aurons à démontrer le théorème suivant :

II. *Les nombres d'Euler sont tous des positifs entiers impairs.*

En effet, introduisons, dans l'expression obtenue pour $E_{2n}(x)$, en vertu de la formule (20) du paragraphe XIII, $x = -\frac{1}{2}$, nous aurons

$$(6) \qquad E_n = T_n + \sum_{s=1}^{s=n-1} \binom{2n-1}{2s-1} T_s E_{n-s} \qquad (n \geqq 2);$$

c'est-à-dire que E_n et E_{n-1} sont de la même parité, parce que les T_n sont des nombres pairs, abstraction faite de $T_1 = 1$.

Dans nos recherches suivantes, nous avons à étudier plus amplement les nombres d'Euler.

XVI. — Théorème de Raabe.

Comme autre application directe des définitions des fonctions de Bernoulli et d'Euler, nous avons à déduire le théorème suivant :

I. *Soit p un positif entier quelconque, nous avons toujours*

$$(1) \qquad p^{n-1} \sum_{s=0}^{s=p-1} B_n\left(\frac{x-s}{p}\right) = B_n(x) \qquad (n \geqq 1),$$

$$(2) \qquad (2p+1)^n \sum_{s=0}^{s=2p} (-1)^s E_n\left(\frac{x-s}{2p+1}\right) = E_n(x) \qquad (n \geqq 0),$$

$$(3) \qquad (2p)^{n-1} \sum_{s=0}^{s=2p-1} (-1)^s B_n\left(\frac{x-s}{2p}\right) = E_{n-1}(x) \qquad (n \geqq 1).$$

En effet, désignons par

$$F_n(x), \quad G_n(x), \quad H_n(x)$$

([1]) *Institutiones calculi differentialis,* p. 542. Petrograd, 1755. — *Opuscula analytica,* t. II, p. 269-270. Petrograd, 1785.

les expressions qui figurent aux premiers membres des formules en question, il est évident que ces polynomes forment des suites harmoniques. De plus, nous aurons immédiatement

$$F_n(x) - F_n(x-1) = p^{n-1}\left[B_n\left(\frac{x}{p}\right) - B_n\left(\frac{x}{p}-1\right)\right] = \frac{x^{n-1}}{(n-1)!},$$

$$G_n(x) + G_n(x-1) = (2p+1)^n\left[E_n\left(\frac{x}{2p+1}\right) + E_n\left(\frac{x}{2p+1}-1\right)\right] = \frac{x^n}{n!},$$

$$H_n(x) + H_n(x-1) = (2p)^{n-1}\left[B_n\left(\frac{x}{2p}\right) - B_n\left(\frac{x}{2p}-1\right)\right] = \frac{x^{n-1}}{(n-1)!},$$

ce qui nous conduira immédiatement aux résultats susdits.

Les formules (1) et (2) appartiennent à Raabe (¹), tandis que (3) est peut-être nouvelle; d'autres démonstrations du théorème de Raabe sont données par exemple par M. N. de Sonine (²) et par A. Berger (³).

Il est très curieux, ce [me semble, qu'il existe des polynomes entiers, d'un degré quelconque, qui satisfont à des équations fonctionnelles de la forme susdite. Or, il est facile de démontrer que, abstraction faite d'un facteur constant quelconque, les $B_n(x)$ et les $E_n(x)$ sont les seuls polynomes qui possèdent la propriété indiquée.

En nous bornant à l'étude d'une seule des équations fonctionnelles susdites, par exemple de [la première, nous supposons, par conséquent, qu'il existe un polynome entier $F(x)$, du degré m, qui satisfait à la condition

$$(4) \qquad F(x) = p^{m-1}\sum_{s=0}^{s=p-1} F\left(\frac{x-s}{p}\right),$$

où p est un entier plus grand que l'unité.

Cela posé, il existe un développement de la forme

$$(5) \qquad F(x) = a_0 B_m(x) + a_1 B_{m-1}(x) + \ldots + a_m B_0(x),$$

(¹) *Die Jacob Bernoullische Function*, p. 23-28. Zurich, 1848. — *Journal de Crelle*, t. 42, 1851, p. 356-357. — *Mathematische Mittheilungen*, t. I-II, p. 134. Zurich, 1857-1858.

(²) *Journal de Crelle*, t. 116, 1896, p. 133-134.

(³) *Acta mathematica*, 1891, t. 14, p. 260.

où les coefficients a_s sont des constantes par rapport à x, bien déterminées du reste, ce qui donnera, en vertu des formules (1) et (4),

$$F(x) = \sum_{s=0}^{s=m} a_s\, p^s\, \mathrm{B}_{m-s}(x),$$

d'où, en vertu de (5),

$$a_s = a_s\, p^s,$$

savoir

$$a_s = 0 \qquad (s \neq 0),$$

de sorte que nous aurons finalement

(6)
$$F(x) = k\, \mathrm{B}_n(x),$$

où k est une constante quelconque.

De plus, il est très curieux que l'existence d'une seule équation fonctionnelle de la forme (4), savoir pour une valeur spéciale de p, entraîne l'existence des équations de la même forme, où p est un positif entier quelconque.

Introduisons maintenant, dans (1) et (3), $p = 2$, respectivement $p = 1$, puis remplaçons n par $n+1$, il résulte les deux formules spéciales

(7)
$$\begin{cases} \mathrm{B}_{n+1}(x) = 2^n\left[\mathrm{B}_{n+1}\!\left(\dfrac{x}{2}\right) + \mathrm{B}_{n+1}\!\left(\dfrac{x-1}{2}\right) \right], \\[2mm] \mathrm{E}_n(x) = 2^n\left[\mathrm{B}_{n+1}\!\left(\dfrac{x}{2}\right) - \mathrm{B}_{n+1}\!\left(\dfrac{x-1}{2}\right) \right], \end{cases}$$

d'où, en additionnant les deux formules ainsi obtenues,

(8)
$$\mathrm{E}_n(x) = 2^{n+1}\,\mathrm{B}_{n+1}\!\left(\dfrac{x}{2}\right) - \mathrm{B}_{n+1}(x).$$

Posons ensuite, dans (8), $x = 0$, puis introduisons $2n-1$ au lieu de n, nous aurons immédiatement le théorème suivant, dû à Euler [1] :

II. *Le $n^{\text{ième}}$ nombre de Bernoulli* B_n *et le $n^{\text{ième}}$ coefficient des tangentes* T_n *sont, pour une valeur quelconque de n, liés par la*

---

[1] *Opuscula analytica*, t. II, p. 273. Petrograd, 1785.

relation

$$(9) \qquad T_n = \frac{2^{2n}(2^{2n}-1)B_n}{2n}.$$

La formule que nous venons de démontrer est intéressante parce qu'elle touche à la question concernant la nature des nombres de Bernoulli, en indiquant que l'expression qui figure au second membre est un positif entier. Dans nos recherches suivantes, nous avons à étudier plus profondément la question susdite.

Revenons maintenant à la formule (1), puis appliquons les valeurs numériques, indiquées dans les paragraphes XII et XIII, savoir :

$$(10) \quad \begin{cases} B_0(0) = 1 = B_0(-1), & B_{2n}(0) = B_{2n}(-1) = \dfrac{(-1)^{n-1}B_n}{(2n)!}, \\[2mm] B_1(0) = -B_1(-1) = \dfrac{1}{2}, & B_{2n+1}(0) = B_{2n+1}(-1) = 0, \end{cases}$$

$$(11) \quad \begin{cases} E_0(0) = E_0(-1) = \dfrac{1}{2}, & E_{2n}(0) = E_{2n}(-1) = 0, \\[2mm] E_{2n+1}(0) = -E_{2n+1}(-1) = \dfrac{(-1)^n T_{n+1}}{(2n+1)!\, 2^{2n+2}}; \end{cases}$$

nous aurons immédiatement

$$(12) \qquad \sum_{s=1}^{s=p-1} B_{2n}\left(-\frac{s}{p}\right) = \frac{(-1)^n(p^{2n}-p)B_n}{(2n)!\, p^{2n}} \qquad (p \geqq 2,\ n \geqq 1),$$

tandis que la formule correspondante, pour une valeur impaire de l'indice, est, en vertu du théorème de Jacobi, une trivialité.

Il est évident que la formule (12) nous permet de déduire une suite de valeurs numériques.

En premier lieu, soit $n = 2$, nous aurons, en vertu de (12),

$$(13) \qquad B_{2n}\left(-\frac{1}{2}\right) = \frac{(-1)^n(2^{2n}-2)B_n}{(2n)!\, 2^{2n}} \qquad (n \geqq 1),$$

tandis que nous trouvons immédiatement

$$(14) \qquad B_0\left(-\frac{1}{2}\right) = 1.$$

On voit que ces deux formules forment un supplément nécessaire aux valeurs numériques indiquées dans le paragraphe XV, savoir :

$$(15) \qquad B_{2n+1}\left(-\frac{1}{2}\right) = 0,$$

$$(16) \qquad E_{2n+1}\left(-\frac{1}{2}\right) = 0.$$

$$(17) \qquad \begin{cases} E_0\left(-\dfrac{1}{2}\right) = \dfrac{1}{2}, \\[2mm] E_{2n}\left(-\dfrac{1}{2}\right) = \dfrac{(-1)^n E_n}{(2n)!\,2^{2n+1}}. \end{cases}$$

En second lieu, soit $n = 3$, nous aurons, en vertu de (12), et en appliquant le théorème de Jacobi,

$$(18) \qquad B_{2n}\left(-\frac{1}{3}\right) = B_{2n}\left(-\frac{2}{3}\right) = \frac{(-1)^n(3^{2n}-3)B_n}{2(2n)!\,3^{2n}} \qquad (n \geqq 1),$$

tandis que la formule (2) donnera de même, pour $x = 0$, $p = 1$,

$$(19) \qquad E_{2n-1}\left(-\frac{1}{3}\right) = -E_{2n-1}\left(-\frac{2}{3}\right) = \frac{(-1)^{n-1}(3^{2n}-3)}{(2n-1)!\,6^{2n}}\frac{T_n}{2} \qquad (n \geqq 1).$$

Remarquons, en passant, que les valeurs numériques

$$B_{2n-1}\left(-\frac{1}{3}\right), \qquad E_{2n}\left(-\frac{1}{3}\right)$$

ne sont pas connues sous forme simple, analogues aux deux valeurs précédentes.

En troisième lieu, l'hypothèse $p = 4$ donnera, en vertu de (13),

$$(20) \qquad B_{2n}\left(-\frac{1}{4}\right) = B_{2n}\left(-\frac{3}{4}\right) = \frac{(-1)^n(2^{2n}-2)B_n}{(2n)!\,2^{4n}} \qquad (n \geqq 1);$$

introduisons ensuite, dans (8), $x = -\frac{1}{2}$, nous aurons de même

$$(21) \qquad B_{2n+1}\left(-\frac{1}{4}\right) = -B_{2n+1}\left(-\frac{3}{4}\right) = \frac{(-1)^n E_n}{(2n)!\,2^{4n+2}} \qquad (n \geqq 1).$$

En dernier lieu, soit $p = 6$, nous aurons, en vertu de (18),

$$(22) \qquad B_{2n}\left(-\frac{1}{6}\right) = B_{2n}\left(-\frac{5}{6}\right) = \frac{(-1)^{n-1}(3^{2n}-3)(2^{2n}-2)}{(2n)!\,6^{2n}}\frac{B_n}{2} \qquad (n \geqq 1),$$

tandis que la valeur correspondante

$$B_{2n+1}\left(-\frac{1}{6}\right)$$

n'est pas connue sous forme simple.

Ces résultats numériques, dont la plupart étaient connus par Raabe ([1]), se trouvent dans des Mémoires de M. N. de Sonine ([2]) et de J. Worpitzky ([3]).

Revenons encore une fois à la formule (1), nous aurons immédiatement

$$(23) \quad p^{n-1} \sum_{s=1}^{s=p-1} \left[B_n\left(\frac{x-s}{p}\right) - B_n\left(\frac{x}{p}\right) \right] = B_n(x) - p^n B_n\left(\frac{x}{p}\right) \quad (p \geqq 2),$$

ce qui donnera

$$(24) \quad \sum_{s=1}^{s=p-1} \left[B_{2n}\left(-\frac{s}{p}\right) - B_{2n}(0) \right] = \frac{(-1)^n (p^{2n}-1)}{(2n)! \, p^{2n-1}} B_n \quad (n \geqq 1),$$

savoir la formule appliquée par Kummer ([4]), dans ses recherches fondamentales sur le « dernier » théorème de Fermat.

XVII. — Formules de Jacobi et de Raabe.

Les valeurs numériques, trouvées dans le paragraphe précédent, permettent de déterminer les coefficients de divers développements obtenus pour les fonctions $B_n(x)$ et $E_n(x)$.

A cet effet, prenons tout d'abord pour point de départ l'identité évidente

$$x = -\frac{1}{2} + \left(x + \frac{1}{2}\right),$$

la formule de Taylor donnera, en vertu des formules (13), (14),

---

([1]) *Journal de Crelle*, t. 42, 1851, p. 335-364. — *Mathematische Mittheilungen*, t. I-II, p. 137. Zurich, 1857-1858.
([2]) *Journal de Crelle*, t. 116, 1896, p. 134-135.
([3]) *Ibid.*, t. 94; 1883, p. 219-221.
([4]) *Ibid.*, t. 40, 1850, p. 121.

(15), (16), (17) du paragraphe XVI, les deux développements

$$(1) \qquad B_n(x) = \frac{\left(x+\frac{1}{2}\right)^n}{n!} + \sum_{s=1}^{\leq \frac{n}{2}} \frac{(-1)^s(2^{2s}-2)B_s}{(2s)!\,2^{2s}} \frac{\left(x+\frac{1}{2}\right)^{n-2s}}{(n-2s)!},$$

$$(2) \qquad E_n(x) = \frac{\left(x+\frac{1}{2}\right)^n}{n!\,2} + \sum_{s=1}^{\leq \frac{n}{2}} \frac{(-1)^s E_s}{(2s)!\,2^{2s+1}} \frac{\left(x+\frac{1}{2}\right)^{n-2s}}{(n-2s)!},$$

qui sont dus à Raabe (¹) et qui nous conduiront à plusieurs autres développements des $B_n(x)$ et des $E_n(x)$.

En premier lieu, posons $\frac{1}{2}(x-1)$ au lieu de x, nous aurons

$$(3) \qquad 2^n B_n\left(\frac{x-1}{2}\right) = \frac{x^n}{n!} + \sum_{s=1}^{\leq \frac{n}{2}} \frac{(-1)^s(2^{2s}-2)B_s\,x^{n-2s}}{(2s)!\,(n-2s)!},$$

$$(4) \qquad 2^{n+1}.E_n\left(\frac{x-1}{2}\right) = \frac{x^n}{n!} + \sum_{s=1}^{\leq \frac{n}{2}} \frac{(-1)^s E_s\,x^{n-2s}}{(2s)!\,(n-2s)!}.$$

En second lieu, posons, dans (1) et (2), $2n$ au lieu de n, puis appliquons l'identité évidente

$$\left(x+\frac{1}{2}\right)^2 = x^2 + x + \frac{1}{4},$$

il résulte tout d'abord

$$B_{2n}(x) = \frac{\left(x^2+x+\frac{1}{4}\right)^n}{(2n)!} + \sum_{s=1}^{s=n} \frac{(-1)^s(2^{2s}-2)B_s}{(2s)!\,2^{2s}} \frac{\left(x^2+x+\frac{1}{4}\right)^{n-s}}{(2n-2s)!},$$

$$E_{2n}(x) = \frac{1}{2}\frac{\left(x^2+x+\frac{1}{4}\right)^n}{(2n)!} + \sum_{s=1}^{s=n} \frac{(-1)^s E_s}{(2s)!\,2^{2s+1}} \frac{\left(x^2+x+\frac{1}{4}\right)^{n-s}}{(2n-2s)!},$$

(¹) *Journal de Crelle*, t. 42, 1851; p. 355. — *Mathematische Mittheilungen*. t. I-II, p. 133. Zurich, 1857-1858.

d'où, en ordonnant d'après les puissances de la quantité $(x^2 + x)$,

$$(5) \qquad B_{2n}(x) = \sum_{s=0}^{s=n} \frac{\alpha_{n,s}}{(2n)! \, 2^{2s}} \, (x^2 + x)^{n-s},$$

$$(6) \qquad E_{2n}(x) = \sum_{s=0}^{s=n} \frac{\beta_{n,s}}{(2n)! \, 2^{2s+1}} (x^2 + x)^{n-s},$$

où nous avons posé, pour abréger,

$$(7) \qquad \begin{cases} \alpha_{n,0} = 1, \\ \alpha_{n,p} = \binom{n}{p} + \sum_{s=1}^{s=p} (-1)^s \binom{n-s}{p-s} \binom{2n}{2s} (2^{2s} - 2) B_s; \end{cases}$$

$$(8) \qquad \begin{cases} \beta_{n,0} = 1, \\ \beta_{n,p} = \binom{n}{p} + \sum_{s=1}^{s=p} (-1)^s \binom{n-s}{p-s} \binom{2n}{2s} E_s; \end{cases}$$

je n'ai pas réussi à donner sous forme simple les coefficients $\alpha_{n,p}$ et $\beta_{n,p}$.

Soit particulièrement x égal à un positif entier, Jacobi ([1]) a démontré l'existence d'un développement de la forme (5).

Cherchons ensuite les dérivées des deux membres des formules (5) et (6), nous aurons les développements analogues

$$(9) \qquad B_{2n-1}(x) = \left(x + \frac{1}{2}\right) \sum_{s=0}^{s=n-1} \frac{(2n-2s)\alpha_{n,s}}{(2n)! \, 2^{2s}} (x^2 + x)^{n-s-1},$$

$$(10) \qquad E_{2n-1}(x) = \left(x + \frac{1}{2}\right) \sum_{s=0}^{s=n-1} \frac{(2n-2s)\beta_{n,s}}{(2n)! \, 2^{2s+1}} (x^2 + x)^{n-s-1},$$

dont le premier, pour une valeur positive entière de l'argument x, est dû à Prouhet ([2]).

En se rappelant la valeur de $B_m(o)$, on aura, en vertu de (5) et (9),

$$(11) \qquad \begin{cases} \alpha_{n,n} = (-1)^{n-1} B_n, \\ \alpha_{n,n-1} = 0, \end{cases}$$

([1]) *Journal de Crelle*, t. 12, 1834, p. 271. *Voir* aussi *Nouvelles Annales*, t. VII, 1848, p. 448; t. X, 1851, p. 198-199.
([2]) *Nouvelles Annales*, t. X, 1851, p. 199-200.

d'où il résulte, en introduisant les expressions correspondantes tirées de (7), ces deux formules bien connues :

$$(12) \qquad (2^{2n+1}-2)B_n + \sum_{s=1}^{s=n-1} (-1)^s \binom{2n}{2s}(2^{2n-2s}-2)B_{n-s} = (-1)^{n-1},$$

$$(13) \qquad \sum_{s=0}^{s=n-1} (-1)^s \binom{2n+1}{2s+1}(2^{2n-2s}-2)B_{n-s} = (-1)^{n-1},$$

dont la dernière appartient à Euler ([1]).

Les développements (6) et (10) donnent, de la même manière,

$$(14) \qquad \begin{cases} \beta_{n,n} = 0, \\ \beta_{n,n-1} = (-1)^{n-1}n\,T_n, \end{cases}$$

d'où, en vertu de (8), les formules récursives bien connues :

$$(15) \qquad T_n + \sum_{s=1}^{s=n-1} (-1)^s \binom{2n-1}{2s-1} E_{n-s} = (-1)^{n-1},$$

$$(16) \qquad \sum_{s=0}^{s=n-1} (-1)^s \binom{2n}{2s} E_{n-s} = (-1)^{n-1},$$

dont la dernière, due à Euler ([2]), représente la première formule récursive connue pour les nombres d'Euler.

Appliquons maintenant les valeurs numériques (11), nous aurons, en vertu de (5) et (9),

$$(17) \qquad \begin{cases} B_{2n}(x) = x^2(x+1)^2 f_{2n-4}(x) + B_{2n}(0) & (n \geqq 2), \\ B_{2n+1}(x) = x(x+1)\left(x+\dfrac{1}{2}\right) g_{2n-2}(x) & (n \geqq 1), \end{cases}$$

tandis que les formules (14) donnent de même, en vertu de (6) et (10),

$$(18) \qquad \begin{cases} E_{2n}(x) = x(x+1)h_{2n-2}(x) & (n \geqq 1), \\ E_{2n+1}(x) = \left(x+\dfrac{1}{2}\right) k_{2n}(x) & (n \geqq 0). \end{cases}$$

([1]) *Opuscula analytica*, t. II, p. 261. Petrograd, 1785.
([2]) *Ibid.*, p. 269-270.

Dans ces quatre formules, les

$$f_m(x), \quad g_m(x), \quad h_m(x), \quad k_m(x)$$

désignent des polynomes entiers d'un degré égal à l'indice.

Revenons maintenant à la formule (1), puis introduisons $\frac{1}{2}x$, respectivement $\frac{1}{2}(x-1)$ au lieu de x, nous aurons, en additionnant, respectivement soustrayant les deux formules ainsi obtenues, puis appliquant les formules (7) du paragraphe XVI,

$$(19) \qquad 2\,B_n(x) = \frac{(x+1)^n + x^n}{n!} + \sum_{s=1}^{\leq \frac{n}{2}} \frac{(-1)^s(2^{2s}-2)B_s}{(2s)!}\,\frac{(x+1)^{n-2s}+x^{n-2s}}{(n-2s)!},$$

$$(20) \qquad 2\,E_n(x) = \frac{(x+1)^{n+1} - x^{n+1}}{(n+1)!} + \sum_{s=1}^{\leq \frac{n}{2}} \frac{(-1)^s(2^{2s}-2)B_s}{(2s)!}\,\frac{(x-1)^{n-2s+1}-x^{n-2s+1}}{(n-2s+1)!},$$

où il faut supposer $n \geqq 2$.

L'analogie de ces deux formules et des formules (17) et (18) du paragraphe XIV est évidente.

Posant, dans (19) et (20), $x = 0$, on retrouve les deux formules récursives (12) et (13), tandis que l'hypothèse $x = -\frac{1}{2}$ donnera, pour une valeur paire de n, savoir, en introduisant $2n$ au lieu de n,

$$(21) \quad (-1)^{n-1}(2^{2n}-1)(2^{2n}-2)B_n = 1 + \sum_{s=1}^{s=n-1} (-1)^s \binom{2n}{2s} 2^{2s}(2^{2s}-2)B_s,$$

$$(22) \qquad (-1)^n(2n+1)E_n = 1 + \sum_{s=1}^{s=n} (-1)^s \binom{2n+1}{2s} 2^{2s}(2^{2s}-2)B_s.$$

Il est évident que l'on pourra déduire, en vertu des autres valeurs numériques indiquées dans le paragraphe précédent, un nombre de formules analogues à (1) et (2). Nous nous bornerons à mentionner les cas suivants :

Appliquons les identités évidentes

$$x = -\frac{1}{4} + \left(x + \frac{1}{4}\right), \qquad x - \frac{1}{2} = -\frac{3}{4} + \left(x + \frac{1}{4}\right),$$

nous aurons, en vertu de la formule de Taylor,

$$B_n(x) = \sum_{s=0}^{s=n} \frac{\left(x+\frac{1}{4}\right)^{n-s}}{(n-s)!} B_s\left(-\frac{1}{4}\right),$$

$$B_n\left(x-\frac{1}{2}\right) = \sum_{s=0}^{s=n} \frac{(-1)^s\left(x+\frac{1}{4}\right)^{n-s}}{(n-s)!} B_s\left(-\frac{1}{4}\right),$$

d'où, en additionnant,

$$(23) \qquad B_n(x) + B_n\left(x-\frac{1}{2}\right) = 2 \sum_{s=0}^{\leq \frac{n}{2}} \frac{\left(x+\frac{1}{4}\right)^{n-2s}}{(n-2s)!} B_{2s}\left(-\frac{1}{4}\right).$$

L'identité

$$x-\frac{1}{4} = -\frac{1}{2}+\left(x+\frac{1}{4}\right)$$

donnera de même

$$(24) \qquad B_n\left(x-\frac{1}{4}\right) = \sum_{s=0}^{\leq \frac{n}{2}} \frac{\left(x+\frac{1}{4}\right)^{n-2s}}{(n-2s)!} B_{2s}\left(-\frac{1}{2}\right).$$

Cela posé, soustrayons les deux formules (23) et (24), puis appliquons les valeurs numériques indiquées dans les formules (13) et (20) du paragraphe précédent, il résulte

$$(25) \qquad B_n\left(x-\frac{1}{4}\right) - \frac{1}{2}\left[B_n(x) + B_n\left(x-\frac{1}{2}\right)\right]$$

$$= \sum_{s=1}^{\leq \frac{n}{2}} \frac{(-1)^s\left(x+\frac{1}{4}\right)^{n-2s}}{(n-2s)!\,(2s-1)!} \frac{(2^{2s}-2)T_s}{2^{2s}},$$

d'où, en posant $x = 0$, puis introduisant $2n+1$ au lieu de n,

$$(26) \qquad (-1)^{n-1} E_n = \sum_{s=0}^{v=n-1} (-1)^s \binom{2n}{2s+1} \frac{2^{2s+1}-1}{2^{2s+1}} T_{s+1}.$$

XVIII. — Développements divers.

Les suites correspondantes, étudiées dans le paragraphe XIV, nous fournissent un simple moyen pour déduire, d'un seul coup, une suite de formules, autrefois démontrées séparément et par des méthodes différentes, et beaucoup d'autres.

A cet effet, prenons tout d'abord pour point de départ les deux identités

$$B_n(x) + B_n(x-1) = \frac{2x^n}{n!} + 2\sum_{s=1}^{\leq \frac{n}{2}} \frac{(-1)^{s-1}B_s}{(2s)!}\,\frac{x^{n-2s}}{(n-2s)!},$$

$$E_n(x) - E_n(x-1) = \sum_{s=0}^{\leq \frac{n-1}{2}} \frac{(-1)^s T_{s+1}}{(2s+1)!\,2^{2s+1}}\,\frac{x^{n-2s-1}}{(n-2s-1)!},$$

tirées directement des expressions explicites, trouvées pour les fonctions $B_n(x)$ et $E_n(x)$, nous aurons immédiatement les développements

$$(1) \qquad \frac{1}{2}B_n(x) = E_n(x) + \sum_{s=1}^{\leq \frac{n}{2}} \frac{(-1)^{s-1}B_s}{(2s)!}\,E_{n-2s}(x),$$

$$(2) \qquad E_n(x) = \sum_{s=0}^{\leq \frac{n}{2}} \frac{(-1)^s T_{s+1}}{(2s+1)!\,2^{2s+1}}\,B_{n-2s}(x).$$

En second lieu, les formules (7) du paragraphe XVI donnent de même

$$(3) \qquad 2^{n-1}B_n\left(\frac{x}{2}\right) = E_n(x) + \frac{1}{2}E_{n-1}(x) + \sum_{s=1}^{\leq \frac{n}{2}} \frac{(-1)^{s-1}B_s}{(2s)!}\,E_{n-2s}(x),$$

$$(4) \qquad 2^{n-1}B_n\left(\frac{x}{2}\right) = \frac{1}{2}B_n(x) + \sum_{s=1}^{\leq \frac{n+1}{2}} \frac{(-1)^{s-1}T_s}{(2s-1)!\,2^{2s}}\,B_{n-2s+1}(x).$$

De plus, les deux expressions

$$2^{n+1}\left[E_n\left(\frac{x}{2}\right) \pm E_n\left(\frac{x-1}{2}\right)\right]$$

étant déterminées à l'aide des formules (13) du paragraphe XIII
et (4) du paragraphe XVII, il résulte les deux développements

$$(5)\quad 2^{n+1} E_n\left(\frac{x}{2}\right) = \sum_{s=0}^{\leq \frac{n}{2}} \frac{(-1)^s T_{s+1}}{(2s+1)!} B_{n-2s}(x) + \sum_{s=0}^{\leq \frac{n-1}{2}} \frac{(-1)^s E_{s+1}}{(2s+2)!} B_{n-2s-1}(x),$$

$$(6)\quad 2^{n+1} E_n\left(\frac{x}{2}\right) = 2 E_n(x) + \sum_{s=0}^{\leq \frac{n-1}{2}} \frac{(-1)^s T_{s+1}}{(2s+1)!} E_{n-2s-1}(x) + \sum_{s=0}^{\leq \frac{n-2}{2}} \frac{(-1)^s E_{s+1}}{(2s+2)!} E_{n-2s-2}(x),$$

analogues aux deux précédents, mais plus compliqués.

Cela posé, nous aurons à généraliser beaucoup les deux formules
(24) du paragraphe XII et (20) du paragraphe XIII, formules que
nous écrivons sous la forme

$$(x+1) B_{n-1}(x) - (n-1) B_n(x) = \sum_{s=0}^{s=n} B_s(0) B_{n-s}(x),$$

$$(x+1) E_n(x) - (n+1) E_{n+1}(x) = \sum_{s=0}^{s=n} E_s(0) E_{n-s}(x),$$

En effet, soit y une variable complexe quelconque, je dis que nous
aurons ces deux formules beaucoup plus générales :

$$(7)\quad (x+y+1) B_{n-1}(x+y) - (n-1) B_n(x+y) = \sum_{s=0}^{s=n} B_s(y) B_{n-s}(x),$$

$$(8)\quad (x+y+1) E_n(x+y) - (n+1) E_{n+1}(x+y) = \sum_{s=0}^{s=n} E_s(y) E_{n-s}(x).$$

La démonstration est évidente, parce que les polynomes qui
figurent aux deux membres des formules en question forment,
regardés comme fonctions de y, des suites harmoniques, dont les
éléments sont égaux, deux à deux, pour $y = 0$; c'est-à-dire que les
formules (7) et (8) sont des conséquences immédiates du théorème VI du paragraphe XI.

Il est évident que les formules (3) et (4) sont susceptibles d'une
généralisation analogue. En effet, les formules en question se présentant aussi sous cette autre forme

$$2^{n-1} B_n\left(\frac{x}{2}\right) = \sum_{s=0}^{s=n} E_s(0) B_{n-s}(x) = \sum_{s=0}^{s=n} B_s(0) E_{n-s}(x),$$

on aura immédiatement la formule beaucoup plus générale

$$(9) \qquad 2^{n-1} B_n\left(\frac{x+y}{2}\right) = \sum_{s=0}^{s=n} B_{n-s}(x)\, E_s(y).$$

Cela posé, introduisons dans les trois dernières formules $2n$ au lieu de n, puis posons $y = -x - 1$, il résulte, en vertu des équations fonctionnelles (1) du paragraphe XV, les trois identités très curieuses

$$(10) \qquad \sum_{s=0}^{s=2n} -1)^s B_s(x)\, B_{2n-s}(x) = \frac{(-1)^n(2n-1)B_n}{(2n)!},$$

$$(11) \qquad \sum_{s=0}^{s=2n} (-1)^s E_s(x)\, E_{2n-s}\, x = \frac{(-1)^n T_n}{(2n)!\, 2^{2n+1}},$$

$$(12) \qquad \sum_{s=0}^{s=2n} (-1)^s E_s(x)\, B_{2n-s}(x) = \frac{(-1)^n(2^{2n-1}-1)B_n}{(2n)!}.$$

Appliquons ensuite les valeurs numériques trouvées dans le paragraphe XVI; il est évident que l'on peut déduire, à l'aide des formules précédentes, un grand nombre de relations entre les B_n, T_n, E_n. Dans ce qui suit, nous nous bornerons aux plus simples des relations susdites.

Appliquons tout d'abord les trois dernières identités, l'hypothèse $x = 0$ donnera, en vertu de (10) et (11), les deux formules élégantes

$$(13) \qquad (2n^2+1)B_n = \sum_{s=1}^{s=n-1} \binom{2n}{2s} B_s B_{n-s},$$

$$(14) \qquad T_{n+1} = \sum_{s=0}^{s=n-1} \binom{2n}{2s+1} T_{s+1} T_{n-s}$$

dues à Euler (1) et trouvées déjà dans notre introduction des $B_n(x)$ et des $E_n(x)$ respectivement; la formule (12) donnera une trivialité pour $x = 0$.

---

(1) *Institutiones calculi differentialis*, p. 416, p. 493. Petrograd, 1755. — *Opuscula analytica*. t. II, p. 266, p. 270. Petrograd, 1785.

Soit ensuite $x = -\frac{1}{2}$, il résulte de même

$$(15) \qquad [(2n-3)2^{2n}+4]B_n = \sum_{s=1}^{s=n-1} \binom{2n}{2s}(2^{2s}-2)(2^{2n-2s}-2)B_s B_{n-s},$$

$$(16) \qquad T_{n+1} - 2E_n = \sum_{s=1}^{s=n-1} \binom{2n}{2s} E_s E_{n-s};$$

$$(17) \quad (2^{2n}-1)(2^{2n}-2)B_n - E_n = \sum_{s=1}^{s=n-1} \binom{2n}{2s}(2^{2s}-2)B_s E_{n-s}.$$

Quant aux formules (7), (8), (9), les hypothèses $x=0$, $y=-\frac{1}{2}$ donnent

$$(18) \quad [(2n-1)2^{2n}-4n]B_n = \sum_{s=1}^{s=n-1} \binom{2n}{2s}(2^{2n}-2^{2s+1})B_s B_{n-s},$$

$$(19) \qquad E_{n+1} - T_{n+1} = \sum_{s=0}^{s=n-1} \binom{2n+1}{2s+1} T_{s+1} E_{n-s},$$

$$(20) \qquad (2n+1)E_n - T_{n+1} = \sum_{s=0}^{s=n-1} \binom{2n+1}{2s+1}(2^{2n-2s}-2)B_{n-s}T_{s+1};$$

la formule (16) est due à Scherk (¹). Multiplions par 2^{2n} la formule (13), puis additionnons et soustrayons de (18) la formule ainsi obtenue, il résulte respectivement

$$(21) \qquad (2^{2n}+2n)B_n = \sum_{s=1}^{s=n-1} \binom{2n}{2s} 2^{2s} B_s B_{n-s},$$

$$(22) \qquad 2nT_n = \sum_{s=1}^{s=n-1} \binom{2n-1}{2s} 2^{2s} B_s T_{n-s}.$$

Posons encore, dans (7), $x=0$, $y=-\frac{1}{4}$, il résulte

$$(23) \quad (2n+1)E_n - (2^{2n}+2)(2^{2n}-1)B_n = \sum_{s=1}^{s=n-1} \binom{2n}{2s} 2^{2s} B_s E_{n-s}$$

(¹) *Mathematische Abhandlungen*, p. 6. Berlin. 1825.

et

$$(24) \quad 2n(2n-1)E_{n-1} + [2n(2^{2n}-2) - 2^{4n}]B_n$$
$$= \sum_{s=1}^{s=n-1} \binom{2n}{2s}(2^{2n-2s}-2)\,2^{4s}B_s B_{n-s},$$

tandis que les hypothèses $x = -\frac{1}{2}$, $y = -\frac{1}{4}$ donnent

$$(25) \quad (2n-1)E_n - (2^{2n}-1)(2^{2n}-2)B_n = \sum_{s=1}^{s=n-1} \binom{2n}{2s}(2^{2s}-2)\,2^{4s}B_s E_{n-s},$$

$$(26) \quad 2n(2n-1)E_{n-1} - (2n+2^{2n})(2^{2n}-2)B_n$$
$$= \sum_{s=1}^{s=n-1} \binom{2n}{2s}(2^{2n-2s}-2)(2^{2s}-2)\,2^{4s}B_s B_{n-s};$$

il est évident que les hypothèses $x = -\frac{1}{2}, y = -\frac{1}{3}$ et $x = -\frac{1}{2}$, $y = -\frac{1}{6}$ donnent d'autres formules analogues, mais plus compliquées; c'est pourquoi nous nous bornerons à indiquer l'existence de ces formules.

Revenons ensuite aux développements (1) et (2), les hypothèses $x = 0$, $x = -\frac{1}{2}$ donnent

$$(27) \quad T_n = \sum_{s=1}^{s=n-1} \binom{2n-1}{2s} 2^{2s}B_s T_{n-s},$$

$$(28) \quad E_n = 2(2^{2n}-1)B_n + \sum_{s=1}^{s=n-1} \binom{2n}{2s} 2^{2s}B_s E_{n-s};$$

de plus, nous retrouvons la formule (2c).

Quant aux développements (5) et (6), nous aurons, en posant $x = 0$;

$$(29) \quad T_{n+1} - \left(n+\frac{1}{2}\right)E_n = \sum_{s=1}^{s=n} \binom{2n+1}{2s+1} T_s B_{n-s+1},$$

$$(30) \quad E_n - nT_n = \sum_{s=1}^{s=n-1} \binom{2n}{2s} E_s B_{n-s}$$

et

$$(2^{2n-1} - 2)\,T_n = \sum_{s=1}^{s=n-1} \binom{2n-1}{2s}\, 2^{2s}\, E_s\, T_{n-s}, \tag{31}$$

$$2^{2n-1}\,E_n = \sum_{s=0}^{s=n-1} \binom{2n}{2s+1}\, 2^{2s}\, T_{s+1}\, T_{n-s}. \tag{32}$$

Il est évident que les formules précédentes permettent de déduire plusieurs autres d'une forme assez simple.

En effet, additionnaons (17) et (28), il résulte

$$(2^{2n-1} - 2)\,T_n = \sum_{s=1}^{s=n-1} \binom{2n-1}{2s-1}\, 2^{2n-2s}\, T_s\, E_{n-s}; \tag{33}$$

soustrayons ensuite (17) de (25), nous aurons de même

$$2^{2n}\,E_n - (2^{2n+1} - 4)\,T_n = \sum_{s=1}^{s=n-1} \binom{2n-1}{2s-1}\,(2^{2s} - 4)\, 2^{2n-2s}\, T_s\, E_{n-s}, \tag{34}$$

tandis que nous trouvons, en soustrayant (15) de (26),

$$(2n-1)\,2^{2n}\,E_{n-1} - (2^{2n} + 4n - 4)\,T_n$$
$$= \sum_{s=1}^{s=n-1} \binom{2n-1}{2s-1}\,(2^{2s} - 2)\,(2^{2n-2s} - 2)\, 2^{2n-2s}\, T_s\, B_{n-s}. \tag{35}$$

XIX. — Développements d'un polynome quelconque.

Soit maintenant

$$f(x) = a_{n,0}\,x^n + a_{n,1}\,x^{n-1} + \ldots + a_{n,n-1}\,x + a_{n,n} \tag{1}$$

un polynome quelconque du $n^{\text{ième}}$ degré, les coefficients $\alpha_{n,p}$ et $\beta_{n,p}$ des deux développements

$$f(x) = \sum_{p=0}^{p=n} \alpha_{n,p}\, B_{n-p}(x), \tag{2}$$

$$f(x) = \sum_{p=0}^{p=n} \beta_{n,p}\, E_{n-p}(x) \tag{3}$$

sont, abstraction faite de $\alpha_{n,n}$, déterminés, en vertu des formules (14) du paragraphe V et (8) du paragraphe VI, parce que les développements en question donnent immédiatement

$$(4) \qquad \Delta f(x) = \sum_{p=0}^{p=n-1} \frac{\alpha_{n,p}\, x^{n-p-1}}{(n-p-1)!},$$

$$(5) \qquad \delta f(x) = \sum_{p=0}^{p=n} \frac{\beta_{n,p}\, x^{n-p}}{(n-p)!}.$$

Une autre détermination des coefficients $\alpha_{n,p}$ et $\beta_{n,p}$ peut être établie à l'aide des formules de Taylor

$$B_{m+1}(x+h) = \sum_{s=0}^{s=m+1} \frac{h^s}{s!}\, B_{m-s+1}(x).$$

$$E_m(x+h) = \sum_{s=0}^{s=m} \frac{h^s}{s!}\, E_{m-s}(x).$$

En effet, soit $h = -1$, on aura, en vertu des équations aux différences finies qui figurent dans les définitions des $B_n(x)$ et des $E_n(x)$,

$$(6) \qquad \frac{x^m}{m!} = \sum_{s=0}^{s=m} \frac{(-1)^s\, B_{m-s}(x)}{(s+1)!},$$

$$(7) \qquad \frac{x^m}{m!} = 2\, E_m(x) + \sum_{s=1}^{s=m} \frac{(-1)^s\, E_{m-s}(x)}{s!};$$

la première de ces deux formules est, pour une valeur positive entière de x, connue par Euler ([1]).

Cela posé, développons, en vertu de (6) et (7), toutes les puissances qui figurent au second membre de (1), puis ordonnons d'après les $B_m(x)$, respectivement d'après les $E_m(x)$, les expressions ainsi obtenues, il résulte, pour les $\alpha_{n,p}$,

$$8) \qquad \alpha_{n,p} = \sum_{s=0}^{s=p} \frac{(-1)^s\, (n-p+s)!\, \alpha_{n,p-s}}{(s+1)!} \qquad (0 \leqq p \leqq n)$$

___

[1] *Institutiones calculi differentialis*, p. 406, Petrograd, 1755.

ou, ce qui est la même chose,

$$(9) \quad \begin{cases} \dfrac{a_{n,p}}{(n-p-1)!} = \displaystyle\sum_{s=0}^{s=p} (-1)^s \binom{n-p+s}{s+1} a_{n,p-s} & (0 \leqq p \leqq n-1), \\[2em] a_{n,n} = \displaystyle\sum_{s=0}^{s=n} \dfrac{(-1)^s a_{n,n-s}}{s+1}, \end{cases}$$

ce qui montre clairement que le dernier coefficient $\alpha_{n,p}$ est généralement d'une forme différente et plus compliquée que les autres $\alpha_{n,p}$.

Quant au développement d'après les fonctions d'Euler, on aura de même

$$(10) \quad \begin{cases} \beta_{n,0} = 2 a_{n,0}, \\[1em] \beta_{n,p} = 2(n-p)!\, a_{n,p} + \displaystyle\sum_{s=1}^{s=p} \dfrac{(-1)^s (n-p+s)!\, a_{n,p-s}}{s!} \end{cases}$$

ou, ce qui est la même chose,

$$(11) \quad \dfrac{\beta_{n,p}}{(n-p)!} = 2 a_{n,p} + \sum_{s=1}^{s=p} (-1)^s \binom{n-p+s}{s} a_{n,p-s} \qquad (p \geqq 1).$$

Soit particulièrement $f(x)$ un polynome harmonique, savoir

$$(12) \quad a_{n,s} = \dfrac{a_s}{(n-s)!},$$

les développements (2) et (3) se présentent sous la forme

$$(13) \quad f_n(x) = \sum_{p=0}^{p=n} a_p\, B_{n-p}(x),$$

$$(14) \quad f_n(x) = \sum_{p=0}^{p=n} \beta_p\, E_{n-p}(x),$$

où

$$(15) \quad a_p = \sum_{s=0}^{s=p} \dfrac{(-1)^s a_{p-s}}{(s+1)!},$$

$$(16) \quad \begin{cases} \beta_0 = 2 a_0, \\[1em] \beta_p = 2 a_p + \displaystyle\sum_{s=0}^{s=p} \dfrac{(-1)^s a_{p-s}}{s!}. \end{cases}$$

Cela posé, il saute aux yeux que les deux classes de développements que nous venons d'étudier, savoir les formules (2), (3) et les formules (13), (14), sont d'une nature entièrement différente.

En effet, soit $\nu \leqq n$, on aura, en vertu de (2) et (3),

$$(17) \qquad f^{(\nu)}(x) = \sum_{p=0}^{p=n-\nu} \alpha_{n,p}\, B_{n-p-\nu}(x),$$

$$(18) \qquad f^{(\nu)}(x) = \sum_{p=0}^{p=n-\nu} \beta_{n,p}\, E_{n-p-\nu}(x),$$

tandis que le même procédé, appliqué aux développements (13) et (14), donnera des formules obtenues de (13) et (14) en posant $n - \nu$ au lieu de n.

Introduisons maintenant, dans les quatre développements susdits,

$$x = 0, \; -\frac{1}{2}, \; -\frac{1}{3}, \; -\frac{1}{4}, \; -\frac{1}{6},$$

nous aurons évidemment des formules récursives pour les B_n, T_n, E_n, formules qui sont d'une nature entièrement différente, selon que nous prenons pour point de départ les formules (2) et (3) ou les formules (14) et (15).

En effet, soit par exemple $x = 0$, on aura, en vertu de (2) et (3),

$$(19) \qquad a_{n,n} = z_{n,n} + \frac{1}{2} z_{n,n-1} + \sum_{s=1}^{\leqq \frac{n}{2}} \frac{(-1)^{s-1} z_{n,n-2s}}{(2s)!} B_s,$$

$$(20) \qquad a_{n,n} = \frac{1}{2}\beta_{n,n} + \sum_{s=0}^{\leqq \frac{n-1}{2}} \frac{(-1)^s \beta_{n,n-2s-1}}{(2s+1)!\, 2^{2s+2}} T_{s+1},$$

tandis que les développements (13) et (14) donnent

$$(21) \qquad a_n = z_n + \frac{1}{2}\alpha_{n-1} + \sum_{s=1}^{\leqq \frac{n}{2}} \frac{(-1)^{s-1} z_{n-2s}}{(2s)!} B_s,$$

$$(22) \qquad a_n = \frac{1}{2}\beta_n + \sum_{s=0}^{\leqq \frac{n-1}{2}} \frac{(-1)^s \beta_{n-2s-1}}{(2s+1)!\, 2^{2s+2}} T_{s+1}.$$

Dans ce qui suit, nous désignons comme régulières les formules récursives qui proviennent des développements d'un polynome harmonique, tandis que les autres formules récursives seront désignées comme irrégulières.

Cette définition adoptée, il est évident que les formules récursives développées jusqu'ici sont des formules régulières.

Pour obtenir des exemples des formules irrégulières, étudions le polynome

$$f(x) = \frac{x^{n+1} + (-1)^n}{x+1} = x^n - x^{n-1} + x^{n-2} - \ldots + (-1)^n,$$

nous aurons les développements

$$(23) \quad \frac{x^{n+1} + (-1)^n}{x+1} = (-1)^n \lambda_{n+1} + \sum_{s=0}^{s=n-1} (-1)^s \left[\binom{n+1}{s+1} - 1 \right] (n-s-1)!\, B_{n-s}(x),$$

$$(24) \quad \frac{x^{n+1} + (-1)^n}{x+1} = \sum_{s=0}^{s=n} (-1)^s \left[\binom{n+1}{s} + 1 \right] (n-s)!\, E_{n-s}(x),$$

où nous avons posé pour abréger

$$(25) \qquad \lambda_q = \frac{1}{1} + \frac{1}{2} + \frac{1}{3} + \ldots + \frac{1}{q}.$$

Soit maintenant, dans (23) et (24), $x = 0$, nous aurons

$$(26) \qquad \frac{n+2}{2} - \lambda_{n+1} = \sum_{s=1}^{\leq \frac{n}{2}} (-1)^{s-1} \left[\binom{n+1}{2s} - 1 \right] \frac{B_s}{2s},$$

$$(27) \qquad \frac{n}{2} = \sum_{s=1}^{\leq \frac{n}{2}} (-1)^{s-1} \left[\binom{n+1}{2s} + 1 \right] \frac{T_s}{2^{2s}};$$

introduisons ensuite, dans ces deux formules récursives, $n = 2m$, respectivement $n = 2m + 1$, puis soustrayons les formules ainsi obtenues, il résulte

$$(28) \qquad m = \sum_{s=1}^{s=m} (-1)^{s-1} \binom{2m+2}{2s} B_s,$$

$$(29) \qquad \frac{1}{2} = \sum_{s=1}^{s=m} (-1)^{s-1} \binom{2m+1}{2s} \frac{T_s}{2^{2s}} + \frac{(-1)^m T_{m+1}}{2^{2m+1}}.$$

L'hypothèse $x = -\frac{1}{2}$ donnera de même

$$(30) \qquad \frac{2^{n+1}-1}{2^n} - \lambda_{n+1} = \sum_{s=1}^{\leq \frac{n}{2}} (-1)^s \left[\binom{n+1}{2s} - 1 \right] \frac{2^{2s}-2}{2^{2s}} \frac{B_s}{2s},$$

$$(31) \qquad \frac{n-2}{2} + \frac{1}{2^n} = \sum_{s=1}^{\leq \frac{n}{2}} \frac{(-1)^{s-1}}{2^{2s+1}} \left[\binom{n+1}{2s+1} + 1 \right] E_s,$$

d'où, en soustrayant les formules (26) et (30),

$$(32) \qquad \frac{n-2}{2} + \frac{1}{2^n} = \sum_{s=1}^{\leq \frac{n}{2}} (-1)^{s-1} \left[\binom{n+1}{2s} - 1 \right] \frac{T_s}{2^{2s-1}};$$

posons ensuite, dans les trois dernières formules, $n = 2m$, $n = 2m+1$, puis soustrayons les formules ainsi obtenues, il résulte d'autres formules récursives d'une forme plus simple.

En dernier lieu, posons, dans (26), $x = -\frac{1}{4}$, $x = -\frac{3}{4}$, nous aurons, en soustrayant les deux formules ainsi obtenues,

$$(33) \qquad n - \frac{2^{2n+3} - 3^{n+2} + 1}{3 \cdot 2^{2n-1}} = \sum_{s=1}^{\leq \frac{n-1}{2}} \frac{(-1)^{s-1}}{2^{2s}} \left[\binom{n+1}{2s+1} - 1 \right] E_s.$$

XX. — Des produits $B_n(x) B_p(x)$, $B_n(x) E_p(x)$, $E_n(x) E_p(x)$.

Dans le paragraphe XVIII, nous avons donné des généralisations très étendues des formules (24) du paragraphe XII et (20) du paragraphe XIII, formules que nous avons à généraliser ici d'un autre point de vue.

A cet effet, posons, pour abréger,

$$(1) \qquad \left\{ \begin{aligned} & f_0(x) = 1, \\ & f_1(x) = x, \\ & f_n(x) = \frac{x^n}{n!} + \sum_{s=1}^{\leq \frac{n}{2}} \frac{(-1)^{s-1} B_s x^{n-2s}}{(2s)!\,(n-2s)!}, \end{aligned} \right.$$

et

$$(2)\quad \begin{cases} g_0(x) = 0, \\[2mm] g_n(x) = \displaystyle\sum_{s=0}^{\le \frac{n-1}{2}} \frac{(-1)^s\, T_{s+1}}{(2s+1)!\, 2^{2s+2}}\, \frac{x^{n-2s-1}}{(n-2s-1)!}, \end{cases}$$

nous aurons, en vertu des expressions de $B_n(x)$ et de $E_n(x)$,

$$(3)\quad \begin{cases} B_n(x) = f_n(x) + \dfrac{1}{2}\, \dfrac{x^{n-1}}{(n-1)!}, \\[3mm] B_n(x-1) = f_n(x) - \dfrac{1}{2}\, \dfrac{x^{n-1}}{(n-1)!}; \end{cases}$$

$$(4)\quad \begin{cases} E_n(x) = \dfrac{1}{2}\, \dfrac{x^n}{n!} + g_n(x), \\[3mm] E_n(x-1) = \dfrac{1}{2}\, \dfrac{x^n}{n!} - g_n(x), \end{cases}$$

ce qui donnera immédiatement

$$(5)\quad B_n(x)\,B_p(x) - B_n(x-1)\,B_p(x-1) = \frac{x^{p-1} f_n(x)}{(p-1)!} + \frac{x^{n-1} f_p(x)}{(n-1)!},$$

$$(6)\quad E_n(x)\,E_p(x) - E_n(x-1)\,E_p(x-1) = \frac{x^p\, g_n(x)}{p!} + \frac{x^n\, g_p(x)}{n!},$$

$$(7)\quad B_n(x)\,E_p(x) + B_n(x-1)\,E_p(x-1) = \frac{x^p f_n(x)}{p!} + \frac{x^{n-1} g_p(x)}{(n-1!)}.$$

Cela posé, la formule (5) donnera immédiatement un développement de la forme

$$(8)\quad B_n(x)\,B_p(x) = K_{n,p} + \binom{n+p}{n} B_{n+p}(x)$$
$$+ \sum_{s=1}^{\le \frac{n}{2}} \frac{(-1)^{s-1} B_s}{(2s)!} \binom{n+p-2s-1}{p-1} B_{n+p-2s}(x)$$
$$+ \sum_{s=1}^{\le \frac{p}{2}} \frac{(-1)^{s-1} B_s}{(2s)!} \binom{n+p-2s-1}{n-1} B_{n+p-2s}(x),$$

où la constante $K_{n,p}$ se détermine comme suit :

Cherchons les dérivées des deux membres de (8), puis appliquons l'identité

$$D_x[B_n(x)\,B_p(x)] = B_{n-1}(x)\,B_p(x) + B_n(x)\,B_{p-1}(x),$$

nous aurons, en développant, d'après la formule (8), les deux produits qui figurent au second membre,

$$K_{n-1,p} + K_{n,p-1} = 0,$$

ce qui donnera

$$K_{n,p} = - K_{n+1,p-1} = (-1)^{p-1} K_{n+p-1,1}.$$

Or, posons, dans (8), $p = 1$, nous retrouvons la formule (24) du paragraphe XII, ce qui donnera

$$K_{2v-1,1} = \frac{(-1)^{v+1} B_v}{(2v)!},$$
$$K_{2v,1} = 0,$$

de sorte que nous aurons le résultat général

$$(9) \quad \begin{cases} K_{n,p} = 0 & (n+p = 2k+1), \\[1mm] K_{n,p} = \dfrac{(-1)^{n+k} B_k}{(2k)!} & (n+p = 2k), \end{cases}$$

où k désigne un positif entier.

Soit, dans (8), x égal à un positif entier, la formule ainsi obtenue est due à Lucas [1], tandis que feu M. E. Lampe [2] a étudié des formules plus générales de ce genre.

Posons, dans (8), $p = n$, ce qui donnera $k = n$, nous aurons

$$(10) \quad [B_n(x)]^2 = \frac{B_n}{(2n)!} + \binom{2n}{n} B_{2n}(x)$$
$$+ 2 \sum_{s=1}^{\leqq \frac{n}{2}} \frac{(-1)^{s-1} B_s}{(2s)!} \binom{2n-2s-1}{n-1} B_{2n-2s}(x),$$

tandis que l'hypothèse $p = n+1$ donnera

$$(11) \quad B_n(x) B_{n+1}(x) = \binom{2n+1}{n} B_{2n+1}(x)$$
$$+ \sum_{s=1}^{\leqq \frac{n}{2}} \frac{(-1)^{s-1} B_s}{(2s)!} \binom{2n-2s+1}{n} B_{2n-2s+1}(x).$$

[1] *Nouvelles Annales.* 2e série, t. 14, 1875, p. 487-495.
[2] *Journal de Crelle*, t. 84, 1878, p. 270-272.

La formule (6) donnera de même

$$(12)\quad E_n(x)\,E_p(x)$$
$$= K'_{n,p} + \sum_{s=0}^{\leq\frac{p-1}{2}} \frac{(-1)^s\,T_{s+1}}{(2s-1)!\,2^{2s-1}} \binom{n+p-2s-1}{n} B_{n+p-2s}(x)$$
$$+ \sum_{s=0}^{\leq\frac{n-1}{2}} \frac{(-1)^s\,T_{s+1}}{(2s+1)!\,2^{2s+1}} \binom{n+p-2s-1}{p} B_{n+p-2s}(x),$$

où la constante $K'_{n,p}$ peut être déterminée par la méthode appliquée dans le cas précédent; on trouvera de cette manière

$$(13)\quad \begin{cases} K'_{n,p} = 0 & (n+p = 2k+1),\\[2mm] K'_{n,p} = \dfrac{(-1)^{n+k}\,T_{n+k}}{(2k+1)!\,2^{2k+2}} & (n+p = 2k), \end{cases}$$

où k désigne un positif entier.

Soit particulièrement, dans (12), $p = n$, $p = n+1$, nous aurons respectivement

$$(14)\quad |E_n(x)|^2 = \frac{T_{n+1}}{(2n+1)!\,2^{2n+2}}$$
$$+ 2 \sum_{s=0}^{\leq\frac{n-1}{2}} \frac{(-1)^s\,T_{s+1}}{(2s+1)!\,2^{2s+1}} \binom{2n-2s-1}{n} B_{2n-2s}(x),$$

$$(15)\quad E_n(x)\,E_{n+1}(x) = \sum_{s=0}^{\leq\frac{n}{2}} \frac{(-1)^s\,T_{s+1}}{(2s+1)!\,2^{2s+2}} \binom{2n-2s+1}{n+1} B_{2n-2s+1}(x).$$

Quant à la formule (7), nous aurons le développement

$$(16)\quad B_n(x)\,E_p(x) = \binom{n+p}{p} E_{n+p}(x)$$
$$+ \sum_{s=1}^{\leq\frac{n}{2}} \frac{(-1)^{s-1}\,B_s}{(2s)!} \binom{n+p-2s}{p} E_{n+p-2s}(x)$$
$$+ \sum_{s=1}^{\leq\frac{p}{2}} \frac{(-1)^{s-1}\,T_s}{(2s-1)!\,2^{2s}} \binom{n+p-2s}{n-1} E_{n+p-2s}(x);$$

posons, dans cette formule, $n = p + 1$, puis appliquons l'identité

$$\frac{T_{2m}}{2^{2m}} + \frac{B_{2m}}{4m} = \frac{2^{2m}B_{2m}}{2m},$$

nous aurons la formule la plus simple de ce genre

$$(17) \quad B_{n+1}(x)E_n(x) = \binom{2n+1}{n}E_{2n+1}(x)$$
$$+ \sum_{s=1}^{\frac{n+1}{2}} \frac{(-1)^{s-1}2^{2s}B_s}{(2s)!}\binom{2n-2s+1}{n}E_{2n-2s+1}(x).$$

Il est évident que les formules précédentes nous permettent de déduire un très grand nombre de formules récursives non linéaires pour les B_n, T_n, E_n, formules qui sont à regarder comme les inversions des formules trouvées dans le paragraphe XVIII.

Or, nous nous bornerons à indiquer les plus simples des formules en question.

Posons, dans (10), $x = 0$, puis remplaçons n par $2n$, respectivement par $2n+1$, il résulte

$$(18) \quad \left[\binom{4n}{2n}-1\right]B_{2n}+\binom{4n}{2n}B_n^2 = 2\sum_{s=1}^{s=n}\binom{4n}{2s}\binom{4n-2s-1}{2n-1}B_sB_{2n-s}$$

$$(19) \quad \left[\binom{4n+2}{2n+1}+1\right]B_{2n+1} = 2\sum_{s=1}^{s=n}\binom{4n+2}{2s}\binom{4n-2s+1}{2n}B_sB_{2n-s+1}.$$

La formule (14) donnera de même, pour $x = 0$,

$$(20) \quad T_{2n} = (4n-1)\binom{4n-2}{2n-1}T_n^2$$
$$- 2\sum_{s=1}^{s=n}\binom{4n-1}{2s-1}\binom{4n-2s-1}{2n-1}2^{4n-2s}T_sB_{2n-s},$$

$$(21) \quad T_{2n+1} = 2\sum_{s=0}^{s=n-1}\binom{4n+1}{2s+1}\binom{4n-2s-1}{2n}2^{4n-2s}T_{s+1}B_{2n-s}.$$

Posons, dans (11), $x = -\frac{1}{4}$, puis remplaçons n par $2n$, respectivement par $2n+1$, il résulte

$$(22)\quad \binom{4n+1}{2n+1}E_{2n}=\binom{4n}{2n}(2^{2n}-2)B_nE_n + \sum_{s=1}^{s=n}\binom{4n}{2s}\binom{4n-2s+1}{2n}2^{2s}B_sE_{2n-s},$$

$$(23)\quad \binom{4n+3}{2n+2}E_{2n+1}=\binom{4n+2}{2n+1}(2^{2n+2}-2)B_{n+1}E_n + \sum_{s=1}^{s=n+1}\binom{4n+2}{2s}\binom{4n-2s+3}{2n+1}2^{2s}B_sE_{2n-s+1}.$$

En dernier lieu, la formule (17) donnera, pour $x=0$,

$$(24)\quad \binom{4n-1}{2n-1}T_{2n}+\binom{4n-1}{2n-1}2^{2n}B_nT_n = \sum_{s=1}^{s=n}\binom{4n-1}{2s}\binom{4n-2s-1}{2n-1}2^{2s}B_sT_{2n-s},$$

$$(25)\quad \binom{4n+1}{2n+1}T_{2n+1}=\sum_{s=1}^{s=n}\binom{4n+1}{2s}\binom{4n-2s+1}{2n}2^{2s}B_sT_{2n-s+1}.$$

On voit que les formules (22) et (23) ne contiennent pas les $n-1$ premiers nombres d'Euler et que les formules (24) et (25) ont une propriété analogue relativement aux coefficients des tangentes, tandis que les seconds membres des formules (20) et (21) ne contiennent que les n premiers des coefficients des tangentes.

Les fonctions $f_n(x)$ et $g_n(x)$, introduites dans les formules (1) et (2), nous permettent d'étudier des problèmes dont un seul est proposé par M. N. de Sonine (¹).

A cet effet, je dis qu'il existe une identité de la forme

$$(26)\qquad B_{2n}(x)=\sum_{s=0}^{s=n}\alpha_{n,s}[B_{n-s}(x)]^2,$$

où les $\alpha_{n,s}$ sont des constantes faciles à déterminer.

(¹) *Sur les polynomes de Bernoulli et leurs applications*, p. 16, Varsovie, 1888 (russe).

En effet, on aura immédiatement, en vertu de (5),

$$(27) \qquad \frac{x^{2n-1}}{(2n-1)!} = \sum_{s=0}^{s=n-1} \frac{2\alpha_{n,s}\,x^{n-s-1}\,f_{n-s}(x)}{(n-s-1)!},$$

et il est évident que le second membre de cette formule ne contient que des puissances de x de la forme $x^{n-s}x^{n-1}$, de sorte qu'il est possible de déterminer successivement les $\alpha_{n,s}$.

On trouvera tout d'abord

$$(28) \qquad \alpha_{n,0} = \frac{n!\,n!}{(2n)!},$$

et généralement la formule récursive

$$(29) \qquad \frac{(-1)^p\alpha_{n,p}}{(n-p)!(n-p-1)!} = \sum_{s=0}^{s=p-1} \frac{(-1)^s\alpha_{n,s}\,\alpha_{p-s}}{(n-s-1)!(2p-2s)!(n-2p+s)!},$$

où il faut supprimer, au second membre, les termes dans lesquels $n-2p+s<0$. Le coefficient $\alpha_{n,0}$ se détermine de (26), en y posant $x=0$.

Cherchons ensuite les dérivées des deux membres de (26), nous aurons de même

$$(30) \qquad B_{2n-1}(x) = \sum_{s=0}^{s=n-1} 2\alpha_{n,s}\,B_{n-s}(x)\,B_{n-s-1}(x).$$

Les coefficients qui figurent dans les deux autres identités

$$(31) \qquad B_{2n}(x) = \sum_{s=0}^{s=n} \beta_{n,s}[E_{n-s}(x)]^2,$$

$$(32) \qquad E_{2n}(x) = \sum_{s=0}^{s=n} \gamma_{n,s}\,B_{n-s}(x)\,E_{n-s}(x)$$

se déterminent par un procédé analogue.

En effet, on aura, en vertu de (6) et (7), respectivement,

$$(33) \qquad \frac{x^{2n-1}}{(2n-1)!} = \sum_{s=0}^{s=n-1} \frac{2\beta_{n,s}\,x^{n-s}\,g_{n-s}(x)}{(n-s)!},$$

$$(34) \qquad \frac{x^{2n}}{(2n)!} = \sum_{s=0}^{s=n} \gamma_{n,s}\left[\frac{x^{n-s}f_{n-s}(x)}{(n-s)!} + \frac{x^{n-s-1}g_{n-s}(x)}{(n-s-1)!}\right],$$

où il faut supprimer, au second membre de (34), le terme qui contient $g_0(x)$.

Cherchons ensuite les dérivées des deux membres de (31), il résulte

$$(35) \qquad B_{2n+1}(x) = \sum_{s=0}^{s=n-1} \gamma_{n,s}\, E_{n}(x)\, E_{n-s}(x).$$

CHAPITRE V.

LES POLYNOMES SYMÉTRIQUES.

XXI. — Propriétés fondamentales.

Plusieurs des résultats, trouvés dans le Chapitre précédent, se présentent comme des conséquences immédiates de l'équation fonctionnelle de Jacobi ; généralement, les polynomes entiers

$$(1) \qquad f_n(x) = a_{n,1}x^n + a_{n,1}x^{n-1} + \ldots + a_{n,n-1}x + a_{n,n},$$

assujettis à satisfaire à la condition

$$(2) \qquad (-1)^n f_n(-x-1) = f_n(x),$$

mais étant du reste aussi arbitraires que cette condition le permet, jouent un rôle essentiel dans la théorie des fonctions de Bernoulli et d'Euler, de sorte qu'il faut étudier plus amplement de tels polynomes, désignés, dans ce qui suit, comme *polynomes symétriques*.

Cette définition adoptée, il est évident que les $B_n(x)$ et les $E_n(x)$ sont des polynomes symétriques, quel que soit l'indice n.

Introduisons maintenant dans (2), $x = 0$, $x = -\frac{1}{2}$, il résulte respectivement

$$(3) \qquad \begin{cases} f_n(-1) = (-1)^n f_n(0), \\ f_n\left(-\frac{1}{2}\right) = (-1)^n f_n\left(-\frac{1}{2}\right), \end{cases}$$

ce qui donnera, en remplaçant n par $2n+1$,

$$(4) \qquad f_{2n+1}\left(-\frac{1}{2}\right) = 0;$$

c'est-à-dire qu'un polynome symétrique quelconque d'un degré impair est toujours divisible par $x + \frac{1}{2}$.

Quant aux dérivées de $f_n(x)$,

$$\frac{1}{(n-p)!} f_n^{(n-p)}(x) = \sum_{s=0}^{s=p} \binom{n-s}{p-s} a_{n,s}\, x^{p-s},$$

il résulte, en vertu de (2),

$$(-1)^p f_n^{(n-p)}(-x-1) = f_n^{(n-p)}(x),$$

ce qui donnera immédiatement

$$(5) \qquad \begin{cases} (-1)^p f_n^{(n-p)}(-1) = f_n^{(n-p)}(0), \\[4pt] f_n^{(n-2p-1)}\left(-\dfrac{1}{2}\right) = 0 \end{cases}$$

ou, ce qui est la même chose,

$$(6) \qquad [1-(-1)^p]\, a_{n,p} = \sum_{s=0}^{s=p-1} (-1)^s \binom{n-s}{p-s} a_{n,s} \qquad (p > 0),$$

$$(7) \qquad 0 = \sum_{s=0}^{s=2p+1} (-1)^s \binom{n-s}{2p-s+1} 2^s a_{n,s} \qquad (p > 0).$$

Soit, dans (6), $p = n$, il résulte pour une valeur paire de n, savoir en introduisant $2n$ au lieu de n,

$$(8) \qquad a_{2n,0} - a_{2n,2} + \ldots + a_{2n,2n-2} = a_{2n,1} + a_{2n,3} + \ldots + a_{2n,2n-1}.$$

Les formules (7) représentent la condition nécessaire et suffisante qui doit être remplie par les coefficients d'un polynome symétrique. En effet, il est évident que la condition susdite est nécessaire; d'un autre côté, l'identité

$$x = -\frac{1}{2} + \left(x + \frac{1}{2}\right)$$

donnera, en vertu de la dernière des formules (5),

$$(9) \qquad f_n(x) = \sum_{s=0}^{\frac{n}{2}} \frac{\left(x+\frac{1}{2}\right)^{n-2s}}{(n-2s)!}\, f_n^{(n-2s)}\left(-\frac{1}{2}\right),$$

ce qui conduira immédiatement à la formule (2), c'est-à-dire que la condition susdite est suffisante aussi.

Quant aux équations (6), on voit immédiatement qu'elles ne

sont pas indépendantes entre elles. Pour juger de la portée de ces conditions, nous avons à étudier, d'un autre point de vue, l'équation fonctionnelle (2).

A cet effet, introduisons, dans l'équation en question, $-x$ au lieu de x, il résulte

$$f_n(x-1) = (-1)^n f_n(-x) = \sum_{s=0}^{s=n} (-1)^s a_{n,s} x^{n-s},$$

ce qui donnera immédiatement

$$(10) \qquad f_n(x) - f_n(x-1) = 2 \sum_{s=0}^{s \leqslant \frac{n-1}{2}} a_{n,2s+1} x^{n-2s-1},$$

$$(11) \qquad f_n(x) + f_n(x-1) = 2 \sum_{s=0}^{s \leqslant \frac{n}{2}} a_{n,2s} x^{n-2s},$$

et il est évident que ces équations aux différences finies représentent des conditions nécessaires qui doivent être remplies par un polynome symétrique.

Cela posé, nous aurons les développements de $f_n(x)$ d'après les fonctions de Bernoulli et d'Euler :

$$(12) \qquad \tfrac{1}{2} f_n(x) = \sum_{s=0}^{s \leqslant \frac{n-1}{2}} (n-2s-1)!\, a_{n,2s+1} B_{n-2s}(x) + K_n,$$

$$(13) \qquad \tfrac{1}{2} f_n(x) = \sum_{s=0}^{s \leqslant \frac{n}{2}} (n-2s)!\, a_{n,2s} E_{n-2s}(x),$$

où nous avons posé pour abréger

$$(14) \qquad K_n = \sum_{s=0}^{s=n} \frac{(-1)^s a_{n,s}}{s+1},$$

ce qui est une conséquence directe de la formule (9) du paragraphe XIX.

Or, remarquons que les polynomes $E_{n-2s}(x)$ satisfont tous à la condition (2), nous avons donc démontré le théorème suivant :

1. *L'équation aux différences finies* (11) *représente la condi-*

tion suffisante et nécessaire qui doit être remplie par un poly-
nome symétrique quelconque.

Quant à l'équation (10), elle représente évidemment une condition nécessaire, mais on conclut de la formule (12) que cette condition n'est pas généralement suffisante aussi.

En effet, soit, dans (12), n un nombre pair, les deux membres de cette formule satisfont évidemment à la condition (2), ce qui s'accorde bien avec le fait que $f_n(x) + k$, où k désigne une constante quelconque, est un polynome symétrique, pourvu que $f_n(x)$ le soit.

Dans le cas où n est supposé impair, on voit, en vertu de la dernière des formules (5), que $f_n(x)$, définie par la formule (12), n'est symétrique que dans le cas où

$$(15) \qquad K_n = 0,$$

car toutes les fonctions de Bernoulli qui figurent au second membre s'évanouissent pour $x = -\frac{1}{2}$

Soit maintenant $f_n(x)$ un polynome symétrique quelconque, les deux développements (12) et (13) existent et nous aurons, par conséquent, en égalant les coefficients de la même puissance de x,

$$(16) \quad \begin{cases} a_{n,0} = \dfrac{2}{n} a_{n,1}, \\[2ex] (-1)^p \left(a_{n,2p+1} - \dfrac{n-2p}{2} a_{n,2p} \right) = \sum_{s=0}^{s=p-1} (-1)^s \binom{n-2s-1}{2p-2s} B_{p-s} a_{n,2s+1}, \end{cases}$$

$$(17) \qquad (-1)^p a_{n,2p+1} = \sum_{s=0}^{s=p} \frac{(-1)^s}{2^{2p-2s+1}} \binom{n-2s}{2p-2s+1} T_{p-s+1} a_{n,2s}.$$

On voit que ces deux systèmes d'équations linéaires et homogènes entre les coefficients $a_{n,s}$ sont inverses l'un à l'autre. En effet, les formules (16) permettent de déterminer les $a_{n,2p}$ à l'aide des

$$a_{n,1}, \quad a_{n,3}, \quad \ldots, \quad a_{n,2p-1}, \quad a_{n,2p+1},$$

tandis que (17) exprime les $a_{n,2p+1}$ à l'aide des

$$a_{n,0}, \quad a_{n,2}, \quad \ldots, \quad a_{n,2p};$$

c'est-à-dire que le dernier coefficient, savoir $a_{n,n}$ ne peut pas être déterminé, à l'aide des équations susdites, pourvu que n soit un nombre pair, ce qui est évident du reste parce que ce coefficient peut toujours être choisi arbitrairement.

Cela posé, nous venons de démontrer les deux théorèmes suivants :

II. *Un quelconque des deux systèmes d'équations équivalentes (16) et (17) représente les conditions suffisantes et nécessaires qui doivent être remplies par les coefficients $a_{n,s}$ d'un polynome symétrique quelconque du $n^{\text{ième}}$ degré.*

III. *Le polynome symétrique*

$$f_n(x) = a_{n,0}x^n + a_{n,1}x^{n-1} + \ldots + a_{n,n-1}x + a_{n,n}$$

est parfaitement déterminé, pourvu que tous les coefficients $a_{n,s}$ soient connus.

De ce dernier théorème on conclut immédiatement que le système d'équations linéaires et homogènes (7) est équivalent aux deux systèmes d'équations obtenues de (6), en y supposant p pair ou impair. De plus, un quelconque de ces trois systèmes d'équations équivalentes représente les conditions suffisantes et nécessaires qui doivent être remplies par les coefficients d'un polynome symétrique quelconque.

De plus, les formules (16) et (17) montrent clairement qu'il n'existe aucun polynome symétrique, abstraction faite d'une constante, qui ne contient que des puissances paires ou des puissances impaires de la variable.

En effet, l'égalité $a_{n,1} = 0$ entraîne toutes les autres égalités de la forme $a_{n,p} = 0$, pour $0 \leqq p \leqq n-1$.

Il est évident qu'un polynome symétrique entraîne des formules récursives pour les B_n et les T_n. Inversement, prenons pour point de départ la formule récursive des nombres de Bernoulli

$$(18) \qquad \sum_{s=0}^{s=n-1} a_{n,s} B_{n-s} = b_n,$$

le polynome

$$(19) \qquad f(x) = \sum_{s=0}^{s=n-1} (-1)^s (2n - 2s)!\, a_{n,s} B_{2n-2s}(x)$$

est évidemment symétrique, et nous aurons, en vertu de (18),

$$f(0) = (-1)^{n-1} b_n. \tag{20}$$

Soit ensuite

$$\sum_{s=0}^{s=n-1} \alpha_{n,s} T_{n-s} = \beta_n \tag{21}$$

une formule récursive des coefficients des tangentes, le polynome

$$\varphi(x) = \sum_{s=0}^{s=n-1} \frac{(-1)^s (2n-2s-1)!}{2^{2s}} \alpha_{n,s} E_{2n-2s-1}(x) \tag{22}$$

est symétrique, et nous aurons, en vertu de (21),

$$\varphi(0) = (-1)^{n-1} \beta_n 2^{2n}. \tag{23}$$

Cela posé, il est évident qu'il existe toujours des polynomes symétriques qui correspondent à une formule récursive pour les B_n et pour les T_n.

Revenons maintenant au polynome symétrique général $f_{2n}(x)$ d'un degré pair, puis posons

$$P_{2n} = 2^{2n} f_{2n}\left(-\frac{1}{2}\right), \tag{24}$$

nous aurons immédiatement

$$P_{2n} - 2^{2n} a_{2n,2n} = \sum_{s=0}^{s=2n-1} (-1)^s 2^s a_{2n,s}. \tag{25}$$

Posons ensuite, dans (13), $x = -\frac{1}{2}$, il résulte de même

$$P_{2n} - 2^{2n} a_{2n,2n} = \sum_{s=0}^{s=n-1} (-1)^{n-s} 2^{2s} a_{2n,2s} E_{n-s}. \tag{26}$$

Quant à la formule (12), posons $x = 0$ et $x = -\frac{1}{2}$, puis soustrayons les deux équations ainsi obtenues, nous aurons de même

$$P_{2n} - 2^{2n} a_{2n,2n} = \sum_{s=0}^{s=n-1} \frac{(-1)^{n-s} a_{2n,2s+1}}{2^{2n-4s-2}} T_{n-s}. \tag{27}$$

XXII. — Les parties principales d'un polynome quelconque.

Soit

$$(1) \qquad f(x) = a_{n,0}x^n + a_{n,1}x^{n-1} + \ldots + a_{n,n-1}x + a_{n,n}$$

un polynome quelconque du $n^{\text{ième}}$ degré, et soient

$$(2) \qquad \varphi_0(x), \quad \varphi_1(x), \quad \varphi_2(x), \quad \ldots, \quad \varphi_n(x),$$

$n+1$ polynomes symétriques assujettis à satisfaire à la seule condition que $\varphi_p(x)$ soit toujours du $p^{\text{ième}}$ degré, il existe une identité de la forme

$$(3) \qquad f(x) = z_0\varphi_n(x) + z_1\varphi_{n-1}(x) + \ldots + z_{n-1}\varphi_1(x) + z_n\varphi_0(x),$$

où les $n+1$ constantes z_p sont parfaitement déterminées.

Posons ensuite

$$(4) \qquad \begin{cases} f_1(x) = z_0\varphi_n(x) + z_2\varphi_{n-2}(x) + z_4\varphi_{n-4}(x) + \ldots \\ f_2(x) = z_1\varphi_{n-1}(x) + z_3\varphi_{n-3}(x) + z_5\varphi_{n-5}(x) + \ldots, \end{cases}$$

les deux polynomes ainsi définis sont symétriques; on voit que $f_1(x)$ est toujours du $n^{\text{ième}}$ degré, tandis que le degré de $f_2(x)$ est au plus égal à $n-1$, et de la forme $n-2p-1$.

Cela posé, l'identité

$$(5) \qquad f(x) = f_1(x) + f_2(x),$$

tirée directement de (3) et (4), donnera par conséquent

$$(6) \qquad (-1)^n f(-x-1) = f_1(x) - f_2(x),$$

d'où immédiatement

$$(7) \qquad \begin{cases} f_1(x) = \dfrac{f(x) + (-1)^n f(-x-1)}{2} \\[2mm] f_2(x) = \dfrac{f(x) - (-1)^n f(-x-1)}{2}, \end{cases}$$

ce qui donnera le théorème suivant :

I. *Développons, conformément à* (3), *un polynome quelconque* $f(x)$, *les deux polynomes* $f_1(x)$ *et* $f_2(x)$, *définis par les* *formules (4), seront toujours les mêmes, quels que soient les polynomes symétriques $\varphi_m(x)$.*

Dans ce qui suit, nous désignons pour abréger comme *parties principales de $f(x)$* les deux polynomes $f_1(x)$ et $f_2(x)$, définis par les formules (4) ou (7).

Soit maintenant $f(x)$ un polynome symétrique, nous aurons, en vertu de (6),

$$f_2(x) = 0,$$

ce qui donnera

$$(8) \qquad z_{2p+1} = 0, \qquad 0 \leq p \leq \frac{n-1}{2},$$

conditions qui sont équivalentes, quels que soient les polynomes symétriques $\varphi_m(x)$.

De plus, nous aurons le théorème suivant, déjà indiqué dans le paragraphe XX :

II. *Soit $f(x)$ un polynome symétrique du degré n, et soient*

$$\varphi_n(x), \quad \varphi_{n-2}(x), \quad \varphi_{n-3}(x), \quad \ldots$$

des polynomes symétriques quelconques, d'un degré égal à l'indice, il existe une identité de la forme

$$f(x) = z_0 \varphi_n(x) + z_1 \varphi_{n-2}(x) + z_2 \varphi_{n-3}(x) + \ldots,$$

où les coefficients z_p sont parfaitement déterminés, pourvu que les polynomes susdits soient donnés.

Quant à la détermination des valeurs principales d'un polynome quelconque, elle est identique à la détermination des deux expressions

$$f(x) \pm f(x-1).$$

Posons, en effet,

$$(9) \qquad \begin{cases} f(x) - f(x-1) = \displaystyle\sum_{s=0}^{s=n-1} \beta_{n,s} x^{n-s-1}, \\[2em] f(x) + f(x-1) = \displaystyle\sum_{s=0}^{s=n} \gamma_{n,s} x^{n-s}, \end{cases}$$

nous aurons, en additionnant,

$$2f(x) = \sum_{s=0}^{s=n} \gamma_{n,s}\, x^{n-s} + \sum_{s=0}^{s=n-1} \beta_{n,s}\, x^{n-s-1};$$

soustrayons ensuite les deux formules (9), posons $-x$ au lieu de x, puis multiplions par $(-1)^n$ les deux membres de la formule ainsi obtenue, il résulte de même

$$(-1)^n 2f(-x-1) = \sum_{s=0}^{s=n} (-1)^s \gamma_{n,s} x^{n-s} - \sum_{s=0}^{s=n-1} (-1)^s \beta_{n,s} x^{n-s-1},$$

ce qui donnera, en vertu de (7),

$$(10) \quad \begin{cases} 2f_1(x) = \displaystyle\sum_{s=0}^{\frac{n}{2}} \gamma_{n,2s}\, x^{n-2s} + \sum_{s=0}^{\frac{n-1}{2}} \beta_{n,2s}\, x^{n-2s-1}, \\[2em] 2f_2(x) = \displaystyle\sum_{s=0}^{\frac{n-1}{2}} \gamma_{n,2s+1}\, x^{n-2s-1} + \sum_{s=0}^{\frac{n-2}{2}} \beta_{n-1,2s+1}\, x^{n-2s-2}; \end{cases}$$

c'est-à-dire que les deux valeurs principales des polynomes $f(x)$ sont connues, pourvu que les expressions $f(x) \pm f(x-1)$ le soient.

Cela posé, nous avons encore à démontrer cet autre théorème :

III. *Soit $f_n(x)$ un polynome symétrique du $n^{\text{ème}}$ degré, le polynome entier $F_n(x)$, défini par l'équation aux différences finies*

$$(11) \qquad F_n(x) + F_n(x-1) = f_n(x),$$

a une de ses valeurs principales égale à $\frac{1}{2} f_n(x)$, et les deux polynomes

$$(12) \qquad F_n(2x), \qquad F_n\left(x - \frac{1}{2}\right)$$

sont symétriques.

En effet, nous aurons, en vertu des formules (11) et (13) du paragraphe XXI,

$$(13)\qquad F_n(x) = \frac{1}{2} f_n(x) + g(x),$$

où $g(x)$ est un polynome symétrique du degré $n-1$ au plus. Posons ensuite, dans (11) et (13), $-x-1$ au lieu de x, nous aurons

$$(-1)^n F_n(-x-1) + (-1)^n F_n(-x-2) = f_n(x),$$

$$(-1)^n F_n(-x-1) = \frac{1}{2} f_n(x) - g(x) = f_n(x) - F_n(x),$$

ce qui donnera immédiatement

$$(14)\qquad (-1)^n F_n(-x-2) = F_n(x);$$

c'est-à-dire que les polynomes

$$(15)\qquad \begin{cases} G_n(x) = F_n(x-1), \\ H_n(x) = F_n\left(x - \frac{1}{2}\right) \end{cases}$$

sont tous deux symétriques.

Quant à l'équation aux différences finies

$$(16)\qquad F_n(x) - F_n(x-1) = f_{n-1}(x),$$

où $f_{n-1}(x)$ est un polynome symétrique du degré $n-1$, il résulte, en vertu des formules (10) et (12) du paragraphe XXI,

$$(17)\qquad F_n(x) = g_n(x) + \frac{1}{2} f_{n-1}(x) + K,$$

où $g_n(x)$ désigne un polynome symétrique du $n^{\text{ième}}$ degré, tandis que K est une constante.

Soit maintenant n un nombre pair, $\frac{1}{2} f_{n-1}(x)$ est évidemment une des valeurs principales de $F_n(x)$; dans ce cas l'équation (14) subsiste encore, et les polynomes définis par les expressions (15) sont symétriques tous deux.

Supposons, au contraire, n impair, l'équation (14) doit être remplacée par cette autre

$$(-1)^n F_n(-x-2) = F_n(x) - 2K,$$

de sorte que les polynomes correspondants $G_n(x)$ et $H_n(x)$ ne sont symétriques que dans le cas spécial, où $K = 0$.

XXIII. — Déterminations diverses des parties principales.

Il nous semble utile de déterminer les deux parties principales
du polynome quelconque

$$(1) \qquad f_n(x) = a_{n,0}x^n + a_{n,1}x^{n-1} + \ldots + a_{n,n-1}x + a_{n,n}$$

développé d'après divers systèmes de polynomes symétriques, et
d'indiquer, dans tous les cas, les conditions nécessaires et suffisantes, remplies par les coefficients $a_{n,p}$, pourvu que $f_n(x)$ soit un
polynome symétrique.

1° Dans le paragraphe XXI nous avons étudié le développement
de $f(x)$ d'après les polynomes de Bernoulli, ce qui nous conduit
aux conditions (16) du paragraphe susdit;

2° Le développement d'après les fonctions d'Euler donnera les
conditions (17) du paragraphe XXI;

3° Écrivons $f_n(x)$ sous forme d'un polynome entier de la
variable $x + \frac{1}{2}$; nous aurons les conditions (7) du paragraphe
susdit;

4° Appliquons ensuite la formule (16) du paragraphe XIV, savoir

$$x^m = \frac{(x+1)^m + x^m}{2} + \sum_{s=1}^{\frac{m+1}{2}} (-1)^s \binom{m}{2s-1} T_s \frac{(x+1)^{m-2s+1} + x^{m-2s+1}}{2^{2s}},$$

il résulte

$$(2) \qquad f_n(x) = \sum_{s=0}^{s=n} \alpha_{n,s} \frac{(x+1)^{n-s} + x^{n-s}}{2},$$

où

$$\alpha_{n,0} = a_{n,0},$$

tandis que nous aurons généralement

$$(3) \qquad \alpha_{n,p} = a_{n,p} + \sum_{s=1}^{\frac{p+1}{2}} \frac{(-1)^s}{2^{2s-1}} \binom{n-p+2s-1}{2s-1} T_s a_{n,p-2s+1};$$

dans ce cas nous retrouvons les conditions (17) du paragraphe XXI;

5° Appliquons de même la formule (13) du paragraphe XIV, savoir

$$x^m = \frac{(x+1)^{m+1} - x^{m+1}}{m+1} - \frac{(x+1)^m - x^m}{2} + \sum_{s=1}^{\frac{m}{2}} (-1)^{s-1} \binom{m}{2s} B_s \frac{(x+1)^{m-2s+1} - x^{m-2s+1}}{m-2s+1},$$

nous aurons le développement

$$(4) \qquad f_n(x) = \sum_{s=0}^{s=n} \beta_{n,s} \frac{(x+1)^{n-s+1} - x^{n-s+1}}{n-s+1},$$

où il faut admettre

$$(5) \quad \begin{cases} \beta_{n,0} = a_{n,0}, \\ \beta_{n,1} = a_{n,1} - \dfrac{n}{2} a_{n,0}, \\ \beta_{n,p} = a_{n,p} - \dfrac{n-p+1}{2} a_{n,p-1} + \displaystyle\sum_{s=1}^{\frac{p}{2}} (-1)^{s-1} \binom{n-p+2s}{2s} B_s \, a_{n,p-2s}, \end{cases}$$

ce qui donnera les conditions (16) du paragraphe XXI;

6° Il nous reste encore à étudier un développement d'un polynome quelconque, développement qui est essentiel dans la théorie des polynomes symétriques.

A cet effet, prenons pour point de départ l'identité évidente

$$x^n = \left[-\frac{1}{2} + \left(x + \frac{1}{2} \right) \right]^n,$$

la formule binomiale donnera

$$x^n = (-1)^n \sum_{s=0}^{\leq \frac{n}{2}} \binom{n}{2s} \frac{\left(x + \frac{1}{2} \right)^{2s}}{2^{n-2s}} + (-1)^{n-1} \sum_{s=0}^{\geq \frac{n-1}{2}} \binom{n}{2s+1} \frac{\left(x + \frac{1}{2} \right)^{2s+1}}{2^{n-2s-1}}$$

ou, ce qui est la même chose,

$$x^n = (-1)^n \sum_{s=0}^{\leq \frac{n}{2}} \binom{n}{2s} \frac{\left(x^2 + x + \frac{1}{4} \right)^s}{2^{2n-2s}} + (-1)^{n-1} \left(x + \frac{1}{2} \right) \sum_{s=0}^{\leq \frac{n-1}{2}} \binom{n}{2s+1} \frac{\left(x^2 + x + \frac{1}{4} \right)^s}{2^{2n-2s+1}},$$

d'où, en appliquant, sur tous les termes, la formule binomiale, puis ordonnant d'après les puissances descendantes de la quantité x^2+x,

$$(6)\qquad x^n = (-1)^n \sum_{s=0}^{=\frac{n}{2}} c_{n,s}(x^2+x)^s + (-1)^{n-1}\left(x+\frac{1}{2}\right)\sum_{s=0}^{=\frac{n-1}{2}} d_{n,s}(x^2+x)^s,$$

où nous avons posé pour abréger

$$(7)\qquad c_{n,p} = \frac{1}{2^{n-2p}} \sum_{s=0}^{=\frac{n}{2}-p} \binom{n}{2p+2s}\binom{p+s}{s},$$

$$(8)\qquad d_{n,p} = \frac{1}{2^{n-2p-1}} \sum_{s=0}^{\leq\frac{n-1}{2}-p} \binom{n}{2p+2s+1}\binom{p+s}{s}.$$

Quant à la simplification de ces expressions, nous multiplions par

$$x = \left(x+\frac{1}{2}\right) - \frac{1}{2}$$

les deux membres de (6), ce qui donnera le développement correspondant de la puissance x^{n+1}. De cette manière nous trouvons les formules récursives

$$(9)\qquad \begin{cases} c_{n+1,s} = \frac{1}{2}c_{n,s} + d_{n,s-1} + \frac{1}{4}d_{n,s}, \\ d_{n+1,s} = c_{n,s} + \frac{1}{2}d_{n,s}, \end{cases}$$

où il faut supposer $1 \leqq s \leqq n$, tandis que nous aurons, en posant dans (6), $x=0$, respectivement $x=-1$,

$$c_{n,0} = \frac{1}{2}, \qquad d_{n,0} = 1;$$

de plus, nous aurons évidemment

$$(10)\qquad c_{2n,n} = 1, \qquad d_{2n+1,n} = 1.$$

Cela posé, la conclusion de m à $m+1$ donnera, en vertu de (9), les expressions générales

$$(11)\qquad c_{n,s} = \binom{n-s}{n-2s}\frac{n}{2n-2s}, \qquad d_{n,s} = \binom{n-s-1}{n-2s-1},$$

de sorte que nous aurons finalement

$$(12)\qquad x^n = (-1)^n \sum_{s=0}^{\frac{n}{2}} \frac{n}{2n-2s}\binom{n-s}{s}(x^2+x)^s$$
$$-(-1)^n\left(x+\frac{1}{2}\right)\sum_{s=0}^{\frac{n-1}{2}}\binom{n-s-1}{s}(x^2+x)^s.$$

Posons ensuite, dans (12), $-x-1$ au lieu de x, il résulte

$$(13)\qquad (x+1)^n = \sum_{s=0}^{\frac{n}{2}} \frac{n}{2n-2s}\binom{n-s}{s}(x^2+x)^s$$
$$+\left(x+\frac{1}{2}\right)\sum_{s=0}^{\frac{n-1}{2}}\binom{n-s-1}{s}(x^2+x)^s,$$

ce qui nous conduira à un développement des polynomes symétriques

$$(x+1)^n \pm x^n,$$

Remarquons, en passant, que les expressions indiquées pour les
deux coefficients $c_{n,p}$ et $d_{n,p}$ donnent les relations numériques

$$(14)\qquad \sum_{s=0}^{\frac{n}{2}-p}\binom{n}{2p+2s}\binom{p+s}{s}=\frac{n}{2n-2p}\binom{n-p}{p}2^{n-2p},$$

$$(15)\qquad \sum_{s=0}^{\frac{n-1}{2}-p}\binom{n}{2p+2s+1}\binom{p+s}{s}=\binom{n-p-1}{p}2^{n-2p-1},$$

dont le cas spécial qui correspond à $p=0$ est bien connu.

Revenons maintenant au polynome $f_n(x)$, défini par la formule (1), nous aurons, en vertu de (12), un développement de la
forme

$$(16)\qquad f_n(x)=\sum_{s=0}^{\frac{n}{2}}\gamma_{n,s}(x^2+x)^s+\left(x+\frac{1}{2}\right)\sum_{s=0}^{\frac{n-1}{2}}\delta_{n,s}(x^2+x)^s,$$

où nous avons posé pour abréger

$$(17) \qquad \gamma_{n,p} = \sum_{s=0}^{s=n-2p} (-1)^s \binom{p+s}{s} \frac{2n+s}{2p+2s} a_{n,n-2p-s},$$

$$(18) \qquad \delta_{n,p} = \sum_{s=0}^{s=n-2p-1} (-1)^s \binom{p+s}{s} a_{n,n-2p-s-1}.$$

Dans le cas $p = 0$, le terme au second membre de (17), qui correspond à $s = 0$, doit être $a_{n,n}$.

Soit $f_{2n}(x)$, respectivement $f_{2n+1}(x)$, un polynome symétrique, nous aurons, en vertu de (16), les conditions suffisantes et nécessaires

$$(19) \qquad \delta_{2n,p} = 0,$$

respectivement

$$(20) \qquad \gamma_{2n+1,p} = 0,$$

conditions qui ne sont formellement identiques à aucune des conditions précédentes.

Développons, conformément à la formule (16), le polynome

$$(21) \qquad \frac{x^{n+1} + (-1)^n}{x+1} = x^n - x^{n-1} + x^{n-2} - \ldots + (-1)^n,$$

regardé dans le paragraphe XIX, l'identité évidente

$$\frac{2p+s}{2p+2s} \binom{p+s}{s} = \binom{p+s}{s} - \frac{1}{2}\binom{p+s-1}{s-1}$$

donnera, pour les coefficients, les expressions suivantes :

$$(22) \qquad \begin{cases} \gamma_{n,p} = (-1)^n \binom{n-p+1}{p+1} \dfrac{n+2}{2n-2p+2}, \\[2ex] \delta_{n,p} = (-1)^{n-1} \binom{n-p}{p+1}. \end{cases}$$

XXIV. — Des zéros d'un polynome symétrique.

Soit $f_n(x)$ un polynome symétrique quelconque du $n^{\text{ième}}$ degré, l'équation algébrique

$$(1) \qquad f_n(x) = 0$$

est identique à celle-ci

$$f_n(-x-1) = 0;$$

c'est-à-dire qu'il est possible de ranger les racines de l'équation susdite

$$(2) \qquad z_1, \ z_2, \ z_3, \ \ldots, \ z_n,$$

de sorte que

$$(3) \qquad z_s + z_{n-s+1} = -1 \qquad (1 \leqq s \leqq n).$$

Dans le cas où n est un nombre impair, l'équation (1) a toujours la racine $-\frac{1}{2}$. Posons

$$f_{2n+1}(x) = \left(x + \frac{1}{2}\right)\varphi_{2n}(x),$$

le polynome $\varphi_{2n}(x)$ est un polynome symétrique du degré $2n$, de sorte qu'il s'agit seulement de résoudre les équations (1) dans le cas où n est un nombre pair. En appliquant la formule (16) du paragraphe XXIII, on voit que les équations en question se réduisent à des équations du degré n par rapport à la quantité $x^2 + x$.

Pour étudier, au point de vue des zéros, un polynome symétrique, nous choisissons n nombres complexes

$$(4) \qquad z_1, \ z_2, \ z_3, \ \ldots, \ z_n,$$

qui satisfont, pour $1 \leqq s \leqq n$, aux conditions

$$(5) \qquad z_s + z_{n-s+1} = m,$$

où m désigne un nombre complexe différent de zéro, mais quelconque du reste. De plus, nous supposons les nombres (4) aussi arbitraires que les conditions (5) le permettent.

Soit $n = 2q$ ou $n = 2q + 1$, il est par conséquent possible de choisir précisément q des nombres z_s parfaitement arbitraires; dans le dernier cas, où n est supposé impair, l'ensemble (4) contient le nombre $\frac{1}{2}m$.

Cela posé, il est évident que le polynome

$$(6) \qquad F_n(x) = \left(x + \frac{z_1}{m}\right)\left(x + \frac{z_2}{m}\right)\cdots\left(x + \frac{z_n}{m}\right),$$

du degré n par rapport à x, est symétrique; nous aurons, en effet, en vertu de (5), pour $1 \leqq s \leqq n$,

$$(7) \qquad -x - 1 + \frac{a_s}{m} = -\left(x + \frac{a_{n-s+1}}{m}\right).$$

Posons ensuite pour abréger

$$(8) \qquad (x + a_1)(x + a_2)\ldots(x + a_n) = \sum_{s=0}^{s=n} a_{n,s}\, x^{n-s},$$

nous aurons évidemment

$$(9) \qquad F_n(x) = \sum_{s=0}^{s=n} \frac{a_{n,s}}{m^s}\, x^{n-s},$$

ce qui donnera, en vertu des formules (12) et (13) du paragraphe XXI,

$$(10) \qquad \tfrac{1}{2} F_n(x) = K_n + \sum_{s=0}^{s \leqq \frac{n-1}{2}} \frac{(n - 2s - 1)!\, a_{n,2s+1}}{m^{2s+1}}\, B_{n-2s}(x),$$

$$(11) \qquad \tfrac{1}{2} F_n(x) = \sum_{s=0}^{s \leqq \frac{n}{2}} \frac{(n - 2s)!\, a_{n,2s}}{m^{2s}}\, E_{n-2s}(x),$$

où nous avons posé pour abréger

$$(12) \qquad K_n = \sum_{s=0}^{s=n} \frac{(-1)^s a_{n,s}}{(s+1) m^s}.$$

De plus, les conditions (6) et (7) du paragraphe XXI deviennent ici

$$(13) \qquad [1 - (-1)^p] a_{n,p} = \sum_{s=0}^{s=p-1} (-1)^s \binom{n-s}{p-s} m^{p-s} a_{n,s},$$

$$(14) \qquad \sum_{s=0}^{s=2p+1} (-1)^s \binom{n-s}{2p-s+1} 2^s m^{2p-s+1} a_{n,s} = 0,$$

tandis que les formules (16) et (17) du paragraphe susdit donnent

$$(15) \qquad (-1)^p\left(\frac{a_{n,2p+1}}{n-2p} - \frac{m}{2}\,a_{n,2p}\right)$$

$$= \sum_{s=0}^{s=p-1} (-1)^s \binom{n-2s-1}{2p-2s}\frac{m^{2p-2s}\,a_{n,2s+1}\,R_{p-s}}{n-2p},$$

$$(16) \quad (-1)^p a_{n,2p+1} = \sum_{s=0}^{s=p} (-1)^p \binom{n-2s}{2p-2s+1}\left(\frac{m}{2}\right)^{2p-2s+1} a_{n,2s}\,T_{p-s+1}.$$

où il faut supposer $1 \leqq p \leqq \dfrac{n-1}{2}$, respectivement $0 \leqq p \leqq \dfrac{n-1}{2}$.

Posons, dans (15), $p = 0$, nous aurons le résultat évident

$$(17) \qquad\qquad a_{n,1} = z_1 + z_2 + z_3 + \ldots + z_n = \frac{mn}{2}.$$

Supposons maintenant n pair, remplaçons n par $2n$, puis posons pour abréger

$$(18) \quad P_{2n} = (2z_1 - m)(2z_2 - m)\ldots(2z_{2n} - m) = (2m)^{2n}\,F_{2n}\left(-\frac{1}{2}\right).$$

il résulte, en vertu des formules (25), (26), (27) du paragraphe XXI,

$$(19) \quad P_{2n} - 2^{2n}a_{2n,2n} = \sum_{s=0}^{s=2n-1} (-1)^s\,x^s\,m^{2n-s}\,a_{2n,s},$$

$$(20) \quad P_{2n} - 2^{2n}a_{2n,2n} = \sum_{s=0}^{s=n-1} (-1)^{n-s}\,2^{2s}\,m^{2n-2s}\,a_{2n,2s}\,E_{n-s},$$

$$(21) \quad P_{2n} - 2^{2n}a_{2n,2n} = \sum_{s=0}^{s=n-1} (-1)^{n-s}\left(\frac{m}{2}\right)^{2n-2s-1}2^{2s+1}\,a_{2n,2s+1}\,T_{n-s}.$$

Étudions encore le polynome entier

$$(22) \qquad \varphi_q(x) = \left(x + \frac{\alpha_1}{m}\right)^q + \left(x + \frac{\alpha_2}{m}\right)^q + \ldots + \left(x + \frac{\alpha_n}{m}\right)^q,$$

où q est un positif entier quelconque, nous verrons, en vertu de (7), que $\varphi_q(x)$ est un polynome symétrique; posons pour abréger

$$(23) \qquad \begin{cases} S_r = \alpha_1^r + \alpha_2^r + \alpha_3^r + \ldots + \alpha_n^r, \\ S_0 = n, \end{cases}$$

nous aurons de plus

$$(24) \qquad \varphi_q(x) = \sum_{r=0}^{r=q} \binom{q}{r} \frac{S_r}{m^r} x^{q-r};$$

c'est-à-dire que les sommes de puissances S_r satisfont à des relations obtenues de (13), (14), (15), (16) en y remplaçant n par q, puis posant

$$a_{q,r} = \binom{q}{r} S_r,$$

ce qui donnera immédiatement le théorème qui suit, très remarquable, ce me semble :

I. *Supposons que les coefficients $a_{n,\rho}$ de l'équation algébrique*

$$(25) \qquad a_{n,0} x^n + a_{n,1} x^{n-1} + \ldots + a_{n,n-1} x + a_{n,n} = 0$$

satisfassent aux conditions équivalentes (13), (14), (15), (16), *les sommes S_r des puissances semblables des racines de cette équation, prises à signe contraire, satisfont aux conditions analogues*

$$(26) \qquad [1 - (-1)^p] S_p = \sum_{r=0}^{r=p-1} (-1)^r \binom{p}{r} m^{p-r} S_r,$$

$$(27) \qquad 0 = \sum_{r=0}^{r=2p+1} (-1)^r \binom{2p+1}{r} 2^r m^{2p-r+1} S_r,$$

$$(28) \qquad (-1)^p \left[S_{2p+1} - m \left(p + \frac{1}{2} \right) S_{2p} \right]$$

$$= \sum_{r=0}^{r=p-1} (-1)^r \binom{2p+1}{2r+1} m^{2p-2r} S_{2r+1} B_{p-r},$$

$$(29) \qquad (-1)^p S_{2p+1} = \sum_{r=0}^{r=p} (-1)^r \binom{2p+1}{2r} \left(\frac{m}{2} \right)^{2p-2r+1} S_{2r} T_{p-r+1},$$

et inversement.

Dans ce qui suit, nous avons souvent à revenir à des formules de ce genre; c'est pourquoi nous nous bornerons à indiquer ici deux exemples des nombres spéciaux qui satisfont à la condition (5).

1° Les termes d'une suite arithmétique

$$a, \quad a+d, \quad a+2d, \quad \ldots, \quad a+(n-1)d; \qquad m = 2a + (n-1)d,$$

exemples :

$$a = d = 1, \qquad a = 1, \qquad d = 2.$$

2° Soit m un positif entier, l'ensemble des $n = \varphi(m)$ positifs entiers, plus petits que m et premiers à m, satisfont à la condition (5).

XXV. — Exemple. Polynomes de Cauchy.

Les polynomes entiers

$$(1) \qquad \begin{cases} \Psi_0(x) = 2, \\ \Psi_n(x) = \displaystyle\sum_{s=0}^{s=n} \frac{2n}{2n-s} \binom{2n-s}{s} \frac{x^{n-s}}{2^{2s}} \end{cases}$$

représentent une classe de polynomes symétriques très intéressants.

Soit $n = 1$, $n = 2$, il résulte respectivement

$$(2) \qquad \begin{cases} \Psi_1(x) = x + \dfrac{1}{2}, \\ \Psi_2(x) = x^2 + x + \dfrac{1}{8}; \end{cases}$$

de plus, il est facile de vérifier la formule récursive

$$(3) \qquad \left(x + \frac{1}{2}\right)\Psi_p(x) = \Psi_{p+1}(x) + \frac{1}{2^2}\Psi_{p-1}(x) \qquad (p \geqq 1)$$

ou, ce qui est la même chose,

$$\Psi_1(x)\Psi_p(x) = \Psi_{p+1}(x) + \frac{1}{2^2}\Psi_{p-1}(x) \qquad (p \geqq 1),$$

et la conclusion de m à $m+1$ donnera sans peine la formule plus générale

$$(4) \qquad \Psi_q(x)\Psi_p(x) = \Psi_{p+q}(x) + \frac{1}{2^{2q}}\Psi_{p-q}(x) \qquad (p \geqq q),$$

d'où, en posant $q = 2$,

$$(5) \qquad \left(x^2 + x + \frac{1}{8}\right)\Psi_p(x) = \Psi_{p+2}(x) + \frac{1}{2^6}\Psi_{p-2}(x) \qquad (p \gtreqless 2).$$

Cela posé, nous aurons, en vertu de (3) et (5), l'identité curieuse

$$(6) \qquad \Psi_n\left(\tfrac{1}{4}x^2 + \tfrac{1}{4}x\right) = 2^{2n}\Psi_{2n}(x),$$

de sorte que la définition (1) de $\Psi_n(x)$ donnera

$$(7) \qquad \Psi_{2n}(x) = \sum_{s=0}^{s=n} \frac{2n}{2n-s}\binom{2n-s}{s}\frac{(x^2+x)^{n-s}}{2^{4s}};$$

appliquons ensuite la formule récursive (3), nous aurons de même

$$(8) \qquad \Psi_{2n+1}(x) = \left(x + \frac{1}{2}\right)\sum_{s=0}^{s=n}\binom{2n-s}{s}\frac{(x^2+x)^{n-s}}{2^{4s}}.$$

Un autre développement général de $\Psi_n(x)$ peut être obtenu, en prenant pour point de départ la formule récursive (3), puis appliquons la conclusion de n à $n+1$; de cette manière nous trouvons

$$(9) \qquad \Psi_n(x) = \sum_{s=0}^{\leqq \frac{n}{2}} \frac{(-1)^s n}{n-s}\binom{n-s}{s}\frac{\left(x + \frac{1}{2}\right)^{n-2s}}{2^{4s}}.$$

Les trois dernières formules montrent clairement que les $\Psi_n(x)$ sont, pour une valeur quelconque de l'indice n, des polynomes symétriques. De plus, les mêmes formules donnent immédiatement les valeurs numériques

$$(10) \qquad \left\{ \begin{aligned} \Psi_n(0) &= \frac{1}{2^{2n-1}}, \\[4pt] \Psi''_n(0) &= \frac{n^2}{2^{2n-2}}, \\[4pt] \Psi_{2n}\left(-\frac{1}{2}\right) &= \frac{(-1)^n}{2^{4n-1}}. \end{aligned} \right.$$

Quant à cette autre valeur numérique

$$(11) \qquad a_n = 2^{2n}\Psi_n\left(-\frac{1}{4}\right),$$

nous aurons, en vertu de (1) et (9),

$$(12) \qquad a_n = \sum_{s=0}^{\leq \frac{n}{2}} \frac{(-1)^s n}{n-s} \binom{n-s}{s} = (-1)^n \sum_{s=0}^{s=n} \frac{(-1)^s 2n}{2n-s} \binom{2n-s}{s},$$

tandis que l'équation fonctionnelle (3) donnera la formule récursive

$$(13) \qquad a_{n-1} = a_n + a_{n-2} \qquad (n \geq 2),$$

d'où, en vertu des valeurs initiales

$$a_0 = 2, \qquad a_1 = 1,$$

les expressions générales

$$(14) \qquad \begin{cases} a_{6n} = 2, \\ a_{6n+1} = 1, \\ a_{6n+2} = -2, \\ a_{6n+3} = -1. \end{cases}$$

Remarquons, en passant, que l'équation algébrique

$$(15) \qquad \Psi_n(x) = 0$$

a toutes ses racines négatives et inégales ([1]).

Quant aux applications des $\Psi_n(x)$ dans la théorie des nombres de Bernoulli, nous aurons les deux développements

$$(16) \qquad \frac{1}{2}\Psi_m(x) = K_m + \sum_{s=0}^{< \frac{m-1}{2}} \frac{2m}{2m-2s-1}$$
$$\times \binom{2m-2s-1}{2s+1} \frac{(m-2s-1)!}{2^{2s+2}} B_{m-2s}(x),$$

$$(17) \qquad \frac{1}{2}\Psi_m(x) = \sum_{s=0}^{\leq \frac{m}{2}} \frac{m}{m-s} \binom{2m-2s}{2s} \frac{(m-2s)!}{2^{2s}} E_{m-2s}(x),$$

([1]) Posons pour abréger

$$2 \cos n\theta = \Phi_n(2\cos\theta),$$

nous aurons

$$\Psi_n(x) = \frac{(-1)^n}{2^{2n}} \Phi_{2n}(i 2\sqrt{x});$$

c'est-à-dire que l'équation (15) a les racines $- \cos^2 \dfrac{(2p+1)\pi}{4n}$ $(0 \leq p \leq n-1)$.

Les polynomes $\Phi_n(x)$ sont étudiés par Cauchy (*Cours d'Analyse de l'École Polytechnique*, t. I, p. 350. Paris, 1821).

où nous avons posé pour abréger

$$(18) \qquad K_m = \sum_{s=0}^{s=m} \frac{(-1)^{m+s} m}{(2m-s)(m-s+1) 2^{2s}} \binom{2m-s}{s}.$$

de sorte que nous aurons

$$(19) \qquad K_{2n+1} = 0,$$

mais je n'ai pas réussi à déterminer, sous forme simple, la valeur de K_{2n}.

Posons maintenant, dans (16), $m = 2n+1$, $x = -\frac{1}{4}$, il résulte, en vertu de (11) et (14), la formule récursive

$$(20) \qquad \sum_{s=0}^{s=n-1} \frac{(-1)^s (2n+1)}{4n-2s+1} \binom{4n-2s+1}{2s+1} K_{n-s} = (-1)^n \omega_n.$$

où nous avons posé pour abréger

$$(21) \qquad \begin{cases} \omega_{3n} = 0, \\ \omega_{3n+1} = -3, \\ \omega_{3n+2} = 0. \end{cases}$$

Posons, de la même formule, $m = 2n$ et $x = 0$, $x = -\frac{1}{4}$, puis soustrayons les deux équations ainsi obtenues, nous aurons

$$(22) \qquad \sum_{s=0}^{s=n-1} \frac{(-1)^s 2n}{4n-2s-1} \binom{4n-2s-1}{2s+1} T_{n-s} = 1 - (-1)^n.$$

En dernier lieu, cherchons les dérivées des deux membres de (16), puis posons $m = 2n+1$, $x = 0$, il résulte

$$(23) \qquad \sum_{s=0}^{s=n-1} \frac{(-1)^s (2n+1)}{(4n-2s+1) 2^{2s}} \binom{4n-2s+1}{2s+1} B_{n-s} = \frac{(-1)^{n-1} n(n+1)}{2^{4n-2}}.$$

Quant à la formule (17), nous aurons, en posant $m = 2n - $ $x = 0,$

$$(24) \qquad \sum_{s=}^{s=n-1} \frac{(-1)^s (2n-1)}{(2n-s-1 \, 2^{2s})} \binom{4n-2s-2}{2s} T_{n-s} = \frac{(-1)^{n-1}}{2^{2n-2}},$$

tandis que les hypothèses $m = 2n$, $x = -\frac{1}{2}$ donnent

$$(25) \qquad \sum_{s=0}^{s=n-1} \frac{(-1)^s n}{(2n-s)\,2^{2s}} \binom{\frac{1}{2}n-2s}{2s} R_{n-s} = \frac{1-(-1)^n}{2^{2n}}.$$

On voit que plusieurs des formules récursives, que nous venons de développer, sont homogènes. Cherchons les dérivées d'ordre supérieur des deux membres des formules (16) et (17), nous trouverons des formules récursives irrégulières d'une forme plus compliquée que les précédentes.

CHAPITRE VI.

XXVI. — Propriétés fondamentales.

Nous désignons comme *régulière* une suite harmonique $[f_n(x), a_n]$, dont les éléments $f_n(x)$ sont, pour une valeur quelconque de n, des polynomes symétriques.

Cette définition adoptée, il est évident que les éléments $f_n(x)$ d'une suite régulière satisfont aux deux conditions

$$(1) \qquad (-1)^n f_n(-x-1) = f_n(x) \qquad (n \gtreqless 0),$$

$$(2) \qquad f_n'(x) = f_{n-1}(x) \qquad (n \gtreqless 1).$$

De plus, remarquons que l'élément général de la suite régulière se présente sous la forme

$$(3) \quad f_n(x) = \frac{a_0 x^n}{n!} + \frac{a_1 x^{n-1}}{(n-1)!} + \ldots + \frac{a_p x^{n-p}}{(n-p)!} + \ldots + \frac{a_{n-1} x}{1!} + a_n,$$

nous avons à introduire dans les formules du paragraphe XI

$$(4) \qquad a_{n,p} = \frac{a_p}{(n-p)!},$$

ce qui donnera tout d'abord

$$(5) \qquad [1-(-1)^p] a_p = \sum_{s=0}^{s=p-1} \frac{(-1)^s a_s}{(p-s)!} \qquad (p \gtreqless 1),$$

$$(6) \qquad 0 = \sum_{s=0}^{s=2p+1} \frac{(-1)^s 2^s a_s}{(2p-s+1)!} \qquad (p \gtreqless 0).$$

Remarquons maintenant que le groupe des formules (6) est équivalent à chacun des deux groupes obtenus de (5), en supposant pair ou impair le nombre p, nous aurons le théorème :

I. *La suite harmonique* $[f_n(x), a_n]$ *est régulière, pourvu que ses éléments satisfassent, quel que soit n, à une quelconque des conditions*

$$(7) \qquad \begin{cases} f_{2n}(-1) = f_{2n}(0), \\ f_{2n+1}(-1) = -f_{2n+1}(0), \\ f_{2n+1}\left(-\dfrac{1}{2}\right) = 0. \end{cases}$$

Les équations aux différences finies (10) et (11) du paragraphe XXI deviennent ici

$$(8) \qquad f_n(x) - f_n(x-1) = 2 \sum_{s=0}^{\frac{n-1}{2}} \frac{a_{2s+1}\, x^{n-2s-1}}{(n-2s-1)!} \qquad (n \geq 1),$$

$$(9) \qquad f_n(x) + f_n(x-1) = 2 \sum_{s=0}^{\frac{n}{2}} \frac{a_{2s}\, x^{n-2s}}{(n-2s)!} \qquad (n \geq 0),$$

ce qui donnera les deux développements

$$(10) \qquad \frac{1}{2} f_n(x) = \sum_{s=0}^{\frac{n}{2}} a_{2s+1} B_{n-2s}(x),$$

$$(11) \qquad \frac{1}{2} f_n(x) = \sum_{s=0}^{\frac{n}{2}} a_{2s} E_{n-2s}(x),$$

valables pour une valeur quelconque de x, parce que les polynomes $f_n(x)$ forment une suite harmonique.

Cela posé, nous aurons de plus, en vertu de (10),

$$(12) \qquad \begin{cases} a_0 = 2a_1, \\ (-1)^n \left(a_{2n+1} - \dfrac{1}{2} a_{2n}\right) = \displaystyle\sum_{s=0}^{s=n-1} \frac{(-1)^s a_{2s+1} B_{n-s}}{(2n-2s)!}, \end{cases}$$

tandis que le développement (11) donnera l'inversion de ces formules, savoir

$$(13) \qquad (-1)^n a_{2n+1} = \sum_{s=0}^{s=n} \frac{(-1)^s a_{2s}\, T_{n-s+1}}{(2n-2s+1)!\, 2^{2n-2s+1}}.$$

Les deux groupes de formules (12) et (13) étant valables

pour $n \geq 1$, respectivement $n \geq 0$, nous aurons le théorème :

II. *La suite régulière* $[f_n(x), a_n]$ *est parfaitement déterminée, pourvu qu'une seule des deux suites ordinaires*

$$(14) \qquad a_0, \ a_2, \ a_4, \ \ldots, \ a_{2n}, \ \ldots \qquad (a_0 \neq 0),$$

$$(15) \qquad a_1, \ a_3, \ a_5, \ \ldots, \ a_{2n+1}, \ \ldots \qquad (a_1 \neq 0)$$

soit connue.

Soit, dans la suite (15), $a_{2n+1} = 0$, $n \geq 1$, la suite régulière correspondante a l'élément général

$$(16) \qquad f_n(x) = 2 a_1 B_n(x),$$

tandis que l'hypothèse $a_{2n} = 0$, $n \geq 1$, donnera

$$(17) \qquad f_n(x) = 2 a_0 E_n(x),$$

ce qui montre clairement que les fonctions de Bernoulli et d'Euler jouent un rôle essentiel dans la théorie des suites régulières.

Il est évident qu'une suite régulière quelconque conduira toujours à des formules récursives régulières pour les B_n et les T_n. Soient inversement

$$(18) \qquad \begin{cases} \alpha_0, \ \alpha_1, \ \alpha_2, \ \ldots, \ \alpha_n, \ \ldots, \\ \beta_0, \ \beta_1, \ \beta_2, \ \ldots, \ \beta_n, \ \ldots \end{cases}$$

deux suites infinies, telles que nous aurons, pour $n \geq 1$, les formules récursives régulières

$$(19) \qquad \sum_{s=0}^{s=n-1} \frac{(-1)^s \alpha_s B_{n-s}}{(2n-2s)!} = (-1)^{n-1} \beta_n \qquad (n \geq 1).$$

puis posons

$$(20) \qquad \begin{cases} a_0 = 2\beta_0, \\ a_{2n} = 2(\alpha_n + \beta_n), \\ a_{2n+1} = \alpha_n, \end{cases}$$

les formules (12) montrent clairement que la suite harmonique $[f_n(x), a_n]$ est régulière, de sorte que nous aurons, en vertu de (13), les formules récursives régulières pour les T_n :

$$(21) \qquad \sum_{s=0}^{s=n} \frac{(-1)^s (\alpha_s + \beta_s) T_{n-s+1}}{(2n-2s+1)! \, 2^{2n-2s}} = (-1)^n \alpha_n.$$

En second lieu, supposons que les deux suites (18) donnent les formules récursives régulières

$$(22) \qquad \sum_{s=0}^{s=n} \frac{(-1)^s 2_s T_{n-s+1}}{(2n-2s+1)!\, 2^{2s}\, 2^{s+1}} = (-1)^n \beta_n \qquad (n \gtrless 0),$$

puis posons

$$(23) \qquad a_{2n} = \alpha_n, \qquad a_{2n+1} = \beta_n,$$

la suite harmonique $[f_n(x), a_n]$ est, en vertu de (13), une suite régulière, de sorte que nous aurons, en vertu de (12), les formules récursives régulières pour les B_n :

$$(24) \qquad \sum_{s=0}^{s=n-1} \frac{(-1)^s \beta_s B_{n-s}}{(2n-2s)!} = (-1)^{n-1}\left(\frac{1}{2}\alpha_n - \beta_n\right).$$

Cela posé, il est évident qu'une formule récursive régulière pour les B_n ou pour les T_n correspond à une suite régulière, ce qui montrera clairement le rôle fondamental que jouent les suites régulières dans la théorie des nombres de Bernoulli, parce que la plupart des formules récursives connues sont des formules régulières.

XXVII. — Formules récursives incomplètes.

Soit maintenant $[f_n(x), a_n]$ une suite harmonique quelconque, nous avons à étudier les deux polynomes entiers

$$(1) \quad F(x) = \sum_{s=0}^{s=n} (-1)^s \binom{n}{s} (m-q+s)!\, x^{n-s} f_{m+s+1}(x) \qquad (0 \leqq q \leqq m),$$

$$(2) \quad G(x) = \sum_{s=0}^{s=n} (-1)^s \binom{n}{s} (m+q+s)!\, x^{n-s} f_{m+s}(x) \qquad (0 \leqq q \leqq n),$$

où m et q désignent des positifs entiers.

A cet effet, ordonnons, d'après les puissances descendantes de x, les deux polynomes en question, nous verrons que, dans $F(x)$, le coefficient de la puissance $x^{m+n-k+1}$ deviendra

$$(3) \qquad a_k \sum_{s=0}^{s=n} (-1)^s \binom{n}{s} \frac{(m-q+s)!}{(m-k+s+1)!},$$

où nous avons supposé $k \leqq m+1$. Soit, au contraire, $k > m+1$, nous pouvons nous borner à supposer $s \geqq k-m-1$, parce que les autres termes s'évanouiront, ce qui s'accorde bien avec le fait que les termes correspondants de $F(x)$ ne contiennent pas la puissance susdite de x.

Quant au polynome $G(x)$, le coefficient de la puissance x^{m+n-k} deviendra

$$(4) \qquad a_k \sum_{s=0}^{s=n} (-1)^s \binom{n}{s} \frac{(m+q+s)!}{(m+s-k)!},$$

où nous avons supposé $k \leqq m$, sinon nous pouvons supprimer les termes qui correspondent à $s \leqq k-m$.

Cela posé, il est évident que les expressions (3) et (4) ne sont autre chose que des différences de l'ordre n prises des expressions de la forme

$$\varphi_r(z) = \frac{1}{z(z-1)(z-2)\ldots(z-r+1)} \qquad [\varphi_0(\alpha) = 1],$$
$$\psi_r(z) = z(z-1)(z-2)\ldots(z-r+1) \qquad [\psi_0(\alpha) = 1].$$

Soit maintenant $r \geqq 1$, on aura immédiatement

$$\Delta_1 \varphi_r(z) = \varphi_r(z+1) - \varphi_r(\alpha) = -r \varphi_{r+1}(z),$$
$$\Delta_1 \psi_r(\alpha) = \psi_r(z+1) - \psi_r(z) = r \psi_{r-1}(z+1),$$

d'où généralement

$$\Delta_1^n \varphi_r(\alpha) = (-1)^n r(r+1)\ldots(r+n-1) \varphi_{r+n}(\alpha) \qquad (r \geqq 1),$$
$$\Delta_1^n \psi_r(\alpha) = 0 \qquad (0 \leqq r \leqq n-1),$$
$$\Delta_1^n \psi_r(z) = r(r-1)\ldots(r-n+1) \psi_{r-n}(\alpha+n) \qquad (r \geqq n),$$

ce qui donnera finalement

$$(5) \qquad F(x) = (-1)^n \sum_{s=0}^{s=q} \frac{(n+q-s)!(m-q)!\, a_s x^{m+n-s+1}}{(q-s)!(m+n-s+1)!}$$
$$+ \sum_{s=0}^{s=m-q} (n+s)! \binom{q+s}{s} a_{n+q+s+1} x^{m-q-s}$$

et

$$(6) \qquad G(x) = (-1)^n \sum_{s=0}^{s=m+q} (n+s)! \binom{m+q}{s} a_{n-q+s} x^{m+q-s}.$$

Cela posé, il est évident que, dans $F(x)$, les coefficients

$$(7) \qquad\qquad a_{q+1}, \quad a_{q+2}, \quad \ldots, \quad a_{n+q}$$

sont disparus, tandis que, pour $q \leqq n-1$, $G(x)$ ne contient pas les coefficients

$$(8) \qquad\qquad a_0, \quad a_1, \quad a_2, \quad \ldots, \quad a_{n-q-1};$$

soit, au contraire, $q = n$, on voit que $G(x)$ contient tous les coefficients a_k qui correspondent à $0 \leqq k \leqq m+n$.

Le cas spécial, où la suite harmonique $[f_n(x), a_n]$ est supposée régulière, présente un intérêt particulier. En effet, posant, dans (6), $x = -1$, puis appliquant l'égalité

$$f_n(-1) = (-1)^n a_n,$$

on aura le théorème intéressant :

1. *Les éléments a_k de la base $[a_n]$ d'une suite régulière quelconque satisfont aux deux formules récursives*

$$(9) \qquad \sum_{s=0}^{s=\omega} (-1)^s (m+n-q-s)! \left[\binom{n}{s} - (-1)^m \binom{m-s}{q} \right] a_{m+n-s+1}$$
$$= \sum_{s=0}^{s=q} \frac{(-1)^s (n+q-s)! (m-q)!}{(q-s)! (m+n-s+1)!} a_s,$$

$$(10) \qquad \sum_{s=0}^{s=\omega} (-1)^s (m+n+q-s)!$$
$$\times \left[(-1)^n \binom{n}{s} - (-1)^q \binom{m+q}{s} \right] a_{m+n-s} = 0,$$

où les sommations sont à étendre jusqu'à ce que les coefficients binomiaux qui y figurent s'évanouissent tous deux.

On voit que ces formules récursives sont généralement incomplètes toutes deux, parce qu'elles ne contiennent pas les coefficients a_k indiqués dans (7), respectivement (8).

Le théorème que nous venons de démontrer est très remarquable, ce me semble, parce que la base $|a_n|$ est parfaitement déterminée, pourvu que tous les a_{2k} ou tous les a_{2k+1} soient connus. De plus, il est évident que le théorème susdit est d'une généralité extrêmement grande, nous le verrons du reste dans la suite de nos recherches; c'est pourquoi nous nous bornerons à considérer ici les deux formules récursives régulières

$$(11) \qquad \sum_{s=0}^{s=n-1} \frac{(-1)^s a_s B_{n-s}}{(2n-2s)!} = (-1)^{n-1} \beta_n,$$

$$(12) \qquad \sum_{s=0}^{s=n} \frac{(-1)^s a'_s T_{n-s+1}}{(2n-2s+1)!\, 2^{2n-2s+1}} = (-1)^n \beta'_n.$$

Posons, conformément aux formules (20) et (23) du paragraphe XXVI,

$$(13) \qquad a_0 = \lambda \beta_0, \qquad a_{2n} = 2(\alpha_n + \beta_n), \qquad a_{2n+1} = \alpha_n,$$

respectivement

$$(14) \qquad a'_{2n} = \alpha'_n, \qquad a'_{2n+1} = \beta'_n.$$

les nombres a_k et a'_k ainsi définis satisfont aux deux formules récursives incomplètes susdites.

XXVIII. — D'autres formules récursives générales.

En appliquant l'identité évidente

$$x^p = x^{p-1}(x+1) - x^p$$

on peut représenter le polynome quelconque du $n^{\text{ième}}$ degré

$$(1) \qquad f(x) = a_{n,0} x^n + a_{n,1} x^{n-1} + \ldots + a_{n,n-1} x + a_n$$

sous cette autre forme

$$(2) \qquad f(x) = x(x+1) \sum_{s=0}^{s=n-2} A_s x^{n-s-2} + A_{n-1}(x+1) + A_n,$$

où il faut supposer $n \geqq 2$, tandis que les coefficients A_p se présentent sous la forme

$$(3) \qquad A_p = \sum_{s=0}^{s=p} (-1)^s a_{n,p-s},$$

ce qui donnera particulièrement

$$(4) \qquad \begin{cases} A_n = f(-1), \\ A_{n-1} = f(0) - f(-1), \end{cases}$$

De plus, il est évident que l'égalité

$$(5) \qquad a_{n,p} = 0$$

entraîne cette autre

$$(6) \qquad A_p = -A_{p-1}$$

et inversement.

Posons ensuite, conformément à (2),

$$(7) \qquad \varphi(x) = \sum_{s=0}^{s=n-1} A_s x^{n-s-1}, \qquad \psi(x) = \sum_{s=0}^{s=n-1} A_s x^{n-s-2},$$

ce qui donnera, en vertu de (2),

$$(8) \qquad f(x) = (x+1)\varphi(x) + A_n,$$
$$(9) \qquad f(x) = x(x+1)\psi(x) + A_{n-1}(x+1) + A_n,$$

et nous avons à développer, d'après les fonctions de Bernoulli et d'Euler, les deux polynomes entiers $\varphi(x)$ et $\psi(x)$ ainsi définis.

A cet effet, appliquons la formule (14) du paragraphe VII, savoir :

$$1 + \binom{\nu}{1} + \binom{\nu+1}{2} + \ldots + \binom{\nu+n-1}{n} = \binom{\nu+n}{n},$$

nous aurons, en vertu des formules générales du paragraphe XIV, pour les coefficients $\gamma_{n,p}$ des deux développements

$$(10) \quad \varphi(x) = \sum_{s=0}^{s=n-2} (-1)^s \gamma_{n,s} (n-s-2)! \, B_{n-s-1}(x) + (-1)^{n-1} \gamma_{n,n-1},$$

$$(11) \quad \psi(x) = \sum_{s=0}^{s=n-3} (-1)^s \gamma_{n-1,s} (n-s-3)! \, B_{n-s-2}(x) + (-1)^{n-2} \gamma_{n-1,n-2},$$

les expressions suivantes :

$$(12) \quad \begin{cases} \gamma_{n,p} = \displaystyle\sum_{s=0}^{s=p} (-1)^s \left[\binom{n-s}{p-s+1} - 1 \right] a_{n,s} & (0 \leqq p \leqq n-2), \\[2ex] \gamma_{n,n-1} = \displaystyle\sum_{s=0}^{s=n-1} (-1)^s \lambda_{n-s} a_{n,s}, \end{cases}$$

où nous avons posé pour abréger

$$(13) \qquad \lambda_q = \frac{1}{1} + \frac{1}{2} - \frac{1}{3} + \ldots - \frac{1}{q}.$$

Le même procédé donnera les développements analogues

$$(14) \qquad \varphi(x) = \sum_{s=0}^{s=n-1} (-1)^s \delta_{n,s}(n-s-1)! \, \mathrm{E}_{n-s-1}(x),$$

$$(15) \qquad \psi(x) = \sum_{s=0}^{s=n-2} (-1)^s \delta_{n-1,s}(n-s-1)! \, \mathrm{E}_{n-s-2}(x),$$

où il faut admettre

$$(16) \qquad \delta_{n,p} = \sum_{s=0}^{s=p} (-1)^s \left[\binom{n-s}{p-s} + 1 \right] a_{n,s} \qquad (0 \leqq p \leqq n-1).$$

En se rappelant les expressions des coefficients $\alpha_{n,p}$ et $\beta_{n,p}$, qui figurent dans les développements de $f(x)$, d'après les fonctions de Bernoulli et d'Euler, et qui sont indiquées dans les formules (9) et (16) du paragraphe **XIV**, on aura immédiatement

$$(17) \qquad \begin{cases} \gamma_{n,p} = \alpha_{n,p} - \mathrm{A}_p & (0 \leqq p \leqq n-2), \\[1ex] \delta_{n,p} = \beta_{n,p} + \mathrm{A}_p & (0 \leqq p \leqq n-2). \end{cases}$$

Dans le cas le plus simple, où le polynome donné $f(x)$ se réduit à une seule puissance x^{n+1}, nous aurons pour la fonction

$$\frac{x^{n+1} + (-1)^n}{x+1}$$

les développements donnés déjà dans le paragraphe **XIV**.

Soit maintenant le polynome donné $f(x)$ un polynome symétrique, on aura, en vertu de (4), pour n pair,

$$A_{n-1} = f(0) - f(-1) = 0, \qquad A_n = a_{n,n},$$

ce qui donnera, en vertu de (9),

$$(18) \qquad f(x) = x(x+1)\psi(x) + a_{n,n}.$$

Dans le cas où n est un nombre impair, on aura, au contraire,

$$A_{n-1} = -2f(-1) = -2A_n = 2a_{n,n},$$

d'où, en vertu de (9),

$$(19) \qquad f(x) = x(x+1)\psi(x) + a_{n,n}(2x+1);$$

c'est-à-dire que le polynome $\psi(x)$ est toujours un polynome symétrique, quelle que soit la parité de n.

Cela posé, nous aurons, en vertu de (11) et (13),

$$\gamma_{n-1,2p+1} = 0, \qquad \delta_{n-1,2p+1} = 0,$$

et, pourvu que n soit impair,

$$\gamma_{n-1,n-2} = 0;$$

c'est-à-dire que nous venons de démontrer le théorème :

I. *Soit le polynome* $f(x)$, *défini par la formule* (1), *un polynome régulier; les coefficients* $a_{n,p}$ *satisfont, pour une parité quelconque de* n, *aux formules récursives*

$$(20) \qquad \sum_{s=0}^{s=p} (-1)^s \left[\binom{n-s-1}{p-s+1} + (-1)^p \right] a_{n,s} = 0 \qquad (1 \leqq p \leqq n-2);$$

soit n *un nombre impair, on aura de plus*

$$(21) \qquad \sum_{s=0}^{s=n-2} (-1)^s \lambda_{n-s-1} a_{n,s} = 0.$$

Soit par exemple $f(x) = B_n(x)$, on aura ces deux formules .

récursives curieuses

$$(22) \qquad \sum_{s=1}^{\leq \frac{p}{2}} (-1)^{s-1} \left[\binom{n-2s-1}{p-2s+1} + (-1)^p \right] \binom{n}{2s} B_s$$
$$= \frac{n}{2} \left[\binom{n-2}{p} + (-1)^p \right] - \left[\binom{n-1}{p+1} + (-1)^p \right],$$

$$(23) \qquad \sum_{s=1}^{s=n-1} (-1)^{s-1} \binom{2n+1}{2s} \lambda_{2n-2s} B_s = \left(n - \frac{1}{2} \right) \lambda_{2n-1} - \frac{1}{2n},$$

dont la première nous conduira à des formules bien connues, formules que nous avons à étudier plus tard et d'un autre point de vue.

Quant à la formule (9), posons pour abréger

$$(24) \qquad \left\{ \begin{aligned} & \alpha_{n,0} = 1, \qquad \alpha_{n,1} = \frac{n-2}{2}, \\ & \alpha_{n,2p+1} = \frac{n-2}{2} - \sum_{s=0}^{s=p-1} (-1)^{p-s-1} \binom{n}{2p-2s} B_{p-s}, \\ & \alpha_{n,2p} = -\alpha_{n,2p+1}, \end{aligned} \right.$$

il résulte, pour $n \geqq 2$,

$$(25) \qquad B_n(x) = \frac{x(x+1)}{n!} \sum_{s=0}^{s=n-2} \alpha_{n,s} x^{n-s-2} + B_n(0),$$

ou, ce qui est la même chose,

$$(26) \qquad B_n(x+1) = \frac{x(x+1)}{n!} \sum_{s=0}^{s=n-2} (-1)^s \alpha_{n,s} (x+1)^{n-s+2} + B_n(0),$$

de sorte que nous aurons

$$\alpha_{n,n-2} = n! \, B_{n-1}(0),$$
$$\alpha_{2n,2n-2} = A_{2n,2n-1} = 0,$$

formules numériques qui sont contenues dans la formule générale (22).

En se rappelant que $B_{2n}(x) - B_{2n}(0)$ est divisible par $x^2(x+1)^2$, on aura, en appliquant encore une fois la formule (9), cet autre développement de ce genre

$$(27) \qquad B_{2n}(x) = \frac{x^2(x+1)^2}{(2n)!} \sum_{s=0}^{s=2n-4} \alpha'_{n,s}\, x^{2n-s-4} + B_{2n}(0),$$

où nous avons posé, pour abréger,

$$(28) \qquad \begin{cases} \alpha'_{n,0} = 1, \qquad \alpha'_{n,1} = n-2, \\[2mm] (-1)^p \alpha'_{n,p} = p+1-np + \sum_{s=1}^{\leq \frac{p}{2}} (-1)^{s-1}(p-2s+1)\binom{2n}{2s} B_s; \end{cases}$$

remplaçons, dans (27), x par $-x-1$, il résulte le développement analogue

$$(29) \qquad B_{2n}(x) = \frac{x^2(x+1)^2}{(2n)!} \sum_{s=0}^{s=2n-4} (-1)^s \alpha'_{n,s}(x+1)^{2n-s-4} + B_{2n}(0).$$

De plus, la formule (27) entraîne les égalités numériques

$$-\alpha'_{n,2n-3} = 2\alpha'_{n,2n-4} = (2n)!\, B_{2n-2}(0),$$

d'où, en posant $n+1$ au lieu de n,

$$(30) \qquad (n+1)(2n+1)B_n + \sum_{s=1}^{s=n-1} (-1)^{s-1}(2s-1)\binom{2n+2}{2s+2} B_{n-s} = (-1)^n(2n^2 - 2n - 1),$$

$$(31) \qquad (2n+2)(2n+1)B_n + \sum_{s=2}^{s=n-1} (-1)^{s-1}(2s-2)\binom{2n+2}{2s+2} B_{n-s} = (-1)^n(2n^2 - 3n - 1).$$

On voit que la formule (31) est incomplète, parce qu'elle ne contient pas le nombre B_{n-1}.

En second lieu, soit $f(x) = E_n(x)$, nous aurons les formules récursives

$$(32) \qquad \binom{n-1}{p+1} + (-1)^p = \sum_{s=1}^{\leq \frac{p+2}{2}} \frac{(-1)^{s-1}}{2^{2s-4}} \left[\binom{n-2s}{p-2s+2} + (-1)^p\right]\binom{n}{2s-1} T_s,$$

$$(33) \qquad \lambda_{2n} = \sum_{s=0}^{s=n-1} \frac{(-1)^s}{2^{2s+1}} \binom{2n+1}{2s+1} \lambda_{2n-2s-2}\, T_{s+1}.$$

Posons ensuite

$$(34) \quad \begin{cases} \beta_{p,2n-1} = -\dfrac{1}{2} + \displaystyle\sum_{s=0}^{s=p-1} \dfrac{(-1)^{p-s-1}}{2^{2p-2s}} \binom{2n}{2p-2s-1} T_{s+1}, \\[2ex] \beta_{n,0} = \dfrac{1}{2}, \qquad \beta_{n,2p} = -\beta_{n,2p-1}, \end{cases}$$

il résulte

$$(35) \qquad E_{2n}(x) = \frac{x(x+1)}{(2n)!} \sum_{s=0}^{s=2n-2} \beta_{n,s} x^{2n-s-2}$$

ou, ce qui est la même chose,

$$(36) \qquad E_{2n}(x) = \frac{x(x+1)}{(2n)!} \sum_{s=0}^{s=2n-2} (-1)^s \beta_{n,s} (x+1)^{2n-s-2}.$$

XXIX. — Une suite régulière assez générale.

Pour construire des suites régulières d'une forme assez générale, nous choisissons, comme dans le paragraphe XXIV, n nombres complexes

$$(1) \qquad \alpha_1, \ \alpha_2, \ \alpha_3, \ \ldots, \ \alpha_n$$

qui satisfont, pour $1 \leqq s \leqq n$, aux conditions

$$(2) \qquad \alpha_s + \alpha_{n-s+1} = m,$$

où m désigne un nombre complexe quelconque, différent de zéro.

De plus, nous avons à adjoindre aux nombres α_s un ensemble correspondant

$$(3) \qquad \beta_1, \ \beta_2, \ \beta_3, \ \ldots, \ \beta_n,$$

de sorte que β_s correspond à α_s et que nous aurons, pour $1 \leqq s \leqq n$,

$$(4) \qquad \beta_s = (-1)^s \beta_{n-s+1},$$

où ε est un nombre fixe; du reste, les nombres β_s sont à choisir aussi arbitraires que ces conditions le permettent.

Cela posé, il est évident que les polynomes

$$g_p(x) = \frac{1}{p!} \sum_{s=1}^{s=n} \beta_s \left(x + \frac{\alpha_s}{m} \right)^p$$

forment une suite régulière ; car nous aurons

$$(5) \qquad \beta_s \left(-x - 1 + \frac{\alpha_s}{m} \right)^p = (-1)^{p+s} \beta_{n-s+1} \left(x + \frac{\alpha_{n-s+1}}{m} \right)^p.$$

On voit que le degré du polynome $g_p(x)$ ne peut jamais dépasser p et que la base de la suite régulière susdite est intimement liée aux sommes

$$(6) \qquad \gamma_q = \sum_{s=1}^{s=n} \beta_s \alpha_s^q.$$

Supposons

$$(7) \qquad \gamma_0 = \gamma_1 = \gamma_2 = \ldots = \gamma_{r-1} = 0 \qquad (|\gamma_r| > 0),$$

la fonction

$$(8) \qquad \Phi_q(x) = \frac{1}{(q+r)!} \sum_{s=1}^{s=n} \beta_s \left(x + \frac{\alpha_s}{m} \right)^{q+r}$$

est toujours, même pour $r = 0$, un polynome régulier du degré q ; car nous aurons, en vertu de (5),

$$(9) \qquad (-1)^q \Phi_q(-x-1) = (-1)^{q+r+s} \Phi_q(-x-1) = \Phi_q(x);$$

c'est-à-dire que

$$r + s$$

est toujours un nombre pair.

Posons maintenant pour abréger

$$(10) \qquad a_\rho = \gamma_{r+\rho},$$

il résulte, en vertu de (8),

$$(11) \qquad \Phi_q(x) = \sum_{s=0}^{s=q} \frac{a_s}{(r+s)! \, m^{r+s}} \frac{x^{q-s}}{(q-s)!},$$

de sorte que les formules (5) et (6) du paragraphe XXVI

donnent ici

$$(12) \qquad [1 - (-1)^q] a_q = \sum_{s=0}^{s=2q-1} (-1)^s \binom{r+q}{r+s} m^{q-s} a_s,$$

$$(13) \qquad 2^{2q+1} a_{2q+1} = \sum_{s=0}^{s=2q} (-1)^s \binom{r+2q+1}{r+s} 2^s m^{2q-s+1} a_s;$$

dans (12) il faut supposer $q \geq 1$; soit $q = 1$, nous aurons

$$(14) \qquad a_1 = \frac{m(r+1)}{2} a_0.$$

Quant aux développements d'après les fonctions de Bernoulli et d'Euler, on aura immédiatement

$$(15) \qquad \frac{1}{2} \Phi_q(x) = \sum_{s=0}^{s \leq \frac{q}{2}} \frac{a_{2s+1}}{(r+2s+1)! \, m^{r+2s+1}} B_{q-2s}(x),$$

$$(16) \qquad \frac{1}{2} \Phi_q(x) = \sum_{s=0}^{s \leq \frac{q}{2}} \frac{a_{2s}}{(r+2s)! \, m^{r+2s}} B_{q-2s}(x),$$

ce qui donnera

$$(17) \qquad a_{2q+1} - \frac{m(r+2q+1)}{2} a_{2q}$$
$$= \sum_{s=0}^{s=q-1} (-1)^{q+s} \binom{r+2q+1}{r+2s+1} m^{2q-2s} a_{2s+1} B_{q-s}.$$

$$(18) \qquad a_{2q+1} = \sum_{s=0}^{s=q} (-1)^{q+s} \binom{r+2q+1}{r+2s} \left(\frac{m}{2}\right)^{2q-2s+1} a_{2s} T_{q-s+1};$$

dans (17), il faut supposer également $q \geq 1$.

Posons encore

$$(19) \quad b_{2q} = \frac{1}{2^r} \sum_{s=1}^{s=n} \beta_s (2\alpha_s - m)^{r+2q} = (r+2q)! \, 2^{2q} m^{r+2q} \Phi_{2q}\left(-\frac{1}{2}\right),$$

il résulte, en vertu des formules (19), (20), (21) du paragraphe XXIV,

$$(20)\quad b_{2q} - 2^{2q}a_{2q} = \sum_{s=0}^{s=2q-1} (-1)^s \binom{r+2q}{r+s}\, 2^s\, m^{2q-s}\, a_{s}$$

$$(21)\quad b_{2q} - 2^{2q}a_{2q} = \sum_{s=0}^{s=q-1} (-1)^{q+s} \binom{r+2q}{r+2s}\, 2^{2s}\, m^{2q-2s}\, a_{2s}\, E_{q-s}$$

$$(22)\quad b_{2q} - 2^{2q}a_{2q} = \sum_{s=0}^{s=q-1} (-1)^{q+s} \binom{r+2q}{r+2s+1} \left(\frac{m}{2}\right)^{2q-2s-1} 2^{2s+1}\, a_{2s+1}\, T_{q-s}$$

En terminant le paragraphe XXIV, nous avons indiqué des ensembles spéciaux des nombres α_s; quant aux β_s, nous aurons par exemple

$$\beta_s = 1, \qquad \beta_s = (-1)^s, \qquad \beta_s = \binom{n}{s}, \qquad \beta_s = (-1)^s\binom{n}{s}.$$

Dans ce qui suit, nous avons à appliquer plusieurs cas particuliers des suites régulières que nous venons d'étudier ici.

XXX. — Exemple. Formules d'Euler.

Comme premier exemple des suites régulières que nous venons de regarder, nous avons à étudier les deux polynomes entiers

$$(1)\quad f_n(x) = \frac{1}{n!}\sum_{s=0}^{\leqq\frac{p}{2}} \varepsilon_s \binom{p}{s}\left[(p-s)\left(x+\frac{p}{2}-s\right)^n + s\left(x-\frac{p}{2}+s\right)^n\right],$$

$$(2)\quad \varphi_n(x) = \frac{1}{n!}\sum_{s=0}^{\leqq\frac{p}{2}} (-1)^s\, \varepsilon_s \binom{p}{s}$$

$$\times \left[(p-s)\left(x+\frac{p}{2}-s\right)^{n+p-1} + (-1)^p s\left(x-\frac{p}{2}+s\right)^{n+p-1}\right],$$

où p désigne un positif entier quelconque, tandis qu'il faut admettre généralement $\varepsilon_s = 1$; c'est seulement dans le cas où p est un nombre pair, savoir $p = 2q$, qu'il faut poser $\varepsilon_q = \frac{1}{2}$.

Quant aux deux polynomes ainsi définis, je dis qu'ils sont du degré n et qu'ils forment tous deux des suites régulières.

Étudions tout d'abord le polynome $f_n(x)$; il est évidemment du degré n, de sorte qu'il nous reste à démontrer l'égalité

$$(3) \qquad f_{2n+1}\left(-\frac{1}{2}\right) = 0$$

ou, ce qui est la même chose,

$$\sum_{s=0}^{\leq\frac{p}{2}} \varepsilon_s \binom{p}{s}(p-s)\left(\frac{p-1}{2}-s\right)^{2n-1} = \sum_{s=0}^{\leq\frac{p}{2}} \varepsilon_s \binom{p}{s}s\left(\frac{p+1}{2}-s\right)^{2n+1}.$$

Or, appliquons les identités évidentes

$$\binom{p}{s}(p-s) = \binom{p-1}{s}p, \qquad \binom{p}{s}s = \binom{p-1}{s-1}p,$$

la formule (3) est évidente pour p impair; car, dans ce cas, le dernier terme qui figure au premier membre s'évanouira. Soit ensuite p un nombre pair, savoir $p = 2q$, nous aurons

$$-\frac{1}{2}\binom{2q}{q}q\left(\frac{1}{2}\right)^{2n+1} + \binom{2q}{q-1}(q+1)\left(\frac{1}{2}\right)^{2n+1} = \frac{q}{2}\binom{2q}{q}\left(\frac{1}{2}\right)^{2n+1},$$

ce qui donnera sans peine la formule (3).

Posons maintenant

$$(4) \qquad f_n(x) = \sum_{s=0}^{s=n} \frac{a_s x^{n-s}}{(n-s)!},$$

nous aurons

$$a_r = \frac{1}{r!}\sum_{s=0}^{\leq\frac{p}{2}} \varepsilon_s \binom{p}{s}\left[(p-s)\left(\frac{p}{2}-s\right)^r + (-1)^r s\left(\frac{p}{2}-s\right)^r\right];$$

posons ensuite pour abréger

$$(5) \qquad M_{p,0} = 2^{p-1}, \qquad M_{p,r} = \sum_{s=0}^{\leq\frac{p}{2}} \binom{p}{s}\left(\frac{p}{2}-s\right)^{2r},$$

les cœfficients a_r se déterminent comme suit :

$$(6) \qquad a_{2r} = \frac{p M_{p,r}}{(2r)!}, \qquad a_{2r+1} = \frac{2 M_{p,r+1}}{(2r+1)!}.$$

Quant au polynome $\varphi_n(x)$, il peut être traité de la même manière ; remarquons que les sommes

$$\sum_{s=0}^{\leq \frac{p}{2}} (-1)^s s \binom{p}{s}\left(\frac{p}{2}-s\right)^{p-2m} = \frac{1}{2}\sum_{s=0}^{s=p} (-1)^s \binom{p}{s}\left(\frac{p}{2}-s\right)^{p-2m}$$

s'évanouissent pour $2 \leqq 2m \leqq p-1$, et seulement dans ce cas, il est évident que $\varphi_n(x)$ est précisément du $n^{ième}$ degré par rapport à x, savoir

$$(7) \qquad \varphi_n(x) = \sum_{s=0}^{s=n} \frac{b_s x^{n-s}}{(n-s)!}.$$

Posons pour abréger

$$(8) \qquad N_{p,r} = \sum_{s=0}^{\leq \frac{p-1}{2}} (-1)^s \binom{p}{s}\left(\frac{p}{2}-s\right)^{p+2r},$$

nous aurons

$$(9) \qquad b_{2r} = \frac{2 N_{p,r}}{(p+2r-1)!}, \qquad b_{2r+1} = \frac{p N_{p,r}}{(p+2r)!}.$$

Cela posé, nous aurons immédiatement les développements d'après les fonctions de Bernoulli :

$$(10) \qquad \psi_n(x) = \sum_{s=0}^{\leq \frac{n}{2}} \frac{4 M_{p,s+1}}{(2s+1)!}\, B_{n-2s}(x),$$

$$(11) \qquad \varphi_n(x) = \sum_{s=0}^{\leq \frac{n}{2}} \frac{2 p N_{p,s}}{(p+2s)!}\, B_{n-2s}(x),$$

tandis que les développements d'après les fonctions d'Euler deviennent

$$(12) \qquad f_n(x) = \sum_{s=0}^{\leq \frac{n}{2}} \frac{2 p M_{p,s}}{(2s)!}\, E_{n-2s}(x),$$

$$(13) \qquad \varphi_n(x) = \sum_{s=0}^{\leq \frac{n}{2}} \frac{4 N_{p,s}}{(p+2s-1)!}\, E_{n-2s}(x).$$

Posons ensuite, dans (10) et (11), $x = 0$, puis introduisons $2n$ au lieu de n, il résulte les deux formules récursives

$$(14) \qquad \frac{(2n+1)p}{4} M_{p,n} - M_{p,n+1} = \sum_{s=1}^{s=n} (-1)^{s-1} \binom{2n+1}{2s} B_s M_{p,n-s+1}.$$

$$(15) \qquad N_{p,n} = \frac{p}{2n} \sum_{s=1}^{s=n} (-1)^{s-1} \binom{2n+p}{2s} B_s N_{p,n-s},$$

dont la dernière est indiquée, sans démonstration, par Euler [1].

Conformément aux remarques de Scherk [2], de Saalschütz [3] et de M. Haussner [4], on n'a pas démontré jusqu'ici la formule *eulérienne* en question.

Introduisons encore, dans (12) et (13), $x = 0$, puis remplaçons n par $2n+1$, nous aurons de même

$$(16) \qquad M_{p,n+1} = p \sum_{s=0}^{s=n} (-1)^s \binom{2n+1}{2s+1} \frac{T_{s+1} M_{p,n-s}}{2^{2s+2}},$$

$$(17) \qquad N_{p,n} = \frac{1}{p} \sum_{s=0}^{s=n} (-1)^s \binom{2n+p}{2s+1} \frac{T_{s+1} N_{p,n-s}}{2^{2s}}.$$

Nous nous bornerons à remarquer que l'hypothèse $x = -\frac{1}{2}$ conduira à des résultats analogues aux précédents. De plus, il est évident que les formules que nous venons de démontrer ou d'indiquer donnent, comme des cas particuliers, un grand nombre de formules récursives bien connues.

XXXI. — Les fonctions partielles.

Revenons aux ensembles contenant les n éléments α_s et les n éléments correspondants β_s que nous avons appliqués dans le paragraphe XXIX, puis supposons que n soit un nombre pair, savoir $n = 2\mu$, il est possible de diviser en deux groupes à μ éléments les

---

[1] *Novi Commentarii Academiæ Petropolitanæ*, t. XIII, 1769, p. 31-59.
[2] *Mathematische Abhandlungen*, p. 7. Berlin, 1845.
[3] *Vorlesungen über die Bernoullischen Zahlen*, p. 202-203. Berlin, 1893.
[4] *Berichte der Kgl. sächs. Gesellschaft der Wissenschaften*, t. LXII, 1910, p. 417-418.

nombres α_s, savoir

$$(1) \qquad \begin{cases} \alpha'_1, & \alpha'_2, & \alpha'_3, & \dots, & \alpha'_\mu, \\ \alpha''_1, & \alpha''_2, & \alpha''_3, & \dots, & \alpha''_\mu, \end{cases}$$

de sorte que nous aurons, pour $1 \leqq s \leqq \mu$,

$$(2) \qquad \alpha'_s + \alpha''_s = m,$$

et ce problème admet précisément $2^{\mu-1}$ solutions.

Nous désignons comme *complémentaires* les deux groupes (1) ainsi définis, tandis qu'un seul de ces deux groupes complémentaires est un groupe *partiel*, formé de l'ensemble des n nombres α_s.

De même, nous divisons aussi en deux groupes les nombres β_s correspondant à (1), de sorte que β'_s et β''_s appartiennent à α'_s respectivement à α''_s; c'est-à-dire que nous aurons, pour $1 \leqq s \leqq \mu$,

$$(3) \qquad \beta'_s = (-1)^s \beta''_s.$$

Soient maintenant (1) deux groupes complémentaires formés de l'ensemble des n nombres α_s, nous désignons comme *fonctions partielles* appartenant aux ensembles des nombres α_s et des nombres β_s chacun des deux polynomes entiers

$$(4) \qquad \begin{cases} f_r(x) = \dfrac{1}{r!} \displaystyle\sum_{s=1}^{s=\mu} \beta'_s \left(x + \dfrac{\alpha'_s}{m} \right)^r, \\[2mm] g_r(x) = \dfrac{1}{r!} \displaystyle\sum_{s=1}^{s=\mu} \beta''_s \left(x + \dfrac{\alpha''_s}{m} \right)^r, \end{cases}$$

où $r \geqq 0$ est un entier quelconque du reste. De plus, nous désignons comme *fonctions partielles complémentaires* les deux fonctions $f_r(x)$ et $g_r(x)$ ainsi définies.

Ces définitions adoptées, il est possible de former précisément 2^μ fonctions partielles qui correspondent aux ensembles des α_s et des β_s.

Supposons maintenant n impair, savoir $n = 2\mu + 1$, nous avons à ajouter à chacun des deux groupes complémentaires (1) l'élément

$$(5) \qquad \frac{m}{2},$$

et les fonctions partielles complémentaires $f_r(x)$ et $g_r(x)$ deviennent dans ce cas

$$(6) \quad \begin{cases} f_r(x) = \dfrac{1}{r!}\left[\dfrac{\beta_{\mu-1}}{2}\left(x+\dfrac{1}{2}\right)^r + \sum_{s=1}^{s=\mu}\beta'_s\left(c+\dfrac{a'_s}{m}\right)^r\right], \\[2em] g_r(x) = \dfrac{1}{r!}\left[\dfrac{\beta_{\mu+1}}{2}\left(x+\dfrac{1}{2}\right)^r + \sum_{s=1}^{s=\mu}\beta''_s\left(c+\dfrac{a''_s}{m}\right)^r\right]. \end{cases}$$

Dans les développements précédents, nous avons supposé $n > 1$; soit particulièrement $n = 1$; chacun des deux groupes complémentaires (1) ne contient que le seul élément (5), de sorte que nous aurons, dans ce cas, les deux fonctions partielles complémentaires

$$(7) \qquad f_r(x) = g_r(x) = \frac{\beta_1}{r!\,2}\left(x+\frac{1}{2}\right)^r.$$

Cela posé, la définition (8) du paragraphe XXIX donnera le théorème :

I. *Soient $f_q(x)$ et $g_q(x)$ deux fonctions partielles complémentaires quelconques appartenant aux ensembles des α_s et des β_s, nous aurons toujours*

$$(8) \qquad f_q(x) + g_q(x) = \Phi_{q-r}(x) \qquad (q \leqq r),$$
$$(9) \quad (-1)^{r+1} f_q(-x-1) = g_q(x), \qquad (-1)^{r+1} g_q(-x-1) = f_q(x).$$

Posons ensuite pour abréger

$$(10) \quad \begin{cases} f_q(x) = \displaystyle\sum_{s=0}^{s=q} \frac{a'_s}{s!\,m^s}\,\frac{x^{q-s}}{(q-s)!}; \\[2em] g_q(x) = \displaystyle\sum_{s=1}^{s=q} \frac{a''_s}{s!\,m^s}\,\frac{x^{q-s}}{(q-s)!}, \end{cases}$$

puis supposons $s \geqq r$, nous aurons, en vertu du développement (11) du paragraphe XXIX,

$$(11) \qquad a'_s + a''_s = a_{s-r};$$

soit $s < r$, $r \geqq 1$, nous aurons au contraire

$$(12) \qquad a'_s + a''_s = 0.$$

Les fonctions partielles complémentaires jouent un rôle fondamental dans nos recherches suivantes.

CHAPITRE VII.

LES FONCTIONS $B_n(px)$ ET $E_n(px)$.

XXXII. — Formules fondamentales.

Soit p un positif entier quelconque, les équations aux différences finies qui figurent dans les définitions des nombres de Bernoulli et d'Euler donnent immédiatement les deux formules générales

$$(1) \qquad B_n(x-p) = B_n(x) - \frac{1}{(n-1)!} \sum_{s=0}^{s=p-1} (x-s)^{n-1},$$

$$(2) \qquad E_n(x-p) = (-1)^p E_n(x) - \frac{(-1)^p}{n!} \sum_{s=0}^{s=p-1} (-1)^s (x-s)^n,$$

formules qui donnent des résultats essentiels pour les deux fonctions

$$(3) \qquad \varphi(x) = \frac{B_n(px-\beta)}{p^{n-1}}, \qquad \psi(x) = \frac{E_n(px-\beta)}{p^n},$$

où β désigne un nombre complexe quelconque.

En effet, substituons $-x-1$ au lieu de x, nous aurons, en vertu de (1) et (2),

$$\varphi(-x-1) = \frac{B_n(-px-\beta)}{p^{n-1}} + \frac{(-1)^n}{(n-1)!} \sum_{s=0}^{s=p-1} \left(x + \frac{\beta+s}{p}\right)^{n-1},$$

$$\psi(-x-1) = \frac{(-1)^p E_n(-px-\beta)}{p^n} - \frac{(-1)^{n+p}}{n!} \sum_{s=0}^{s=p-1} (-1)^s \left(x + \frac{\beta+s}{p}\right)^n,$$

d'où, en appliquant les équations fonctionnelles de Jacobi, savoir les identités (1) du paragraphe XV,

$$(4) \quad (-1)^n \varphi(-x-1) = \frac{B_n(px+\beta-1)}{p^{n-1}} + \frac{1}{(n-1)!} \sum_{s=0}^{s=p-1} \left(x+\frac{\beta+s}{p}\right)^{n-1},$$

$$(5) \quad (-1)^n \psi(-x-1)$$
$$= \frac{(-1)^p E_n(px+\beta-1)}{p^n} - \frac{1}{n!} \sum_{s=0}^{s=p-1} (-1)^{p-s}\left(x+\frac{\beta+s}{p}\right)^n,$$

formules qui conduiront à des résultats intéressants pour des valeurs spéciales du paramètre β.

Posons tout d'abord $\beta = 0$, puis appliquons encore une fois les deux équations aux différences finies qui figurent dans les définitions des fonctions de Bernoulli et d'Euler, il résulte, pour les fonctions

$$(6) \qquad \varphi_1(x) = \frac{B_n(px)}{p^{n-1}}, \qquad \psi_1(x) = \frac{E_n(px)}{p^n},$$

les équations fonctionnelles

$$(7) \qquad (-1)^n \varphi_1(-x-1) = \varphi_1(x) + \frac{1}{(n-1)!} \sum_{s=1}^{s=p-1} \left(x+\frac{s}{p}\right)^{n-1},$$

$$(8) \qquad (-1)^{n+p-1} \psi_1(-x-1) = \psi_1(x) + \frac{1}{n!} \sum_{s=1}^{s=p-1} (-1)^s \left(x+\frac{s}{p}\right)^n.$$

Posons ensuite $\beta = \frac{1}{2}$, nous obtenons, pour les fonctions

$$(9) \qquad \varphi_2(x) = \frac{B_n\left(px-\frac{1}{2}\right)}{p^{n-1}}, \qquad \psi_2(x) = \frac{E_n\left(px-\frac{1}{2}\right)}{p^n},$$

les équations fonctionnelles

$$(10) \quad (-1)^n \varphi_2(-x-1) = \varphi_2(x) + \frac{1}{(n-1)!} \sum_{s=0}^{s=p-1} \left(x+\frac{2s+1}{2p}\right)^{n-1},$$

$$(11) \quad (-1)^{n+p} \psi_2(-x-1) = \psi_2(x) - \frac{1}{n!} \sum_{s=0}^{s=p-1} (-1)^s \left(x+\frac{2s+1}{2p}\right)^n.$$

Or, il est très facile de généraliser beaucoup les deux derniers groupes d'équations fonctionnelles.

A cet effet, regardons le positif entier m, décomposé en facteurs premiers

$$(12) \qquad m = p_1^{a_1} p_2^{a_2} \ldots p_r^{a_r},$$

puis désignons par

$$(13) \qquad m_1^{(q)}, \quad m_2^{(q)}, \quad \ldots, \quad m_{t_q}^{(q)} \qquad t_q = \binom{r}{q},$$

les positifs entiers, obtenus en divisant m par q de ses facteurs premiers, tandis que

$$(14) \qquad \pi_1^{(q)}, \quad \pi_2^{(q)}, \quad \ldots, \quad \pi_{t_q}^{(q)}$$

désignent les produits correspondants des q facteurs premiers, de sorte que nous aurons toujours

$$(15) \qquad \pi_s^{(q)} m_s^{(q)} = m \qquad (1 \leqq s \leqq t_q, \ 1 \leqq q \leqq r).$$

Cela posé, nous avons à étudier la fonction

$$(16) \qquad F_n(x) = \frac{B_n(mx)}{m^{n-1}} + \sum_{s=1}^{s=r} (-1)^s \left[\sum_{q=1}^{q=t_s} \frac{B_n(m_q^{(s)} x)}{(m_q^{(s)})^{n-1}} \right],$$

qui est toujours un polynome entier du degré n par rapport à x; appliquons la formule (7) et la règle indiquée à la fin du paragraphe IV, nous aurons

$$(17) \quad (-1)^n F_n(-x-1) = F_n(x) + \frac{1}{(n-1)!} \sum_{s=1}^{s=2\mu} \left(x + \frac{a_s}{m} \right)^{n-1} \qquad (n \geqq 1),$$

où $2\mu = \varphi(m)$, et où les

$$(18) \qquad a_1, \quad a_2, \quad a_3, \quad \ldots, \quad a_{2\mu}$$

sont les positifs entiers plus petits que m et premiers avec m.

Supposons ensuite que m soit un nombre impair, puis posons

$$(19) \qquad G_n(x) = \frac{E_n(mx)}{m^n} + \sum_{s=1}^{s=r} (-1)^s \left[\sum_{q=1}^{q=t_s} \frac{E_n(m_q^{(s)} x)}{(m_q^{(s)})^n} \right],$$

nous aurons de même

$$(20) \qquad (-1)^n G_n(-x-1) = G_n(x) + \frac{1}{n!} \sum_{s=1}^{s=2\mu} (-1)^{a_s} \left(x + \frac{a_s}{m} \right)^n.$$

De plus, il est très facile d'ordonner, d'après des puissances descendantes de x, les deux polynomes $F_n(x)$ et $G_n(x)$.

En effet, désignons par a un positif entier, puis posons pour abréger

$$(21) \qquad \varphi_a(m) = (p_1^a - 1)(p_2^a - 1) \ldots (p_r^a - 1),$$

nous aurons, en vertu de la règle indiquée à la fin du paragraphe IV,

$$(22) \quad F_n(x) = \frac{\varphi_1(m)x^n}{n!} + \sum_{s=1}^{\leq \frac{n}{2}} \frac{(-1)^{r+s-1}\,\varphi_{2s-1}(m)\,B_s}{(2s)!\,m^{2s-1}} \frac{x^{n-2s}}{(n-2s)!},$$

$$(23) \quad G_n(x) = \frac{1}{2} \sum_{s=1}^{\leq \frac{n+1}{2}} \frac{(-1)^{r+s-1}\,\varphi_{2s-1}(m)\,T_s}{(2s-1)!\,(2m)^{2s-1}} \frac{x^{n-2s+1}}{(n-2s+1)!},$$

où il faut admettre $n \geqq 1$; soit $n = 1$, le second membre de la formule (22) doit être réduit à son premier terme.

Quant aux deux développements que nous venons d'indiquer pour les fonctions $F_n(x)$ et $G_n(x)$, on peut comparer les développements du paragraphe LXXVIII.

Nous ne nous arrêtons pas à la généralisation correspondante des formules (10) et (11), parce qu'une telle généralisation ne donne pas des applications aussi intéressantes que la précédente.

XXXIII. — Suites régulières de première espèce.

Désignons par $f_m(x)$ et $g_m(x)$ deux fonctions partielles complémentaires, formées de l'ensemble des nombres α_s

$$(1) \qquad 1, \quad 2, \quad 3, \quad \ldots, \quad p-1$$

et de l'ensemble adjoint des β_s

$$(2) \qquad \beta_s = 1,$$

puis posons

$$(3) \qquad f_m(x) = \sum_{q=0}^{q=m} \frac{s_q'}{q!\,p^q} \frac{x^{m-q}}{(m-q)!},$$

$$(4) \qquad g_m(x) = \sum_{q=0}^{q=m} \frac{s_q''}{q!\,p^q} \frac{x^{m-q}}{(m-q)!},$$

nous aurons par conséquent

$$(5) \qquad s_0' = s_0'' = \frac{p-1}{2},$$

et généralement

$$(6) \qquad s_q' + s_q'' = 1^q + 2^q + 3^q + \ldots + (p-1)^q = S_q(p-1).$$

Dans ce qui suit, nous désignons comme complémentaires les deux sommes s_q' et s_q'' ainsi définies.

Soient $p = 2\nu + 1$ ou $p = 2\nu + 2$, nous pouvons former des ensembles (1) et (2), précisément 2^ν fonctions partielles de la forme $f_m(x)$ ou $g_m(x)$.

Cela posé, nous avons à démontrer le théorème :

I. *Soit $f_m(x)$ une fonction partielle quelconque, formée des ensembles (1) et (2), toutes les fonctions de la forme*

$$(7) \qquad F_n(x) = \frac{B_n(px)}{p^{n-1}} + f_{n-1}(x) \qquad (n \geqq 1)$$

sont des polynomes réguliers.

En effet, nous aurons évidemment

$$F_n'(x) = F_{n-1}(x) \qquad (n \geqq 1),$$

et les formules (7) du paragraphe XXXII et (9) du paragraphe XXXI donnent de plus

$$(-1)^n F_n(-x-1) = \frac{B_n(px)}{p^{n-1}} + [f_{n-1}(x) + g_{n-1}(x)] - g_{n-1}(x) = F_n(x).$$

Quant au développement du polynome $F_n(x)$ d'après les fonctions de Bernoulli, nous avons à chercher, dans $F_n(x)$, les coefficients des puissances x^{n-2i-1}. Or, $B_n(x)$ ne contient qu'une seule de ces puissances, savoir x^{n-1} ; les autres proviennent de la fonction partielle $f_{n-1}(x)$.

Appliquons ensuite les formules (3), (5), (6), nous aurons le développement cherché

$$(8) \qquad F_n(x) = p\,B_n(x) + \sum_{q=1}^{\leqq \frac{n}{2}} \frac{2 s_{2q}'}{(2q)!\,p^{2q}} B_{n-2q}(x),$$

et il existe précisément 2^n développements de ce genre, ce qui nous donnera des formules récursives très remarquables.

En effet, posons, dans (8), $2n$ au lieu de n, puis posons $x = o$, nous aurons

$$(9) \qquad \frac{p^{2n+1} - p}{2} B_n + \sum_{q=1}^{q=n-1} (-1)^q \binom{2n}{2q} p^{2n-2q} s'_{2q} B_{n-q}$$
$$= (-1)^n (s'_{2n} - np\, s'_{2n-1});$$

introduisons ensuite, au lieu des s'_m, les sommes complémentaires s''_m, ce qui est permis, puis additionnons les deux formules ainsi obtenues, nous aurons, quelles que soient les fonctions partielles complémentaires $f_m(x)$ et $g_m(x)$ que nous avons prises pour point de départ,

$$(10) \qquad p(p^{2n} - 1)B_n + \sum_{q=1}^{q=n-1} (-1)^q \binom{2n}{2q} p^{2n-2q} S_{2q}(p-1) B_{n-q}$$
$$= (-1)^n [S_{2n}(p-1) - np\, S_{2n-1}(p-1)],$$

formule qui est trouvée, par des méthodes entièrement différentes de la nôtre, par Radicke ([1]) et Worpitzky ([2]).

Soit particulièrement, dans (10), $p = 2$, la formule *eulérienne* (9) du paragraphe XVI donnera

$$(11) \qquad \frac{nT_n}{2^{2n-2}} = \sum_{q=1}^{q=n-1} (-1)^{q-1} \binom{2n}{2q} 2^{2n-2q} B_{n-q} + (-1)^{n-1}(2n-1).$$

Quant à la formule (9), beaucoup plus générale que (10), nous aurons, en posant

$$p = 3, \qquad s'_m = 1, \qquad s''_m = 2^m,$$

les deux formules récursives d'une simple forme

$$(12) \qquad \frac{3^{2n+1} - 3}{2} B_n + \sum_{q=1}^{q=n-1} (-1)^q \binom{2n}{2q} 3^{2n-2q} B_{n-q} = (-1)^{n-1}(3n-1).$$

$$(13) \qquad \frac{3^{2n+1} - 3}{2} B_n + \sum_{q=1}^{q=n-1} (-1)^q \binom{2n}{2q} 2^{2q} 3^{2n-2q} B_{n-q} = (-1)^{n-1}(3n-2)2^{2n-1}.$$

([1]) *Die Recursionsformeln für die Bernoullischen und Eulerschen Zahlen*, p. 7. Halle, a. S., 1880.
([2]) *Journal de Crelle*, t. 94, 1883, p. 217.

En nous bornant à cette application unique de la formule générale (8), nous avons à étudier la fonction correspondante $G_n(x)$ provenant des fonctions d'Euler.

A cet effet, nous avons à déterminer l'ensemble adjoint de (1) par les expressions

$$(14) \qquad \beta_s = (-1)^s,$$

puis à former deux fonctions partielles complémentaires $h_m(x)$ et $k_m(x)$ de ces deux ensembles. Posons ensuite

$$(15) \qquad h_m(x) = \sum_{q=0}^{q=m} \frac{\sigma'_q}{q!\, p^q}\, \frac{x^{m-q}}{(m-q)!},$$

$$(16) \qquad k_m(x) = \sum_{q=0}^{q=m} \frac{\sigma''_q}{q!\, p^q}\, \frac{x^{m-q}}{(m-q)!},$$

nous aurons généralement, pour $q > 0$,

$$(17) \quad \sigma'_q + \sigma''_q = (-1)^{p-1} \sum_{r=0}^{r=p-2} (-1)^r (p-r-1)^q = (-1)^{p-1}\, \sigma_q(p-1),$$

tandis que l'hypothèse $q = 0$ donnera

$$(18) \qquad \sigma'_0 + \sigma''_0 = 0, \qquad \sigma'_0 + \sigma''_0 = -1,$$

selon que p est supposé impair ou pair.

Cela posé, il est facile de démontrer cet autre théorème :

II. *Soit $h_m(x)$ une fonction partielle quelconque formée des ensembles* (1) *et* (14), *toutes les fonctions de la forme*

$$(19) \qquad G_n(x) = \frac{E_n(px)}{p^n} + h_n(x) \qquad (n \gtreqless 0)$$

sont des polynomes réguliers.

La formule (8) du paragraphe XXXII donnera dans ce cas

$$(20) \quad (-1)^{n+p-1}\, G_n(-x-1) = \frac{E_n(px)}{p^n} + [h_n(x) + k_n(x)] - k_n(x) = G_n(x);$$

c'est-à-dire que nous avons à étudier séparément les deux cas suivants :

1° *p est un nombre impair*. — Dans ce cas, le polynome $G_n(x)$ est précisément du degré n par rapport à x; car le coefficient de la puissance x^n deviendra

$$\frac{1}{n!}\left(\sigma'_0 + \frac{1}{2}\right),$$

et σ'_0 est un nombre entier.

Cherchons maintenant, dans $G_n(x)$, les coefficients des puissances x^{n-2s}, nous aurons le développement d'après les fonctions d'Euler

$$(21) \qquad G_n(x) = (1 + 2\sigma'_0)\, E_n(x) + \sum_{s=1}^{\leq \frac{n}{2}} \frac{2\sigma'_{2s}}{(2s)!\, p^{2s}}\, E_{n-2s}(x),$$

d'où, en posant $2n+1$ au lieu de n, puis supposant $x = 0$, il résulte la formule récursive pour les coefficients des tangentes

$$(22) \quad \left(\frac{p^{2n+1}-1}{2} + \sigma'_0\, p^{2n+1}\right) T_{n+1}$$

$$+ \sum_{s=1}^{s=n} (-1)^s \binom{2n+1}{2s}\, 2^{2s} p^{2n-2s+1}\, \sigma'_{2s}\, T_{n-s+1} = (-1)^n\, 2^{2n+1}\, \sigma'_{2n+1},$$

où il faut supposer $n \geqq 1$.

Soient, dans (21), $n = 1$, $x = 0$, on aura au contraire

$$(23) \qquad \sigma'_1 = \frac{p-1}{4} + \frac{\sigma'_0\, p}{2}.$$

Introduisons maintenant, dans (22), au lieu des σ'_m, les sommes complémentaires σ''_m, ce qui est permis puis ajoutons les deux résultats ainsi obtenus, nous aurons, quelles que soient les fonctions particelles complémentaires $h_m(x)$ et $k_m(x)$,

$$(24) \quad (p^{2n+1}-1) T_{n+1} + \sum_{s=1}^{s=n} (-1)^s \binom{2n+1}{2s}\, 2^{2s} p^{2n-2s+1}\, \sigma_{2s}(p-1) T_{n-s+1}$$

$$= (-1)^n\, 2^{2n+1}\, \sigma_{2n+1}(p-1).$$

Posons ensuite, dans (22),

$$p = 3, \qquad \sigma'_m = -1, \qquad \sigma''_m = 2^m,$$

nous aurons

$$(25) \quad \frac{3^{2n+1}+1}{2} T_{n+1} + \sum_{s=1}^{s=n} (-1)^s \binom{2n+1}{2s} 2^{2s} 3^{2n-2s+1} T_{n-s+1} = (-1)^{n-1} 2^{2n-1},$$

$$(26) \quad \frac{3^{2n+2}-1}{2} T_{n+1} + \sum_{s=1}^{s=n} (-1)^s \binom{2n+1}{2s} 2^{2s} 3^{2n-2s+1} T_{n-s+1} = (-1)^n 2^{2n+2},$$

$2°$ *p est un nombre pair.* — Dans ce cas, le degré de $G_n(x)$ ne peut pas dépasser $n-1$, parce que la formule (20) montre que le degré de $G_n(x)$ est de la forme $n-2\nu-1$; c'est-à-dire que nous aurons

$$(27) \quad \sigma'_0 = \sigma''_0 = -\frac{1}{2}.$$

Or, il est facile de voir que $G_n(x)$ est précisément du degré $n-1$, parce que le coefficient qui correspond à la puissance x^{n-1} deviendra

$$\frac{1}{(n-1)!p}\left(\sigma'_1 + \frac{1}{4}\right),$$

et σ'_1 est la moitié d'un nombre impair.

Dans ce cas, nous aurons le développement d'après les fonctions de Bernoulli

$$(28) \quad G_n(x) = \sum_{s=0}^{\leq \frac{n-1}{2}} \frac{2\,\sigma'_{2s+1}}{(2s+2)!\,p^{2s+1}} B_{n-2s-1}(x) \qquad (n \geq 1),$$

d'où, en introduisant $2n+1$ au lieu de n, puis posant $x=0$,

$$(29) \quad \frac{(n+1)p}{2^{2n+1}} T_{n+1} = \sum_{s=0}^{s=n-1} (-1)^s \binom{2n+2}{2s+2} p^{2n-2s} \sigma'_{2s+2} B_{n-s}$$
$$+ (-1)^n [(n+1)p\,\sigma'_{2n+1} - \sigma'_{2n+2}],$$

formule qui est valable, pourvu que $n \geq 1$.

Soient, dans (28), $n=1$, $x=0$, on aura au contraire

$$(30) \quad \sigma'_2 = \frac{p}{2} + 2p\,\sigma'_1.$$

La méthode appliquée dans les cas précédents donnera, en vertu de (29), quelles que soient les fonctions partielles complémentaires $h_m(x)$ et $k_m(x)$,

$$(31) \qquad \frac{(n+1)p\,T_{n+1}}{2^{2n+1}} = \sum_{s=0}^{s=n-1} (-1)^s \binom{2n-2}{2s+2} p^{2n-2s}\, \sigma_{2s+2}(p-1)$$

$$\times B_{n-s} + (-1)^n [(n+1)\sigma_{2n+1}(p-1) - \tau_{2n+1}(p-1)];$$

l'hypothèse $p = 2$ nous conduira de nouveau à la formule (11).

On voit que les coefficients du développement de $G_n(x)$ d'après les fonctions d'Euler deviennent plus compliqués que ceux qui figurent dans la formule (28); c'est la même chose pour le développement de $G_n(x)$ d'après les fonctions de Bernoulli dans le cas où n est impair, et pour le développement de $F_n(x)$ d'après les fonctions d'Euler.

XXXIV. — Suites régulières de deuxième espèce.

Soient maintenant $f_m(x)$ et $g_m(x)$ deux fonctions partielles complémentaires quelconques qui correspondent à l'ensemble des nombres z_i

$$(1) \qquad 1, \quad 3, \quad 5, \quad 7, \quad \ldots, \quad 2p-1,$$

et à l'ensemble adjoint

$$(2) \qquad \beta_i = 1,$$

nous posons pour abréger

$$(3) \qquad f_m(x) = \sum_{s=0}^{s=m} \frac{c'_s}{s!\,(2p)^s} \frac{x^{m-s}}{(m-s)!},$$

$$(4) \qquad g_m(x) = \sum_{s=0}^{s=m} \frac{c''_s}{s!\,(2p)^s} \frac{x^{m-s}}{(m-s)!},$$

ce qui donnera, pour les sommes complémentaires,

$$(5) \qquad c'_m + c''_m = 1^m + 3^m + 5^m + \ldots + (2p-1)^m = t_m(p) \qquad (m \geqq 1);$$

soit $m = 0$, on aura particulièrement

$$(7) \qquad c'_0 = c''_0 = \frac{p}{2}.$$

Appliquons ensuite la formule (10) du paragraphe XXXII, il résulte le théorème :

I. *Soit $f_m(x)$ une fonction partielle quelconque, formée des ensembles (1) et (2), toutes les fonctions*

$$(8) \qquad F_n(x) = \frac{B_n\left(px - \frac{1}{2}\right)}{p^{n-1}} + f_{n-1}(x) \qquad (n \geq 1)$$

sont des polynomes réguliers.

Remarquons que les puissances x^n, x^{n-1} proviennent exclusivement de $f_{n-1}(x)$, nous aurons

$$(9) \qquad F_n(x) = \sum_{q=0}^{\leq \frac{n}{2}} \frac{2\ell'_{2q}}{(2q)!\,(2p)^{2q}}\, B_{n-2q}(x),$$

tandis que les coefficients du développement de $F_n(x)$ d'après les fonctions d'Euler sont plus compliqués.

Introduisons, dans (8), $2n$ au lieu de n, puis posons $x = 0$, il résulte la formule récursive

$$(10) \qquad p(2^{n-1}-1)B_n + \sum_{q=0}^{q=n-1}(-1)^q \binom{2n}{2q}(2p)^{2n-2q}\ell'_{2q}\,B_{n-q}$$
$$= (-1)^n(\ell'_{2n} - 2np\,\ell'_{2n-1}),$$

ce qui donnera, quelles que soient les fonctions partielles complémentaires que nous avons appliquées,

$$(11) \qquad p(2^{2n}-2)B_n + \sum_{q=0}^{q=n-1}(-1)^q \binom{2n}{2q}(2p)^{2n}\,2q\,\ell_{2q}(p)\,B_{n-q}$$
$$= (-1)^n\left[\ell_{2n}(p) - 2np\,\ell_{2n-1}(p)\right].$$

Soit particulièrement $p = 1$, nous retrouvons, en vertu de (11), la formule (11) du paragraphe XXXIII, tandis que les hypothèses

$$p = 2, \qquad \ell'_m = 1, \qquad \ell''_m = 3^m$$

donnent, en vertu de (10), ces deux formules récursives

$$(12)\quad \frac{(2^{2n}+2)n\,T_n}{2^{2n-1}} = \sum_{q=1}^{q=n-1} (-1)^{q-1}\binom{2n}{2q} 2^{2n-2q} B_{n-q} - (-1)^n(4n-1),$$

$$(13)\quad \frac{(2^{2n}+2)n\,T_n}{2^{2n-1}} = \sum_{q=1}^{q=n-1} (-1)^{q-1}\binom{2n}{2q} 3^{2q} 2^{2n-2q} B_{n-q} - (-1)^n(4n-3)3^{2n-1}.$$

Étudions maintenant le cas où l'ensemble adjoint de (1) se détermine par

$$(14)\qquad \beta_s = (-1)^s,$$

nombre qui correspond à $\alpha_s = 2s+1$, puis désignons par $h_m(x)$ et $k_m(x)$ deux fonctions partielles complémentaires, formées de ces ensembles, nous aurons, en posant

$$(15)\qquad h_m(x) = \sum_{s=0}^{s=m} \frac{\tau'_s}{s!\,(2p)^s}\,\frac{x^{m-s}}{(m-s)!},$$

$$(16)\qquad k_m(x) = \sum_{s=0}^{s=m} \frac{\tau''_s}{s!\,(2p)^s}\,\frac{x^{m-s}}{(m-s)!},$$

pour les sommes complémentaires τ'_m et τ''_m,

$$(17)\quad \tau'_m + \tau''_m = (-1)^{p-1}\sum_{s=0}^{s=p-1}(-1)^s(2p-2s-1)^m = (-1)^{p-1}\tau_m(p),$$

où il faut supposer $m \geqq 1$, tandis que l'hypothèse $m = 0$ donnera

$$(18)\qquad \tau'_0+\tau''_0 = 0, \qquad \tau'_0+\tau''_0 = -1,$$

selon que p est impair ou pair.

Cela posé, la formule (11) du paragraphe XXXII donnera le théorème :

II. *Soit $h_m(x)$ une fonction partielle quelconque formée des ensembles (1) et (14), toutes les fonctions*

$$(19)\qquad G_n(x) = \frac{E_n\!\left(px-\frac{1}{2}\right)}{p^n} - h_n(x)$$

sont des polynomes réguliers.

L'équation fonctionnelle de $G_n(x)$, savoir

$$(20) \qquad (-1)^{n+p} G_n(-x-1) = G_n(x),$$

dépend de la parité de p; c'est-à-dire que nous avons à étudier séparément les deux cas suivants :

1° p est un nombre pair. — Les mêmes réflexions que, dans le paragraphe précédent, montrent que $G_n(x)$ est toujours un polynome du degré n; remarquons ensuite que les puissances x^{n-2s-1} proviennent exclusivement de $h_n(x)$, nous aurons

$$(21) \qquad G_n(x) = -\sum_{s=0}^{\le \frac{n}{2}} \frac{\tau'_{2s+1}}{(2s+1)!\,(2p)^{2s+1}} B_{n-2s}(x),$$

tandis que les coefficients des développements d'après les fonctions d'Euler sont plus compliqués.

Introduisons ensuite, dans (21), $2n$ au lieu de n, puis posons $x = 0$, il résulte la formule récursive

$$(22) \qquad \left(n+\tfrac{1}{2}\right) p E_n = \sum_{s=0}^{s=n-1} (-1)^s \binom{2n+1}{2s+1} (2p)^{2n-2s} \tau'_{2s+1} B_{n-s}$$
$$- (-1)^n [(2n+1) p \tau'_{2n} - \tau'_{2n+1}],$$

ce qui donnera, par la méthode ordinaire,

$$(23) \quad (2n+1) p E_n + \sum_{s=0}^{s=n-1} (-1)^s \binom{2n+1}{2s+1} (2p)^{2n-2s} \tau_{2s+1}(p) B_{n-s}$$
$$= (-1)^n [\tau_{2n+1}(p) - (2n+1) p \tau_{2n}(p)],$$

formule qui ne dépend pas des deux fonctions partielles complémentaires $h_m(x)$ et $k_m(x)$.

Posons, dans (22),

$$p = 2, \qquad \tau'_m = 1, \qquad \tau'_m = -3^m,$$

nous aurons

$$(24) \quad (2n+1) E_n = \sum_{s=0}^{s=n-1} (-1)^s \binom{2n+1}{2s+1} 2^{4n-4s} B_{n-s} + (-1)^n (4n+1),$$

$$(25) \quad (2n+1) E_n + \sum_{s=0}^{s=n-1} (-1)^s \binom{2n+1}{2s+1} 3^{2s+1} 2^{4n-4s} B_{n-s}$$
$$= (-1)^{n-1} (4n-1) 3^{2n}.$$

2° *p est un nombre impair.* — Dans ce cas, $G_n(x)$ est un polynome du degré $n-1$, de sorte que nous aurons ici

$$(26) \qquad G_n(x) = - \sum_{s=0}^{\le \frac{n-1}{2}} \frac{2\tau'_{2s+1}}{(2s+1)!\,(2p)^{2s+1}} E_{n-2s-1}(x) \qquad (n \ge 1).$$

tandis que les coefficients du développement correspondant d'après les fonctions de Bernoulli sont plus compliqués.

Introduisons maintenant, dans (26), $2n$ au lieu de n, puis posons $x = 0$, il résulte

$$(27) \qquad \tfrac{1}{2} E_n = \sum_{s=0}^{s=n-1} (-1)^s \binom{2n}{2s+1} p^{2n-2s-1} \tau'_{2s+1} T_{n-s} + (-1)^n \tau'_{2n}$$

ce qui donnera, quelles que soient les fonctions partielles complémentaires,

$$(28) \qquad E_n = \sum_{s=0}^{s=n-1} (-1)^s \binom{2n}{2s+1} p^{2n-2s-1} \tau_{2s+1}(p)\, T_{n-s} + (-1)^n \tau_{2n}(p).$$

Posons $p = 1$, nous retrouvons la formule (5) du paragraphe XV, qui est due à Euler.

XXXV. — Suites régulières de troisième espèce.

Il est très curieux, ce me semble, que les formules (17) et (19) du paragraphe XXXII nous permettent de généraliser les résultats obtenus dans les deux paragraphes précédents.

En effet, désignons par $m > 1$ un entier quelconque du reste, par

$$(1) \qquad z_1, \; z_2, \; z_3, \; \ldots \; z_\mu \qquad [\mu = \varphi(m)],$$

les positifs entiers plus petits que m et premiers à m, et déterminons l'ensemble adjoint, de sorte que

$$(2) \qquad \beta_s = 1,$$

les coefficients des deux fonctions partielles complémentaires quelconques

$$(3) \qquad f_n(x) = \sum_{q=0}^{q=n} \frac{s'_q}{q!\, m^s} \frac{x^{n-q}}{(n-q)!},$$

$$(4) \qquad g_n(x) = \sum_{q=0}^{q=n} \frac{s'_q}{q!\, m^q} \frac{x^{n-q}}{(n-q)!}$$

satisfont à la condition

$$(5) \qquad s'_q - s'_q = s_q = \sum_{s=1}^{s=q} a^q.$$

De plus, la méthode que nous venons d'appliquer dans les paragraphes précédents donnera ici le théorème :

I. *Soit $m > 1$ un entier quelconque, et soit $f_n(x)$ une fonction partielle quelconque, formée des ensembles (1) et (2), toutes les fonctions*

$$(6) \qquad \Phi_n(x) = F_n(x) + f_{n-1}(x) \qquad (n \geqq 1),$$

où $F_n(x)$ est la fonction définie par la formule (16) du paragraphe XXXII, sont des polynomes réguliers.

Dans ce cas, nous aurons le développement

$$(7) \qquad \Phi_n(x) = \sum_{q=0}^{\frac{n}{2}} \frac{2 s'_{2q}}{(2q)!\, m^{2q}} B_{n-2s}(x),$$

ce qui donnera, en introduisant $2n$ au lieu de n, puis posant $x = 0$, la formule récursive très curieuse

$$(8) \qquad \frac{(-1)^r m\, \varphi_{2n-1}(m)}{2} B_n + (-1)^n (s'_{2n} - mn\, s'_{2n-1})$$
$$= \sum_{q=0}^{q=n-1} (-1)^q \binom{2n}{2q} s'_{2q}\, m^{2n-2q} B_{n-q},$$

où $\varphi_n(m)$ est le nombre défini par la formule (21) du paragraphe XXXII et dépendant des facteurs premiers de m, dont le nombre est égal à r.

Introduisons ensuite, dans (8), au lieu des s'_q, les sommes correspondantes $s_q^{\prime\prime}$, puis additionnons les deux formules ainsi obtenues, nous aurons toujours, quelles que soient les fonctions partielles complémentaires appliquées,

$$(9) \qquad (-1)^r m\, \varphi_{2n-1}(m)\, \mathrm{B}_n + (-1)^n (s_{2n} - mn\, s_{2n-1})$$
$$= \sum_{q=0}^{q=n-1} (-1)^q \binom{2n}{2q} s_{2q}\, m^{2n-2q}\, \mathrm{B}_{n-q}.$$

Posons encore, dans (8),

$$m = 6, \qquad r = 2, \qquad s_n^{\prime} = 1, \qquad s_n^{\prime\prime} = 5^n,$$

il résulte les deux formules

$$(10) \qquad (3^{2n} - 3)(2^{2n-1} - 1)\mathrm{B}_n$$
$$= \sum_{q=0}^{q=n-1} (-1)^q \binom{2n}{2q} 6^{2n-2q}\, \mathrm{B}_{n-q} + (-1)^n (6n - 1),$$

$$(11) \quad (3^{2n} - 3)(2^{2n-1} - 1)\mathrm{B}_n$$
$$= \sum_{q=0}^{q=n-1} (-1)^q \binom{2n}{2q} 5^{2q}\, 6^{2n-2q}\, \mathrm{B}_{n-q} + (-1)^n (6n - 5) 5^{2n-1}.$$

Quant à l'application des formules (20) et (23) du paragraphe XXXII, nous supposons n impair, puis nous remplaçons l'ensemble (2) par cet autre

$$(12) \qquad \beta_s = (-1)^{\alpha_s}.$$

Soient ensuite $h_n(x)$ et $k_n(x)$ deux fonctions partielles complémentaires, formées des deux ensembles (1) et (12), nous posons

$$(13) \qquad h_n(x) = \sum_{q=0}^{q=n} \frac{\sigma_q^{\prime}}{q!\, m^q} \frac{x^{n-q}}{(n-q)!},$$

$$(14) \qquad k_n(x) = \sum_{q=0}^{q=n} \frac{\sigma_q^{\prime\prime}}{q!\, m^q} \frac{x^{n-q}}{(n-q)!},$$

ce qui donnera

$$(15) \qquad \sigma_q^{\prime} + \sigma_q^{\prime\prime} = \sum_{s=1}^{s=\mu} (-1)^{\alpha_s} a_q^s = \sigma_q.$$

d'où particuliérement, pour $q = 0$,

$$(16) \qquad \sigma'_0 + \sigma''_0 = 0.$$

Cela posé, nous aurons le théorème :

II. *Soit $m > 1$ un nombre entier impair, et soit $h_n(x)$ une fonction partielle quelconque formée des ensembles* (1) *et* (12), *toutes les fonctions*

$$(17) \qquad \Psi_n(x) = G_n(x) + h_n(x),$$

où $G_n(x)$ est la fonction définie par la formule (19) *du paragraphe XXXII, sont des polynomes réguliers.*

Dans ce cas, nous aurons le développement

$$(18) \qquad \Psi_n(x) = \sum_{q=0}^{\leq \frac{n}{2}} \frac{2\sigma'_{2q}}{(2q)!\, m^{2q}} E_{n-2s}(x),$$

d'où, en introduisant $2n+1$ au lieu de n, puis posant $x = 0$, la formule récursive curieuse

$$(19) \quad \frac{(-1)^r \varphi_{2n+1}(m)}{2} T_{n+1}$$
$$= \sum_{q=1}^{q=n} (-1)^q \binom{2n+1}{2n} 2^{2q} m^{2n-2q+1} \sigma'_{2q} T_{n-s+1} - (-1)^n 2^{2n+1} \sigma'_{2n+1},$$

de sorte que nous aurons, en vertu de (15),

$$(20) \quad (-1)^r \varphi_{2n+1}(m) T_{n+1}$$
$$= \sum_{q=1}^{q=n} (-1)^q \binom{2n+1}{2q} 2^{2q} m^{2n-2q+1} \sigma_{2q} T_{n-q+1} - (-1)^n 2^{2n+1} \sigma_{2n+1}.$$

Dans le cas particulier, où m est un nombre premier, les formules récursives générales que nous venons de développer coïncident avec celles obtenues dans le paragraphe XXXIII.

DEUXIÈME PARTIE.

LES NOMBRES DE BERNOULLI ET D'EULER.

CHAPITRE VIII.

MÉTHODE DE JACQUES BERNOULLI.

XXXVI. — Formules de Bernoulli et d'Euler.

Il est évident que les sommes de puissances semblables

$$(1) \quad \begin{cases} s_n(x, p) = x^n + (x + 1)^n + (x + 2)^n + \ldots + (x + p - 1)^n & (n \geq 1), \\ s_0(x, p) = p, \end{cases}$$

où la dernière définition est à appliquer même pour $x = 0$, sont intimement liées aux fonctions de Bernoulli.

En effet, l'équation aux différences finies qui figure dans la définition des $B_n(x)$ donnera immédiatement

$$(2) \quad B_n(x + p - 1) - B_n(x - 1) = \frac{s_{n-1}(x, p)}{(n - 1)!} \quad (n \geq 1);$$

changeons ensuite le signe de x, puis appliquons l'équation fonctionnelle de Jacobi, savoir la formule (1) du paragraphe XV, nous aurons de même

$$(2\ bis) \quad B_n(x) - B_n(x - p) = \frac{(-1)^{n-1} s_{n-1}(-x, p)}{(n - 1)!} \quad (n \geq 1).$$

Posons particulièrement

$$(3) \quad \begin{cases} S_n(p) = 1^n + 2^n + 3^n + \ldots + p^n, \\ S_0(p) = p; \end{cases}$$

$$(4) \quad \begin{cases} t_n(p) = 1^n + 3^n + 5^n + \ldots + (2p - 1)^n, \\ t_0(p) = p, \end{cases}$$

nous aurons évidemment

$$(5) \qquad S_n(p) = s_n(1, p) = (-1)^n s_n(-p, p) \qquad (n \gtreqless 0),$$

$$(6) \qquad t_n(p) = 2^n s_n\left(\frac{1}{2}, p\right) \qquad (n \gtreqless 0).$$

Quant aux fonctions d'Euler, nous avons à regarder les sommes alternées

$$(7) \quad \begin{cases} \sigma_n(x, p) = (x + p - 1)^n - (x + p - 2)^n \\ \qquad\qquad + (x + p - 3)^n - \ldots + (-1)^{p-1} x^n, \\ \sigma_0(x, p) = \dfrac{1 - (-1)^p}{2}, \end{cases}$$

où la dernière définition doit être applicable même pour $x = 0$.

Cela posé, nous aurons, en vertu de l'équation aux différences finies qui figure dans la définition des $E_n(x)$,

$$(8) \qquad E_n(x + p - 1) - (-1)^p E_n(x - 1) = \frac{\sigma_n(x, p)}{n!} \qquad (n \gtreqless 0),$$

d'où, en appliquant l'équation fonctionnelle de Jacobi,

$$(9) \quad E_n(x) - (-1)^p E_n(x - p) = \frac{(-1)^{n+p-1} \sigma_n(-x, p)}{n!} \qquad (n \gtreqless 0).$$

Posons particulièrement

$$(10) \quad \begin{cases} \sigma_n(p) = p^n - (p - 1)^n + (p - 2)^n - \ldots + (-1)^{p-1} 1^n, \\ \sigma_0(p) = \dfrac{1 - (-1)^p}{2}, \end{cases}$$

nous aurons, par conséquent,

$$(11) \qquad \sigma_n(p) = \sigma_n(1, p) = (-1)^{n+p-1} \sigma_n(-p, p) \qquad (n \gtreqless 0),$$

tandis que les définitions

$$(12) \quad \begin{cases} \tau_n(p) = (2p - 1)^n - (2p - 3)^n + (2p - 5)^n - \ldots + (-1)^{p-1} 1, \\ \tau_0(p) = \dfrac{1 - (-1)^p}{2} \end{cases}$$

donnent de même

$$(13) \qquad \tau_n(p) = 2^n \sigma_n\left(\frac{1}{2}, p\right) \qquad (n \gtreqless 0).$$

Remarquons encore que les deux sommes $s_n(x, p)$ et $\sigma(x, p)$

sont liées par la relation

$$(14) \qquad \sigma_n(x, 2p) = 2^n \left[s_n\left(\frac{x+1}{2}, p\right) - s_n\left(\frac{x}{2}, p\right) \right],$$

$$(15) \qquad \sigma_n(x, 2p+1) = 2^n \left[s_n\left(\frac{x}{2}, p+1\right) - s_n\left(\frac{x+1}{2}, p\right) \right],$$

et que nous aurons de plus

$$(16) \qquad s_n(x, p+q) - s_n(x, p) = s_n(x+p, q),$$

$$(17) \qquad \sigma_n(x, p+q) - (-1)^q \sigma(x, p) = \sigma_n(x+p, q).$$

Soit ensuite d un nombre différent de zéro, nous aurons, de même,

$$(18) \quad a^n + (a+d)^2 + (a+2d)^n + \ldots + [a+(p-1)d]^n = d^n s_n\left(\frac{a}{d}, p\right),$$

$$(19) \quad [a+(p-1)d]^n - [a+(p-2)^n + \ldots + (-1)^{p-1} a^n = d^n \sigma_n\left(\frac{a}{d}, p\right),$$

formules qui nous seront très utiles dans nos recherches suivantes.

Posons maintenant, dans (2) et (8), $x = 1$, il résulte immédiatement

$$(20) \qquad S_n(p) = n! \left[B_{n+1}(p) - B_{n+1}(0) \right],$$

$$(21) \qquad \sigma_n(p) = n! \left[E_n(p) - (-1)^p E_n(0) \right],$$

ce qui donnera la formule, indiquée déjà par Jacques Bernoulli [1],

$$(22) \quad \begin{cases} S_n(p) = \dfrac{p^{n+1}}{n+1} + \dfrac{p}{2} + \displaystyle\sum_{s=1}^{\leq \frac{n}{2}} \dfrac{(-1)^{s-1}}{n+1} \binom{n+1}{2s} B_s p^{n-2s+1} & (n \geqq 2), \\[2em] S_1(p) = \dfrac{p^2+p}{2}, \end{cases}$$

tandis que l'expression correspondante obtenue pour $\sigma_n(p)$ dépend de la parité de p. On aura, en effet,

$$(23) \quad \sigma_{2n}(p) = \dfrac{p^{2n}}{2} + \sum_{s=1}^{s=n} \dfrac{(-1)^{s-1}}{2^{2s}} \binom{2n}{2s-1} T_s p^{n-2s+1} \qquad (n \geqq 1)$$

---

[1] *Ars conjectandi*, p. 95-97, Bâle, 1713.

et

$$(23\ bis)\qquad \sigma_{2n+1}(p) = \frac{p^{2n+1}}{2} + \sum_{s=1}^{s=n} \frac{(-1)^{s-1}}{2^{2s}}\binom{2n+1}{2s-1}\, T_s\, p^{2n-2s+2}$$
$$+ \frac{(-1)^n\big[1-(-1)^p\big]}{2^{2n+2}}\, T_{n+1};$$

ces deux formules sont dues à Euler ([1]).

Jacobi ([2]) semble avoir introduit, le premier, une variable continue au lieu du positif entier p qui figure dans la formule générale (22). En effet, il a regardé la fonction

$$B_{2n}(x) + \frac{(-1)^n\, B_n}{(2n)!}.$$

Ostrogradsky ([3]), Malmsten ([4]), Dienger ([5]) ont de même regardé une variable continue dans notre formule numérique susdite, mais c'est Raabe ([6]) qui a donné la première monographie des fonctions de Bernoulli.

On doit à Jacobi et à Malmsten des remarques importantes relatives à la variation de $B_n(x)$; Ostrogradsky a représenté les $B_n(x)$ comme des polynomes entiers de la variable $(x+1)$, représentations qui sont les conséquences immédiates des formules (17) du paragraphe XII.

Raabe ([7]) a introduit dans le second membre de (23) et (24) une variable continue; plus tard, Hermite ([8]) a résolu, d'un autre point de vue, le même problème, tandis que M. Rogel ([9]) a donné une monographie des fonctions d'Euler.

Quant aux sommes $s_n(x, p)$ et $\sigma_n(x, p)$, nous avons encore à

([1]) *Institutiones calculi differentialis*, p. 499. Petrograd, 1755.
([2]) *Journal de Crelle*, t. 12, 1834, p. 265-267.
([3]) *Mémoires de l'Académie impériale de Saint-Pétersbourg*, 6ᵉ série, t. II, 1851, p 322-323.
([4]) *Journal de Crelle*. t. 35, 1847, p. 60-67.
([5]) *Ibid.*, t. 34, 1847, p. 75-100.
([6]) *Die Jacob Bernoullische Function*. Zurich, 1847. — *Journal de Crelle*, t. 42, 1851, p. 348-367. — *Mathematische Mittheilungen*, t. I-II. Zurich, 1857-1858.
([7]) *Mathematische Mittheilungen*, t. II, 1858, p. 129-138.
([8]) *Journal de Crelle*, t. 116, 1896, p. 144.
([9]) *Bulletin de l'Académie de Prague*, 1892.

développer une suite de formules qui seront utiles dans nos recherches suivantes.

A cet effet, citons tout d'abord les deux développements

$$(24) \qquad s_n(x+h, p) = s_n(x) + \binom{n}{1} s_{n-1}(x)h$$
$$+ \binom{n}{2} s_{n-2}(x)h^2 + \ldots + \binom{n}{n} s_0(x)h^n,$$

$$(25) \qquad \sigma_n(x+h, p) = \sigma_n(x) + \binom{n}{1} \sigma_{n-1}(x)h$$
$$+ \binom{n}{2} \sigma_{n-2}(x)h^2 + \ldots - \binom{n}{n} \sigma_0(x)h^n,$$

conséquences immédiates de la formule binomiale.

Posons maintenant, dans la formule (10) du paragraphe V,

$$f(x) = B_{n+1}(x),$$

puis appliquons l'identité

$$\Delta B_{n+1}(x+p) = \frac{(x+p)^n}{n!},$$

il résulte pour la fonction $\mathcal{A}_p^n(x)$, étudiée dans le paragraphe V, le développement

$$(26) \qquad \mathcal{A}_n^p(x) = \sum_{r=0}^{r=p} (-1)^r \binom{p+1}{r} s_n(x, p-r+1).$$

L'hypothèse
$$f(x) = E_n(x)$$
donnera de même

$$\delta E_n(x+p) = \frac{(x+p)^n}{n!},$$

d'où, en vertu de la formule (5) du paragraphe VI, pour la fonction $A_p^n(x)$ regardée dans ce même paragraphe,

$$(27) \qquad A_p^n(x) = \sum_{r=p}^{r=0} \binom{p+1}{r} \sigma_n(x, p-r+1).$$

Soit maintenant, dans (28) et (29), $x = 0$, nous aurons les formules plus spéciales

$$(28) \qquad \mathcal{A}_p^n = \sum_{r=0}^{r=p-1} (-1)^r \binom{p+1}{r} S_n(p-r),$$

$$(29) \qquad A_p^n = \sum_{r=0}^{r=p-1} \binom{p+1}{r} \sigma_n(p-r).$$

Appliquons ensuite les formules (12) du paragraphe VI et (4) du paragraphe VI, il résulte les deux formules, inverses de (28) et (29),

$$(30) \qquad s_n(x, p+1) = \sum_{r=0}^{r=p} \binom{p+1}{r} \mathcal{A}_{p-r}^n(x),$$

$$(31) \qquad \sigma_n(x, p+1) = \sum_{r=0}^{r=p} (-1)^r \binom{p+1}{r} A_{p-r}^n(x),$$

d'où, en posant $x = 0$,

$$(32) \qquad S_n(p) = \sum_{r=0}^{r=p-1} \binom{p+1}{r} \mathcal{A}_{p-r}^n,$$

$$(33) \qquad \sigma_n(p) = \sum_{r=0}^{r=p-1} (-1)^r \binom{p+1}{r} A_{p-r}^n.$$

Dans le paragraphe LVI, nous avons à généraliser beaucoup les deux formules (30) et (32).

XXXVII. — Formules régulières pour les B_n.

La définition des fonctions de Bernoulli donnera immédiatement une foule de formules récursives pour les nombres de Bernoulli, les coefficients des tangentes et les nombres d'Euler, formules parmi lesquelles on trouvera la plupart des formules récursives connues, trouvées par des méthodes transcendantes et très différentes.

En effet, étudions la différence

$$B_m(x+p) - B_m(x),$$

où p désigne un positif entier, puis posons, pour abréger,

$$(1) \quad A_m(x, p) = \frac{m+1}{2}\left[2S_m(x+1, p) - (x+p)^m\right] - (x+p)^{m+1},$$

la formule (2) du paragraphe XXXVI donnera immédiatement

$$(2) \quad \sum_{s=1}^{\leq \frac{m}{2}} (-1)^{s-1}\binom{m}{2s}(x+p)^{m-2s}B_s = m!\,B_m(x) + A_{m-1}(x, p),$$

formule qui est essentielle dans nos recherches suivantes.

Posons, dans (2), $x = 0$, $p = 1$, il résulte la formule (15) du paragraphe XII, savoir

$$(3) \quad \sum_{s=1}^{\leq \frac{m-1}{2}} (-1)^{s-1}\binom{m}{2s}B_s = \frac{m-2}{2},$$

ce qui est précisément la formule que Jacques Bernoulli (¹) a appliquée pour le calcul successif des cinq premiers des nombres B_n, savoir

$$B_1, \quad B_2, \quad B_3, \quad B_4, \quad B_5.$$

Il est très curieux, mais regrettable pour l'Analyse, ce me semble, que la plupart des géomètres n'aient pas fait attention à cette méthode élémentaire de Bernoulli, de sorte qu'ils se sont efforcés à inventer des méthodes transcendantes pour trouver des formules récursives qui ne sont autre chose que des conséquences immédiates d'une formule élémentaire, connue de tout le monde. C'est pourquoi nos citations concernant les formules récursives sont très éparses ; car trouver une formule qui n'est autre chose qu'un cas particulier d'une formule générale bien connue ne nous semble pas une découverte de mérite.

Revenons maintenant à notre formule générale (2).

Première application. — Supposons $x = 0$, puis posons, pour abréger,

$$(4) \quad A_m = A_m(0, p) = \frac{m+1}{2}(2S_m(p) - p^m) - p^{m+1},$$

(¹) *Ars conjectandi*, p. 95-97. Bâle, 1713.

je dis que nous aurons les quatre formules récursives générales

$$(5) \qquad \sum_{s=0}^{s=n-1} (-1)^s \binom{2n+1}{2s+1} p^{2s+1} B_{n-s} = (-1)^{n-1} A_{2n},$$

$$(6) \qquad \sum_{s=0}^{s=n-1} (-1)^s \binom{2n+2}{2s+2} p^{2s+2} B_{n-s} = (-1)^{n-1} A_{2n+1},$$

$$(7) \qquad \sum_{s=0}^{s=n-1} (-1)^s \binom{2n+1}{2s+2} p^{2s+2} B_{n-s} = (-1)^{n-1} (A_{2n+1} - p\, A_{2n}),$$

$$(8) \quad (2n+1)B_n + \sum_{s=0}^{s=n-1} (-1)^s \binom{2n}{2s+1} p^{2s} B_{n-s} = (-1)^{n-1} \left(\frac{A_{2n}}{p} - A_{2n-1} \right).$$

En effet, posons, dans (2), $m = 2n+1$, respectivement $m = 2n+2$, puis prenons dans l'ordre inverse les termes qui figurent au premier membre, nous aurons les formules (5) et (6); soustrayons (5), multipliée par p, de (6), nous trouvons la formule (7). Quant à (8), posons, dans (6), $n-1$ au lieu de n, puis soustrayons le résultat ainsi obtenu de la formule (5) divisée par p, il résulte la formule (8).

Les formules générales que nous venons d'obtenir donnent les cas spéciaux suivants :

$1°\ p = 1$; nous aurons

$$A_m = \frac{m-1}{2}, \qquad A_m - A_{m-1} = \frac{1}{2},$$

ce qui donnera

$$(9) \qquad \sum_{s=0}^{s=n-1} (-1)^s \binom{2n+1}{2s+1} B_{n-s} = (-1)^{n-1} \left(n - \frac{1}{2} \right),$$

$$(10) \qquad \sum_{s=0}^{s=n-1} (-1)^s \binom{2n+2}{2s+2} B_{n-s} = (-1)^{n-1} n,$$

$$(11) \qquad \sum_{s=0}^{s=n-1} (-1)^s \binom{2n+1}{2s+2} B_{n-s} = \frac{(-1)^{n-1}}{2},$$

$$(12) \qquad (2n+1)B_n + \sum_{s=0}^{s=n-1} (-1)^s \binom{2n}{2s+1} B_{n-s} = \frac{(-1)^{n-1}}{2}.$$

Il est évident que les formules (9) et (10) ne sont autre chose
que la formule (3) de Bernoulli pour des valeurs impaires ou paires
de n; néanmoins, on attribue à Moivre [1]; respectivement à Jacobi [2],
les deux formules en question. De plus, on dit généralement que la
formule (9) est la première formule récursive connue pour les
nombres de Bernoulli, quoique Jacques Bernoulli ait appliqué la
formule plus générale (3).

La formule (11), obtenue en soustrayant les deux précédentes,
est généralement attribuée à Stern [3].

$2^n p = 2$; nous aurons, dans ce cas,

$$A_m = (m-3)2^{m-1} + m + 1, \qquad A_m - 2A_{m-1} = 2^{m-1} - (m-1),$$

ce qui donnera

$$(13)\quad \sum_{s=0}^{s=n-1} (-1)^s \binom{2n+1}{2s+1} 2^{2s} B_{n-s} = (-1)^{n-1}\left[(2n-3)2^{2n-2} + n + \frac{1}{2}\right],$$

$$(14)\quad \sum_{s=0}^{s=n-1} (-1)^s \binom{2n+2}{2s+2} 2^{2s} B_{n-s} = (-1)^{n-1}\left[(n-1)2^{2n-1} + \frac{n+1}{2}\right],$$

$$(15)\quad \sum_{s=0}^{s=n-1} (-1)^s \binom{2n+1}{2s+2} 2^{2s} B_{n-s} = (-1)^{n-1}\left(2^{2n-2} - \frac{n}{2}\right),$$

$$(16)\qquad (2n+1)B_n + \sum_{s=1}^{s=n-1} (-1)^s \binom{2n}{2s+1} 2^{2s} B_{n-s}$$

$$= (-1)^{n-1}\left(2^{2n-2} - n + \frac{1}{2}\right);$$

la formule (13) est souvent attribuée à G.-F. Meyer [4], élève de
Stern.

On voit, en vertu du développement du paragraphe XXVI, que
les suites régulières qui correspondent aux formules récursives

---

[1] *Miscellanea analytica complementum*, p. 6. Londres, 1730.
[2] *Journal de Crelle*, t. 12, 1834, p. 625.
[3] *Ibid.*, t. 84, 1878, p. 267.
[4] *Ueber die Bernoullischen Zahlen* (Thèse de doctorat). Gœttingue, 1859.

régulières (5) et (6) ont respectivement les éléments généraux

$$(17) \qquad \frac{s_n(x+1,p)+(-1)^n s_n(-x,p)}{n!},$$

$$(18) \qquad \frac{s_{n+1}(x+1,p)+(-1)^n s_{n+1}(-x,p)}{(n+1)!},$$

Deuxième application. — Supposons, dans la formule générale (2), $x=-\frac{1}{2}$, puis posons, pour abréger,

$$(19) \qquad A_m = m[2t_{m-1}(p)-(2p-1)^{m-1}]-(2p-1)^m,$$

le même procédé que dans la première application donnera ici

$$(20) \quad 2(2^{2n}-1)B_n + \sum_{s=1}^{s=n-1}(-1)^s\binom{2n}{2s}2^{2n-2s}(2p-1)^{2s}B_{n-s}=(-1)^{n-1}A_{2n},$$

$$(21) \quad \sum_{s=0}^{s=n-1}(-1)^s\binom{2n+1}{2s+1}2^{2n-2s}(2p-1)^{2s}B_{n-s}=\frac{(-1)^{n-1}A_{2n+1}}{2p-1},$$

$$(22) \quad [(2n-1)2^{2n}+2]B_n + \sum_{s=1}^{s=n-1}(-1)^s\binom{2n}{2s+1}2^{2n-2s}(2p-1)^{2s}B_{n-s}$$

$$= (-1)^n\left(A_{2n}-\frac{A_{2n+1}}{2p-1}\right),$$

$$(23) \quad 2(2^{2n}-1)B_n + \sum_{s=1}^{s=n-1}(-1)^s\binom{2n-1}{2s}2^{2n-2s}(2p-1)^{2s}B_{n-s}$$

$$= (-1)^n[(2p-1)A_{2n-1}-A_{2n}].$$

1° $p=1$; nous aurons, en vertu de (19),

$$A_m = m-1, \qquad A_m - A_{m-1} = 1,$$

ce qui donnera

$$(24) \quad 2(2^{2n}-1)B_n + \sum_{s=1}^{s=n-1}(-1)^s\binom{2n}{2s}2^{2n-2s}B_{n-s}=(-1)^{n-1}(2n-1),$$

$$(25) \quad \sum_{s=0}^{s=n-1}(-1)^s\binom{2n+1}{2s+1}2^{2n-2s}B_{n-s}=(-1)^{n-1}2n$$

et

$$(26) \quad [(2n-1)2^{2n}+2]B_n + \sum_{s=1}^{s=n-1} (-1)^s \binom{2n}{2s+1} 2^{2n-2s} B_{n-s} = (-1)^{n-1},$$

$$(27) \quad 2(2^{2n}-1)B_n + \sum_{s=1}^{s=n-1} (-1)^s \binom{2n-1}{2s} 2^{2n-2s} B_{n-s} = (-1)^{n-1}.$$

Les formules (24) et (25) sont souvent attribuées respectivement à Stern [1] et à G.-F. Meyer [2]; quant à la formule (25), elle appartient à Euler [3].

$2°\ p = 2$; nous aurons ici

$$A_m = (m-3)3^{m-1} + 2m,$$
$$A_m - 3A_{m+1} = 3^{m-1} - (4m-6),$$

ce qui donnera

$$(28) \quad 2(2^{2n}-1)B_n + \sum_{s=1}^{s=n-1} (-1)^s \binom{2n}{2s} 3^{2s} 2^{2n-2s} B_{n-s}$$
$$= (-1)^{n-1}[(2n-3)3^{2n-1} + 4n],$$

$$(29) \quad \sum_{s=0}^{s=n-1} (-1)^s \binom{2n+1}{2s+1} 3^{2s} 2^{2n-2s} B_{n-s}$$
$$= (-1)^{n-1}\left[(2n-2)3^{2n-1} + \frac{4n+2}{3}\right],$$

$$(30) \quad [(2n-1)2^{2n}+2]B_n + \sum_{s=1}^{s=n-1} (-1)^s \binom{2n}{2s+1} 3^{2s} 2^{2n-2s} B_{n-s}$$
$$= (-1)^{n-1}\left(3^{2n-1} - \frac{8n-2}{3}\right),$$

$$(31) \quad 2(2^{2n}-1)B_n + \sum_{s=1}^{s=n-1} (-1)^s \binom{2n-1}{2s} 3^{2s} 2^{2n-2s} B_{n-s}$$
$$= (-1)^{n-1}[3^{2n-2} - (8n-6)].$$

Les suites régulières qui correspondent aux deux formules

---

[1] *Journal de Crelle*, t. 26, 1843, p. 90.
[2] *Ueber die Bernoullischen Zahlen* (Thèse de doctorat), p. 10. Gœttingue, 1859.
[3] *Opuscula analytica*, t. II, p. 264-265. Petrograd, 1785.

récursives régulières (20) et (21) ont respectivement les éléments
généraux

$$(32) \qquad \frac{\mathrm{B}_n(2x)}{2^{n-1}} + \frac{s_{n-1}\left(x+\frac{1}{2},\, p\right) + (-1)^n s_{n-1}\left(-x+\frac{1}{2},\, p-1\right)}{n!},$$

$$(33) \qquad \frac{s_n\left(x+\frac{1}{2},\, p\right) + (-1)^n s_n\left(-x+\frac{1}{2},\, p-1\right)}{n!}.$$

Troisième application. — Posons, dans la formule générale (2),

$$x = -\frac{a}{4}, \qquad \text{où} \qquad a = 1, \qquad a = 3,$$

il résulte les deux formules récursives

$$(34) \qquad \sum_{s=0}^{s=n-1} (-1)^s \binom{2n+1}{2s+1}(4p-a)^{2s+1}\, 4^{2n-2s}\,\mathrm{B}_{n-s}$$
$$= (-1)^{\frac{a+1}{2}}\,\mathrm{E}_n - (-1)^n\, 4^{2n+1}\,\mathrm{A}_{2n}\left(-\frac{a}{4},\, p\right),$$

$$(35) \qquad \sum_{s=0}^{s=n-1} (-1)^s \binom{2n}{2s}(4p-a)^{2s}\, 4^{2n-2s}\,\mathrm{B}_{n-s}$$
$$= -(2^{2n}-2)\,\mathrm{B}_n - (-1)^n\, 4^{2n}\,\mathrm{A}_{2n-1}\left(-\frac{a}{4},\, p\right).$$

1° L'hypothèse $p = 1$ donnera les formules récursives spéciales

$$(36) \qquad \sum_{s=0}^{s=n-1} (-1)^s \binom{2n+1}{2s+1} 4^{2n-2s}\,\mathrm{B}_{n-s} = (2n+1)\,\mathrm{E}_n - (-1)^n(4n+1),$$

$$(37) \qquad \sum_{s=0}^{s=n-1} (-1)^s \binom{2n+1}{2s+1} 4^{2n-2s}\,3^{2s+1}\,\mathrm{B}_{n-s} = (-1)^{n-1}(4n-1)3^{2n} - (2n+1)\mathrm{E}_n,$$

$$(38) \qquad (2^{2n}+2)(2^{2n}-1)\mathrm{B}_n + \sum_{s=1}^{s=n-1} (-1)^s \binom{2n}{2s} 4^{2n-2s}\,\mathrm{B}_{n-s} = (-1)^{n-1}(4n-1),$$

$$(39) \qquad (2^{2n}+2)(2^{2n}-1)\mathrm{B}_n + \sum_{s=1}^{s=n-1} (-1)^s \binom{2n}{2s} 4^{2n-2s}\,3^{2s}\,\mathrm{B}_{n-s}$$
$$= (-1)^{n-1}(4n-3)3^{2n-1},$$

dont la première est attribuée à **Worpitzky** (1).

---

(1) *Journal de Crelle*, t. 94, 1883, p. 224.

$2°$ Soit ensuite $p = 2$, on trouvera de même

$$(40) \qquad \sum_{s=0}^{s=n-1} (-1)^s \binom{2n+1}{2s+1} 4^{2n-2s} 5^{2s+1} B_{n-s}$$
$$= (2n+1)E_n - (-1)^n[8n+4+(4n-3)5^{2n}],$$

$$(41) \qquad \sum_{s=0}^{s=n-1} (-1)^s \binom{2n+1}{2s+1} 4^{2n-2s} 7^{2s+1} B_{n+s}$$
$$= (-1)^{n-1}[(4n-5)7^{2n}+(8n+4)3^{2n}] - (2n+1)E_n,$$

$$(42) \qquad (2^{2n}+2)(2^{2n}-1)B_n + \sum_{s=1}^{s=n-1}(-1)^s\binom{2n}{2s}4^{2n-2s}5^{2s}B_{n-s}$$
$$= (-1)^{n-1}[(4n-3)5^{2n-1}+8n],$$

$$(43) \qquad (2^{2n}+4)(2^{2n}-1)B_n + \sum_{s=1}^{s=n-1}(-1)^s\binom{2n}{2s}4^{2n-2s}7^{2s}B_{n-s}$$
$$= (-1)^{n-1}[(4n-7)7^{2n-1}+8n\cdot3^{2n-1}].$$

On voit que les suites régulières qui correspondent aux deux formules récursives régulières (34) et (35) ont respectivement les éléments généraux

$$(44) \qquad \frac{(-1)^{\frac{n-1}{2}}}{2^n} E_n\left(2x-\frac{1}{2}\right)$$
$$+ \frac{s_n\left(x-\frac{a}{4}+1,p\right)+(-1)^n s_n\left(-x-\frac{a}{4}+1,p-1\right)}{n!},$$

$$(45) \qquad \frac{B_n\left(\frac{1}{4}x\right)}{4^{n-1}} - \frac{B_n(2x)}{2^{n-1}}$$
$$+ \frac{s_{n-1}\left(x-\frac{a}{4}+1,p\right)+(-1)^n s_{n-1}\left(-x-\frac{a}{4}+1,p-1\right)}{(n-1)!}.$$

Quatrième application. — Soit, dans la formule générale (2),

$$x = -\frac{a}{3}, \qquad \text{où} \qquad a = 1, \quad a = 2,$$

nous aurons la formule récursive

$$(46)\qquad \frac{3}{2}(3^{2n}-1)B_n + \sum_{s=1}^{s=n-1}(-1)^s\binom{2n}{2s}(3p-a)^{2s}3^{2n-2s}B_{n-s}$$
$$= (-1)^{n-1}3^{2n}A_{2n-1}\left(-\frac{a}{3},\,p\right),$$

dont la suite régulière correspondante a l'élément général

$$(47)\qquad \frac{B_n(3x)}{3^{n-1}} + \frac{s_{n-1}\left(x-\frac{a}{3}+1,\,p\right)+(-1)^n s_{n-1}\left(-x-\frac{a}{3}+1,\,p-1\right)}{(n-1)!}.$$

1° Soit $p=1$, nous aurons particulièrement

$$(48)\qquad \frac{3}{2}(3^{2n}-1)B_n + \sum_{s=1}^{s=n-1}(-1)^s\binom{2n}{2s}3^{2n-2s}B_{n-s} = (-1)^{n-1}(3^n-1),$$

$$(49)\qquad \frac{3}{2}(3^{2n}-1)B_n + \sum_{s=1}^{s=n-1}(-1)^s\binom{2n}{2s}3^{2n-2s}2^{2s}B_{n-s} = (-1)^{n-1}(3^n-2)2^{2n-1}.$$

2° L'hypothèse $p=2$ donnera de même

$$(50)\qquad \frac{3}{2}(3^{2n}-1)B_n + \sum_{s=1}^{s=n-1}(-1)^s\binom{2n}{2s}3^{2n-2s}4^{2s}B_{n-s}$$
$$= (-1)^{n-1}[(3n-4)4^{2n-1}+6n],$$

$$(51)\qquad \frac{3}{2}(3^{2n}-1)B_n + \sum_{s=1}^{s=n-1}(-1)^s\binom{2n}{2s}3^{2n-2s}5^{2s}B_{n-s}$$
$$= (-1)^{n-1}[(3n-5)5^{2n-1}+6n\cdot2^{2n-1}].$$

Cinquième application. — Les hypothèses

$$x=-\frac{a}{6},\qquad \text{où}\qquad a=1,\quad a=5,$$

conduisent, en vertu de (2), à la formule récursive générale

$$(52)\qquad \sum_{s=0}^{s=n-1}(-1)^s\binom{2n}{2s}(6p-a)^{2s}6^{2n-2s}B_{n-s}$$
$$= \frac{(3^{2n}-3)(2^{2n}-2)}{2}B_n - (-1)^n 6^{2n}A_{2n-1}\left(-\frac{a}{6},\,p\right),$$

à laquelle correspond la suite régulière formée des polynomes

$$(53)\quad \frac{B_n(6x)}{6^{n-1}} - \frac{B_n(3x)}{3^{n-1}} - \frac{B_n(2x)}{2^{n-1}}$$

$$- \frac{s_{n-1}\left(x - \frac{a}{6} + 1,\, p\right) + (-1)^n s_{n-1}'\left(-x - \frac{a}{6} + 1,\, p - 1\right)}{(n-1)!}.$$

1° Posons $p = 1$, il résulte les formules spéciales

$$(54)\quad \frac{(3^{2n}+3)(2^{2n}+2)-12}{2} B_n + \sum_{s=1}^{s=n-1} (-1)^s \binom{2n}{2s} 6^{2n-2s} B_{n-s}$$

$$= (-1)^{n-1}(6n-1),$$

$$(55)\quad [(3^{2n}+3)(2^{2n-1}+1)-6]B_n + \sum_{s=1}^{s=n-1} (-1)^s \binom{2n}{2s} 6^{2n-2s} 5^{2s} B_{n-s}$$

$$= (-1)^{n-1}(6n-5)\,5^{2n-1}.$$

2° Soit $p = 2$, on trouvera de même

$$(56)\quad [(3^{2n}+3)(2^{2n-1}+1)-6]B_n + \sum_{s=1}^{s=n-1} (-1)^s \binom{2n}{2s} 6^{2n-2s}\, 7^{2s} B_{n-s}$$

$$= (-1)^{n-1}[(6n-7)7^{2n-1}+12n],$$

$$(57)\quad [(3^{2n}+3)(2^{2n-1}+1)-6]B_n + \sum_{s=1}^{s=n-1} (-1)^s \binom{2n}{2s} 6^{2n-2s} 11^{2s} B_{n-s}$$

$$= (-1)^{n-1}[(6n-11)11^{2n-1}+12n.5^{2n-1}].$$

Un certain nombre des trente-deux formules récursives que nous venons de déduire d'un seul coup, comme des cas spéciaux de la formule de Bernoulli, sont bien connues. Cependant, je n'ose pas indiquer les premiers découvreurs de ces formules connues qui ont été retrouvées bien des fois, généralement par des méthodes transcendantes.

Citons un seul exemple de ce genre.

Schlömilch (¹), dans un petit Mémoire de sa tendre jeunesse, a trouvé six formules récursives pour les B_n, savoir les deux for-

______
(¹) *Archiv de Grunert*, t. III, 1843, p. 9-18.

mules (9) et (10) de Bernoulli, dites de Moivre et de Jacobi, les formules (8) et (9) du paragraphe suivant et les formules (3) et (4) du paragraphe XL; c'est-à-dire que trois de ces formules sont certainement bien connues. Néanmoins, l'auteur dit, relativement aux formules susdites ([1]) :

« Die bisher entwickelten Eigenschaften der Bernoullischen Zahlen, welche gar nicht bekannt zu sein scheinen.... »

A l'occasion de ce Mémoire, l'illustre Göpel ([2]) remarque :

« Da man sich dem Obigen zufolge Recursionsformeln in beliebiger Menge verschaffen kann, so möchte es nicht von grosser Erheblichkeit sein, deren neue aufzusuchen; es gelänge denn eine solche aufzufinden, die einen tieferen Blick in den Bau dieser Zahlen verstattete. »

Or, cette réserve de Göpel doit être étendue plus loin encore.

En effet, on sait qu'une formule récursive régulière des nombres de Bernoulli correspond à une suite régulière, et c'est possible qu'une telle suite conduira à des résultats nouveaux et importants. Par exemple, les suites régulières, que nous venons de citer dans ce paragraphe, m'ont conduit aux recherches développées dans le Chapitre VII, résultats qui sont essentiels dans la théorie des nombres de Bernoulli; nous le verrons dans le paragraphe LXI.

De plus, les coefficients mêmes d'une formule récursive des B_n présentent, au point de vue de la théorie des nombres, un intérêt particulier; nous le verrons dans le Chapitre XVIII.

XXXVIII. — Formules régulières pour les T_n.

Dans nos recherches sur les coefficients des tangentes, nous prenons pour point de départ la différence

$$\mathrm{E}_m(x+p) - (-1)^p \mathrm{E}_m(x),$$

où p désigne un positif entier. Posons, pour abréger,

$$(1) \qquad \mathrm{A}_m(x,p) = 2^{m+1} \sigma_m(x+1,p) - (2p+2x)^m,$$

([1]) *Loc. cit.*, p. 18.
([2]) *Loc. cit.*, p. 65.

nous aurons, en vertu de la formule (8) du paragraphe XXXVI,

$$(2) \qquad \sum_{s=1}^{s=\frac{m+1}{2}} (-1)^{s-1} \binom{m}{2s-1} (2p+2x)^{m-2s+1} T_s$$
$$= A_m(x, p) + (-1)^p m! \, 2^{m+1} E_m(x),$$

relation qui nous conduira immédiatement à une suite de formules récursives pour les coefficients des tangentes.

Première application. — Posons, dans (2), $x = -\frac{1}{2}$, nous aurons, en vertu de (1),

$$(3) \qquad A_m = A_m\left(-\frac{1}{2}, p\right) = 2 z_m(p) - (2p-1)^m,$$

ce qui donnera, par le même procédé que dans le paragraphe précédent, ces quatre formules récursives :

$$(4) \qquad \sum_{s=0}^{s=n-1} (-1)^s \binom{2n}{2s+1} (2p-1)^{2s+1} T_{n-s} = (-1)^{p-1} E_n - (-1)^n A_{2n},$$

$$(5) \qquad \sum_{s=0}^{s=n-1} (-1)^s \binom{2n-1}{2s} (2p-1)^{2s} T_{n-s} = (-1)^{n-1} A_{2n-1},$$

$$(6) \qquad \sum_{s=0}^{s=n-1} (-1)^s \binom{2n-1}{2s+1} (2p-1)^{2s+1} T_n$$
$$= (-1)^{p-1} E_n - (-1)^n [A_{2n} - (2p-1) A_{2n-1}],$$

$$(7) \qquad T_{n+1} - \sum_{s=0}^{s=n-1} (-1)^s \binom{2n}{2s+2} (2p-1)^{2s+2} T_{n-s}$$
$$= (-1)^{p-1} (2p-1) E_n + (-1)^n [A_{2n+1} - (2p-1) A_{2n}],$$

formules qui se présentent sous une forme simple dans les cas suivants :

$1^\circ\ p = 1$; nous aurons

$$A_m = 1, \qquad A_m - A_{m-1} = 0.$$

ce qui donnera

$$(8) \qquad \sum_{s=0}^{s=n-1} (-1)^s \binom{2n}{2s+1} T_{n-s} = E_n - (-1)^n,$$

$$(9) \qquad \sum_{s=0}^{s=n-1} (-1)^s \binom{2n-1}{2s} T_{n-s} = (-1)^{n-1},$$

$$(10) \qquad \sum_{s=0}^{s=n-1} (-1)^s \binom{2n-1}{2s+1} T_{n-s} = E_n,$$

$$(11) \qquad \sum_{s=0}^{s=n-1} (-1)^s \binom{2n}{2s+2} T_{n-s} = T_{n+1} - E_n.$$

On voit que les deux premières de ces formules ne sont autre chose que la formule récursive (5) du paragraphe XIII; la formule (8) a été observée par Scherk ([1]).

$2^\circ\ p = 2$, ce qui donnera

$$A_m = 3^m - 2, \qquad A_m - 3 A_{m-1} = 4,$$

de sorte que nous aurons, dans ce cas,

$$(12) \qquad \sum_{s=0}^{s=n-1} (-1)^s \binom{2n}{2s+1} 3^{2s+1} T_{n-s} = - E_n - (-1)^n (3^{2n} - 2),$$

$$(13) \qquad \sum_{s=0}^{s=n-1} (-1)^s \binom{2n-1}{2s} 3^{2s} T_{n-s} = (-1)^n (2 - 3^{2n-1}),$$

$$(14) \qquad \sum_{s=0}^{s=n-1} (-1)^s \binom{2n-1}{2s+1} 3^{2s+1} T_{n-s} = - E_n - (-1)^n 4,$$

$$(15) \qquad \sum_{s=0}^{s=n-1} (-1)^s \binom{2n}{2s+2} 3^{2s+2} T_{n-s} = T_{n+1} + 3 E_n - (-1)^n 4.$$

([1]) *Mathematische Abhandlungen*, p. 5. Berlin, 1845.

3^u $p = 3$; les formules (6) et (7) donnent, dans ce cas,

$$(16)\qquad \sum_{s=0}^{s=n-1} (-1)^s \binom{2n-1}{2s+1} 3^{2s+1} T_{n-s} = E_n - (-1)^n \tfrac{1}{4}(3^{2n-1} - 2),$$

$$(17)\qquad \sum_{s=0}^{s=n-1} (-1)^s \binom{2n}{2s+2} 3^{2s+2} T_{n+s} = T_{n+1} - 5E_n - (-1)^n \tfrac{1}{4}(3^{2n} - 2).$$

Deuxième application. — Supposons, dans la formule générale (2), $x = 0$, puis posons, en vertu de (1),

$$(18)\qquad A_m = A_m(0, p) = 2^{m+1} \sigma_m(p) - (2p)^m,$$

nous aurons, pourvu que p soit un nombre *impair*,

$$(19)\qquad \sum_{s=0}^{s=n-1} (-1)^s \binom{2n}{2s+1} (2p)^{2s+1} T_{n-s} = (-1)^{n-1} A_{2n},$$

$$(20)\qquad 2T_{n+1} + \sum_{s=1}^{s=n} (-1)^s \binom{2n+1}{2s} (2p)^{2s} T_{n-s+1} = (-1)^n A_{2n+1},$$

$$(21)\qquad 2nT_{n+1} + \sum_{s=1}^{s=n} (-1)^s \binom{2n+1}{2s+1} (2p)^{2s} T_{n-s+1} = (-1)^n \left(\frac{A_{2n+2}}{2p} - A_{2n+1} \right),$$

$$(22)\qquad 2T_{n+1} + \sum_{s=1}^{s=n} (-1)^s \binom{2n}{2s} (2p)^{2s} T_{n-s+1} = (-1)^n (A_{2n+1} - 2p A_{2n}),$$

formules qui se présentent sous une forme simple dans les cas suivants :

1° $p = 1$; nous trouvons ici

$$A_m = 2^m, \qquad A_m - 2 A_{m-1} = 0,$$

ce qui donnera

$$(23)\qquad \sum_{s=0}^{s=n-1} (-1)^s \binom{2n}{2s+1} 2^{2s} T_{n-s} = (-1)^{n-1} 2^{2n-1},$$

$$(24)\qquad 2T_{n+1} + \sum_{s=1}^{s=n} (-1)^s \binom{2n+1}{2s} 2^{2s} T_{n-s+1} = (-1)^n 2^{2n+1}$$

et

$$(25) \qquad 2n\,T_{n+1} + \sum_{s=1}^{s=n} (-1)^s \binom{2n+1}{2s+1} 2^{2s} T_{n-s+1} = 0,$$

$$(26) \qquad 2\,T_{n+1} + \sum_{s=1}^{s=n} (-1)^s \binom{2n}{2s} 2^{2s} T_{n-s+1} = 0.$$

2° $p = 3$; les formules (21) et (22) donnent, dans ce cas,

$$(27) \qquad 2n\,T_{n+1} + \sum_{s=1}^{s=n} (-1)^s \binom{2n+1}{2s+1} 6^{2s} T_{n-s+1} = \frac{(-1)^n 8}{3}(4^{2n} - 2^{2n}),$$

$$(28) \qquad 2\,T_{n+1} + \sum_{s=1}^{s=n} (-1)^s \binom{2n}{2s} 6^{2s} T_{n-s+1} = (-1)^n(4^{2n+1} - 2^{2n+2}).$$

Supposons maintenant que p soit un nombre *pair*, nous aurons

$$(29) \qquad \sum_{s=0}^{s=n-1} (-1)^s \binom{2n}{2s+1} (2p)^{2s+1} T_{n-s} = (-1)^{n-1} A_{2n},$$

$$(30) \qquad \sum_{s=0}^{s=n-1} (-1)^s \binom{2n+1}{2s+2} (2p)^{2s+2} T_{n-s} = (-1)^{n-1} A_{2n+1},$$

$$(31) \qquad 2n\,T_n + \sum_{s=1}^{s=n-1} (-1)^s \binom{2n-1}{2s+1} (2p)^{2s} T_{n-s} = (-1)^n \left(\frac{A_{2n-1}}{2p} - A_{2n} \right),$$

$$(32) \qquad \sum_{s=0}^{s=n-1} (-1)^s \binom{2n}{2s+2} T_{n-s} = (-1)^n(2p\,A_{2n} - A_{2n+1}).$$

formules qui se présentent sous une forme simple dans les cas suivants :

1° $p = 2$, ce qui donnera

$$A_m = 4^m - 2^{m+1}, \qquad A_m - 4\,A_{m-1} = 2^{m+1},$$

de sorte que nous aurons

$$(33) \qquad \sum_{s=0}^{s=n-1} (-1)^s \binom{2n}{2s+1} 4^{2s} T_{n-s} = (-1)^n (2^{2n-1} - 4^{2n-1}),$$

$$(34) \qquad \sum_{s=0}^{s=n-1} (-1)^s \binom{2n+1}{2s+2} 4^{2s} T_{n-s} = (-1)^n (2^{2n-1} - 4^{2n-1}),$$

$$(35) \qquad 2n T_n + \sum_{s=1}^{s=n-1} (-1)^s \binom{2n-1}{2s+1} 4^{2s} T_{n-s} = (-1)^{n-1} 2^{2n-1},$$

$$(36) \qquad \sum_{s=0}^{s=n-1} (-1)^s \binom{2n}{2s+2} 4^{2s} T_{n-s} = (-1)^{n-1} 2^{2n-2}.$$

Les suites régulières qui correspondent aux formules récursives (4) et (5) ont respectivement les éléments généraux

$$(37) \quad (-1)^p 2 E_{n+1}\left(x - \frac{1}{2}\right) + \frac{\sigma_{n+1}\left(x + \frac{1}{2}, p\right) + (-1)^n \sigma_{n+1}\left(\frac{1}{2} - x, p-1\right)}{(n+1)!},$$

$$(38) \qquad \frac{\sigma_n\left(x + \frac{1}{2}, p\right) + (-1)^n \sigma_n\left(\frac{1}{2} - x, p-1\right)}{n!},$$

tandis que les expressions correspondantes pour les formules (19), (29) et (20), (30) deviennent respectivement

$$(39) \qquad \frac{\sigma_n(x+1, p) + (-1)^n \sigma_n(-x, p)}{n!},$$

$$(40) \qquad \frac{\sigma_{n+1}(x+1, p) + (-1)^n \sigma_{n+1}(-x, p)}{(n+1)!}.$$

Troisième application. — Supposons, dans la formule générale (2),

$$x = -\frac{a}{2}, \qquad \text{où} \qquad a = 1, a = 2,$$

puis posons

$$(41) \qquad A_m = 6^m \sigma_{m-1}\left(1 - \frac{a}{3}, p\right) - 3(6p - 2a)^{m-1},$$

nous aurons, pour $m = 2n-1$, la formule récursive générale

$$(42) \qquad \sum_{s=0}^{s=n-1} (-1)^s \binom{2n-1}{2s} 3^{2n-2s}(6p-2a)^{2s} T_{n-s}$$
$$= (-1)^{n-1} A_{2n} - \frac{(-1)^{p+a}(3^{2n}-3)}{2} T_n,$$

dont la suite régulière correspondante a l'élément général

$$(43) \qquad (-1)^{p+a}\left[\frac{E_n(3x)}{3^n} - E_n(x)\right]$$
$$+ \frac{\sigma_n\left(x-\frac{a}{3}+1, p\right) + (-1)^n \sigma_n\left(1-x-\frac{a}{3}, p-1\right)}{n!}.$$

Posons maintenant, dans (42), $p = 1$, nous aurons

$$(44) \qquad \frac{3^{2n}+3}{2}T_n + \sum_{s=1}^{s=n-1}(-1)^s\binom{2n-1}{2s}3^{2n-2s}2^{2s}T_{n-s} = (-1)^{n-1}3\cdot 2^{2n-1},$$

$$(45) \qquad \frac{3^{2n+1}-3}{2}T_n + \sum_{s=1}^{s=n-1}(-1)^s\binom{2n-1}{2s}3^{2n-2s}4^{2s}T_{n-s} = (-1)^{n-1}3\cdot 4^{2n-1},$$

tandis que l'hypothèse $p = 2$ donnera de même

$$(46) \qquad \frac{3^{2n+1}-3}{2}T_n + \sum_{s=1}^{s=n-1}(-1)^s\binom{2n-1}{2s}3^{2n-2s}8^{2s}T_{n-s} = (-1)^n 3(2^{2n}-8^{2n-1}),$$

$$(47) \qquad \frac{3^{2n}+3}{2}T_n + \sum_{s=1}^{s=n-1}(-1)^s\binom{2n-1}{2s}3^{2n-2s}10^{2s}T_{n-s}$$
$$= (-1)^n 3(2^{4n-1}-10^{2n-1}).$$

Les remarques faites, à la fin du paragraphe précédent, relativement aux formules récursives pour les nombres de Bernoulli, sont valables aussi pour les formules que nous venons de développer. En effet, les formules récursives connues pour les coefficients des tangentes sont retrouvées bien des fois et généralement par des méthodes transcendantes, quoiqu'elles ne soient autre chose que des conséquences immédiates de la définition générale des fonctions d'Euler.

XXXIX. — Formules récursives pour les E_n.

Nos recherches sur les nombres d'Euler sont fondées sur la formule (2) du paragraphe XVII, due à Raabe, savoir

$$(1) \qquad 2\,E_m(x) = \frac{\left(x+\frac{1}{2}\right)^m}{m!} + \sum_{s=1}^{\leqq \frac{m}{2}} \frac{(-1)^s E_s}{(2s)!\,2^{2s}} \frac{\left(x+\frac{1}{2}\right)^{m-2s}}{(m-2s)!},$$

méthode qui nous donnera, d'un seul coup, toutes les formules récursives connues de ce genre, et beaucoup d'autres.

Première application. — Supposons, dans (1), $x = p$, où p désigne un positif entier, puis posons, pour abréger,

$$(2) \qquad A_m = (2p+1)^m - 2^{m+1}\,\sigma_m(p),$$

où le dernier terme qui figure au second membre est à supprimer pour $p = 0$, le procédé ordinaire nous conduira à ces quatre formules récursives :

$$(3) \qquad \sum_{s=0}^{s=n-1} (-1)^s \binom{2n}{2s}(2p+1)^{2s} E_{n-s} = (-1)^{n-1} A_{2n},$$

$$(4) \qquad \sum_{s=0}^{s=n-1} (-1)^s \binom{2n-1}{2s+1}(2p+1)^{2s+1} E_{n-s} = (-1)^p T_n + (-1)^n A_{2n-1},$$

$$(5) \qquad \sum_{s=0}^{s=n-1} (-1)^s \binom{2n-1}{2s}(2p+1)^{2s} E_{n-s}$$
$$= (-1)^p (2p+1) T_n - (-1)^n \left[A_{2n} - (2p+1) A_{2n-1} \right],$$

$$(6) \qquad \sum_{s=0}^{s=n-1} (-1)^s \binom{2n}{2s+1}(2p+1)^{2s+1} E_{n-s}$$
$$= (-1)^p T_{n+1} - (-1)^n \left[A_{2n+1} - (2p+1) A_{2n} \right],$$

formules qui se présentent sous une forme simple dans les cas suivants :

1° $p = 0$, ce qui donnera

$$(7) \qquad \sum_{s=0}^{s=n-1} (-1)^s \binom{2n}{2s} E_{n-s} = (-1)^{n-1},$$

$$(8) \qquad \sum_{s=1}^{s=n-1} (-1)^{s-1} \binom{2n-1}{2s-1} E_{n-s} = T_n + (-1)^n,$$

$$(9) \qquad \sum_{s=0}^{s=n-1} (-1)^s \binom{2n-1}{2s} E_{n-s} = T_n,$$

$$(10) \qquad \sum_{s=0}^{s=n-1} (-1)^s \binom{2n}{2s+1} E_{n-s} = T_{n+1}.$$

Les formules (7) et (9) sont dues respectivement à Euler ([1]) et à Scherk ([2]).

2° $p = 1$; nous aurons, dans ce cas,

$$A_m = 3^m - 2^{m+1}, \qquad A_m - 3 A_{m-1} = 2^m,$$

ce qui donnera

$$(11) \qquad \sum_{s=0}^{s=n-1} (-1)^s \binom{2n}{2s} 3^{2s} E_{n-s} = (-1)^n (2^{2n+1} - 3^{2n}),$$

$$(12) \qquad \sum_{s=1}^{s=n-1} (-1)^s \binom{2n-1}{2s-1} 3^{2s-1} E_{n-s} = -T_n + (-1)^n (3^{2n-1} - 2^{2n}),$$

$$(13) \qquad \sum_{s=0}^{s=n-1} (-1)^s \binom{2n-1}{2s} 3^{2s} E_{n-s} = -3 T_n - (-1)^n 2^{2n},$$

$$(14) \qquad \sum_{s=0}^{s=n-1} (-1)^s \binom{2n}{2s+1} 3^{2s+1} E_{n-s} = -T_{n+1} - (-1)^n 2^{2n+1}.$$

([1]) *Opuscula analytica*, t. II, p. 269-270. Petrograd, 1785.
([2]) *Mathematische Abhandlungen*, p. 5. Berlin, 1825.

3° $p = 2$; les formules (5) et (6) donnent respectivement

$$(15) \quad \sum_{s=0}^{s=n-1} (-1)^s \binom{2n-1}{2s} 5^{2s} E_{n-s} = 5 T_n + (-1)^n (3 - 2^{2n-1}) 2^{2n},$$

$$(16) \quad \sum_{s=0}^{s=n-1} (-1)^s \binom{2n}{2s+1} 5^{2s+1} E_{n-s} = T_{n+1} - (-1)^n (2^{2n} - 3) 2^{2n+1}.$$

Deuxième application. — Introduisons, dans la formule (1), $x = p - \frac{1}{2}$, où p désigne un positif entier, puis posons, pour abréger,

$$(17) \quad A_m = (2p)^m - 2 \tau_m(p),$$

nous aurons, pour p *impair*,

$$(18) \quad 2 E_n + \sum_{s=1}^{s=n-1} (-1)^s \binom{2n}{2s} (2p)^{2s} E_{n-s} = (-1)^{n-1} A_{2n},$$

$$(19) \quad \sum_{s=0}^{s=n-1} (-1)^s \binom{2n+1}{2s+1} (2p)^{2s+1} E_{n-s} = (-1)^{n-1} A_{2n+1},$$

$$(20) \quad (2n-1) E_n + \sum_{s=1}^{s=n-1} (-1)^s \binom{2n}{2s+1} (2p)^{2s} E_{n-s}$$
$$= (-1)^n \left(A_{2n} - \frac{A_{2n+1}}{2p} \right),$$

$$(21) \quad 2 E_n + \sum_{s=1}^{s=n-1} (-1)^s \binom{2n-1}{2s} (2p)^{2s} E_{n-s} = (-1)^n (2p A_{2n-1} - A_{2n}),$$

ce qui donnera, pour $p = 1$,

$$(22) \quad 2 E_n + \sum_{s=1}^{s=n-1} (-1)^s \binom{2n}{2s} 2^{2s} E_{n-s} = (-1)^n (2 - 2^{2n}),$$

$$(23) \quad \sum_{s=0}^{s=n-1} (-1)^s \binom{2n+1}{2s+1} 2^{2s} E_{n-s} = (-1)^n (1 - 2^{2n}),$$

$$(24) \quad (2n-1) E_n + \sum_{s=1}^{s=n-1} (-1)^s \binom{2n}{2s+1} 2^{2s} E_{n-s} = (-1)^{n-1},$$

$$(25) \quad 2 E_n + \sum_{s=1}^{s=n-1} (-1)^s \binom{2n-1}{2s} 2^{2s} E_{n-s} = (-1)^{n-1} 2.$$

Soit ensuite p un nombre *pair*, nous aurons de même

$$(26) \qquad \sum_{s=1}^{s=n-1} (-1)^{s-1} \binom{2n}{2s} (2p)^{2s} E_{n-s} = (-1)^n A_{2n},$$

$$(27) \qquad \sum_{s=0}^{s=n-1} (-1)^s \binom{2n+1}{2s+1} (2p)^{2s+1} E_{n-s} = (-1)^{n-1} A_{2n+1},$$

$$(28) \qquad (2n+1) E_n + \sum_{s=1}^{s=n-1} (-1)^s \binom{2n}{2s+1} (2p)^{2s} E_{n-s}$$
$$= (-1)^n \left(A_{2n} - \frac{A_{2n+1}}{2p} \right),$$

$$(29) \qquad \sum_{s=0}^{s=n-1} (-1)^s \binom{2n+1}{2s+2} (2p)^{2s+2} E_{n-s} = (-1)^n (A_{2n+2} - 2p A_{2n+1});$$

posons $p = 2$, les deux dernières de ces formules donnent respectivement

$$(30) \quad (2n+1) E_n + \sum_{s=1}^{s=n-1} (-1)^s \binom{2n}{2s+1} 4^{2s} E_{n-s} = \frac{(-1)^n}{2}(3 - 3^{2n}),$$

$$(31) \qquad \sum_{s=0}^{s=n-1} (-1)^s \binom{2n+1}{2s+2} 4^{2s} E_{n-s} = \frac{(-1)^n}{8}(3 - 3^{2n+1}).$$

Troisième application. — Posons ensuite, dans (1),

$$x = p - \frac{a}{3}, \qquad \text{où} \qquad a = 1, \ a = 2,$$

puis posons, pour abréger,

$$(32) \qquad A_m = 2.6^{m-1} \sigma_{m-1}\left(1 - \frac{a}{3}, p \right) - (6p + 3 - 2a)^{m-1},$$

il résulte, pour $m = 2n - 1$,

$$(33) \qquad \sum_{s=1}^{s=n-1} (-1)^{s-1} \binom{2n-1}{2s-1} 3^{2n-2s}(6p + 3 - 2a)^{2s+1} E_{n-s}$$
$$= (-1)^{n-1} A_{2n} - \frac{(-1)^{p+a}(3^{2n} - 3)}{6} T_n,$$

d'où, en supposant $p = 0$, $a = 1$,

$$(34) \qquad \sum_{s=1}^{s=n-1} (-1)^{s-1} \binom{2n-1}{2s-1} 3^{2n-2s} E_{n-s} = \frac{3^{2n}-3}{6} T_n + (-1)^n,$$

tandis que les hypothèses $p = 1$, $a = 2$ donnent

$$(35) \qquad \sum_{s=1}^{s=n-1} (-1)^{s-1} \binom{2n-1}{2s-1} 3^{2n-2s} 5^{2s-1} E_{n-s}$$
$$= \frac{3^{2n}-3}{6} T_n + (-1)^n (5^{2n-1} - 2^{2n}).$$

Posons encore $p = 1$, $a = 1$, il résulte de même

$$(36) \qquad \sum_{s=1}^{s=n-1} (-1)^{s-1} \binom{2n-1}{2s-1} 3^{2n-2s} 7^{2s-1} E_{n-s}$$
$$= \frac{3 - 3^{2n}}{6} T_n + (-1)^n (7^{2n-1} - 2^{5n-1}).$$

Les remarques faites relativement aux formules récursives pour les B_n et T_n sont applicables aussi pour les formules contenant les E_n.

XL. — D'autres formules récursives.

La formule (1) du paragraphe XVII, due à Raabe, savoir

$$(1) \qquad B_m(x) = \frac{\left(x + \frac{1}{2}\right)^m}{m!} + \sum_{s=1}^{\leqq \frac{m}{2}} \frac{(-1)^s (2^{2s} - 2) B_s}{(2s)!\, 2^{2s}} \frac{\left(x + \frac{1}{2}\right)^{m-2s}}{(m - 2s)!},$$

donnera immédiatement une suite de formules récursives pour le calcul des nombres

$$(2) \qquad (2^{2n} - 2) B_n,$$

souvent désignés comme les coefficients des cosécantes, formules desquelles nous avons à indiquer les plus simples.

1° Posons $x = 0$, $m = 2n + 1$, $m = 2n$, nous aurons respectivement

$$(3) \qquad \sum_{s=0}^{s=n-1} (-1)^s \binom{2n+1}{2s+1} (2^{2n-2s}-2) B_{n-s} = (-1)^{n-1},$$

$$(4) \qquad 2(2^{2n}-1)B_n + \sum_{s=1}^{s=n-1} (-1)^s \binom{2n}{2s} (2^{2n-2s}-2) B_{n-s} = (-1)^{n-1};$$

la formule (3) est due à Euler [1]. Posons, dans (3), $n-1$ au lieu de n, puis additionnons à (4) le résultat ainsi obtenu, il résulte la formule récursive homogène

$$(5) \qquad 2(2^{2n}-1)B_n + \sum_{s=1}^{s=n-1} (-1)^s \binom{2n-1}{2s} (2^{2n-2s}-2) B_{n-s} = 0.$$

2° Soit $x = 1$, l'identité

$$B_m(1) = B_m(0) + \frac{1}{(m-1)!}$$

donnera, par le même procédé, ces trois autres formules

$$(6) \qquad \sum_{s=0}^{s=n-1} (-1)^s \binom{2n+1}{2s+1} 3^{2s+1}(2^{2n-2s}-2) B_{n-s}$$
$$= (-1)^n [(2n+1) 2^{2n+1} - 3^{2n+1}],$$

$$(7) \qquad 2(2^{2n}-1)B_n + \sum_{s=1}^{s=n-1} (-1)^s \binom{2n}{2s} 3^{2s}(2^{2n-2s}-2) B_{n-s}$$
$$= (-1)^n [(2^{2n+1} n - 3^{2n}),$$

$$(8) \qquad 2(2^{2n}-1)B_n + \sum_{s=1}^{s=n-1} (-1)^s \binom{2n-1}{2s} 3^{2s}(2^{2n-2s}-2) B_{n-s}$$
$$= (-1)^{n-1}(2n-3) 2^{2n-1}.$$

---

[1] *Opuscula analytica*, t. II, p. 264-265. Petrograd, 1785.

3^e Supposons $x = \frac{1}{2}$, nous aurons de même

$$(9) \quad \sum_{s=1}^{s=n-1} (-1)^{s-1} \binom{2n}{2s} (2^{2n-2s} - 2) 2^{2s} B_{n-s} = (-1)^n (2^{2n} - 4n),$$

$$(10) \quad \sum_{s=0}^{s=n-1} (-1)^{s} \binom{2n+1}{2s+1} (2^{2n-2s} - 2) 2^{2s} B_{n-s} = (-1)^n (2n+1 - 2^{2n}),$$

$$(11) \quad (2n+1)(2^{2n} - 2) B_n + \sum_{s=1}^{s=n-1} (-1)^{s} \binom{2n}{2s+1} (2^{2n-2s} - 2) 2^{2s} B_{n-s}$$
$$= (-1)^{n-1}(2n-1),$$

$$(12) \quad \sum_{s=1}^{s=n-1} (-1)^{s-1} \binom{2n-1}{2s} (2^{2n-2s} - 2) 2^{2s} B_{n-s} = (-1)^n (4n - 4).$$

4° Les hypothèses $x = -\frac{1}{3}$, $m = 2n$ donnent

$$(13) \quad (3^{2n} - 3) 2^{2n-1} B_n - \sum_{s=0}^{s=n-1} (-1)^{s} \binom{2n}{2s} (2^{2n-2s} - 2) 3^{2n-2s} B_{n-s} = (-1)^n.$$

5° Soit $x = -\frac{1}{4}$, il résulte, respectivement, pour $m = 2n$, $m = 2n+1$,

$$(14) \quad (2^{2n} - 1)(2^{2n} - 2) B_n$$
$$+ \sum_{s=1}^{s=n-1} (-1)^{s} \binom{2n}{2s} (2^{2n-2s} - 2) 2^{2n-2s} B_{n-s} = (-1)^{n-1},$$

$$(15) \quad (2n+1) E_n = (-1)^n + \sum_{s=0}^{s=n-1} (-1)^{s} \binom{2n+1}{2s+1} (2^{2n-2s} - 2) 2^{2n-2s} B_{n-s}.$$

6° En dernier lieu, posons $x = -\frac{1}{6}$, $m = 2n$, nous aurons

$$(16) \quad \frac{(3^{2n} - 3)(2^{2n} - 2) B_n}{2^{2n+1}}$$
$$+ \sum_{s=0}^{s=n-1} (-1)^{s} \binom{2n}{2s} \left(\frac{3}{2}\right)^{2n-2s} (2^{2n-2s} - 2) B_{n-s} = (-1)^{n-1}.$$

Remarquons en passant que l'on peut déduire plusieurs des formules précédentes et quelques autres du même genre à l'aide des formules (6) et (7) du paragraphe XIX, savoir

$$\frac{x^n}{n!} = \sum_{s=0}^{s=n} \frac{(-1)^s B_{n-s}(x)}{(s+1)!},$$

$$\frac{x^n}{n!} = E_n(x) - \sum_{s=1}^{s=n} \frac{(-1)^s E_{n-s}(x)}{s!}.$$

À cet effet, posons — x — 1 au lieu de n, nous aurons sans peine

$$(17) \qquad \frac{(x+1)^n + x^n}{n!\,2} = \sum_{s=0}^{s=\frac{n}{2}} \frac{B_{n-2s}(x)}{(2s+1)!},$$

$$(18) \qquad \frac{(x+1)^{n+1} - x^{n+1}}{(n+1)!\,2} = \sum_{s=0}^{s=\frac{n}{2}} \frac{B_{n-2s}(x)}{(2s+2)!},$$

$$(19) \qquad \frac{(x+1)^n + x^n}{n!\,2} = E_n(x) - \sum_{s=1}^{s=\frac{n}{2}} \frac{E_{n-2s}(x)}{(2s)!},$$

$$(20) \qquad \frac{(x+1)^{n+1} - x^{n+1}}{(n+1)!\,2} = \sum_{s=0}^{s=\frac{n}{2}} \frac{E_{n-2s}(x)}{(2s+1)!},$$

ce qui nous conduira aux formules susdites, si nous introduisons
des valeurs particulières de x. Cependant, nous ne nous arrêtons
pas ici à ces formules.

XLI. — Sur une formule eulérienne.

Revenons maintenant à la formule (25) du paragraphe XXXVII,
due à Euler, savoir

$$(1) \qquad \sum_{s=0}^{s=n-1} (-1)^s \binom{2n+1}{2s+1} 2^{2n-2s} B_{n-s} = (-1)^{n-1}\, 2n,$$

formule que Kummer (¹) a appliquée dans ses recherches sur le
dernier théorème de Fermat, tandis que Grunert (²) l'a démontrée
par la conclusion de n à $n+1$, en prenant pour point de départ la

---

(¹) *Journal de Crelle*, t. 40, 1850, p. 121-122.
(²) *Mathematische Abhandlungen*, p. 57-60. Altona, 1822.

formule (3) du paragraphe XXXVII, savoir la formule de Jacques Bernoulli.

Il est très curieux, ce me semble, que l'illustre Göpel (¹) attribue à Grunert la formule *eulérienne* susdite.

M. Mandl (²) fait une comparaison intéressante entre la formule (1) et la formule (10) du paragraphe XXXVII.

En effet, écrivons les formules en question sous la forme

$$(2)\qquad \sum_{s=0}^{s=n-1} \frac{(-1)^s B_{n-s}}{(2s+2)!\,(2n-2s)!} + \frac{(-1)^n n}{(2n+2)!} = 0,$$

$$(3)\qquad \sum_{s=0}^{s=n-1} \frac{(-1)^s 2^{2n-2s} B_{n-s}}{(2s+1)!\,(2n-2s)!} + \frac{(-1)^n 2n}{(2n+1)!} = 0,$$

puis étudions les deux équations algébriques

$$(4)\qquad \frac{x^m}{2!} - \frac{x^{m-1}}{4!} + \frac{x^{m-2}}{6!} - \ldots + \frac{(-1)^{m-1} x}{(2m)!} + \frac{(-1)^m}{(2m+2)!} = 0,$$

$$(5)\qquad \frac{x^m}{1!} - \frac{x^{m-1}}{3!} + \frac{x^{m-2}}{5!} - \ldots + \frac{(-1)^{m-1} x}{(2m-1)!} + \frac{(-1)^m}{(2m+1)!} = 0.$$

Soient s_r et s'_r les sommes des $r^{\text{ièmes}}$ puissances des racines de ces deux équations, il résulte, en vertu des formules de Newton,

$$(6)\qquad \frac{s_n}{2!} - \frac{s_{n-1}}{4!} + \frac{s_{n-2}}{6!} - \ldots + \frac{(-1)^{n-1} s_1}{(2n)!} + \frac{(-1)^n n}{(2n+2)!} = 0,$$

$$(7)\qquad \frac{s'_n}{1!} - \frac{s'_{n-1}}{3!} + \frac{s'_{n-2}}{5!} - \ldots + \frac{(-1)^{n-1} s'_1}{(2n-1)!} + \frac{(-1)^n n}{(2n+1)!} = 0,$$

où il faut supposer $n \leqq m$.

Cela posé, il résulte, en vertu de (2) et (3),

$$(8)\qquad s_n = \frac{B_n}{(2n)!},$$

$$(9)\qquad s'_n = \frac{2^{2n-1} B_n}{(2n)!},$$

de sorte que nous aurons toujours, pour $n \leqq m$, la formule curieuse

$$(10)\qquad s'_n = 2^{2n-1} s_n,$$

dont la démonstration directe me semble un peu difficile.

(¹) *Archiv de Grunert*, t. 3, 1843, p. 66.

(²) *Wiener Sitzungsberichte*, t. 94, I, 1887, p. 947-955.

XLII. — Sur le calcul des nombres B_n, T_n, E_n.

Quant au calcul des nombres de Bernoulli, nous avons déjà remarqué que Jacques Bernoulli (¹) a déterminé, à l'aide de la formule (3) du paragraphe XXXVII, les cinq premiers de ces nombres.

Euler (²), par un procédé analogue, a donné les résultats plus généraux :

$$B_1 = \frac{1}{6},$$

$$B_2 = \frac{1}{30},$$

$$B_3 = \frac{1}{42},$$

$$B_4 = \frac{1}{30},$$

$$B_5 = \frac{5}{66},$$

$$B_6 = \frac{691}{2730},$$

$$B_7 = \frac{7}{6},$$

$$B_8 = \frac{3617}{510},$$

$$B_9 = \frac{43867}{798},$$

$$B_{10} = \frac{174611}{330},$$

$$B_{11} = \frac{854513}{138},$$

$$B_{12} = \frac{236364091}{2730},$$

$$B_{13} = \frac{8553103}{6},$$

$$B_{14} = \frac{23749461029}{870},$$

$$B_{15} = \frac{8615841276005}{14322}.$$

Adams (³) indique qu'Euler, dans les *Acta Petropolitana*, 1781, aurait en outre calculé les deux nombres suivants B_{16} et B_{17}, ce qui

---

(¹) *Ars conjectandi*, p. 95-97. Bâle, 1713.
(²) *Institutiones calculi differentialis*, p. 420-521. Petrograd, 1755.
(³) *The Scientific Papers* of John Couch Adams, t. I, p. 454. Cambridge, 1896.

semble être faux. En effet, la publication susdite ne contient qu'un seul Mémoire dans lequel les nombres de Bernoulli jouent un rôle, savoir un Mémoire d'Euler [1] concernant la valeur du nombre C, devenu célèbre sous le nom de la constante d'Euler.

Dans les deux premières pages de ce Mémoire, Euler indique précisément les quinze premiers nombres de Bernoulli, calculés par lui, et, dans sa calculation de la valeur de C, il applique seulement les six ou sept premiers de ces nombres.

Rothe [2] a d'abord calculé les trois nombres B_{16}, B_{17}, B_{18}, puis [3] les vingt-cinq premiers des B_n et enfin trente et un [4] de ces nombres.

En appliquant la formule (9) du paragraphe XXXVII, Adams [5] a poussé le calcul des nombres de Bernoulli jusqu'à B_{62}.

Enfin, M. Serebrennikoff [6] est allé beaucoup plus loin encore, en calculant les B_n jusqu'à B_{90}; cependant je ne connais ni sa méthode ni ses résultats nouveaux.

Quant aux coefficients des tangentes, Saalschütz [7] indique, sans commentaire, les résultats suivants :

$$T_1 = 1,$$
$$T_2 = 2,$$
$$T_3 = 16,$$
$$T_4 = 272,$$
$$T_5 = 7936,$$
$$T_6 = 353792,$$
$$T_7 = 22368256,$$
$$T_8 = 1903757312,$$
$$T_9 = 209865342976,$$
$$T_{10} = 29088885112832,$$
$$T_{11} = 4951498053124096,$$
$$T_{12} = 1015423886506852352,$$
$$T_{13} = 246921480190207983616,$$
$$T_{14} = 70251601603943959887872,$$
$$T_{15} = 23119184187809597841473536.$$

[1] *Acta Academiæ Petropolitanæ*, t. 5, Pars II, 1781, p. 45-75.

[2] HINDENBURG, *Sammlung combinatorisch-analytischer Abhandlungen*, t. II, p. 336-337. Leipzig, 1800.

[3] *Allgemeine Litteraturzeitung zu Halle*, n° 63, mars 1817.

[4] *Journal de Crelle*, t. 20, 1840, p. 11-12. (Note publiée par Martin Ohm.)

[5] *Ibid.*, t. 85, 1878, p. 269-272. (Les calculs sont publiés dans *The Scientific Papers* of John Couch Adams, t. I, p. 425-451. Cambridge, 1896.)

[6] *Mémoires de l'Académie de Saint-Pétersbourg*, 8e série, t. 16, 1905.

[7] *Vorlesungen über die Bernoullischen Zahlen*, p. 23. Berlin, 1893.

Euler (¹) a calculé les neuf premiers des nombres E_n, cependant sa valeur de E_9 est fausse, comme l'ont remarqué Scherk (²) et Rothe (³); Scherk a poussé le calcul plus loin et indiqué les résultats :

$$E_1 = 1,$$
$$E_2 = 5,$$
$$E_3 = 61,$$
$$E_4 = 1385,$$
$$E_5 = 50521,$$
$$E_6 = 2702765,$$
$$E_7 = 199360981,$$
$$E_8 = 19391512145,$$
$$E_9 = 2404879675441,$$
$$E_{10} = 370371188237525,$$
$$E_{11} = 69348874393137901,$$
$$E_{12} = 15514534163557086905,$$
$$E_{13} = 4087072509293123892361,$$
$$E_{14} = 1252259641403629865468285.$$

(¹) *Institutiones calculi differentialis*, p. 542 (Petrograd, 1755); *Opuscula analytica*, p. 270 (Petrograd, 1785).

(²) *Mathematische Abhandlungen*, p. 7. Berlin, 1825.

(³) *Journal de Crelle*, t. 20, 1840, p. 11-12.

CHAPITRE IX.

FORMULES INCOMPLÈTES DE PREMIÈRE ESPÈCE.

XLIII. — Développement d'un polynome entier.

Les formules récursives que nous venons de développer pour le calcul successif des B_n, T_n, E_n sont complètes, abstraction faite d'une seule, savoir la formule (31) du paragraphe XXVIII, parce qu'elles contiennent tous les nombres du même genre aux indices inférieurs.

Déjà, en 1827, Andreas von Ettingshausen a découvert une formule récursive incomplète qui ne contient que les nombres

$$B_n, \quad B_{n-1}, \quad B_{n-2}, \quad \ldots, \quad B_p,$$

où $p = \frac{n}{2}$, $p = \frac{n+1}{2}$, selon que n est supposé pair ou impair. C'est pourquoi nous désignons comme formules récursives incomplètes de première espèce des formules récursives qui ne contiennent pas les premiers des nombres de Bernoulli, des coefficients des tangentes et des nombres d'Euler.

Quoique les deux formules générales (9) et (10) du paragraphe XXVII soient, pour $q = 0$, respectivement $q < n$, des formules incomplètes de première espèce, il nous semble plus avantageux d'étudier le polynome entier

$$(1) \qquad f(x) = (x + z)^n (x + 1 - z)^p,$$

où x et α sont des variables complexes quelconques, tandis que n et p sont des entiers non négatifs. En effet, nous trouvons de cette manière, d'un seul coup, des généralisations très étendues des formules connues de ce genre, et beaucoup d'autres.

Appliquons l'identité évidente

$$f(x) = (x + z)^n [(x + z) + (1 - 2z)]^p,$$

il résulte, en vertu de la formule binomiale,

$$f(x) = \sum_{s=0}^{s=p} \binom{p}{s} (1 - 2\alpha)^s (x + \alpha)^{n+p-s},$$

et cette autre identité

$$f(x - 1) = (x - \alpha)^p [(x - \alpha) - (1 - 2\alpha)]^n$$

donnera de même

$$f(x - 1) = \sum_{s=0}^{s=n} (-1)^s \binom{n}{s} (1 - 2\alpha)^s (x - \alpha)^{n+p-s}.$$

Cela posé, les expressions ainsi obtenues pour $f(x) \pm f(x - 1)$ donnent immédiatement ces deux développements

$$(2)\quad f(x) = \mathrm{K}_{n,p}(\alpha) + \sum_{s=0}^{s=p} \binom{p}{s} (n + p - s)!\, (1 - 2\alpha)^s \mathrm{B}_{n+p-s+1}(x + \alpha)$$

$$- \sum_{s=0}^{s=n} (-1)^s \binom{n}{s} (n + p - s)!\, (1 - 2\alpha)^s \mathrm{B}_{n+p-s+1}(x - \alpha),$$

$$(3)\quad f(x) = \sum_{s=0}^{s=p} \binom{p}{s} (n + p - s)!\, (1 - 2\alpha)^s \mathrm{E}_{n+p-s}(x + \alpha)$$

$$+ \sum_{s=0}^{s=n} (-1)^s \binom{n}{s} (n + p - s)!\, (1 - 2\alpha)^s \mathrm{E}_{n+p-s}(x - \alpha),$$

où le terme $\mathrm{K}_{n,p}(\alpha)$ qui figure au second membre de (2) est indépendant de la variable x.

Quant à la détermination de la valeur de $\mathrm{K}_{n,p}(\alpha)$, cherchons les dérivées des deux membres de (2), il résulte

$$(4)\quad f'(x) = \sum_{s=0}^{s=p} \binom{p}{s} (n + p - s)!\, (1 - 2\alpha)^s \mathrm{B}_{n+p-s}(x + \alpha)$$

$$- \sum_{s=0}^{s=n} (-1)^s \binom{n}{s} (n + p - s)!\, (1 - 2\alpha)^s \mathrm{B}_{n+p-s}(x + \alpha),$$

tandis que nous aurons, en vertu de (1),

$$(5)\quad f'(x) = n(x + \alpha)^{n-1}(x + 1 - \alpha)^p + p(x + \alpha)^n (x + 1 - \alpha)^{p-1}.$$

Développons ensuite, en vertu de (1), les deux fonctions qui figurent au second membre de (5), nous trouvons précisément tous les termes qui figurent au second membre de (4), ce qui donnera évidemment

$$n\,\mathrm{K}_{n-1,p}(x) + p\,\mathrm{K}_{n,p-1}(x) = 0,$$

ou, ce qui est la même chose,

$$\mathrm{K}_{n,p}(x) = -\,\frac{p}{n+1}\,\mathrm{K}_{n+1,p-1}(x);$$

c'est-à-dire que nous aurons généralement

$$(6) \qquad \mathrm{K}_{n,p}(x) = \frac{(-1)^p\, n!\, p!}{[(n+p)!]}\, \mathrm{K}_{n+p,0}(x).$$

Appliquons maintenant l'identité évidente

$$\frac{(x+z)^m}{m!} - \frac{(x+z-1)^m}{m!} = \frac{(x+z)^m}{m!} - \sum_{s=0}^{s=m} \frac{(-1)^s(1-2z)^s(x-z)^{m-s}}{s!\,(m-s)!},$$

nous aurons l'identité

$$(7) \qquad \frac{(x+z)^m}{m!} = \mathrm{B}_{m+1}(x+z) - \sum_{s=0}^{s=m+1} \frac{(-1)^s(1-2z)^s}{s!}\,\mathrm{B}_{m-s+1}(x-z),$$

car les deux membres de cette formule sont des éléments de deux suites harmoniques.

Multiplions ensuite par $m!$ les deux membres de (7), il est évident que la formule ainsi obtenue peut être déduite de (2) en y posant $p=0$, $n=m$, de sorte que nous aurons

$$\mathrm{K}_{m,0}(x) = \frac{(-1)^m(1-2z)^{m+1}}{m+1},$$

ce qui donnera, en vertu de (6), l'expression générale

$$(8) \qquad \mathrm{K}_{n,p}(x) = \frac{(-1)^n\, n!\, p!}{(n+p+1)!}(1-2z)^{n+p+1}.$$

Soit ensuite $q < n + p$ un positif entier, on aura, en vertu de (3),

$$(9) \qquad D_x^q\left[(x+\alpha)^n(x+1-\alpha)^p\right]$$

$$= \sum_{s=0}^{s=p}\binom{p}{s}(n+p-s)!\,(1-2\alpha)^s\,E_{n+p-q-s}(x+\alpha)$$

$$+ \sum_{s=0}^{s=n}(-1)^s\binom{n}{s}(n+p-s)!\,(1-2\alpha)^s\,E_{n+p-q-s}(x-\alpha),$$

où il faut supprimer les termes contenant les fonctions d'Euler à indice négatif. Il est évident du reste que la formule (3) est un cas particulier de (9), correspondant à l'hypothèse $q = 0$.

La formule (2) donnera de même

$$(10) \qquad D_x^{q+1}\left[(x-\alpha)^n(x+1-\alpha)^p\right]$$

$$= \sum_{s=0}^{s=p}\binom{p}{s}(n+p-s)!\,(1-2\alpha)^s\,B_{n+p-q-s}(x+\alpha)$$

$$- \sum_{s=0}^{s=n}(-1)^s\binom{n}{s}(n+p-s)!\,(1-2\alpha)^s\,B_{n+p-q-s}(x-\alpha),$$

où il faut supprimer les termes qui correspondent à des fonctions de Bernoulli à indice négatif.

Dans ce cas il est évident que la formule (2) n'est pas un cas particulier de (10); c'est-à-dire qu'il faut étudier séparément la formule (2) et l'ensemble des formules (10).

XLIV. — Généralisations des formules de von Ettingshausen.

Supposons dans la formule générale (10) du paragraphe précédent, $\alpha = 0$, remplaçons q par $q - 1$, où

$$1 \leqq q \leqq n-1,$$

puis posons pour abréger

$$(1) \qquad\qquad n+p = r+q,$$

l'hypothèse $x = 0$ donnera

$$(2)\qquad \sum_{s=0}^{s=p-1}\binom{p}{s+1}(r+q-s)!\,B_{r-s}(0) + \sum_{s=0}^{s=n-1}(-1)^s\binom{n}{s+1}(r+q-s)!\,B_{r-s}(0) = 0.$$

Soit maintenant r un nombre pair, savoir $r = 2m$, nous aurons, en divisant par $(q-1)!$ les deux membres de (2),

$$(3)\qquad \sum_{s=0}^{\leq\frac{p-1}{2}}(-1)^s\binom{p}{2s+1}\binom{2m+q-2s-1}{q-1}B_{m-s} + \sum_{s=0}^{\leq\frac{n-1}{2}}(-1)^s\binom{n}{2s+1}\binom{2m+q-2s-1}{q-1}B_{m-s} = 0.$$

On voit que l'hypothèse $q = 1$, d'où, en vertu de (1),

$$n + p = 2m + 1,$$

donnera la formule la plus élégante de ce genre, savoir

$$(4)\qquad \sum_{s=0}^{\leq\frac{p-1}{2}}(-1)^s\binom{p}{2s+1}B_{m-s} + \sum_{s=0}^{\leq\frac{n-1}{2}}(-1)^s\binom{n}{2s+1}B_{m-s} = 0,$$

formule que Stern [1] a trouvée par la méthode transcendante ordinaire.

Quant à la formule (4), elle se présente sous la forme la plus élégante, si nous posons $p = n + 1$, ce qui donnera $m = n$; la formule ainsi obtenue

$$(5)\qquad \sum_{s=0}^{\leq\frac{n}{2}}(-1)^s\binom{n+1}{2s+1}B_{n-s} + \sum_{s=0}^{\leq\frac{n-1}{2}}(-1)^s\binom{n}{2s+1}B_{n-s} = 0 \qquad (n \geqq 2)$$

est trouvée par von Ettingshausen [2], à l'aide du calcul aux diffé-

---

[1] *Beiträge zur Theorie der Bernoullischen und Eulerschen Zahlen*, p. 7-16; *Mémoires de la Société de Goettingue*, 1878.

[2] *Vorlesungen über die höhere Mathematik*, t. I, p. 284-285. Vienne, 1827.

rences finies, et représente la première formule incomplète connue, que je sache. Par une faute d'impression, von Ettingshausen a supprimé le signe alterné dans sa formule, de sorte qu'il indique qu'une somme de nombres positifs est égale à zéro.

Cette belle découverte de von Ettingshausen semble être parfaitement oubliée, de sorte que l'on prête à von Seidel et à Stern l'honneur d'avoir découvert la première formule incomplète de ce genre, un demi-siècle après la publication du livre de von Ettingshausen. Göpel (¹), dans sa petite note relative à une publication de Schlömilch, mentionne le livre de von Ettingshausen, sans citation de la formule remarquable dont il s'agit.

Supposons, dans (5), $n = 2k$, respectivement $n = 2k+1$, la formule de von Ettingshausen contient les ensembles de nombres de Bernoulli

$$B_{2k}, \quad B_{2k-2}, \quad \dots, \quad B_4,$$
$$B_{2k+1}, \quad B_{2k}, \quad \dots, \quad B_{k+1}.$$

Soit ensuite, dans (3), $q = 2$, ce qui donnera, en vertu de (1),

$$n + p = 2m + 2,$$

il résulte

$$(6) \qquad \sum_{s=0}^{\leq \frac{p-1}{2}} (-1)^s \binom{p}{2s+1}(2m - 2s + 1)B_{m-s}$$
$$+ \sum_{s=0}^{\leq \frac{n-1}{2}} (-1)^s \binom{n}{2s+1}(2m - 2s + 1)B_{m-s} = 0;$$

remplaçons, dans cette formule, n et p par $n+1$, ce qui donnera $m = n$, nous aurons la formule la plus simple de ce genre

$$(7) \qquad \sum_{s=0}^{\leq \frac{n}{2}} (-1)^s \binom{n+1}{2s+1}(2n - 2s + 1)B_{n-s} = 0 \qquad (n \geq 2),$$

formule que von Seidel (²) a trouvée à l'aide du calcul aux différences finies.

(¹) *Archiv de Grunert*, t. 3, 1843, p. 65.
(²) *Sitzungsberichte der Münchener Akademie*, 1877, p. 164-165.

On voit que la formule (7) contient précisément les mêmes nombres de Bernoulli que celle de von Ettingshausen.

Revenons maintenant à la formule générale (2), puis supposons impair le nombre r, savoir $r = 2m + 1$, il résulte

$$(8)\qquad \sum_{s=0}^{\leq \frac{p-2}{2}} (-1)^s \binom{p}{2s+2}\binom{2m+q-2s-1}{q-1} B_{m-s}$$

$$= \sum_{s=0}^{\geq \frac{n-2}{2}} (-1)^s \binom{n}{2s+2}\binom{m+q-2s-1}{q-1} B_{m-s}.$$

Soit particulièrement $q = 1$, ce qui donnera, en vertu de (1),

$$n + p = 2m + 2,$$

nous aurons la formule de Stern [1]

$$(9)\qquad \sum_{s=0}^{\leq \frac{p-1}{2}} (-1)^s \binom{p}{2s+2} B_{m-s} = \sum_{s=0}^{\leq \frac{n-1}{2}} (-1)^s \binom{n}{2s+2} B_{m-s},$$

on voit que la formule la plus simple de ce genre correspond à $p = n + 2$, ce qui donnera $m = n$.

Posons encore, dans (8), $q = 2$, ce qui donnera, en vertu de (1),

$$n + p = 2m + 3,$$

nous aurons la formule

$$(10)\qquad \sum_{s=0}^{\leq \frac{p-2}{2}} (-1)^s \binom{p}{2s+2}(2m-2s-1) B_{m-s}$$

$$= \sum_{s=0}^{\leq \frac{n-2}{2}} (-1)^s \binom{n}{2s+2}(2m-2s-1) B_{m-s},$$

dont le cas le plus simple correspond à $p = n + 1$, savoir $m = n - 1$, ce qui conduira de nouveau à la formule (7) de von Seidel.

Quant à la formule générale (9) du paragraphe précédent, nous

---

[1] *Beiträge*, p. 7-16; *Mémoires de la Société de Goettingue*, 1878.

posons $\alpha = 0$; supposons ensuite

$$0 \leqq q \leqq n - 1,$$

l'hypothèse $x = 0$ donnera, en vertu de la définition (1) du nombre r,

$$
(11) \qquad \sum_{s=0}^{s=p} \binom{p}{s} (r + q - s)! \, \mathrm{E}_{r-s}(0)
$$
$$
+ \sum_{s=0}^{s=n} (-1)^s \binom{n}{s} (r + q - s)! \, \mathrm{E}_{r-s}(0) = 0,
$$

Soit maintenant r un nombre impair, savoir $r = 2m + 1$, nous aurons, en divisant par $q!$ les deux nombres de (11),

$$
(12) \qquad \sum_{s=0}^{\ \leqq \frac{p}{2}} (-1)^s \binom{p}{2s} \binom{2m + q - 2s + 1}{q} 2^{2s} \mathrm{T}_{r-s+1}
$$
$$
+ \sum_{s=0}^{\ \leqq \frac{n}{2}} (-1)^s \binom{n}{2s} \binom{2m + q - 2s + 1}{q} 2^{2s} \mathrm{T}_{r-s+1} = 0;
$$

le cas particulier qui correspond à $q = 0$, savoir

$$n + p = 2m + 1,$$

appartient à Stern (1). Posons encore $p = n + 1$, ce qui donnera $m = n$, nous trouvons la formule la plus simple de ce genre.

Posons encore, dans (12), $q = 1$, savoir

$$n + p = 2m + 2,$$

nous aurons la formule la plus simple de ce genre en supposant $p = n$, ce qui donnera $m = n - 1$. De cette manière nous trouvons la formule de von Seidel (2)

$$
(13) \qquad \sum_{s=0}^{\ \leqq \frac{n}{2}} (-1)^s \binom{n}{2s} (n - s) \, 2^{2s} \mathrm{T}_{n-s} = 0 \qquad (n \geqq 2),
$$

---

(1) *Beiträge*, p. 7-16; *Mémoires de la Société de Goettingue*, 1878.
(2) *Sitzungsberichte der Münchener Akademie*, 1877, p. 172.

ou, ce qui est évidemment la même chose,

$$(14)\qquad \sum_{s=0}^{s \leq \frac{n}{2}} (-1)^s \binom{n}{2s} (2^{2n-2s} - 1) B_{n-s} = 0 \qquad (n \geqq 2).$$

Soit ensuite, dans (11), r un nombre pair, savoir $r = 2m$, nous aurons

$$(15)\qquad \sum_{s=0}^{s \leq \frac{p-1}{2}} (-1)^s \binom{p}{2s+1} \binom{2m+q-2s-1}{q} 2^{2s} T_{m-s}$$

$$= \sum_{s=0}^{s \leq \frac{n-1}{2}} (-1)^s \binom{n}{2s+1} \binom{2m+q-2s-1}{q} 2^{2s} T_{m-s};$$

la formule obtenue de (15), en y supposant $q = 0$, est due à Stern (¹). Posons $p = n + 2$, ce qui donnera $m = n + 1$, nous trouvons la formule la plus simple de ce genre.

Posons encore, dans (15), $q = 1$, $p = n + 1$, ce qui donnera $m = n$, nous retrouvons la formule (13) de von Seidel.

Les formules générales que nous venons de développer donnent quelques formules spéciales qui nous seront très utiles dans nos recherches suivantes.

En effet, posons dans (4) et (9), $n = 2$, $p = 2m - 1$, respectivement $p = 2m$, il résulte les formules récursives homogènes

$$(16)\qquad \left[\binom{2m-1}{1} + 2\right] B_m + \sum_{s=1}^{s=m-1} (-1)^s \binom{2m-1}{2s+1} B_{m-s} = 0,$$

$$(17)\qquad \left[\binom{2m}{2} - 1\right] B_m + \sum_{s=1}^{s=m-1} (-1)^s \binom{2m}{2s+2} B_{m-s} = 0,$$

tandis que (2) donnera, pour $q = 1$, $n = 1$, $p = 2m + 1$, la formule non homogène

$$(18)\qquad \left[\binom{2m}{1} + 1\right] B_m + \sum_{s=1}^{s=m-1} (-1)^s \binom{2m}{2s+1} B_{m-s} = \frac{(-1)^{m-1}}{2}.$$

(¹) *Beiträge*, p. 7-16.

Quant aux formules (12) et (15), les hypothèses $n=2$, $p=2m-1$ respectivement $p=2m$ donnent

$$(19)\qquad (2m-3)\mathrm{T}_m+\sum_{s=1}^{s=m-1}(-1)^s\binom{2m-1}{2s+1}(m-s)2^{2s}\mathrm{T}_{m-s}=0,$$

$$(20)\qquad 2m\mathrm{T}_m-\left[\binom{2m}{2}-1\right](4m-4)\mathrm{T}_m+\sum_{s=1}^{s=m-1}(-1)^s\binom{2m}{2s}(2m-2s)2^{2s}\mathrm{T}_{m-s}=0.$$

Ces cinq formules sont dues à Stern [1].

XLV. — Formules de Saalschütz.

Quant à la formule générale (2) du paragraphe XLIII, que nous avons à étudier séparément, posons $x=0$; dans ce cas la fonction $\mathrm{B}_{n+p+1}(x)$ disparaîtra, de sorte que nous aurons, après une légère modification, le développement suivant :

$$(1)\qquad x^n(x+1)^p=\frac{(-1)^n n!\,p!}{(n+p+1)!}+\sum_{s=0}^{s=n-1}\binom{p}{s+1}(n+p-s-1)!\,\mathrm{B}_{n+p-s}(x)+\sum_{s=0}^{s=p-1}(-1)^s\binom{n}{s+1}(n+p-s-1)!\,\mathrm{B}_{n+p-s}(x),$$

ce qui nous conduira immédiatement aux formules incomplètes que Saalschütz [2] a trouvées à l'aide de la formule sommatoire d'Euler.

Supposons tout d'abord que $n+p$ soit un nombre pair, savoir

$$(2)\qquad n+p=2m,$$

---

(1) *Loc. cit.*, p. 9.

(2) *Zeitschrift für Mathematik und Physik*, t. 37, 1892, p. 374-378; *Vorlesungen über die Bernoullischen Zahlen*, p. 185-189. Berlin, 1893.

puis posons $x = 0$, il résulte la formule incomplète

$$(3) \qquad \frac{(-1)^{m+n}\, n!\, p!}{(2m+1)!} = \sum_{s=0}^{\leqq \frac{p-1}{2}} (-1)^s \binom{p}{2s+1} \frac{B_{m-s}}{2m-2s}$$
$$+ \sum_{s=0}^{\leqq \frac{n-1}{2}} (-1)^s \binom{n}{2s+1} \frac{B_{m-s}}{2m-2s};$$

soit particulièrement $p = n$, ce qui donnera $m = n$, nous aurons la formule la plus élégante de ce genre, savoir

$$(4) \qquad \sum_{s=0}^{\leqq \frac{n-1}{2}} (-1)^s \binom{n}{2s+1} \frac{B_{n-s}}{n-s} = \frac{n!\, n!}{(2n+1)!}.$$

Soit $n = 2k$, respectivement $n = 2k+1$, on verra que la formule (4) contient respectivement les ensembles suivants de nombres de Bernoulli :

$$B_{2k}, \quad B_{2k-1}, \quad \ldots, \quad B_{k+1},$$
$$B_{2k+1}, \quad B_{2k}, \quad \ldots, \quad B_{k+1};$$

c'est-à-dire que la formule de Saalschütz contient, dans le premier cas, un nombre de moins que celle de von Ettingshausen.

Posons ensuite, dans (1), $x = \frac{1}{2}$, puis ajoutons à la formule (3) l'équation ainsi obtenue, nous aurons, en multipliant par 2^{4m-1},

$$(5) \qquad (-1)^{m+n}2^{2m-1} = \sum_{s=0}^{\leqq \frac{p-1}{2}} (-1)^s \binom{p}{2s+1} 2^{2s}T_{m-s}$$
$$+ \sum_{s=0}^{\leqq \frac{n-1}{2}} (-1)^s \binom{n}{2s+1} 2^{2s}T_{m-s},$$

ce qui donnera particulièrement, pour $p = m = n$,

$$(6) \qquad 2^{2n-2} = \sum_{s=0}^{\leqq \frac{n-1}{2}} (-1)^s \binom{n}{2s+1} 2^{2s}T_{n-s}.$$

Supposons maintenant que $n + p$ soit un nombre impair, savoir

$$(7) \qquad n + p = 2m + 1,$$

la formule (1) donnera pour $x = 0$

$$(8) \qquad \frac{(-1)^{m+n}\, n!\, p!}{(2m+1)!} = \sum_{s=0}^{\frac{p-1}{2}} (-1)^s \binom{p}{2s+1} \frac{B_{m-s}}{2m-2s} - \sum_{s=0}^{\frac{n-1}{2}} (-1)^s \binom{n}{2s+1} \frac{B_{m-s}}{2m-2s},$$

d'où il résulte, pour $p = n + 1$, la formule (4).

Posons encore, dans (1), $x = -\frac{1}{2}$, la méthode ordinaire donnera

$$(9) \qquad (-1)^{m+n}\, 2^{2m+1} = \sum_{s=0}^{\frac{p-1}{2}} (-1)^s \binom{p}{2s+1} 2^{2s} T_{m-s} - \sum_{s=0}^{\frac{n-1}{2}} (-1)^s \binom{n}{2s+1} 2^{2s} T_{m-s},$$

d'où il résulte, pour $p = n + 1$, savoir $m = n$, la formule (6).

XLVI. — Formules contenant les nombres d'Euler.

Soit, dans les formules générales (9) et (10) du paragraphe XLIII, $x = -\frac{1}{2}$, il est évident que l'on obtient des formules moins simples que dans le cas $x = 0$; car les dérivées qui figurent aux premiers membres des formules susdites sont assez compliquées pour d'autres valeurs de x.

Quant aux nombres d'Euler, nous avons par conséquent à prendre pour point de départ les formules (2) et (3) du paragraphe XLIII. Posons, dans la seconde de ces deux formules, $x = 0$, nous aurons

$$(1) \qquad x^n(x+1)^p = \sum_{s=0}^{s=p}\binom{p}{s}(n+p-s)!\,E_{n+p-s}(x)$$
$$+ \sum_{s=0}^{s=n}(-1)^s\binom{n}{s}(n+p-s)!\,E_{n+p-s}(x).$$

Supposons ensuite $x=-\frac{1}{2}$, puis posons $n+p=2m$ et $n+p=2m+1$, nous aurons respectivement

$$(2) \quad (-1)^{m+n} = \sum_{s=0}^{s\leq\frac{p}{2}}(-1)^s\binom{p}{2s}4^s E_{m-s}+\sum_{s=0}^{s\leq\frac{n}{2}}(-1)^s\binom{n}{2s}4^s E_{m-s}$$

$$(3) \quad (-1)^{m+n} = \sum_{s=0}^{s\leq\frac{p-1}{2}}(-1)^s\binom{p}{2s+1}4^s E_{m-s}-\sum_{s=0}^{s\leq\frac{n-1}{2}}(-1)^s\binom{n}{2s+1}4^s E_{m-s}$$

On voit que les hypothèses $p=n, p=n+1$, ce qui donnera $m=n$, conduiront toutes deux à la formule élégante

$$(4) \qquad 1 = \sum_{s=0}^{s\leq\frac{n}{2}}(-1)^s\binom{n}{2s}4^s E_{n-s}.$$

Étudions maintenant la formule (2) du paragraphe XLIII, l'hypothèse $\alpha=0$ donnera

$$(5) \quad x^n(x+1)^p$$
$$= \frac{(-1)^n n!\,p!}{(n+p+1)!} + \sum_{s=0}^{s=p-1}\binom{p}{s+1}(n+p-s-1)!\,B_{n+p-s}(x)$$
$$+ \sum_{s=0}^{s=n-1}(-1)^s\binom{n}{s+1}(n+p-s-1)!\,B_{n+p-s}(x);$$

posons ensuite $x=-\frac{1}{4}$, puis $x=-\frac{3}{4}$, nous aurons, en soustrayant les deux équations ainsi obtenues, selon que

$$n+p=2m+1$$

ou

$$n + p = 2m + 3,$$

$$(6) \quad \frac{(-1)^{m+n}(3^p - 3^n)}{2}$$

$$= \sum_{s=0}^{\leq \frac{p-1}{2}} (-1)^s \binom{p}{2s+1} 2^{2s} E_{m-s} + \sum_{s=0}^{\leq \frac{n-1}{2}} (-1)^s \binom{n}{2s+1} 2^{2s} E_{m-s},$$

$$(7) \quad \frac{(-1)^{m+n}(3^p - 3^n)}{8}$$

$$= \sum_{s=0}^{\leq \frac{p-3}{2}} (-1)^s \binom{p}{2s+3} 2^{2s} E_{m-s} - \sum_{s=0}^{\leq \frac{n-3}{2}} (-1)^s \binom{n}{2s+3} 2^{2s} E_{m-s}.$$

Soit ensuite $p = n + 1$, respectivement $p = n + 2$, nous aurons les formules les plus simples de ce genre, savoir

$$(8) \quad 3^n = \sum_{s=0}^{\leq \frac{n+1}{2}} (-1)^s \binom{n+1}{2s+1} 2^{2s} E_{n-s} + \sum_{s=0}^{\leq \frac{n-1}{2}} (-1)^s \binom{n}{2s+1} 2^{2s} E_{n-s},$$

$$(9) \quad 3^n = \sum_{s=0}^{\leq \frac{n}{2}} (-1)^s \binom{n+2}{2s+3} 2^{2s} E_{n-s} - \sum_{s=0}^{\leq \frac{n-1}{2}} (-1)^s \binom{n}{2s+3} 2^{2s} E_{n-s}.$$

Ces deux formules particulières et les formules générales (2) et (3) appartiennent à A. Radicke ([1]).

En dernier lieu, différentions par rapport à x la formule (1), l'hypothèse $x = -\frac{1}{2}$ donnera, selon que $n + p = 2m + 1$ ou $n + p = 2m + 2$,

$$(10) \quad (-1)^{m+n}(2p - 2n) = \sum_{s=0}^{\leq \frac{p}{2}} (-1)^s \binom{p}{2s}(2m - 2s + 1) 2^{2s} E_{m-s}$$

$$+ \sum_{s=0}^{\leq \frac{n}{2}} (-1)^s \binom{n}{2s}(2m - 2s + 1) 2^{2s} E_{m-s},$$

([1]) *Journal de Crelle*, t. 89, 1880, p. 257-261.

et

$$(11) \qquad (-1)^{m+n}(p-n) = \sum_{s=0}^{\frac{p-1}{2}} (-1)^s \binom{p}{2s+1}(2m-2s+1)\,2^{2s}E_{m-s}$$

$$- \sum_{s=0}^{\frac{n-1}{2}} (-1)^s \binom{n}{2s+1}(2m-2s+1)\,2^{2s}E_{m-s}.$$

On voit que les formules les plus élégantes de ce genre correspondent à $p = n+1$, respectivement $p = n+2$, ce qui donnera
$m = n$.

XLVII. — D'autres formules incomplètes.

Les développements généraux du paragraphe XLIII donnent immédiatement une suite d'autres formules récursives que nous avons
à mentionner ici.

En premier lieu, posons, dans la formule (2) du paragraphe
susdit,

$$z = \frac{1}{2}, \qquad x = -\frac{1}{4},$$

il résulte

$$(1) \qquad \frac{(-1)^{n+1}\, n!\, p!}{(n+p+1)!\, x^{n+p+1}} = \sum_{s=0}^{s=p} \frac{(n+p-s)!}{y^s}\binom{p}{s} B_{n+p-s+1}(0)$$

$$- \sum_{s=0}^{s=n} \frac{(-1)^s (n+p-s)!}{y^s}\binom{n}{s} B_{n+p-s+1}\left(-\frac{1}{2}\right).$$

Soit maintenant, dans cette formule, $n+p = 2m-1$, nous
aurons

$$(2) \qquad \frac{(-1)^{m+n}\, n!\, p!}{(2m)!} = \sum_{s=0}^{\leq \frac{p}{2}} (-1)^s \binom{p}{2s} \frac{2^{2m-2s} B_{m-s}}{2m-2s}$$

$$+ \sum_{s=0}^{\leq \frac{n}{2}} (-1)^s \binom{n}{2s} \frac{2^{2m-2s}-2}{2m-2s} B_{m-s}.$$

ce qui donnera pour $p = n-1$, savoir $m = n$, la formule la plus élégante de ce genre

$$(3)\qquad \frac{n!(n-1)!}{(2n)!} = \sum_{s=0}^{\leq\frac{n-1}{2}} (-1)^s \binom{n-1}{2s} \frac{2^{2n-2s} B_{n-s}}{2n-2s} + \sum_{s=0}^{\leq\frac{n}{2}} (-1)^s \binom{n}{2s} \frac{2^{2n-2s}-2}{2n-2s} B_{n-s}.$$

L'hypothèse $n+p=2m$ donnera de même, en vertu de (2),

$$(4)\qquad \frac{(-1)^{m+n}\, n!\, p!}{(2m+1)!} = \sum_{s=0}^{\leq\frac{p-1}{2}} (-1)^s \binom{p}{2s+1} \frac{2^{2m-2s} B_{m-s}}{2m-2s} - \sum_{s=0}^{\leq\frac{n-1}{2}} (-1)^s \binom{n}{2s+1} \frac{2^{2m-2s}-2}{2m-2s} B_{m-s};$$

soit particulièrement, dans (4), $p=n=m$, nous retrouvons la formule de Saalschütz, savoir la formule (4) du paragraphe XLV.

En second lieu, posons dans la formule (10) du paragraphe XLIII

$$x=-\frac{1}{4},\qquad z=\frac{1}{4},\qquad n+p=m+q,\qquad 0 \leq q \leq n-2,$$

il résulte

$$(5)\qquad \sum_{s=0}^{s=p} \binom{p}{s} \frac{(m+q-s)!}{2^s} B_{m-s}(0) = \sum_{s=0}^{s=n} (-1)^s \binom{n}{s} \frac{(m+q-s)!}{2^s} B_{m-s}\left(\frac{1}{2}\right).$$

Soit maintenant m un nombre pair, savoir $m=2k$, nous aurons

$$(6)\qquad \sum_{s=0}^{\leq\frac{p}{2}} (-1)^s \binom{p}{2s} \binom{2k+q-2s}{q} 2^{2k-2s} B_{k-s} + \sum_{s=0}^{\leq\frac{n}{2}} (+1)^s \binom{n}{2s} \binom{2k+q-2s}{q} (2^{2k-2s}-2) B_{k-s} = 0,$$

d'où, en posant $q=0$ et $p=n=m$, on retrouve la formule de Seidel, savoir la formule (14) du paragraphe XLIV.

Supposons ensuite impair le nombre m, savoir $m=2k+1$, il résulte, en vertu de (5),

$$(7)\qquad \sum_{s=0}^{\leq\frac{p-1}{2}} (-1)^s \binom{p}{2s+1}\binom{2k+q-2s}{q}\,2^{2k-2s}\,B_{k-s}$$
$$=\sum_{s=0}^{\frac{n-1}{2}} (-1)^s \binom{n}{2s+1}\binom{2k+q-2s}{q}\,(2^{2k-2s}-2)\,B_{k-s}$$

d'où, en posant $q=0$, $p=n+1$, ce qui donnera $k=n$,

$$(8)\qquad \sum_{s=0}^{\frac{n}{2}}(-1)^s\binom{n}{2s}\,2^{2n-2s-1}\,B_{n-s}+\sum_{s=0}^{\frac{n-1}{2}}(-1)^s\binom{n}{2s+1}B_{n-s}=0,$$

En dernier lieu, nous avons à étudier la formule (9) du paragraphe XLIII; posons $z=\cdots x$, il résulte l'identité

$$(9)\qquad 0=\sum_{s=0}^{s=p}\binom{p}{s}(n+p-s)!\,(1-2x)^s\,B_{n+p+q-s}(0)$$
$$+\sum_{s=0}^{s=n}(-1)\binom{n}{s}(n+p-s)!\,(1-2x)^s\,B_{n+p+q-s}(-2x),$$

où il faut supposer par conséquent $0\leq q\leq n-1$.

Soit particulièrement $x=\frac14$,

$$n+p=2m+q$$
ou
$$n+p=2m-q+1,$$

nous aurons respectivement

$$(10)\qquad \sum_{s=0}^{\leq\frac{p-1}{2}}(-1)^s\binom{p}{2s+1}\binom{2m+q-2s-1}{q}T_{m-s}$$
$$=\sum_{s=0}^{\leq\frac{n}{2}}(-1)^s\binom{n}{2s}\binom{2n+q-2s}{q}E_{m-s},$$

et

$$(11) \qquad \sum_{s=0}^{\leq \frac{p}{2}} (-1)^s \binom{p}{2s} \binom{2m+q-2s+1}{q} T_{m-s+1}$$

$$= \sum_{s=0}^{\leq \frac{n-1}{2}} (-1)^s \binom{n}{2s+1} \binom{2n+q-2s}{q} E_{m-s};$$

les formules spéciales obtenues de (10) et (11) en posant $q = 0$ sont dues à Stern ([1]).

Il est évident que l'on peut déduire un grand nombre de formules plus spéciales, en donnant à n, p, q des valeurs particulières ; nous nous bornerons à indiquer les applications suivantes :

1° $q = 0$, $p = 1$; $n = 2m - 1$, $n = 2m$:

$$(12) \qquad T_m = \sum_{s=0}^{s=m-1} (-1)^s \binom{2m-1}{2s} E_{m-s}$$

$$(13) \qquad T_{m+1} = \sum_{s=0}^{s=m-1} (-1)^s \binom{2m}{2s+1} E_{m-s}.$$

2° $q = 0$, $n = 1$; $p = 2m - 1$, $p = 2m$:

$$(14) \qquad E_m = \sum_{s=0}^{s=m-1} (-1)^s \binom{2m-1}{2s+1} T_{m-s}$$

$$(15) \qquad E_m = \sum_{s=0}^{s=m} (-1)^s \binom{2m}{2s} T_{m-s+1}.$$

3° $q = 0$, $p = 2$; $n = 2m - 2$, $n = 2m - 1$:

$$(16) \qquad 2T_m = \sum_{s=0}^{s=m-1} (-1)^s \binom{2m-2}{2s} E_{m-s},$$

$$(17) \qquad T_{m+1} - T_m = \sum_{s=0}^{s=m-1} (-1)^s \binom{2m-1}{2s+1} E_{m-s}.$$

([1]) *Beiträge*, p. 31-35 ; *Mémoires de la Société de Goettingue*, 1878.

4° $q = 0$, $n = 2$; $p = 2m - 2$, $p = 2m - 1$:

$$(18) \qquad E_m - E_{m-1} = \sum_{s=0}^{s=m-2} (-1)^s \binom{2m-2}{2s+1} T_{m-s}$$

$$(19) \qquad 2E_m = \sum_{s=0}^{s=m-1} (-1)^s \binom{2m-1}{2s} T_{m-s+1}$$

5° $q = 0$, $p = 3$; $n = 2m - 3$, $n = 2m - 2$:

$$(20) \qquad 3T_m - T_{m-1} = \sum_{s=0}^{s=m-2} (-1)^s \binom{2m-3}{2s} E_{m-s}$$

$$(21) \qquad T_{m+1} - T_m = \sum_{s=0}^{s=m-1} (-1)^s \binom{2m-1}{2s+1} E_{m-s}$$

6° $q = 0$, $n = 3$; $p = 2m - 3$, $p = 2m - 2$:

$$(22) \qquad E_m - 3E_{m-1} = \sum_{s=0}^{s=m-2} (-1)^s \binom{2m-3}{2s+1} T_{m-s}$$

$$(23) \qquad 3E_m - E_{m-1} = \sum_{s=0}^{s=m-1} (-1)^s \binom{2m-2}{2s} T_{m-s+1}$$

7° $q = 0$, $p = 4$, $n = 2m - 4$:

$$(24) \qquad 4(T_m - T_{m-1}) = \sum_{s=0}^{s=m-2} (-1)^s \binom{2m-4}{2s} E_{m-s}$$

8° $q = 0$, $n = 4$, $p = 2m - 3$:

$$(25) \qquad 4(E_m - E_{m-1}) = \sum_{s=0}^{s=m-1} (-1)^s \binom{2m-3}{2s} T_{m-s+1}$$

Plusieurs de ces formules spéciales se trouvent dans le grand Mémoire de Stern; cependant nous ne nous arrêtons pas à des citations.

CHAPITRE X.

FORMULES INCOMPLÈTES DE SECONDE ESPÈCE.

XLVIII. — Deux suites régulières.

Déjà en 1856, Knar [1] a découvert deux formules récursives qui ne contiennent que des nombres de Bernoulli, dont les indices sont des nombres pairs, respectivement impairs; cependant cette belle découverte est restée inaperçue pendant un quart de siècle.

En même temps que Knar, Kronecker [2] a trouvé des développements généraux qui donnent facilement des formules récursives pour les nombres de Bernoulli et les coefficients des tangentes, dont les indices forment une série arithmétique quelconque. Cependant l'illustre géomètre allemand n'a pas observé les formules en question; du reste, il ne semble pas possible de les déduire par une méthode élémentaire, parce qu'elles ne sont pas régulières [3].

Dans les paragraphes suivants nous avons à étudier de telles formules récursives pour les nombres de Bernoulli, les coefficients des tangentes et les nombres d'Euler, dont les indices forment une suite arithmétique quelconque, formules que nous désignons comme formules récursives incomplètes de seconde espèce.

Soient, à cet effet,

$$(1) \qquad z_1, \quad z_2, \quad z_3, \quad \ldots, \quad z_{k-1} \qquad (k \geqq \varkappa)$$

des nombres complexes différents de zéro, mais quelconques du reste, nous formons d'après Kronecker toutes les 2^{k-1} expressions

---

[1] *Archiv de Grunert*, t. 27, 1856, p. 455-456.

[2] *Journal de Mathématiques pures et appliquées*, 2ᵉ série, t. 1, 1856, p. 375-391.

[3] *Berichte der kgl. sächs. Gesellschaft der Wissenschaften*, t. 65, 1913, p. 25.

obtenues de

$$(2) \qquad \omega = \pm z_1 \pm z_2 \pm z_3 \pm \ldots \pm z_{k-1},$$

en combinant les signes $+$ et $-$ d'une manière quelconque.

Supposons ensuite qu'une certaine de ces expressions ω, choisie arbitrairement du reste, contienne p signes positifs et q signes négatifs, de sorte que

$$(3) \qquad p + q = k - 1,$$

nous désignons q comme le nombre caractéristique de ω, et il est évident que le nombre $-\omega$ aura le nombre caractéristique p.

Ces définitions adoptées, nous démontrerons sans peine le théorème :

1. *Les deux fonctions*

$$(4) \qquad F_n(x) = \frac{1}{n!} \sum \left(x + \frac{1 \pm z_1 \pm z_2 \pm \ldots \pm z_{k-1}}{2} \right)^n,$$

$$(5) \qquad G_n(x) = \frac{1}{(n+k-1)!} \sum (-1)^q \left(x + \frac{1 \pm z_1 \pm z_2 \pm \ldots \pm z_{k-1}}{2} \right)^{n+k-1},$$

où les sommations sont à étendre sur les 2^{k-1} expressions possibles des ω, et où q désigne le nombre caractéristique de l'expression correspondante, sont des polynomes réguliers du degré n.

Il est évident que $F_n(x)$ et $G_n(x)$ forment des suites harmoniques ; de plus, l'identité évidente

$$-x - 1 + \frac{1 + \omega}{2} = -\left(x + \frac{1 - \omega}{2} \right)$$

montre, en vertu de (2), que les deux polynomes en question sont symétriques aussi ; c'est-à-dire que $F_n(x)$ et $G_n(x)$ sont tous deux des polynomes réguliers.

Cela posé, il ne nous reste qu'à démontrer que $G_n(x)$ est précisément du degré n par rapport à x, parce que $F_n(x)$ a évidemment cette propriété.

A cet effet, posons

$$f_{k,m}(x) = \frac{1}{m!} \sum (-1)^q \left(x + \frac{1 \pm z_1 \pm a_2 \pm \ldots \pm z_{k-1}}{2} \right)^m,$$

je dis que nous aurons

$$(6) \qquad f_{k,m}(x) = 0 \qquad (0 \leqq m \leqq k - 2),$$

$$(7) \qquad f_{k,k-1}(x) = \alpha_1 \alpha_2 \alpha_3 \dots \alpha_{k-1}.$$

En effet, il est évident que ces deux formules sont vraies pour $k = 2$, parce que nous aurons

$$f_{2,0}(x) = 0,$$

$$f_{2,1}(x) = \left(x + \frac{1 + \alpha_1}{2} \right) - \left(x + \frac{1 - \alpha_1}{2} \right) = \alpha_1.$$

Quant à la conclusion de k à $k + 1$, nous ajoutons à l'ensemble (1) le nouveau nombre α_k; supposons ensuite que l'expression ω, formée de l'ensemble (1), ait le nombre caractéristique q, les expressions $\omega + \alpha_k$ et $\omega - \alpha_k$ auront les nombres caractéristiques q, respectivement $q + 1$. De plus, nous aurons évidemment

$$f_{k+1,m}(x) = f_{k,m}\left(x + \frac{\alpha_k}{2} \right) + f_{k,m}\left(x - \frac{\alpha_k}{2} \right),$$

et la formule de Taylor donnera la formule récursive

$$f_{k+1,m}(x) = \sum_{r=0}^{\leqq \frac{m-1}{2}} \frac{\alpha_k^{2r+1}}{(2r+1)!\, 2^{2r}} f_{k,m-2r-1}(x),$$

ce qui nous conduira immédiatement au but.

Posons ensuite pour abréger

$$s_m = \sum (1 \pm \alpha_1 \pm \alpha_2 \pm \dots \pm \alpha_{k-1})^m,$$

et particulièrement

$$s_0 = 2^{k-1},$$

nous aurons généralement, quel que soit l'indice n,

$$(8) \qquad F_n(0) = \frac{1}{2^n} \frac{s_n}{n!}.$$

Quant aux sommes de puissances alternées

$$\sum (-1)^q (1 \pm \alpha_1 \pm \alpha_2 \pm \dots \pm \alpha_{k-1})^m,$$

elles s'évanouissent pour $0 \leqq m \leqq k - 2$, de sorte que nous posons

$$\sigma_m = \sum (-1)^q (1 \pm z_1 \pm z_2 \pm \ldots \pm z_{k-1})^{m+k-1},$$

ce qui donnera, quel que soit l'indice n,

$$(9) \qquad G_n(0) = \frac{1}{2^{n+k-1}} \frac{\sigma_n}{(n+k-1)!}.$$

Soit particulièrement $n = 0$, il résulte

$$\frac{\sigma_0}{(k-1)! \, 2^{k+1}} = G_0(0) = f_{k,k-1}(0),$$

d'où, en vertu de $\left(\begin{smallmatrix}7\end{smallmatrix}\right)$,

$$(10) \qquad \sigma_0 = (k-1)! \, 2^{k-1} z_1 z_2 \ldots z_{k-1}.$$

Remarquons ensuite que $G_1(x)$ s'évanouira pour $x = -\frac{1}{2}$, il résulte

$$-\frac{\sigma_0}{(k-1)! \, 2^k} + \frac{\sigma_1}{k! \, 2^k} = 0,$$

ce qui donnera, en vertu de (10),

$$(11) \qquad \sigma_1 = k! \, 2^{k-1} z_1 z_2 \ldots z_{k-1}.$$

Posons encore

$$\ell_m = \sum (\pm z_1 \pm z_2 \pm \ldots \pm z_{k-1})^m,$$

$$\tau_m = \sum (-1)^q (\pm z_1 \pm z_2 \pm \ldots \pm z_{k-1})^{m+k-1},$$

nous aurons de même

$$(12) \qquad F_{2n}\left(-\frac{1}{2}\right) = \frac{\ell_{2n}}{(2n)! \, 2^{2n}},$$

$$(13) \qquad G_{2n}\left(-\frac{1}{2}\right) = \frac{\tau_{2n}}{(k+2n-1)! \, 2^{k+2n-1}},$$

d'où particulièrement, parce que $G_0(x)$ a une valeur constante,

$$(14) \qquad \tau_0 = \sigma_0 = (k-1)! \, 2^{k-1} z_1 z_2 \ldots z_{k-1}.$$

Cela posé, nous aurons

$$(15) \qquad F_n(x) = \sum_{r=0}^{r=n} \frac{s_r}{r!\, a^r}\, \frac{x^{n-r}}{(n-r)!},$$

$$(16) \qquad G_n(x) = \sum_{s=0}^{s=n} \frac{\sigma_r}{(r+k-1)!\, a^{r+k-1}}\, \frac{x^{n-r}}{(n-r)!},$$

ce qui donnera les développements d'après les fonctions de Bernoulli

$$(17) \qquad F_n(x) = \sum_{r=0}^{\leq \frac{n}{2}} \frac{s_{2r+1}}{(2r+1)!\, a^{2r}}\, B_{n-2r}(x),$$

$$(18) \qquad G_n(x) = \sum_{r=0}^{\leq \frac{n}{2}} \frac{\sigma_{2r+1}}{(k+2r)!\, a^{k+2r-1}}\, B_{n-2r}(x),$$

tandis que les développements, d'après les fonctions d'Euler, deviennent

$$(19) \qquad F_n(x) = \sum_{r=0}^{\leq \frac{n}{2}} \frac{s_{2r}}{(2r)!\, a^{2r-1}}\, E_{n-2r}(x),$$

$$(20) \qquad G_n(x) = \sum_{r=0}^{\leq \frac{n}{2}} \frac{\sigma_{2r}}{(k+2r-1)!\, a^{k+2r-1}}\, E_{n-2r}(x).$$

Nous ne nous arrêtons pas aux nombreuses formules récursives, obtenues pour les B_n, T_n, E_n, en introduisant, dans les quatre développements, les valeurs spéciales ordinaires de x.

XLIX. — Théorèmes sur les racines de l'unité.

Dans les développements précédents, les $k-1$ quantités a_s sont des nombres complexes quelconques, différents de zéro. Il est très intéressant, ce me semble, que les formules générales que nous venons de développer se présentent sous une forme élégante dans le cas où les a_s sont des racines de l'unité.

Quant à l'étude de ces formules simples, nous prenons pour point de départ les deux polynomes entiers

$$(1)\qquad \varphi_n(x) = n!\,[F_n(x) + (-1)^n F_n(-x)],$$

$$(2)\qquad \psi_{n-1}(x) = (n+k-1)!\,[G_n(x) - (-1)^n G_n(-x)],$$

savoir, ordonnés d'après les puissances descendantes de x,

$$(3)\qquad \varphi_n(x) = \sum_{r=0}^{\leq\frac{n-1}{2}} \binom{n}{2r} \frac{s_{2r}\, x^{n-2r}}{2^{2r-1}},$$

$$(4)\qquad \psi_{n-1}(x) = \sum_{r=0}^{\leq\frac{n-1}{2}} \binom{k+n-1}{k+2r} \frac{s_{2r+1}\, x^{n-2r-1}}{2^{k+2r-1}}.$$

Soit ensuite, avec une légère modification de la définition (2) du paragraphe précédent,

$$\omega = 1 \pm \alpha_1 \pm \alpha_2 \pm \ldots \pm \alpha_{k-1},$$

on aura en outre

$$(5)\qquad \varphi_n(x) = \sum \left(x + \frac{\omega}{2}\right)^n + \sum \left(x - \frac{\omega}{2}\right)^n,$$

$$(6)\qquad \psi_{n-1}(x) = \sum (-1)^q \left(x + \frac{\omega}{2}\right)^{n+k-1} + (-1)^k \sum (-1)^q \left(x - \frac{\omega}{2}\right)^{n+k-1},$$

où q est le nombre caractéristique de ω, savoir le nombre des signes négatifs dans l'expression susdite.

Cela posé, nous avons tout d'abord à démontrer le théorème :

I. *Soit α une racine primitive de l'équation binome*

$$(7)\qquad x^k - 1 = 0,$$

et soient les nombres α, les puissances

$$(8)\qquad \alpha,\ \alpha^2,\ \alpha^3,\ \ldots,\ \alpha^{k-1},$$

les polynomes $\varphi_n(x)$ et $\psi_{n-1}(x)$ satisfont aux équations fonctionnelles

$$(9)\qquad \begin{cases} \alpha^n \varphi_n\left(\dfrac{x}{\alpha}\right) = \varphi_n(x), \\[2mm] \alpha^{n-1} \psi_{n-1}\left(\dfrac{x}{\alpha}\right) = \psi_{n-1}(x). \end{cases}$$

En effet, on aura, en vertu de (5) et (6),

$$(10) \qquad x^n \varphi_n\left(\frac{x}{\alpha}\right) = \sum\left(x + \frac{\omega x}{2}\right)^n + \sum\left(x - \frac{\omega x}{2}\right)^n,$$

$$(11) \qquad x^{n-1} \psi_{n-1}\left(\frac{x}{\alpha}\right) = \sum (-1)^q\left(x + \frac{\omega x}{2}\right)^{n+k-1} - \sum (-1)^p\left(x - \frac{\omega x}{2}\right)^{n+k-1},$$

car on aura, en vertu de (7), $\alpha^k = 1$; dans ces deux formules, le nombre ω est une expression de la forme

$$\omega = 1 \pm \alpha \pm \alpha^2 \pm \alpha^3 \pm \ldots \mp \alpha^{k-1},$$

où p des puissances de α ont le signe $+$; q le signe $-$, de sorte que

$$p + q = k - 1,$$

Soit maintenant ω de la forme

$$\omega = 1 \pm \alpha \pm \alpha^2 \pm \ldots \mp \alpha^{k-2} + \alpha^{k-1},$$

on aura, en vertu de (7),

$$\omega' = \alpha\omega = \alpha \pm \alpha^2 \pm \alpha^3 \pm \ldots \alpha^{k-1} + 1;$$

c'est-à-dire que les nombres p et q sont les mêmes que dans ω.
  Soit, au contraire, ω de la forme

$$\omega = 1 \pm \alpha \pm \alpha^2 \pm \ldots \mp \alpha^{k-2} - \alpha^{k-1},$$

on aura

$$\alpha\omega = \alpha \pm \alpha^2 \pm \alpha^3 \pm \ldots \mp \alpha^{k-1} - 1 \pm = -\omega',$$

de sorte que $p + 1$ des puissances de α qui figurent dans ω' ont le signe -1, $q - 1$ le signe $+$; c'est-à-dire que le nombre caractéristique de ω' est égal à $p + 1$.
  Cela posé, il est évident que les termes qui figurent aux seconds membres de (10) et (11) sont, abstraction faite du signe, les mêmes que dans les formules (5) et (6); de plus, nous venons de démontrer que les signes seront les mêmes, ce qui donnera les deux formules (9).
  Appliquons maintenant les deux expressions (3) et (4), nous aurons, en vertu de (9),

$$s_{2r} = \alpha^{2r} s_{2r}, \qquad \sigma_{2r+1} = \alpha^{2r} \sigma_{2r+1},$$

ce qui donnera le théorème suivant :

II. *Supposons choisis, comme indiqué dans le théorème I, les nombres a_r, puis supposons que a_r ne soit pas divisible par k, nous aurons*

$$(12) \qquad a_{2r} = 0, \qquad a_{2r+1} = 0,$$

Comme analogie du théorème I, nous avons cet autre :

III. *Soit α une racine primitive de l'équation binome*

$$(13) \qquad x^k + 1 = 0,$$

et soient les nombres α_i les puissances

$$(14) \qquad \alpha, \quad \alpha^2, \quad \alpha^3, \quad \ldots, \quad \alpha^{k-1},$$

les polynomes $\varphi_n(x)$ et $\psi_{n-1}(x)$ satisfont aux équations fonctionnelles

$$(15) \qquad \begin{cases} x^{2n}\, \varphi_n\!\left(\dfrac{x}{x^2}\right) = \varphi_n(x), \\[2ex] x^{2n-2}\, \psi_{n-1}\!\left(\dfrac{x}{x^2}\right) = \psi_{n-1}(x). \end{cases}$$

Conformément à l'égalité $\alpha^{2k} = 1$, nous avons à modifier les formules (10) et (11) en y remplaçant α par α^2. Soit ensuite ω de la forme

$$\omega = 1 \pm \alpha \pm \alpha^2 \pm \ldots \pm \alpha^{k-2} - \alpha^{k-1} \pm \alpha^{k-1},$$

on aura, en vertu de (13),

$$x^2 \omega = \alpha^2 \pm \alpha^3 \pm \alpha^4 \pm \ldots \pm \alpha^{k-1} + 1 \mp \alpha = \omega';$$

c'est-à-dire que ω' a le nombre caractéristique q ou $q - 2$, selon que la puissance α^{k-1}, dans ω, aura le signe $+$ ou $-$.

Soit, au contraire, ω de la forme

$$\omega = 1 \pm \alpha \pm \alpha^2 \pm \ldots \pm \alpha^{k-3} + \alpha^{k-2} \pm \alpha^{k-1},$$

on aura

$$x^2 \omega = \alpha^2 \pm \alpha^3 \pm \alpha^4 \pm \ldots \pm \alpha^{k-1} - 1 \mp \alpha = -\omega',$$

de sorte que $p \mp 1$ des puissances de α qui figurent dans ω' ont le signe $-$, $q \pm 1$ le signe $+$, selon que α^{k-1} a le signe $+$ ou $-$; c'est-à-dire que ω' a le nombre caractéristique $p \mp 1$.

Cela posé, il est évident que les fonctions $\varphi_n(x)$ et $\psi_{n-1}(x)$ satisfont aux équations fonctionnelles (15). Appliquons maintenant les deux expressions (3) et (4), nous aurons, en vertu de (15),

$$s_{2r} = \alpha^{2r} s_{2r}, \qquad s_{2r+1} = \alpha^{2r} s_{2r+1},$$

ce qui donnera cet autre théorème :

IV. *Supposons choisis, comme indiqué dans le théorème III, les nombres α_s, puis supposons que $2r$ ne soit pas divisible par k, nous aurons*

$$(16) \qquad s_{2r} = 0, \qquad s_{2r+1} = 0,$$

Soit maintenant α une racine quelconque de l'équation binome

$$x^{2k+1} - 1 = 0,$$

l'équation

$$x^{2k+1} + 1 = 0$$

aura évidemment la racine $-\alpha$; c'est-à-dire que les deux ensembles de nombres α, (8) et (14) conduiront aux mêmes fonctions $F_n(x)$ et $G_n(x)$, de sorte que nous n'avons qu'à étudier l'ensemble (8) pour une valeur paire de k, l'ensemble (14) pour une valeur quelconque de k.

L₁. — Formules de première classe.

Soit, conformément à la remarque finale du paragraphe précédent, α une racine primitive de l'équation binome

$$(1) \qquad x^{2k} - 1 = 0 \qquad (k \geq 2),$$

nous choisissons l'ensemble des nombres α_s comme les puissances

$$(2) \qquad \alpha, \quad \alpha^2, \quad \alpha^3, \quad \ldots, \quad \alpha^{2k-1},$$

ce qui donnera, en vertu des formules (12) du paragraphe précédent,

$$(3) \qquad G_n(x) = \sum_{r=0}^{\leq \frac{n}{2k}} \frac{s_{2rk+1}}{(2k+2rk)!\, 2^{2k+2rk+1}} B_{n-2rk}(x),$$

$$(4) \qquad F_n(x) = \sum_{r=0}^{\leq \frac{n}{2k}} \frac{s_{2rk}}{(2rk)!\, 2^{2rk-1}} E_{n-2rk}(x),$$

tandis que les deux autres développements de ce genre ne sont pas susceptibles d'une telle simplification.

Soit maintenant, dans ces deux formules, $n < 2k$, les sommes qui figurent aux seconds membres se réduisent à leurs premiers termes; appliquons ensuite les deux valeurs

$$(5) \qquad s_0 = 2^{2k-1}, \qquad \sigma_1 = -(2k)!\,2^{2k+1},$$

dont la première est évidente, tandis que la seconde est une conséquence immédiate de la formule (11) du paragraphe XLVIII, il résulte les deux expressions explicites

$$(6) \qquad \begin{cases} B_n(x) = -G_n(x), \\ E_n(x) = \dfrac{1}{2^{2k}} F_n(x). \end{cases}$$

L'hypothèse $n = 2k$ donnera, en vertu de (3) et (4), ces deux expressions explicites, plus compliquées que les précédentes,

$$(7) \qquad \begin{cases} B_{2k}(x) = -G_{2k}(x) + \dfrac{\sigma_{2k+1}}{(4k)!\,2^{4k-1}}, \\[2mm] E_{2k}(x) = \dfrac{F_{2k}(x)}{2^{2k}} - \dfrac{s_{2k}}{(4k)!\,2^{4k}}. \end{cases}$$

Nous ne nous arrêtons pas aux formules récursives incomplètes qui proviennent des développements (3) et (4) et qui sont du reste évidentes. Quant aux expressions explicites (6), introduisons, dans la première, $2n$ au lieu de n, puis posons $x = 0$, $x = -\frac{1}{2}$, nous aurons respectivement

$$(8) \qquad \begin{cases} B_n = \dfrac{(-1)^n (2n)!\,\sigma_{2n}}{(2n+2k-1)!\,2^{2n+2k-1}}, \\[2mm] \dfrac{(2^{2n}-2)B_n}{2^{2n}} = \dfrac{(-1)^{n-1}(2n)!\,\tau_{2n}}{(2n+2k-1)!\,2^{2n+2k-1}}. \end{cases}$$

Posons ensuite, dans la dernière des formules (6), $2n+1$ respectivement $2n$ au lieu de n, les hypothèses $x = 0$, respectivement $x = -\frac{1}{2}$, donnent les deux autres expressions explicites

$$(9) \qquad \begin{cases} T_{n+1} = \dfrac{(-1)^n s_{2n+1}}{2^{2k-1}}, \\[2mm] E_n = \dfrac{(-1)^n t_{2n}}{2^{2k+1}}. \end{cases}$$

Additionnons, puis soustrayons les deux formules (8), nous aurons respectivement

$$(10)\quad\begin{cases} T_n = \dfrac{(-1)^n (2n-1)! \,(\sigma_{2n} - \tau_{2n})}{(2n + 2k - 1)! \, 2^{2k-2n}}, \\[2mm] B_n = \dfrac{(-1)^n (2n)! \,(\sigma_{2n} + \tau_{2n})}{(2n + 2k - 1)! \, 2^{2k}}. \end{cases}$$

Dans les six dernières formules il faut supposer $n \leqq k - 1$; en appliquant les formules (7), on pourra obtenir des expressions explicites pour les nombres B_k, T_k, E_k, expressions qui deviennent plus compliquées que les précédentes, de sorte que nous ne nous arrêtons pas à leur déduction.

Étudions maintenant le cas le plus simple des développements précédents, savoir $k = 2$, nous aurons

$$n! \, F_n(x) = 2(x+1)^n + 2x^n + (x+1+i)^n$$
$$+ (x-i)^n + (x+1-i)^n + (x+i)^n,$$
$$(n+3)! \, G_n(x) = 2x^{n+3} - 2(x+1)^{n+3} + (x+1+i)^{n+3}$$
$$- (x-i)^{n+3} + (x+1-i)^{n+3} - (x+i)^{n+3}.$$

Appliquons ensuite l'égalité évidente

$$1 \pm i = 2^{\frac{1}{2}} e^{\pm \frac{\pi i}{4}},$$

il résulte

$$s_0 = 8,$$
$$s_m = 2\left(1 + \cos\frac{m\pi}{2} + 2^{\frac{m}{2}} \cos\frac{m\pi}{4}\right),$$
$$\sigma_m = 2\left(-1 + \cos\frac{m\pi}{2} - \sin\frac{m\pi}{2} + 2^{\frac{m+3}{2}} \cos\frac{(m+3)\pi}{4}\right),$$

de sorte que nous aurons

$$(11)\quad\begin{cases} F_n(x) = 16\, E_n(x) + \displaystyle\sum_{s=1}^{\leqq \frac{n}{4}} \frac{8 + (-1)^s\, 2^{2s+2}}{(4s)!}\, E_{n-4s}(x), \\[4mm] G_n(x) = \displaystyle\sum_{s=0}^{\leqq \frac{n}{4}} \frac{8 + (-1)^s\, 2^{2s+4}}{(4s+4)!}\, B_{n-4s}(x). \end{cases}$$

Cela posé, nous aurons les formules récursives incomplètes

$$(12)\quad\begin{cases} 2^{4n-1}+(-1)^n 2^{6n-1}=T_{4n+1}+\sum_{s=1}^{s=n}\binom{4n+1}{4s}\left[2^{4s-1}+(-1)^s 2^{6s-2}\right]T_{4n-4s+1}, \\[2ex] 2^{4n-3}+(-1)^n 2^{6n-4}=T_{4n}+\sum_{s=1}^{s=n-1}\binom{4n-1}{4s}\left[2^{4s-1}+(-1)^s 2^{6s-2}\right]T_{4n-4s}, \end{cases}$$

$$(13)\quad\begin{cases} 1-(-1)^n(4n+1)2^{4n}=\sum_{s=0}^{s=n-1}\binom{4n+5}{4s+5}\left[1+(-1)^s 2^{4s+2}\right]H_{4n-4s}, \\[2ex] (4n+1)\left[1-(-1)^n 2^{4n}\right]=\sum_{s=0}^{s=n-1}\binom{4n+3}{4s+3}\left[1+(-1)^s 2^{4s+2}\right]H_{4n-4s-1}, \end{cases}$$

tandis que les expressions t_m et τ_m, et par conséquent les formules incomplètes pour les E_n, deviennent plus compliquées.

Les quatre formules spéciales (12) et (13) sont déduites par M. Haussner [1], à l'aide d'une méthode transcendante.

LI. — Formules de seconde classe.

Soit ensuite, conformément à la remarque finale du paragraphe XLIX, x une racine primitive de l'équation binome

$$(1)\qquad x^k+1=0,$$

nous avons à choisir l'ensemble des nombres α, comme les puissances

$$x, \quad x^2, \quad x^3, \quad \ldots, \quad x^{k-1},$$

ce qui donnera, en vertu des formules (16) du paragraphe XLIX,

$$(2)\quad\begin{cases} F_n(x)=\sum_{r=0}^{\leqq\frac{n}{2k}}\dfrac{s_{2rk}}{(2rk)!\,2^{2rk-1}}E_{n-2rk}(x), \\[3ex] G_n(x)=\sum_{r=0}^{\leqq\frac{n}{2k}}\dfrac{\sigma_{2rk+1}}{(k+2rk)!\,2^{k+2rk-1}}B_{n-2rk}(x). \end{cases}$$

---

[1] *Göttinger Nachrichten*, 1893, p. 809.

tandis que les autres développements de ce genre ne sont pas susceptibles d'une telle simplification.

La définition des nombres a_s donnera

$$a_1 a_2 \ldots a_{k-1} = a.^{\frac{k(k-1)}{2}} = (\pm i)^{k-1},$$

de sorte que nous aurons ici

$$s_0 = 2^{2k-1}, \qquad s_1 = k!\,(\pm 2i)^{k-1}.$$

Soit ensuite $n < 2k$, nous aurons, en vertu de (2), les expressions explicites

$$(3) \qquad \begin{cases} B_n(x) = \dfrac{G_n(x)}{(\pm i)^{k-1}}, \\[2ex] E_n(x) = \dfrac{F_n(x)}{2^{2k}}, \end{cases}$$

tandis que l'hypothèse $n = 2k$ donnera ces deux autres expressions explicites, plus compliquées que les précédentes,

$$(4) \qquad \begin{cases} B_{2k}(x) = \dfrac{G_{2k}(x)}{(\pm i)^{k-1}} - \dfrac{s_{2k+1}}{(2k)!\,2^{2k-1}(\pm i)^{k-1}}, \\[2ex] E_{2k}(x) = \dfrac{F_{2k}(x)}{2^{2k}} - \dfrac{s_{2k}}{(2k)!\,2^{2k}}. \end{cases}$$

Les formules récursives incomplètes et les expressions explicites, tirées des formules générales (2), (3), (4), pour les B_n, T_n et E_n, forment les parties principales du beau Mémoire de M. Haussner [1]. Or, van den Berg [2] a trouvé, douze ans auparavant, les formules susdites qui contiennent les nombres de Bernoulli, tandis qu'il a indiqué quelques cas spéciaux des autres formules pour les T_n et les E_n.

Quant aux expressions explicites que nous venons de développer, M. Haussner [3] dit à juste titre qu'elles sont plus simples que celles de Kronecker [4]. Nous pouvons ajouter que les formules

----

[1] *Göttinger Nachrichten*, 1893, p. 777-809.

[2] *Verslagen en mededeelingen der Koninlijke Akademie Amsterdam*, 2ᵉ série, t. 16, 1881, p. 89. Il est très regrettable, ce me semble, que le collaborateur du *Jahrbuch über die Fortschritte der Mathematik*, t. 13, p. 193, ne dit rien sur la nature de ce Mémoire très remarquable.

[3] *Loc. cit.*, p. 795.

[4] *Journal de Mathématiques pures et appliquées*, 2ᵉ série, t. 1, 1856, p. 385-391.

incomplètes de ce genre sont beaucoup plus simples que celles indiquées dans le paragraphe précédent, ce que montrent clairement les exemples suivants.

Soit $k = 2$, nous trouvons

$$n!\,F_n(x) = \left(x + \frac{1+i}{2}\right)^n + \left(x + \frac{1-i}{2}\right)^n,$$

$$(n+1)!\,G_n(x) = \left(x + \frac{1+i}{2}\right)^{n+1} - \left(x + \frac{1-i}{2}\right)^{n+1},$$

ce qui donnera

$$s_m = \frac{1}{m!\,2^{\frac{m-2}{2}}} \cos\frac{m\pi}{4},$$

$$\sigma_m = \frac{i}{(m+1)!\,2^{\frac{m-1}{2}}} \sin\frac{m+1}{4}\pi,$$

de sorte que nous aurons

$$(5)\quad \left\{\begin{aligned} F_n(x) &= \sum_{s=0}^{s \leq \frac{n}{4}} \frac{(-1)^s}{(4s)!\,2^{2s-1}} E_{n-4s}(x),\\ G_n(x) &= \sum_{s=0}^{s \leq \frac{n}{4}} \frac{(-1)^s i}{(4s+2)!\,2^{2s-1}} B_{n-4s}(x). \end{aligned}\right.$$

Cela posé, nous trouvons les formules incomplètes

$$(6)\quad (-1)^n 2^{2n} = \sum_{s=0}^{s=n} (-1)^s \binom{4n+1}{4s} 2^{2s} T_{2n-2s+1},$$

$$(7)\quad (-1)^{n-1} 2^{2n-1} = \sum_{s=0}^{s=n-1} (-1)^s \binom{4n-1}{4s} 2^{2s} T_{2n-2s},$$

$$(8)\quad 1 = E_{2n+1} + \sum_{s=1}^{s=n} (-1)^s \binom{4n+2}{4s} 2^{2s} E_{2n-2s+1},$$

$$(9)\quad 1 - (-1)^n 2^{2n} = E_{2n} + \sum_{s=1}^{s=n-1} (-1)^s \binom{4n}{4s} 2^{2s} E_{2n-2s},$$

$$(10)\quad \frac{(-1)^{n-1} n}{2^{2n-1}} = \sum_{s=0}^{s=n-1} \frac{(-1)^s}{2^{2s}} \binom{4n+2}{4s+2} B_{2n-2s}$$

et

$$(11) \qquad \frac{(-1)^n (n+1)}{2^{2n}} = \sum_{s=0}^{s=n} \frac{(-1)^s}{2^{2s}} \binom{4n+4}{4s+2} B_{2n-2s+1};$$

$$(12) \qquad 2n+1-(-1)^n 2^{2n} = \sum_{s=0}^{s=n-1} (-1)^s \binom{4n+4}{4s+2} (2^{4n-4s}-2) 2^{2s} B_{2n-2s};$$

$$(13) \qquad 2n+2 = \sum_{s=0}^{s=n} (-1)^s \binom{4n+4}{4s+2} (2^{4n-4s+2}-2) 2^{2s} B_{2n-2s+1};$$

les formules (10) et (13) sont celles de Knar ([1]).

Soit ensuite $k=3$, nous trouvons

$$(14) \quad \begin{cases} n!\, F_n(x) = (x+1)^n + x^n + \left(x + \dfrac{1+i\sqrt{3}}{2}\right)^n + \left(x + \dfrac{1-i\sqrt{3}}{2}\right)^n, \\[2ex] (n+2)!\, G_n(x) = (x+1)^{n+2} + x^{n+2} - \left(x + \dfrac{1+i\sqrt{3}}{2}\right)^{n+2} - \left(x + \dfrac{1-i\sqrt{3}}{2}\right)^{n+2}, \end{cases}$$

de sorte que l'identité évidente

$$\frac{1 \pm i\sqrt{3}}{2} = \cos\frac{\pi}{3} + i\sin\frac{\pi}{3}$$

donnera

$$s_0 = 1, \qquad s_m = \frac{1}{m!}\left(1 + 2\cos\frac{m\pi}{3}\right),$$

$$\sigma_m = \frac{1}{(m+2)!}\left[1 - 2\cos\frac{(m+2)\pi}{3}\right];$$

c'est-à-dire que les développements généraux deviennent

$$(15) \quad \begin{cases} F_n(x) = 8\, E_n(x) + \displaystyle\sum_{s=0}^{\leq \frac{n}{6}} \frac{6}{(6s)!}\, E_{n-6s}(x), \\[2ex] G_n(x) = \displaystyle\sum_{s=0}^{\leq \frac{n}{6}} \frac{6}{(6s+3)!}\, B_{n-6s}(x). \end{cases}$$

([1]) *Archiv de Grunert*, t. 27, 1856, p. 455-456.

Dans ce cas, nous trouvons les formules incomplètes

$$(16)\qquad (-1)^{n-1}\,2^{2n-3}=\mathrm{T}_n+\frac{3}{4}\sum_{s=1}^{\leqq\frac{n-1}{3}}(-1)^s\binom{2n+1}{6s}2^{6s}\mathrm{T}_{n-3s},$$

$$(17)\qquad (-1)^n\,2^{n-1}\left(1+2\cos\frac{2n+1}{3}\pi\right)$$

$$=\mathrm{T}_{n+1}+\frac{3}{4}\sum_{s=1}^{\leqq\frac{n}{3}}(-1)^s\binom{2n+1}{6s}2^{6s}\mathrm{T}_{n-3s+1},$$

$$(18)\qquad \frac{1^n+(-1)^n}{2}-(-1)^n\,3.2^{2n-2}=\mathrm{E}_n+\sum_{s=1}^{\leqq\frac{n-1}{3}}(-1)^s\binom{2n}{6s}2^{6s}\mathrm{E}_{n-3s},$$

$$(19)\qquad \frac{3^n+(-1)^n}{2}=\mathrm{E}_n+\sum_{s=1}^{\leqq\frac{n-1}{3}}(-1)^s\binom{2n}{6s}2^{6s}\mathrm{E}_{n-s},$$

$$(20)\qquad \frac{(-1)^{n-1}\,2n}{3}=\sum_{s=0}^{\leqq\frac{n-1}{3}}(-1)^s\binom{2n+3}{6s+3}\mathrm{B}_{n-3s},$$

$$(21)\qquad \frac{(-1)^{n-1}(2n+3)}{6}\left(1-2\cos\frac{2n+2}{3}\pi\right)=\sum_{s=0}^{\leqq\frac{n-1}{3}}(-1)^s\binom{2n+3}{6s+3}\mathrm{B}_{q-3s}.$$

Les formules (16), (18), (20) sont à appliquer, pourvu que n soit un multiple de 3, sinon nous avons à appliquer les trois autres formules.

Toutes ces formules spéciales que nous venons de développer sont trouvées par van den Berg ([1]); MM. J.-C. Kapteyn et W. Kapteyn ([2]), dans leur grand Mémoire sur les sinus d'ordre supérieur, ont retrouvé les formules (6), (10), (16), (20), et M. Rogel ([3]) a retrouvé la formule (21).

M. Haussner ([4]) a indiqué quelques autres formules incomplètes qui ne sont pas des cas spéciaux des développements précédents.

---

[1] *Verslagen en mededeelingen der Koninlijke Akademie Amsterdam*, 2ᵉ série, t. 16, 1881, p. 119-121, 125, 161-166.
[2] *Sitzungsberichte der Wiener Akademie*, t. 93, II, 1886, p. 836.
[3] *Jahrbuch über die Fortschritte der Mathematik*, t. 26, 1895, p. 286.
[4] *Göttinger Nachrichten*, 1893, p. 808.

Quant à ces formules, nous nous bornerons à indiquer les éléments
généraux des suites régulières correspondantes, savoir

$$F_n(x) = \frac{(x+i)^{n+1} - (x+1-i)^{n+1} - (x-i)^{n+1} + (x+1+i)^{n+1}}{(n+1)!\, i},$$

$$\Phi_n(x) = \frac{(x+1)^{n+2} + x^{n+2}}{(n+2)!} - \frac{1-i}{2}\, \frac{(x+i)^{n+2} + (x+1+i)^{n+2}}{(n+2)!}$$
$$- \frac{1+i}{2}\, \frac{(x-i)^{n+2} + (x+1-i)^{n+2}}{(n+2)!},$$

$$\Psi_n(x) = \frac{(x+1)^{n+4} + x^{n+4}}{(n+4)!} - \frac{1+i}{2}\, \frac{(x+i)^{n+4} + (x+1-i)^{n+4}}{(n+4)!}$$
$$- \frac{1-i}{2}\, \frac{(x-i)^{n+4} + (x+1+i)^{n+4}}{(n+4)!},$$

ce qui donnera les développements

$$(22)\qquad F_n(x) = \sum_{s=0}^{\leq \frac{n}{4}} \frac{(-1)^s\, 2^{4s+3}}{(4s+2)!}\ B_{n-4s}(x),$$

$$(23)\qquad \Phi_n(x) = \sum_{s=0}^{\leq \frac{n}{4}} \frac{4 + (-1)^s\, 2^{4s+3}}{(4s+3)!}\ B_{n-4s}(x),$$

$$(24)\qquad \Psi_n(x) = \sum_{s=0}^{\leq \frac{n}{4}} \frac{4 + (-1)^s\, 2^{4s+4}}{(4s+5)!}\ B_{n-4s}(x)$$

CHAPITRE XI.

D'AUTRES FORMULES INCOMPLÈTES.

LII. — Applications des formules générales.

Revenons maintenant aux formules générales (9) et (10) du paragraphe XXVIII, savoir

$$(1) \quad \sum_{s=1}^{s=\omega} (-1)^s (m+n-q-s)! \left[(-1)^n \binom{n}{s} - (-1)^m \binom{m-s}{q} \right] a_{m+n-s+1}$$

$$= \sum_{s=0}^{s=\omega} \frac{(-1)^s (n+q-s)!\,(m-q)!}{(q-s)!\,(m+n-s+1)!}\, a_s,$$

$$(2) \quad \sum_{s=0}^{s=\omega} (-1)^s (m+n+q-s)!$$

$$\times \left[(-1)^n \binom{n}{s} - (-1)^m \binom{m+q}{s} \right] a_{m+n-s} = 0,$$

valables pour les éléments de la base d'une suite régulière quelconque, et dans lesquelles les sommations aux premiers membres sont à étendre jusqu'à ce que les coefficients binomiaux qui y figurent s'évanouissent tous deux.

Il est évident que ces deux formules sont d'une généralité très étendue, de sorte qu'elles donnent un grand nombre des formules récursives incomplètes contenant les B_n et les T_n; nous nous bornerons à indiquer les plus simples de telles formules spéciales.

1° Soit

$$a_1 = \frac{1}{2}, \qquad a_{2n+1} = 0,$$

$$a_0 = 1, \qquad a_{2n} = \frac{(-1)^{n-1} B_n}{(2n)!},$$

la suite régulière correspondante est celle formée des fonctions de Bernoulli.

2° Les hypothèses

$$a_0 = \frac{1}{2}, \qquad a_{2n} = 0,$$

$$a_{2n+1} = \frac{(-1)^n T_{n+1}}{(2n+1)!\, 2^{2n+2}}$$

donnent la suite régulière formée des fonctions d'Euler.

Étudions tout d'abord la formule (2), où nous supposons $q < n$, nous obtenons des formules récursives incomplètes de première espèce contenant les B_n ou les T_n.

Quant à la formule (1), où nous supposons $q > 0$, elle donnera des formules incomplètes contenant les nombres de Bernoulli

$$B_1, \quad B_2, \quad B_3, \quad \ldots, \quad B_r; \qquad B_{r+s+1}, \quad B_{r+s+2}, \quad \ldots, \quad B_{r+s+t}$$

ou les coefficients des tangentes aux mêmes indices.

Je suppose que ces formules sont les mêmes que celles mentionnées par M. Haussner [1] comme appartenant à Saalschütz [2].

Soit $q = 0$, nous obtenons les formules de Saalschütz que nous avons développées d'un autre point de vue dans le paragraphe XLV ; ces formules sont du reste trouvées presque en même temps par Hermite [3].

3° Posons

$$a_0 = \frac{1}{2} - B_1,$$

$$a_{2n} = \frac{(-1)^{n+1} B_{n+1}}{(2n+1)!},$$

$$a_{2n+1} = \frac{1}{2}\, \frac{(-1)^n B_{n+1}}{(2n+2)!},$$

la suite régulière correspondant avec l'élément général

$$f_n(x) = \left(x + \frac{1}{2}\right) B_{n+1}(x) - (n+2) B_{n+2}(x).$$

4° Soit de même

$$a_{2n} = \frac{(-1)^n T_{n+1}}{(2n+1)!\, 2^{2n+2}}, \qquad a_{2n+1} = \frac{(-1)^{n+1} T_{n+1}}{(2n)!\, 2^{2n+2}},$$

---

[1] *Göttinger Nachrichten*, 1893, p. 778.

[2] *Physikalisch-ökonom. Gesellschaft zu Königsberg*, p. 1892. Ce Mémoire n'est pas mentionné dans le *Jahrbuch über die Fortschritte der Mathematik*.

[3] *Mathesis*, 2ᵉ série, t. 5, suppl., II, 1895, p. 1-7.

nous aurons

$$f_n(x) = \left(x + \frac{1}{2}\right) E_{n+1}(x) - (n + 1) E_{n+2}(x).$$

On voit que les formules récursives incomplètes obtenues dans ces cas sont plus compliquées que celles obtenues dans les cas précédents.

Quant aux formules générales (5) et (6) du paragraphe XXVII,

$$(3) \qquad F(x) = (-1)^n \sum_{s=0}^{s=q} \frac{(n+q-s)!\,(m-q)!\,a_s\,x^{m+n-s+1}}{(q-s)!\,(m+n-s+1)!}$$
$$+ \sum_{s=0}^{s=m-q} (n+s)! \binom{q+s}{s} a_{n+q+s+1} x^{m-q-s},$$

$$(4) \qquad G(x) = (-1)^n \sum_{s=0}^{s=m+q} (n+s)! \binom{q+s}{s} a_{n-q+s} x^{m+q-s},$$

où nous avons posé

$$(5) \quad F(x) = \sum_{s=0}^{s=n} (-1)^s \binom{n}{s} (m-q+s)!\, x^{n-s}\, f_{m+s+1}(x) \qquad (0 \leqq q \leqq m),$$

$$(6) \quad G(x) = \sum_{s=0}^{s=n} (-1)^s \binom{n}{s} (m+q+s)!\, x^{n-s} f_{m+s}(x) \qquad (0 \leqq q \leqq n),$$

tandis que $[f_n(x),\, a_n]$ est une suite harmonique quelconque, elles donnent aussi un grand nombre de formules récursives incomplètes · parmi lesquelles nous mentionnons les suivantes :

$$5^\circ \quad f_n(x) = B_n(x), \qquad x = -\frac{1}{2}, \qquad x = -\frac{1}{4}, \qquad x = -\frac{3}{4}.$$

$$6^\circ \quad f_n(x) = E_n(x), \qquad x = -\frac{1}{2}.$$

On voit du reste que les formules ainsi obtenues deviennent plus compliquées que les précédentes.

LIII. — Applications des fonctions ultrasphériques.

Il est très intéressant, ce me semble, que les fonctions ultrasphériques de première espèce [1]

$$(1) \quad \begin{cases} P_{\nu,0}(x) = 1, \\ P_{\nu,n}(x) = \sum_{s=0}^{s \leq \frac{n}{2}} (-1)^s \binom{n-s}{s} \binom{\nu+n-s-1}{n-s} (2x)^{n-2s} \end{cases}$$

donnent des formules récursives incomplètes, et pour les B_n et pour les T_n.

En effet, la définition (1) donnera, après un simple calcul direct,

$$(2) \qquad D_x P_{\nu,n}(x) = 2\nu\, P_{\nu+1,n-1}(x),$$

$$(3) \quad (n+1) P_{\nu,n+1}(x) = (2\nu+n)x\, P_{\nu,n}(x) - (1-x^2) D_x P_{\nu,n}(x);$$

soit ensuite, dans (3), $x = -1$, il résulte

$$P_{\nu,n+1}(-1) = -\frac{n+2\nu}{n+1} P_{\nu,n}(-1),$$

ce qui donnera généralement

$$(4) \qquad P_{\nu,n}(-1) = (-1)^n \binom{2\nu+n-1}{n}.$$

Cela posé, on aura, en vertu de (2),

$$\frac{1}{p!} D_x^p P_{\nu,n}(x) = 2^p \binom{\nu+p-1}{p} P_{\nu+p,n-p}(x),$$

d'où, en vertu de (4),

$$\frac{1}{p!} [D_x^p P_{\nu,n}(x)]_{x=-1} = (-1)^{n-p} 2^p \binom{\nu+p-1}{p} \binom{2\nu+n+p-1}{n-p},$$

de sorte que nous aurons la série de Taylor

$$(5) \quad P_{\nu,n}(x-1) = \sum_{s=0}^{s=n} (-1)^s \binom{\nu+n-s-1}{n-s} \binom{2\nu+2n-s-1}{s} (2x)^{n-s}.$$

---

[1] *Voir* mon Traité : *Théorie des fonctions métasphériques*, p. 95-112. Paris, 1911.

Les expressions

$$P_{\nu,n}(x) + P_{\nu,n}(x-1)$$

étant déterminées à l'aide des formules (1) et (5), on voit que les coefficients des deux développements

$$P_{\nu,n}(x) = \sum_{s=0}^{s=n} a_{n,s}(\nu)\, B_{n-s}(x),$$

$$P_{\nu,n}(x) = \sum_{s=0}^{s=n} b_{n,s}(\nu)\, E_{n-s}(x)$$

sont déterminés, abstraction faite de $a_{n,n}(\nu)$, coefficient qui exige des recherches spéciales.

Or, introduisons, dans les développements susdits, $\nu - 1$ au lieu de ν, $n + 1$ au lieu de n, puis cherchons les dérivées par rapport à x des deux membres des formules ainsi obtenues, il résulte, en vertu de (2), les formules récursives

$$(2\nu - s)\, a_{n,s}(\nu) = a_{n+1,s}(\nu - 1),$$
$$(2\nu - s)\, b_{n,s}(\nu) = b_{n+1,s}(\nu - 1),$$

ce qui donnera finalement

$$(6)\qquad (2\nu - 2)\, P_{\nu,n}(x)$$

$$= \sum_{s=0}^{s=n} (-1)^s \binom{\nu+n-s-2}{n-s}\binom{2\nu+2n-s-2}{s+1}(n-s)!\, 2^{n-s}\, B_{n-s}(x)$$

$$- \sum_{s=0}^{\leq \frac{n-1}{2}} (-1)^s \binom{n-s}{s+1}\binom{\nu+n-s-2}{n-s}(n-2s-1)!\, 2^{n-2s-1}\, B_{n-2s-1}(x),$$

$$(7)\qquad P_{\nu,n}(x) = \sum_{s=0}^{s=n} (-1)^s \binom{\nu+n-s-1}{n-s}\binom{2\nu+2n-s-1}{s}(n-s)!\, 2^{n-s}\, E_{n-s}(x)$$

$$+ \sum_{s=0}^{\leq \frac{n}{2}} (-1)^s \binom{n-s}{s}\binom{\nu+n-s-1}{n-s}(n-2s)!\, 2^{n-2s}\, E_{n-2s}(x).$$

Introduisons maintenant, dans ces deux formules, les valeurs numériques de x, mentionnées dans le paragraphe XVI, il résulte des formules récursives pour les B_n, T_n, E_n, et ces formules sont remarquables, parce qu'elles contiennent le paramètre quelconque ν.

Or, la valeur de $P^{(\nu,n)}(x)$ ne se présente sous forme simple que dans les deux cas $x = 0$ et $x = -1$, il est évident que les formules récursives qui correspondent aux autres valeurs de x deviennent assez compliquées. C'est pourquoi nous nous bornerons à l'étude des deux cas susdits.

A cet effet, posons, dans (6) et (7), $x = 0$. puis introduisons $2n$ au lieu de n, la dernière somme qui figure au second membre de chacune de ces deux formules disparaîtra, le dernier terme seulement exclu, de sorte que nous trouvons après une légère modification

$$(8)\qquad \sum_{s=0}^{s=n-1} (-1)^s \binom{\nu+2n-2s-2}{2n-2s}\binom{2\nu+4n-2s-2}{2s+1} 2^{2n-2s} B_{n-s}$$
$$= (-1)^n \binom{2\nu+2n-2}{2n}$$
$$-(-1)^n(\nu-1)\binom{2\nu+2n-1}{2n+1}-(\nu-1)\binom{\nu+n-1}{n},$$

$$(9)\qquad \sum_{s=0}^{s=n-1} (-1)^s \binom{\nu+2n-2s-2}{2n-2s-1}\binom{2\nu+4n-2s-2}{2s+1} T_{n-s}$$
$$= \binom{\nu+n-1}{n}-(-1)^n\binom{2\nu+2n-1}{2n}.$$

Ces deux formules récursives deviennent incomplètes dans les deux cas suivants :

1° $\nu = -p + \frac{1}{2}$, où p désigne un positif entier; dans ce cas, nous aurons

$$(10)\qquad \sum_{s=0}^{\leqq n-\frac{p+1}{2}} (-1)^s \binom{2n-p-2s-\frac{3}{2}}{2n-2s}\binom{4n-2p-2s-1}{2s+1} 2^{2n-2s} B_{n-s}$$
$$= \left(p+\frac{1}{2}\right)\binom{n-p-\frac{1}{2}}{n},$$

$$(11)\qquad \sum_{s=0}^{\leqq n-\frac{p+1}{2}} (-1)^s \binom{2n-p-2s-\frac{3}{2}}{2n-2s-1}\binom{4n-2p-2s-1}{2s+1} T_{n-s}$$
$$= \binom{n-p-\frac{1}{2}}{n},$$

où il faut supposer $1 \leqq p \leqq n-1$, respectivement $1 \leqq p \leqq n$.

Posons, dans (10), $p = n - 1$, nous aurons la formule la plus simple de ce genre, savoir

$$(12)\quad \sum_{s=0}^{\leq \frac{n}{2}} (-1)^s \binom{n-2s-\frac{1}{2}}{2n-2s} \binom{2n-2s+1}{2s+1} 2^{2n-2s} B_{n-s} = \left(n-\frac{1}{2}\right)\binom{\frac{1}{2}}{n},$$

tandis que la formule (11) donnera, pour $p = n-1$, $p = n$ respectivement,

$$(13)\quad \sum_{s=0}^{\leqq \frac{n}{2}} (-1)^s \binom{n-2s-\frac{1}{2}}{2n-2s-1} \binom{2n-2s+1}{2s+1} T_{n-s} = \binom{\frac{1}{2}}{n},$$

$$(14)\quad \sum_{s=0}^{\leqq \frac{n-1}{2}} (-1)^s \binom{n-2s-\frac{3}{2}}{2n-2s-1} \binom{2n-2s-1}{2s+1} T_{n-s} = \binom{-\frac{1}{2}}{n}.$$

2° L'hypothèse $\nu = -n-q-\frac{1}{2}$, $1 \leqq q \leqq n-1$, où q désigne un positif entier, donnera de même les deux formules incomplètes de première espèce

$$(15)\quad \sum_{s=0}^{\leqq \frac{n-q-1}{2}} (-1)^s \binom{n-q-2s-\frac{3}{2}}{2n-2s} \binom{2n-2q-2s-1}{2s+1} 2^{2n-2s} B_{n-s}$$

$$+ (-1)^{n+q} \sum_{s=0}^{s=q-1} (-1)^s \binom{-n+q-2s-\frac{3}{2}}{2q-2s}$$

$$\times \binom{-2s-1}{2n-2q+2s+1} 2^{2q-2s} B_{q-s}$$

$$= \left(n+q+\frac{1}{2}\right)\binom{-q-\frac{1}{2}}{n}$$

$$+ (-1)^{n-1}\binom{-q-1}{2n+1} + (-1)^n \left(n+q+\frac{1}{2}\right)\binom{-q}{2n}$$

et

$$(16)\quad \sum_{s=0}^{\frac{n-q-1}{2}} (-1)^s \binom{n-q-2s-\frac{3}{2}}{2n-2s-1}\binom{2n-2q-2s-1}{2s+1} T_{n-s}$$
$$+ (-1)^{n+q}\sum_{s=0}^{s=q-1} (-1)^s \binom{q-n-2s-\frac{3}{2}}{2q-2s-1}\binom{-2s-1}{2n-2q+2s+1} T_q$$
$$= \binom{-q-\frac{1}{2}}{n} - (-1)^n \binom{-2q}{2n}.$$

On voit que l'hypothèse $q = 1$ donnera les formules les plus simples de ce genre, savoir

$$(17)\quad \sum_{s=0}^{\frac{n-1}{2}} (-1)^s \binom{n-2s-\frac{3}{2}}{2n-2s}\binom{2n-2s-3}{2s+1} 2^{2n-2s} B_{n-s}$$
$$= (-1)^{n-1}\left(n+\frac{1}{2}\right) + \frac{(-1)^{n+1}(2n+5)(2n+7)}{6} + \left(n+\frac{3}{2}\right)\binom{-\frac{3}{2}}{n},$$

$$(18)\quad \sum_{s=0}^{\frac{n-1}{2}} (-1)^s \binom{n-2s-\frac{5}{2}}{2n-2s-1}\binom{2n-2s-3}{2s+1} T_{n-s}$$
$$= \binom{-\frac{3}{2}}{n} - (-1)^n \left(n+\frac{1}{2}\right).$$

LIV. — D'autres généralisations de la formule de Knar.

Il est très intéressant, ce me semble, que les formules de Knar sont susceptibles d'une autre généralisation entièrement différente de celle qui a donné les formules incomplètes de seconde espèce.

A cet effet, nous prenons pour point de départ la suite harmonique, dont l'élément général est le polynome

$$f_n(x) = \frac{1}{n!}\left(x + \frac{1}{1-\alpha}\right)^n,$$

où α désigne un nombre complexe différent de l'unité positive, mais arbitraire du reste. Nous aurons immédiatement

$$f_n(x-1) = \frac{1}{n!}\left(x + \frac{\alpha}{1-\alpha}\right)^n,$$

ce qui donnera les développements

$$(1) \qquad f_n(x) = \sum_{s=0}^{s=n} \frac{1-\alpha^{s+1}}{(1-\alpha)^{s+1}}\,\frac{B_{n-s}(x)}{(s+1)!},$$

$$(2) \qquad f_n(x) = \sum_{s=0}^{s=n} \frac{1+\alpha^s}{(1-\alpha)^s}\,\frac{E_{n-s}(x)}{s!},$$

formules dont certains cas particuliers sont bien connus.

1° Posons, dans (1), $\alpha = 0$, il résulte

$$\frac{(x+1)^n}{n!} = \sum_{s=0}^{s=n} \frac{B_{n-s}(x)}{(s+1)!},$$

d'où, en remplaçant x par $-x-1$, puis multipliant par $(-1)^n$,

$$\frac{x^n}{n!} = \sum_{s=0}^{s=n} \frac{(-1)^s\,B_{n-s}(x)}{(s+1)!},$$

savoir la formule (6) du paragraphe XIX, ce qui donnera

$$(3) \qquad \frac{(x+1)^{2n}+x^{2n}-1}{(2n)!} = \sum_{s=0}^{s=n-1} \frac{2}{(2s+1)!}\,[\,B_{2n-2s}(x) - B_{2n-2s}(0)\,].$$

Soit maintenant, dans (3), x égal au positif entier $p-1$, nous aurons, en vertu de la formule (20) du paragraphe XXXI,

$$(4) \qquad \frac{p^{2n}+(p-1)^{2n}-1}{2} = \sum_{r=0}^{r=n-1} \binom{2n}{2r+1} S_{2n-2r-1}(p-1).$$

L'hypothèse $\alpha = -1$ donnera de même, en vertu de (1),

$$\frac{1}{n!}\left(x + \frac{1}{2}\right)^{2n} = \sum_{s=0}^{\leq \frac{n}{2}} \frac{1}{(2s+1)!\,2^{2s}}\,B_{n-2s}(x),$$

de sorte que nous aurons dans ce cas

$$(3) \qquad (2p-1)^n - 1 = \sum_{r=0}^{r=n-1} \binom{2n}{2r+1} 2^{2n-2r} S_{2n-2r-1}(p-1);$$

les deux formules (4) et (5) sont observées par Lipschitz [1].
Appliquons ensuite la formule

$$(6) \qquad \frac{(x+1)^n + x^n - 1}{n!} = \sum_{s=0}^{\leq \frac{n}{2}} \frac{2}{(2s+1)!}\left[B_{n-2s}(x) - B_{n-2s}(0)\right],$$

plus générale que (3), nous aurons de même

$$(7) \qquad \frac{p^n + (p-1)^n - 1}{2} = \sum_{r=0}^{\leq \frac{n-1}{2}} \binom{n}{2r+1} S_{n-2r-1}(p-1).$$

Quant à la formule (2), on aura, en vertu de la formule (21) du paragraphe XXXVI,

$$(8) \qquad \frac{p^n + (p-1)^n + (-1)^p}{2} = \sum_{r=0}^{\leq \frac{n}{2}} \binom{2n}{2r} \sigma_{n-2r}(p-1),$$

$$(9) \qquad (2p-1)^n + (-1)^p = \sum_{r=0}^{\leq \frac{n}{2}} \binom{n}{2r} \sigma_{n-2r}(p-1).$$

2° Posons, dans (1) et (2), $x = 0$, puis remplaçons, dans (1), n par $n-1$, il résulte, après une légère modification,

$$(10) \quad \frac{n}{2}(1-\alpha)(1+\alpha^{n-1}) = 1 - \alpha^n + \sum_{s=1}^{\leq \frac{n-1}{2}} (-1)^{s-1}\binom{n}{2s}(1-\alpha)^{2s}(1-\alpha^{n-2s})B_s,$$

$$(11) \qquad \frac{1-\alpha^n}{1-\alpha} = \sum_{s=0}^{\leq \frac{n-1}{2}} \frac{(-1)^s}{2^{2s+1}}\binom{n}{2s+1}(1-\alpha)^{2s}(1+\alpha^{n-2s-1})T_{s+1},$$

---

[1] *Comptes rendus*, t. 86, 1878, p. 119-121.

tandis que l'hypothèse $x = -\frac{1}{2}$ donnera

$$(12) \quad 2(1+x)^n = 2^n(1+x^n) + \sum_{s=1}^{\leq \frac{n}{2}} (-1)^s \binom{n}{2s}(1-x)^{2s}(1+x^{n-2s}) 2^{2n-2s} B_s,$$

$$(13) \quad n(1-x)\left(\frac{1+x}{2}\right)^{n-1}$$

$$= 1 - x^n + \sum_{s=1}^{\frac{n-1}{2}} (-1)^s \binom{n}{2s}(1-x)^{2s}(1-x^{n-2s}) \frac{2^{2n-2s}-2}{2^{2s}} B_s,$$

$$(14) \quad (1-x)\left[\left(\frac{1+x}{2}\right)^{n-1} - \frac{1+x^{n-1}}{2}\right]$$

$$= \sum_{s=1}^{\leq \frac{n-1}{2}} (-1)^s \binom{n-1}{2s}(1-x)^{2s}(1-x^{n-2s}) \frac{T_s}{2^{2s-1}}.$$

Les trois premières de ces cinq formules sont indiquées par Hermite ([1]) et démontrées; à l'aide des formules sommatoires, par Stieltjes ([2]).

3° Posons, dans (10) et (13), $x = i$, nous retrouvons les deux formules de Knar que nous venons de développer dans le paragraphe LI.

4° Supposons, dans (1),
$$x^k = 1,$$
et dans (2)
$$x^k = -1,$$

où k désigne un positif entier quelconque, il est évident que les fonctions $B_{\theta-ks+1}(x)$, respectivement $E_{n-ks}(x)$, disparaîtront des formules ainsi obtenues, ce qui nous conduira à des formules récursives pour les B_n, T_n, E_n, dans lesquelles manquent les nombres dont les indices forment une suite arithmétique.

On voit que les formules de Knar sont à regarder comme les représentants les plus simples des formules de ce genre.

---

[1] *Correspondance d'Hermite et de Stieltjes*, t. 2, p. 436, 442.
[2] *Loc. cit.*, p. 437-438.

CHAPITRE XII.

EXPRESSIONS EXPLICITES.

LV. — Développements de première espèce.

Il me semble un peu difficile de définir nettement ce qu'il faut entendre par l'idée d'une *independente Darstellung;* c'est pourquoi je préfère de remplacer l'idée susdite par *expression explicite* et de remarquer que les développements que nous avons à déduire dans le Chapitre présent ont cette propriété de même que les développements donnés dans les paragraphes I. et LI.

En premier lieu, prenons pour point de départ la formule (9) du paragraphe VIII :

$$f(x+\beta)-f(\beta)=\sum_{s=0}^{s=m}(-1)^s\left(\genfrac{}{}{0pt}{}{\frac{x}{\alpha}+s-1}{s}\right)\left(\genfrac{}{}{0pt}{}{\frac{x}{\alpha}+m}{m-s}\right)[f(\beta-s\alpha)-f(\beta)],$$

où $f(x)$ est un polynome entier du degré n, et où il faut supposer $m \geqq n$, tandis que x, α, β sont des variables complexes quelconques, telles que $\alpha \neq 0$. Posons, dans cette formule,

$$f(x)=B_n(x),$$

nous aurons par conséquent

$$(1)\quad B_n(x+\beta)-B_n(\beta)$$
$$=\sum_{s=1}^{s=m}(-1)^{s-1}\left(\genfrac{}{}{0pt}{}{\frac{x}{\alpha}+s-1}{s}\right)\left(\genfrac{}{}{0pt}{}{\frac{x}{\alpha}+m}{m-s}\right)[B_n(\beta)-B_n(\beta-s\alpha)].$$

Soit maintenant tout d'abord α égal au positif entier p, il résulte, en vertu de la formule (2 *bis*) du paragraphe XXXVI,

$$(2)\quad B_n(x+\beta)-B_n(\beta)$$
$$=\sum_{s=1}^{s=m}(-1)^{n-s}\left(\genfrac{}{}{0pt}{}{\frac{x}{p}+s-1}{s}\right)\left(\genfrac{}{}{0pt}{}{\frac{x}{p}+m}{m-s}\right)\frac{s_{n-1}(-\beta,\,ps)}{(n-1)!};$$

on voit que le cas le plus simple de cette formule correspond à $\beta = 0$, $m = n$.

Posons ensuite, dans (1), $n+1$ au lieu de n, cherchons les dérivées par rapport à x des deux membres de la formule ainsi obtenue, puis posons $x = 0$, nous avons, en remplaçant β par $-x-1$, puis multipliant par $(-1)^n$,

$$(3) \qquad \alpha B_n(x) = \sum_{s=1}^{s=m} \frac{(-1)^{s-1}}{s} \binom{m}{s} [B_{n+1}(x + sz) - B_{n+1}(x)],$$

où il faut supposer par conséquent $m \geqq n+1$.

Supposons de nouveau z égal au positif entier p, la formule (2) du paragraphe XXXVI donnera

$$(4) \qquad p\, B_n(x) = \sum_{q=1}^{q=m} \frac{(-1)^{q-1}}{q} \binom{m}{q} \frac{s_n(x+1,\, pq)}{n!};$$

posons ensuite, dans (3), $z = p+1$, puis soustrayons la formule ainsi obtenue de (4), il résulte

$$(5) \qquad . \quad B_n(x) = \sum_{q=1}^{q=m} \frac{(-1)^{q-1}}{q} \binom{m}{q} \frac{s_n(x + pq + 1,\, q)}{n!}.$$

On voit que la formule la plus simple de ce genre est la formule suivante

$$(6) \qquad B_n(x) = \sum_{q=1}^{q=n+1} \frac{(-1)^{q-1}}{q} \binom{n+1}{q} \frac{s_n(x+1,\, q)}{n!},$$

obtenue de (5) en y posant $p = 0$, $m = n+1$. De plus, on voit que les trois dernières formules générales donnent un grand nombre d'expressions explicites pour des B_n, T_n et E_n, si nous introduisons

$$x = 0, \qquad x = -1, \qquad x = -\frac{1}{2}, \quad \cdot \quad x = -\frac{1}{3}, \qquad x = -\frac{2}{3},$$

$$x = -\frac{1}{4}, \qquad x = -\frac{3}{4}, \qquad x = -\frac{1}{6}, \qquad x = -\frac{5}{6}.$$

Nous nous bornerons à étudier le premier de ces cas spéciaux, savoir $x = 0$; remplaçons encore n par $2n$, il résulte, en vertu de (4),

$$(7) \qquad p\,\mathrm{B}_n = \sum_{q=1}^{q=m} \frac{(-1)^{n+q}}{q} \binom{m}{q} \mathrm{S}_{2n}(pq),$$

où il faut supposer par conséquent $m \geqq 2n+1$. La formule la plus simple de ce genre, savoir

$$(8) \qquad \mathrm{B}_n = \sum_{q=1}^{q=2n+1} \frac{(-1)^{q+q}}{q} \binom{2n+1}{q} \mathrm{S}_{2n}(q),$$

est due à Kronecker ([1]).

Quant aux fonctions d'Euler, nous obtenons des résultats analogues aux précédents.

En effet, posons, dans (4) et (5), $n+1$ au lieu de n et

$$\frac{x}{2}, \quad \frac{x-1}{2}$$

au lieu de x, puis soustrayons les deux équations ainsi obtenues, il résulte, en vertu de la formule (7) du paragraphe XVI,

$$(9) \qquad p\,\mathrm{E}_n(x) = \sum_{q=1}^{q=m} \frac{(-1)^{q-1}}{q} \binom{m}{q} \frac{\mathcal{S}_{n+1}(x+1,\,2pq)}{(n+1)!},$$

$$(10) \qquad \mathrm{E}_n(x) = \sum_{q=1}^{q=m} \frac{(-1)^{q-1}}{q} \binom{m}{q} \frac{\mathcal{S}_{n+1}(x+2pq+1,\,2q)}{(n+1)!},$$

où il faut supposer par conséquent $m \geqq n+1$. La formule la plus simple de ce genre est évidemment

$$(11) \qquad \mathrm{E}_n(x) = \sum_{q=1}^{q=n+1} \frac{(-1)^{q-1}}{q} \binom{n+1}{q} \frac{\mathcal{S}_{n+1}(x+1,\,2q)}{(n+1)!}.$$

Posons, dans les trois dernières formules,

$$x=0, \quad x=-1, \quad x=-\frac{1}{2}, \quad x=-\frac{1}{3}, \quad x=-\frac{2}{3},$$

il résulte des expressions explicites pour les T_n et les E_n; nous nous bornerons à étudier deux de ces hypothèses.

([1]) *Journal de Crelle*, t. 94, 1883, p. 268-269.

Soit tout d'abord $x = 0$, nous posons, dans (9), $2n - 1$ à la place de n, ce qui donnera

$$(12) \qquad \frac{2np\,\mathrm{T}_0}{2^{2n}} = \sum_{q=1}^{q=m} \frac{(-1)^{n+q}}{q}\binom{m}{q}\,s_{2n}(2pq),$$

où il faut supposer par conséquent $m \geqq 2n$; soit $p = 1$, on aura la plus simple des formules de ce genre

$$(13) \qquad \frac{2n\,\mathrm{T}_n}{2^{2n}} = \sum_{q=1}^{q=2n} \frac{(-1)^{n+q}}{q}\binom{2n}{q}\,\sigma_{2n}(2q).$$

Quant à l'hypothèse $x = -\frac{1}{2}$, nous posons, dans (9), $2n$ au lieu de n, ce qui donnera

$$(14) \qquad (2n+1)p\,\mathrm{E}_n = \sum_{q=1}^{q=m} \frac{(-1)^{n+q-1}}{q}\binom{m}{q}\,\tau_{2n+1}(2pq),$$

où il faut supposer par conséquent $m \geqq 2n+1$. Soit $p = 1$, on trouve la formule la plus simple de ce genre

$$(15) \qquad (2n+1)\mathrm{E}_n = \sum_{q=1}^{q=2n+1} \frac{(-1)^{n+q-1}}{q}\binom{2n+1}{q}\,\tau_{2n+1}(2q).$$

LVI. — Développements de deuxième espèce.

Prenons ensuite pour point de départ les formules (2) et (3) du paragraphe IX, savoir

$$(1) \qquad (x+\alpha)^s = \sum_{s=0}^{s=m} \binom{x}{s}\,\Delta_s^s(\alpha),$$

$$(2) \qquad (x-\alpha)^n = \sum_{s=0}^{s=m} (-1)^{n-s}\binom{x+s-1}{s}\,\Delta_s^n(\alpha),$$

où il faut supposer $m \geqq n$, nous aurons ces deux dévèloppements des fonctions de Bernoulli

$$(3)\quad n![B_{n+1}(x+\alpha) - B_{n+1}(x-1)] = \sum_{s=0}^{s=m}\binom{x+1}{s+1}\mathfrak{b}_s^n(\alpha),$$

$$(4)\quad n![B_{n+1}(x-\alpha) - B_{n+1}(-\alpha)] = \sum_{s=0}^{s=m}(-1)^{n-s}\binom{x+\alpha}{s+1}\mathfrak{b}_s^n(\alpha).$$

En effet, l'opération Δ conduira de (3) et (4) à (1) et (2) respectivement; soit ensuite, dans (4), $x = 0$, la formule donnera une identité évidente. Quant à (3), l'hypothèse $x = 0$ donnera cette autre identité :

$$n![B_{n+1}(\alpha) - B_{n+1}(\alpha-1)] = \alpha^n = \mathfrak{b}_0^n(\alpha).$$

Posons tout d'abord, dans (3) et (4), $x+p$ au lieu de x, où p désigne un positif entier, puis soustrayons les formules ainsi obtenues, il résulte respectivement

$$(5)\quad s_n(x + \alpha + 1, p) = \sum_{s=0}^{s=m}\left[\binom{x+p+1}{s+1} - \binom{x+1}{s+1}\right]\mathfrak{b}_s^n(\alpha),$$

$$(6)\quad s_n(x - \alpha + 1, p) = \sum_{s=0}^{s=m}(-1)^{n-s}\left[\binom{x+p+s}{s+1} - \binom{x+s}{s+1}\right]\mathfrak{b}_s^n(\alpha),$$

ce qui donnera pour $x = 0$, $m = n$,

$$(7)\quad s_n(x+1, p) = \sum_{s=1}^{s=n}\left[\binom{x+p+1}{s+1} - \binom{x+1}{s+1}\right]\mathfrak{b}_s^n,$$

$$(8)\quad s_n(x+1, p) = \sum_{s=1}^{s=n}(-1)^{n-s}\left[\binom{x+p+s}{s+1} - \binom{x+s}{s+1}\right]\mathfrak{b}_s^n;$$

d'où, en posant $x = 0$,

$$(9)\quad S_n(p) = \sum_{s=1}^{s=n}\binom{p+1}{s+1}\mathfrak{b}_s^n,$$

$$(10)\quad S_n(p) = \sum_{s=1}^{s=n}(-1)^{n-s}\left[\binom{p+s}{s+1} - \binom{p}{s+1}\right]\mathfrak{b}_s^n;$$

car $\mathfrak{b}_n^0(\alpha)$ s'évanouira avec α.

La formule (9) est démontrée dans toute sa généralité par Kramp ([1]), tandis que Fermat a appliqué des cas spéciaux de cette formule pour déterminer les premières des sommes $S_n(p)$. Puiseux ([2]) a développé la formule générale (7) sans connaître évidemment ni la formule de Kramp, ni la formule beaucoup plus ancienne obtenue de (1) en y posant $z = 0$.

Posons encore, dans (5), $x = -z$, puis introduisons x au lieu de z, il résulte la formule curieuse

$$(11) \qquad S_n(p) = \sum_{s=0}^{s=n} \left[\binom{p+1-x}{s+1} - \binom{1-x}{s+1} \right] \cdot \mathfrak{b}_s^n(x),$$

tandis que la formule (6) donnera, pour $x = z$, le développement analogue

$$(12) \qquad S_n(p) = \sum_{s=0}^{s=n} (-1)^{n-s} \left[\binom{x-p+s}{s+1} - \binom{x+s}{s+1} \right] \cdot \mathfrak{b}_s^n(x).$$

Quant aux fonctions de Bernoulli, nous aurons, en posant, dans (3) et (4), $z = 0$, puis remplaçant m par n,

$$(13) \qquad n! [B_{n+1}(x) - B_{n+1}(-1)] = \sum_{s=1}^{s=n} \binom{x+1}{s+1} \cdot \mathfrak{b}_s^n,$$

$$(14) \qquad n! [B_{n+1}(x) - B_{n+1}(0)] = \sum_{s=1}^{s=n} (-1)^{n-s} \binom{x+s}{s+1} \cdot \mathfrak{b}_s^n,$$

formules qui sont dues à Worpitzky ([3]).

Il est évident du reste que la formule (14) est une généralisation de la formule (9) de Kramp; néanmoins, la formule de Worpitzky est une conséquence immédiate de celle de Kramp, parce que cette dernière formule est valable pour une valeur quelconque du positif entier p.

Cherchons maintenant les dérivées des deux membres des for-

([1]) *Hindenburg comb. analyt. Abhandlungen*, t. 2, p. 365. Leipzig, 1800.
([2]) *Journal de Mathématiques pures et appliquées*, t. 2, 1846, p. 477-488.
([3]) *Journal de Crelle*, t. 91, 1883, p. 203-232.

mules (3) et (4), il résulte

$$(15) \qquad n!\,B_n(x+\alpha)=\sum_{s=0}^{s=n} D_x\left[\binom{x+s}{s+1}\right]\lambda_s^n(\alpha),$$

$$(16) \qquad n!\,B_n(x-\alpha)=\sum_{s=0}^{s=n}(-1)^{n-s}D_x\left[\binom{x+s}{s+1}\right]\lambda_s^n(\alpha),$$

d'où en posant $x=0$, puis remplaçant α par x,

$$(17) \qquad n!\,B_n(x)=\lambda_0^n(x)+\sum_{s=1}^{s=n}\frac{(-1)^{s-1}}{s(s+1)}\lambda_s^n(x),$$

$$(18) \qquad n!\,B_n(1-x)=\sum_{s=0}^{s=n}\frac{(-1)^{n-s}}{s+1}\lambda_s^n(x).$$

Posons encore, dans (16), $x=1$, il résulte

$$(19) \qquad B_n(1-x)=\sum_{s=0}^{s=n}(-1)^{n-s}\lambda_{s+1}\lambda_s^n(x),$$

où nous avons posé pour abréger

$$(20) \qquad \lambda_q=\frac{1}{1}+\frac{1}{2}+\frac{1}{3}+\dots+\frac{1}{q}.$$

Quant aux fonctions d'Euler, nous posons, dans (3) et (4), $x-\frac{1}{2}$ au lieu de x, ce qui donnera, en vertu de la formule (7) du paragraphe XVI,

$$(21) \qquad \frac{n!}{2^n}E_n(2x+2\alpha)=\sum_{s=0}^{s=n}\left[\binom{x+1}{s+1}-\binom{x-\frac{1}{2}}{s+1}\right]\lambda_s^n(\alpha),$$

$$(22) \qquad \frac{n!}{2^n}E_n(2x-2\alpha)=\sum_{s=0}^{s=n}(-1)^{n-s}\left[\binom{x+s}{s+1}-\binom{x+s-\frac{1}{2}}{s+1}\right]\lambda_s^n(\alpha);$$

posons ensuite $\alpha=0$ et $\frac{x}{2}$ au lieu de x, il résulte des développements de $E_n(x)$.

On peut déduire d'autres expressions de ce genre en prenant pour point de départ la formule (21). En effet, posons, dans cette formule,

$x = 0$, puis remplaçons z par $\frac{x}{2}$, il résulte

$$(23)\qquad \frac{n!}{2^n}E_n(x) = \frac{1}{2}\mathcal{L}_0^n\left(\frac{x}{2}\right) - \sum_{s=1}^{s=n}\binom{\frac{1}{2}}{s+1}\mathcal{L}_s^n\left(\frac{x}{2}\right),$$

tandis que l'hypothèse $x = -\frac{1}{2}$ donnera, si nous remplaçons z par $\frac{x+1}{2}$,

$$(24)\qquad \frac{n!}{2^n}E_n(x) = \sum_{s=1}^{s=n}\binom{\frac{1}{2}}{s+1}\mathcal{L}_s^n\left(\frac{x+1}{2}\right).$$

Quant à la formule (22), posons en premier lieu $x = -\frac{1}{2}$, puis remplaçons z par $\frac{x}{2}$, nous aurons

$$(25)\qquad \frac{n!}{2^n}E_n(x) = \frac{1}{2}\mathcal{L}_0^n\left(\frac{x}{2}\right) + \sum_{s=1}^{s=n}(-1)^s\binom{s-\frac{1}{2}}{s+1}\mathcal{L}_s^n\left(\frac{x}{2}\right);$$

posons ensuite $x = 0$, puis introduisons $\frac{x+1}{2}$ au lieu de z, il résulte la formule analogue

$$(26)\qquad \frac{n!}{2^n}E_n(x) = \sum_{s=0}^{s=n}(-1)^{s+1}\binom{s-\frac{1}{2}}{s+1}\mathcal{L}_s^n\left(\frac{x+1}{2}\right).$$

Il est évident que l'on pourra déduire un très grand nombre d'autres formules de ce genre, cependant nous nous bornerons aux formules précédentes parce qu'elles sont les plus simples.

Introduisons ensuite, dans les formules que nous venons de développer, les valeurs spéciales ordinaires de x, nous aurons évidemment un très grand nombre d'expressions explicites pour les B_n, T_n, E_n.

Or, de telles formules ne représentent qu'un intérêt médiocre, parce qu'elles ne donnent généralement aucun résultat d'un intérêt véritable pour les nombres en question. C'est pourquoi nous nous bornerons à ces indications et à quelques remarques historiques.

Laplace [1] a donné, le premier, deux expressions de ce genre

---

[1] *Mémoires de l'Académie Royale des Sciences pour l'année* 1777, p. 109-110 (1780).

pour les coefficients des tangentes; d'autres expressions analogues sont données par Herschel [1] et Scherk [2] et par beaucoup d'autres géomètres, par exemple Worpitzky [3] et van den Berg [4].

LVII. — Développements de troisième espèce.

Revenons encore une fois à la formule (3) du paragraphe IX, savoir

$$(1) \qquad (x - \alpha)^n = \sum_{s=0}^{s=n} (-1)^{n-s} \binom{x+s-1}{s} \cdot \Delta_s^n(\alpha),$$

puis remarquons que la formule (5) du paragraphe VII donnera

$$(2) \qquad \binom{x+\alpha+n-1}{n} = \frac{1}{n!} \sum_{s=0}^{s=n} C_n^s(\alpha) x^{n-s},$$

nous aurons immédiatement

$$(3) \qquad n!\, E_n(x - \alpha) = \sum_{s=0}^{s=n} (-1)^{n-s} g_s(x) \Delta_s^n(\alpha),$$

$$(4) \qquad g_n(x + \alpha) = \sum_{s=0}^{s=n} \frac{(n-s)!}{n!} C_n^s(\alpha) E_{n-s}(x),$$

où $g_n(x)$ est la fonction que nous avons introduite et étudiée dans le paragraphe VII.

En effet, l'opération ∂ nous conduira de (3) et (4) à (1) et (2) respectivement, et l'opération inverse de ∂ détermine parfaitement les polynomes en question.

Il est évident que les deux formules (3) et (4) nous donnent plusieurs relations curieuses. En premier lieu, posons, dans (4), $\alpha = 0$,

---

[1] *Philosophical Transactions* 1814, I, p. 440-468; 1816, I, p. 25-45.
[2] *Mathematische Abhandlungen*, p. 18-30 (Berlin, 1825); *Journal de Crelle*, t. 4, 1829, p. 299-304.
[3] *Journal de Crelle*, t. 84, 1883, p. 203-232.
[4] *Verslagen en mededeelingen der koninlijke Akademie Amsterdam*, 3ᵉ série, t. 5, 1889, p. 358-897.

il résulte

(5) $$n!\,g_n(x) = \sum_{s=0}^{s=n-1} (n-s)!\,C_n^s\,E_{n-s}(x),$$

tandis que nous aurons, en posant $x = 0$, puis remplaçant α par x,

(6) $$n!\,g_n(x) = \frac{\omega_n(x)}{2} + \sum_{s=0}^{\leq \frac{n-1}{2}} \frac{(-1)^s T_{s+1}}{2^{2s+2}}\,C_n^{n-2s-1}(x),$$

d'où particulièrement pour $x = 0$

(7) $$n! = \sum_{s=0}^{\leq \frac{n-1}{2}} (-1)^s 2^{2n-2s-1}\,T_{s+1}\,C_n^{n-2s-1}.$$

En second lieu, posons, dans (3), $\alpha = 0$, il résulte

(8) $$n!\,E_n(x) = \sum_{s=1}^{s=n} (-1)^{n-s}\,\mathcal{A}_s^n\,g_s(x),$$

tandis que l'hypothèse $x = -1$ donnera, en vertu de la formule (24) du paragraphe VII,

(9) $$n!\,E_n(x) = \frac{1}{2}\,\mathcal{A}_0^n(x) + \sum_{s=1}^{s=n} \frac{(-1)^{s-1}}{2^{2s+1}}\,\mathcal{A}_s^n(x).$$

Posons encore, dans (4), $x = -\alpha - 1$, puis introduisons x au lieu de α, il résulte de même

(10) $$\frac{(-1)^{n-1} n!}{2^{n+1}} = \sum_{s=0}^{s=n} (-1)^s (n-s)!\,C_n^s(x)\,E_{n-s}(x),$$

formule qui est une généralisation très étendue de (7).

En dernier lieu, posons, dans (3), $\alpha = x$, nous aurons ces deux formules curieuses

(11) $$\sum_{s=0}^{s=2n} (-1)^s g_s(x)\,\mathcal{A}_s^{2n}(x) = 0,$$

(12) $$\sum_{s=0}^{s=2n+1} (-1)^s g_s(x)\,\mathcal{A}_s^{2n+1}(x) = \frac{(-1)^n T_{n+1}}{2^{2n+2}},$$

dont la dernière donnera pour $x = 0$

$$(13) \qquad T_{n+1} = \sum_{s=1}^{s=2n+1} (-1)^{n-s+1} 2^{2n-s} \mathfrak{L}_s^{2n+1}.$$

LVIII. — Développements de quatrième espèce.

Il nous reste encore à étudier la formule (10) du paragraphe IX, savoir

$$(1) \qquad (-1)^{m-n}(x-\alpha)^n = \sum_{s=0}^{s=m+1} \binom{x+s-1}{m} \mathfrak{V}b_s^{m,n}(\alpha) \qquad (m \gtrless n),$$

formule qui nous conduira immédiatement à cette autre

$$(2) \qquad (-1)^{m-n} n! [B_{n+1}(x-\alpha) - B_{n+1}(-\alpha)] + (-1)^m x^n$$
$$= \sum_{s=0}^{s=m+1} \binom{x+s}{m+1} \mathfrak{V}b_s^{m,n}(\alpha);$$

car l'opération Δ donnera la formule (1), et nous aurons de plus, en posant, dans (2), $x = 0$

$$(-1)^m x^n = \mathfrak{V}b_{m+1}^{m,n}(\alpha),$$

ce qui est une conséquence immédiate de la formule (17) du paragraphe IX, si nous y posons $p = 0$.

Soit particulièrement, dans (2), $\alpha = 0$, il résulte

$$(3) \qquad (-1)^{m-n} n! [B_{n+1}(x) - B_{n+1}(0)] = \sum_{s=1}^{s=m} \binom{x+s}{m+1} \mathfrak{V}b_s^{m,n};$$

le cas particulier $m = n$ de cette formule appartient à Worpitzky [1].

Posons maintenant, dans la formule fondamentale (2), $x + \alpha + p$, puis $x + \alpha$ à la place de x, où p désigne un positif entier, nous

____

[1] *Journal de Crelle*, t. 94, 1883, p. 203.

aurons, en soustrayant les deux formules ainsi obtenues,

$$(4) \qquad (-1)^{m-n} s_n(x+1, p)$$
$$= \sum_{s=0}^{s=m+1} \left[\binom{x+a+p+s}{m+1} - \binom{x+a+s}{m+1} \right] \mathfrak{b}_s^{m,n}(a),$$

d'où, en posant $x = 0$, puis introduisant x au lieu de a, la formule curieuse

$$(5) \qquad (-1)^{m-n} S_n(p) = \sum_{s=0}^{s=m+1} \left[\binom{x+p+s}{m+1} - \binom{x+s}{m+1} \right] \mathfrak{b}_s^{m,n}(x),$$

ce qui donnera pour $x = 0$, $m = n$

$$(6) \qquad S_n(p) = \sum_{s=1}^{s=n+1} \binom{p+s}{n+1} \mathfrak{b}_s^n,$$

formule qui est analogue à celle de Kramp, savoir la formule (9) du paragraphe LV.

Cherchons ensuite les dérivées des deux membres de la formule fondamentale (2), nous aurons

$$(7) \qquad (-1)^{m-n} n! \, B_n(c - a) = \sum_{s=1}^{s=m+1} D_x \left[\binom{x+s}{m+1} \right] \mathfrak{b}_s^{m,n}(a),$$

d'où, en posant $x = -1$, puis introduisant x au lieu de a,

$$(8) \qquad n! \, B_n(x) = \lambda_{m+1} \mathfrak{b}_0^{m,n}(x) + \sum_{s=0}^{s=m} \frac{(-1)^s s! (m-s)!}{(m+1)!} \mathfrak{b}_{s+1}^{m,n}(x),$$

où λ_{m+1} est la somme définie par la formule (20) du paragraphe LVI.

Posons encore, dans (7), $x = 0$, puis remplaçons a par $x+1$, nous aurons cette autre formule, analogue à la précédente,

$$(9) \qquad n! \, B_n(x) = \lambda_{m+1} \mathfrak{b}_{m+1}^{m,n}(x+1) + \sum_{s=0}^{s=m} \frac{(-1)^s s! (m-s)!}{(m+1)!} \mathfrak{b}_s^{m,n}(x+1).$$

Quant aux fonctions d'Euler, posons, dans la formule fondamentale (2), $x - \frac{1}{2}$ au lieu de x, puis soustrayons les deux formules ainsi obtenues, nous aurons, en vertu de la formule (7) du paragraphe XVI,

$$(10)\qquad \frac{(-1)^{m-n}\,n!}{2^n}\,E_n(2x - 2z)$$

$$= \sum_{s=0}^{s=m+1}\left[\binom{x+s}{m+1} - \binom{x+s-\frac{1}{2}}{m+1}\right]\mathfrak{W}_s^{m,n}(z).$$

Posons maintenant, dans (10), $x = -\frac{1}{2}$, puis introduisons x à la place de $2z$, nous aurons

$$(11)\qquad \frac{(-1)^m\,n!}{2^n}\,E_n(x) = \sum_{s=0}^{s=m+1}\binom{s-\frac{1}{2}}{m+1}\mathfrak{W}_s^{m,n}\!\left(\frac{x}{2}\right) + (-1)^m\,\mathfrak{W}_0^{m,n}\!\left(\frac{x}{2}\right),$$

tandis que l'hypothèse $x = 0$ donnera, si nous remplaçons x par $\frac{x+1}{2}$,

$$(12)\qquad \frac{(-1)^m\,n!}{2^n}\,E_n(x) = \mathfrak{W}_{m+1}^{m,n}\!\left(\frac{x+1}{2}\right) - \sum_{s=0}^{s=m+1}\binom{s-\frac{1}{2}}{m+1}\mathfrak{W}_s^{m,n}\!\left(\frac{x+1}{2}\right).$$

Introduisons ensuite, dans (10), $x = z$, puis posons $2n-1$ au lieu de n, il résulte la formule curieuse

$$(13)\qquad \frac{(-1)^{m-1}\,T_n}{2^{2n-1}} = \sum_{s=0}^{s=m+1}\left[\binom{x+s}{m+1} - \binom{x+s-\frac{1}{2}}{m+1}\right]\mathfrak{W}_s^{m,2n-1}(x)$$

$$(m = 2n-1).$$

Remplaçons, dans les formules générales que nous venons de développer, x par les valeurs spéciales ordinaires, nous trouvons un très grand nombre d'expressions explicites des nombres B_n, T_n, E_n, expressions dont Worpitzky (¹) a développé quelques-unes.

Or, les formules en question ne présentant qu'un intérêt médiocre, nous nous bornerons à citer seulement les deux suivantes :

$$(14)\qquad B_n = \sum_{s=0}^{s=m-1}\frac{(-1)^{n-s-1}\,s!\,(m-s)!}{(m+1)!}\,\mathfrak{W}_{s+1}^{m,2n}\qquad (m \geqq 2n),$$

(¹) *Journal de Crelle*, t. 91, 1883, p. 203-231.

obtenue de (8) en y posant $x = 0$, puis remplaçant n par $2n$, et

$$(25) \qquad \frac{(-1)^m T_n}{2^{2n-1}} = \sum_{s=0}^{s=m}\binom{s-\frac{1}{2}}{m+1}\,\mathfrak{H}_s^{m,2n} \qquad (m \leqslant 2n-1),$$

obtenue de (13) en y posant $x = 0$.

CHAPITRE XIII.

DE LA NATURE DES NOMBRES DE BERNOULLI.

LIX. — Théorème de von Staudt et de Clausen.

Posons, dans l'identité

$$(x+1)^{n+1} = x^{n+1} + \binom{n+1}{1} x^{n} + \ldots + \binom{n+1}{1} x + 1$$

successivement

$$x = 1, 2, 3, \ldots, p-1,$$

puis ajoutons toutes les équations ainsi obtenues, il résulte la formule

$$(1) \qquad p^{n+1} - p = (n+1) S_n(p-1)$$
$$+ \binom{n+1}{2} S_{n-1}(p-1) + \ldots + \binom{n+1}{n} S_1(p-1),$$

due à Euler [1].

Soit ensuite p un nombre premier plus grand que $n+1$, nous aurons la congruence

$$(2) \qquad S_n(p-1) \equiv 0 \qquad (\bmod\ p).$$

On voit, en effet, que cette congruence est satisfaite pour $n = 1$, car nous aurons

$$S_1(p-1) = \frac{p(p-1)}{2},$$

et la conclusion de n à $n+1$ est évidente.

Écrivons maintenant la formule (1) comme suit

$$a^p - a = p\,S_{p-1}(a-1) + \binom{p}{2} S_{p-2}(a-1) + \ldots + \binom{p}{p-1} S_1(a-1),$$

---

[1] *Institutiones calculi differentialis*, p. 439, Petrograd, 1755.

puis désignons par p un nombre premier quelconque, tous les termes qui figurent au second membre de la formule susdite sont divisibles par p, ce qui donnera la congruence

$$a(a^{p-1}-1) \equiv a^p - a \equiv 0 \qquad (\mathrm{mod}\ p),$$

de sorte que nous venons de démontrer le célèbre théorème de Fermat :

I. *Supposons que le nombre premier p ne divise pas le nombre entier a, nous aurons la congruence*

$$(3) \qquad a^{p-1} - 1 \equiv 0 \qquad (\mathrm{mod}\ p).$$

Soit maintenant

$$(4) \qquad n_1 \equiv n_2 \qquad (\mathrm{mod}\ p-1),$$

savoir

$$n_1 = (p-1)q + n_2,$$

nous aurons, en vertu de (3),

$$a^{n_1} \equiv (a^{p-1})^q a^{n_2} \equiv a^{n_2} \qquad (\mathrm{mod}\ p),$$

ce qui donnera immédiatement

$$(5) \qquad S_{n_1}(p-1) \equiv S_{n_2}(p-1) \qquad (\mathrm{mod}\ p),$$

d'où particulièrement

$$(6) \qquad S_{p-1}(p-1) \equiv p-1 \equiv -1 \qquad (\mathrm{mod}\ p);$$

c'est-à-dire que nous aurons toujours

$$(7) \qquad S_n(p-1) \equiv \begin{cases} -1 \\ 0 \end{cases} \qquad (\mathrm{mod}\ p),$$

selon que $p-1$ est diviseur de n ou non.

Cela posé, désignons par p un positif entier quelconque, puis posons dans l'identité

$$(ap+s)^n = \sum_{\nu=0}^{\nu=n} \binom{n}{\nu} (ap)^{n-\nu} s^\nu,$$

successivement

$$s = 1, 2, 3, \ldots, p,$$

nous aurons, en ajoutant toutes les équations ainsi obtenues,

$$(8) \qquad \sum_{s=1}^{s=p} (ap+s)^n = \sum_{\nu=0}^{\nu=n} \binom{n}{\nu}(ap)^{n-\nu}S_\nu(p).$$

Posons ensuite, dans cette dernière formule, successivement

$$a = 0, 1, 2, \ldots, q-1,$$

nous aurons, en additionnant toutes les équations ainsi obtenues,

$$S_n(pq) - qS_n(p) = \sum_{\nu=0}^{\nu=n-1} \binom{n}{\nu}p^{n-\nu}S_\nu(p)S_{n-\nu}(q-1),$$

ce qui donnera immédiatement

$$\frac{S_n(pq)}{pq} - \frac{S_n(p)}{p} - \frac{S_n(q)}{q} = \frac{a}{q},$$

où a est un nombre entier. Or, nous aurons de même, en permutant p et q, ce qui est permis,

$$\frac{S_n(pq)}{pq} - \frac{S_n(p)}{p} - \frac{S_n(q)}{q} = \frac{b}{q},$$

où b est un nouveau nombre entier, ce qui donnera

$$(9) \qquad \frac{a}{q} = \frac{b}{q}.$$

Soient maintenant p et q sans diviseur commun, l'équation (9) n'est possible que dans le cas, où a est divisible par q, b divisible par p; c'est-à-dire que l'expression

$$\frac{S_n(pq)}{pq} - \frac{S_n(p)}{p} - \frac{S_n(q)}{q}$$

est, dans ce cas, un nombre entier.

Cela posé, la conclusion de n à $n+1$ donnera immédiatement le théorème général :

I. *Supposons que les ν nombres positifs entiers $p_1, p_2, \ldots, p_\nu$*

soient sans diviseur commun, pris deux à deux, l'expression

$$(10) \qquad \frac{S_n(p_1 p_2 \ldots p_\nu)}{p_1 p_2 \ldots p_\nu} - \sum_{\mu=1}^{\mu=\nu} \frac{S_n(p_\mu)}{p_\mu}$$

est toujours un nombre entier.

Quant aux applications de ce théorème, nous aurons tout d'abord à définir le rang d'un nombre premier.

A cet effet, supposons que p soit un nombre premier impair, tel que $p-1$ divise le positif entier pair $2n$, nous disons pour abréger que p soit du rang n.

Désignons ensuite par m un positif entier quelconque, il est évident que le nombre premier p du rang n est du rang mn aussi; c'est-à-dire que le nombre premier 3 est d'un rang quelconque.

Supposons, au contraire, donné le positif entier n, l'ensemble des nombres premiers du rang n,

$$(11) \qquad \lambda_1, \ \lambda_2, \ \lambda_3, \ \ldots, \ \lambda_{\nu_n}$$

est parfaitement déterminé.

Cette définition adoptée, il est facile de démontrer cet autre théorème :

II. *Soit ω le produit de tous les nombres premiers, égaux à $2n+1$ au plus, et soient $\lambda_1, \lambda_2, \ldots, \lambda_{\nu_n}$ l'ensemble des nombres premiers du rang n, nous aurons toujours*

$$(11) \qquad \frac{S_{2n}(\omega)}{\omega} = a_n - \left(\frac{1}{2} + \frac{1}{\lambda_1} + \frac{1}{\lambda_2} + \ldots + \frac{1}{\lambda_{\nu_n}} \right),$$

où a_n est un nombre entier.

En effet, soient

$$2, \ p_1, \ p_2, \ \ldots, \ p_\nu$$

les nombres premiers, égaux à $2n+1$ au plus, l'expression

$$\frac{S_{2n}(\omega)}{\omega} - \frac{S_{2n}(2)}{2} - \sum_{\mu=1}^{\mu=\nu} \frac{S_{2n}(p_\mu)}{p_\mu}$$

est un nombre entier. De plus, nous aurons, en vertu de (7),

$$S_{2n}(p_\mu) \equiv \begin{cases} -1 \\ 0 \end{cases} \pmod{p_\mu},$$

selon que le nombre premier p_μ est du rang n ou non.

Cela posé, il est très facile de démontrer le théorème suivant, essentiel dans la théorie des nombres de Bernoulli :

III. *Soit B_n le $n^{ième}$ nombre de Bernoulli, et soient λ_1, λ_2, …, λ_{ν_n} l'ensemble des nombres premiers du rang n, nous aurons toujours*

$$(12) \qquad (-1)^n B_n = A_n + \frac{1}{2} + \frac{1}{\lambda_1} + \frac{1}{\lambda_2} + \ldots + \frac{1}{\lambda_{\nu_n}},$$

où A_n est un nombre entier.

En effet, on aura, pour $n = 1$,

$$-B_1 = -\frac{1}{6} = -1 + \frac{1}{2} + \frac{1}{3},$$

ce qui s'accorde bien avec la formule générale (12). Quant à la conclusion de n à $n+1$, nous prenons pour point de départ la formule de Jacques Bernoulli, indiquée dans le paragraphe XXXVI, savoir

$$(13) \quad \frac{S_{2n}(\omega)}{\omega} = \frac{\omega^{2n}}{2n+} + \frac{\omega^{2n-1}}{2}$$
$$+ \sum_{s=1}^{s=n-1} (-1)^{s-1} \binom{2n+1}{2s} \frac{\omega^{2n-2s-1}}{2n-2s+1} [B_s(\omega) - (-1)^n B_n]$$

où ω est le nombre défini dans le théorème II.

Supposons ensuite que l'expression (12) soit vraie pour les nombres

$$B_1, \quad B_2, \quad B_3, \quad …, \quad B_{n-1},$$

il est évident que les produits

$$\omega B_s, \quad 1 \leqq s \leqq n-1$$

sont des nombres entiers, parce que l'ensemble des nombres premiers du rang s se trouve parmi les facteurs premiers de ω. C'est-à-dire qu'il faut, en vertu de (13), démontrer les congruences

$$(14) \qquad \omega^{2q-1} \equiv 0 \pmod{2q+1}, \qquad 3 \leqq q \leqq n-1.$$

A cet effet, soit p un nombre premier qui divise $2q+1$, savoir $2q+1 = p^{\alpha}r$, le produit ω contient certainement le facteur p; de plus, nous aurons

$$p^{2q-1} \geqq 3^{2q-1} \equiv (1+2)^{2q-1} > 1 + 2(2q-1) = 4q-1 \geqq 2q+1, \qquad 2q-1 \geqq 2,$$

ce qui donnera immédiatement la congruence (14).

Le théorème fondamental IV est dû à von Staudt [1], et notre démonstration est une légère modification de celle de l'illustre géomètre allemand. Presque en même temps, Th. Clausen [2] a énoncé le même théorème, mais sans démonstration, et le Mémoire qu'il a promis sur cette matière n'est pas publié, que je sache.

Parmi les nombreuses démonstrations connues du célèbre théorème de von Staudt et de Clausen nous citons celles de Sechläfli [3], Lucas [4], Saalschütz [5], Schwering [6] et M. Kluyver [7].

LX. — Applications du théorème fondamental.

Revenons maintenant à la formule (12) du paragraphe précédent,

$$(1) \qquad (-1)^n B_n = A_n + \frac{1}{2} + \frac{1}{\lambda_1} + \frac{1}{\lambda_2} + \ldots + \frac{1}{\lambda_{\nu_n}},$$

nous aurons une expression de la forme

$$(2) \qquad B_n = \frac{a_n}{2\,b_n},$$

où b_n désigne le produit des nombres premiers du rang n, savoir

$$(3) \qquad b_n = \lambda_1 \lambda_2 \ldots \lambda_{\nu_n}.$$

[1] *Journal de Crelle*, t. 21, 1840, p. 372-374.
[2] *Astronomische Nachrichten*, t. 17, 1840, col. 351-352.
[3] *Quarterly Journal of Mathematics*, t. 6, 1864, p. 75-77.
[4] *Vorlesungen über die Bernoullischen Zahlen*, p. 138-140. Berlin, 1893.
[5] *Théorie des Nombres*, t. 1, p. 433-434. Paris, 1891.
[6] *Mathematische Annalen*, t. 52, 1899, p. 171-173.
[7] *Ibid.*, t. 53, 1900, p. 591-592.

Dans ce qui suit, nous désignons pour abréger a_n et b_n comme le numérateur, respectivement le dénominateur bernoullien du rang n.

Quant à b_n, il est évident que le théorème de Fermat, savoir le théorème I du paragraphe précédent, se présente sous cette forme générale :

I. *Soient a et n des positifs entiers quelconques, nous aurons toujours la congruence*

$$(1) \qquad a(a^{2n} - 1) \equiv 0 \qquad (\mathrm{mod}\ b_n).$$

Quant à la formule (1), Hermite ([1]) a donné le tableau

$$B_1 = 1 - \left(\frac{1}{2} + \frac{1}{3} \right) = \frac{1}{6},$$

$$B_2 = -1 + \left(\frac{1}{2} + \frac{1}{3} + \frac{1}{5} \right) = \frac{1}{30},$$

$$B_3 = 1 - \left(\frac{1}{2} + \frac{1}{3} + \frac{1}{7} \right) = \frac{1}{42},$$

$$B_4 = -1 + \left(\frac{1}{2} + \frac{1}{3} + \frac{1}{5} \right) = \frac{1}{30},$$

$$B_5 = 1 - \left(\frac{1}{2} + \frac{1}{3} + \frac{1}{4} \right) = \frac{5}{66},$$

$$B_6 = -1 + \left(\frac{1}{2} + \frac{1}{3} + \frac{1}{5} + \frac{1}{7} + \frac{1}{13} \right) = \frac{691}{2730},$$

$$B_7 = 2 - \left(\frac{1}{2} + \frac{1}{3} \right) = \frac{7}{6},$$

$$B_8 = 6 + \left(\frac{1}{2} + \frac{1}{3} + \frac{1}{5} + \frac{1}{17} \right) = \frac{3617}{510},$$

$$B_9 = 56 - \left(\frac{1}{2} + \frac{1}{3} + \frac{1}{7} + \frac{1}{19} \right) = \frac{43867}{798},$$

$$B_{10} = 528 + \left(\frac{1}{2} + \frac{1}{3} + \frac{1}{5} + \frac{1}{11} \right) = \frac{174611}{330},$$

tableau qui nous indique quelques propriétés des A_n et des B_n, propriétés qui sont des conséquences de l'inégalité

$$(2n+1)B_n \geqq 2 \binom{2n}{2} B_1 B_n, \qquad (n \geqq 2),$$

([1]) *Journal de Crelle*, t. 81, 1876, p. 95.

tirée directement de la formule (13) du paragraphe XII, due à Euler.

Écrivons la relation susdite sous la forme

$$(5) \qquad B_n \geqq \frac{n(2n-1)}{6n+3} B_{n-1},$$

il est facile de démontrer l'inégalité

$$(6) \qquad B_n > B_{n-1} \qquad (n \geqq 4),$$

de sorte que l'égalité

$$(7) \qquad B_m = B_n \qquad (m \neq n)$$

n'est vraie que pour $m = 4$, $n = 2$.

En effet, remarquons que l'équation quadratique

$$2x^2 - 7x - 3 = 0$$

a les racines

$$\frac{7 \pm \sqrt{73}}{4},$$

on voit que l'inégalité

$$n(2n-1) > 6n+3$$

est remplie pour $n \geqq 4$, ce qui donnera immédiatement (6).

Remarquons ensuite que l'inégalité $B_8 > 7$ donnera, en vertu de (5) et (6), cette autre

$$(8) \qquad B_n > \frac{7n(n-1)}{6n+3} \qquad (n > 8),$$

inégalité qui est du reste vraie aussi pour $n = 8$.

Quant à ν_n, savoir le nombre des nombres premiers du rang n, on aura évidemment $\nu_n \leqq n - 1$, ce qui donnera

$$(9) \qquad \frac{1}{2} + \frac{1}{\lambda_1} + \frac{1}{\lambda_2} + \ldots + \frac{1}{\lambda_{\nu_n}} \leqq \frac{n-1}{3} + \frac{1}{2} = \frac{2n+1}{6}.$$

Or, nous aurons, en vertu de (8),

$$(10) \qquad B_n > \frac{2n+1}{3} \qquad (n \geqq 8);$$

car l'inégalité

$$\frac{7n(n-1)}{6n+3} > \frac{2n+1}{3}, \qquad 3n^2 - 11n - 1 > 0$$

est remplie pour $n \geqq 2$.

Cela posé, il résulte, en vertu de (9) et (10),

$$B_n - \left(\frac{1}{2} + \frac{1}{\lambda_1} + \frac{1}{\lambda_2} + \ldots + \frac{1}{\lambda_{v_n}} \right) > \frac{2n+1}{3} - \frac{2n+1}{6} = \frac{2n+1}{6} \qquad (n \geqq 8),$$

c'est-à-dire que le nombre entier $(-1)^n A_N$ est toujours positif, les trois valeurs $n = 2, 4, 6$, seulement exclues.

Les résultats précédents sont trouvés par Stern [1] et Lipschitz [2] à l'aide de réflexions entièrement différentes de la nôtre.

LXI. — Théorèmes de von Staudt et de Sylvester.

Soit p un positif entier, la fonction $B_n(px)$ nous fournit un simple moyen pour déduire un autre théorème essentiel dans la théorie des nombres de Bernoulli.

A cet effet; prenons pour point de départ la formule

$$B_n(px) - B_n(px - p) = \sum_{s=0}^{s=p-1} \frac{(px - s)^{n-1}}{(n-1)!},$$

ce qui donnera

$$B_n(px) - B_n(px - p) = \frac{p^n x^{n-1}}{(n-1)!} + \sum_{v=1}^{v=n} \frac{(-1)^v p^{n-v-1} S_v(p-1)}{v!} \frac{x^{n-v-1}}{(n-v-1)!},$$

de sorte que nous aurons

$$(1) \qquad B_n(px) = p^n B_n(x) + \sum_{v=1}^{v=n} \frac{(-1)^v p^{n-v-1} S_v(p-1)}{v!} B_{n-v}(x),$$

car les deux membres de cette formule forment, divisés par p^n, des suites harmoniques.

[1] *Journal de Crelle*, t. 92, 1887, p. 349-350; *Bulletin de Darboux*, 2ᵉ série, t. 10, 1886, p. 280-283.
[2] *Bulletin de Darboux*, 2ᵉ série, t. 10, 1886, p. 143.

Supposons maintenant $p \geqq 2$, puis posons pour abréger

$$(2) \qquad \varphi_n(x) = \sum_{\nu=0}^{\nu=p-2} \frac{(p-\nu-1)(x-\nu)^n}{n!},$$

nous aurons

$$\varphi_n(x) - \varphi_n(x-1) = \frac{(p-1)x^n}{n!} - \sum_{\nu=1}^{\nu=p-1} \frac{(x-\nu)^n}{n!}$$

ou, ce qui est la même chose,

$$\varphi_n(x) - \varphi_n(x-1) = \sum_{\nu=1}^{\nu=n} \frac{(-1)^{\nu-1} S_\nu(p-1)}{\nu!} \frac{x^{n-\nu}}{(n-\nu)!},$$

ce qui donnera

$$(3) \qquad \varphi_n(x) = \sum_{\nu=0}^{\nu=n} \frac{(-1)^\nu S_{\nu+1}(p-1)}{(\nu+1)!} B_{n-\nu}(x).$$

Cela posé, multiplions par p les deux membres de (1), puis introduisons, dans (3), $n-1$ au lieu de n, nous aurons immédiatement

$$(4) \qquad p^{n+1} B_n(x) - p B_n(px)$$

$$+ \sum_{\nu=1}^{\nu=n-1} \frac{(-1)^\nu S_\nu(p-1)}{\nu!} (p^{n-\nu}-1) B_{n-\nu}(x) = \varphi_{n-1}(x).$$

Remplaçons ensuite, dans (4), n par $2n$, puis posons $x = 0$, il résulte, après une légère modification,

$$(5) \quad \frac{p(p^{2n}-1)B_n}{2n} + \sum_{\nu=1}^{\nu=n-1} (-1)^\nu \binom{2n-1}{2\nu} \frac{(p^{2n-2\nu}-1)B_{n-\nu}}{2n-2\nu} S_{2\nu}(p-1)$$

$$= (-1)^{n-1}(2n-1)!\,\varphi_{2n-1}(0) + \frac{(-1)^{n-1}(p-1)}{2} S_{2n-1}(p-1).$$

Multiplions ensuite par p^n les deux membres de (5), puis posons

$$(6) \qquad z_m(p) = \frac{p^{m+1}(p^{2m}-1)B_m}{2m},$$

nous aurons la formule récursive

$$(7) \qquad \alpha_n(p) + \sum_{\nu=1}^{\nu=n-1} (-1)^\nu \binom{2n-1}{2\nu} p^{\nu-1} S_{2\nu}(p-1)\alpha_{n-\nu}(p) = \beta_n(p),$$

où $\beta_n(p)$ est un nombre entier.

Remarquons maintenant que l'expression

$$(8) \qquad \alpha_1(p) = \frac{p^2(p^2-1)B_1}{2} = \frac{p^2(p+1)(p-1)}{12}$$

est toujours un nombre entier, pourvu que p le soit, nous aurons immédiatement, en vertu de (7), le théorème suivant :

I. *Désignons par p un nombre entier quelconque, l'expression*

$$(9) \qquad \alpha_n(p) = \frac{p^{n+1}(p^{2n}-1)B_n}{2n}$$

est toujours un nombre entier.

On voit que ce théorème est une généralisation intéressante d'un autre, dû à Sylvester ([1]).

En effet, Sylvester a démontré que l'expression

$$(10) \qquad \gamma_n(p) = \frac{p^{2n}(p^{2n}-1)B_n}{2n}$$

est un nombre entier, pourvu que p le soit; c'est-à-dire que nous aurons, en vertu de I,

$$(11) \qquad \gamma_n(p) \equiv 0 \quad (\bmod\ p^{n-1}) \qquad (n \geqq 2).$$

Lipschitz ([2]) a retrouvé le théorème susdit de Sylvester concernant le nombre $\gamma_n(p)$; mais quoique l'éminent géomètre allemand ([3]) ait indiqué, plus tard, la priorité de Sylvester, on désigne néanmoins généralement le théorème en question comme appartenant à Lipschitz.

Le théorème susdit de Sylvester appartient du reste à ceux sur

---

([1]) *Philosophical Magazine*, février 1861.
([2]) *Journal de Crelle*, t. 96, 1884, p. 2.
([3]) *Bulletin de Darboux*, 2ᵉ série, t. 10, 1886, p. 141.

lesquels feu M. Bachmann ([1]) remarque qu'ils « *bisher auf rein arithmetische Weise nicht gewonnen werden konnten* ».

Quant à notre théorème I, il est possible d'abaisser, dans beaucoup de cas, l'exposant $n + 1$ de p. Soit par exemple p de la forme $6m \pm 1$, on démontrera par le même procédé, en vertu de (5), que l'expression

$$(12) \qquad \frac{p^{n-1}(p^{2n} - 1)B_n}{2n}$$

est un nombre entier, mais la seule règle générale, applicable dans tous les cas, est celle indiquée dans le théorème I.

Revenons maintenant au nombre $\alpha_n(p)$ que nous écrivons sous la forme

$$(13) \qquad \alpha_n(p) = \frac{p^{n+1}(p^{2n} - 1)a_n}{4n\, b_n},$$

où a_n et b_n sont le numérateur, respectivement le dénominateur bernoullien du rang n, puis supposons que l'indice n soit de la forme

$$n = \frac{a^{\nu}(a - 1)}{2},$$

où a désigne un nombre premier, nous aurons ou $a = 2$, ou a sera un nombre premier du rang n. Dans ce dernier cas, le dénominateur qui figure au second membre de (13) est divisible précisément par $a^{\nu+1}$; supposons ensuite que p ne soit pas divisible par a, nous aurons la congruence

$$(14) \qquad p^{a^{\nu}(a-1)} - 1 \equiv 0 \qquad (\bmod\ a^{\nu+1})$$

due à Euler ([2]).

Soit maintenant a un nombre premier impair, mais quelconque du reste, il existe toujours des positifs entiers p, non divisibles par a, tels que la congruence

$$(15) \qquad p^{2n} - 1 \equiv 0 \qquad (\bmod\ a)$$

n'est possible que dans le cas où a est un nombre premier du

([1]) *Niedere Zahlentheorie*, t. 2, p. 31. Leipzig, 1910.
([2]) *Novi Commentarii Academiæ Petropolitanæ*, t. 8, 1760-1761 (1763), p. 102.

rang n, savoir

$$(16) \qquad 2n \equiv 0 \qquad (\bmod\ p - 1).$$

Les nombres p qui possèdent la propriété susdite sont désignés comme des racines primitives modulo a.

Supposons maintenant que l'indice n contienne le facteur premier a qui n'est pas du rang n, puis choisissons p comme une racine primitive modulo a, la formule (13) donnera immédiatement

$$a_n \equiv 0 \qquad (\bmod\ a),$$

c'est-à-dire que nous avons démontré le théorème de von Staudt [1] :

I. *Supposons que l'indice* n *soit de la forme*

$$(17) \qquad n = \alpha_n \beta_n,$$

où tous les facteurs premiers de α_n, *abstraction faite du nombre premier* 2 *peut-être, sont du rang* n, *tandis que le nombre impair* β_n *est premier avec* α_n, *le numérateur bernoullien du rang* n *satisfait à la congruence*

$$(18) \qquad a_n \equiv 0 \qquad (\bmod\ \beta_n).$$

Adams [2], dans sa calculation des 62 premiers nombres de Bernoulli, a retrouvé empiriquement le théorème susdit, sans pouvoir le démontrer.

Désignons maintenant par p et q des nombres entiers, puis posons

$$(19) \qquad \delta_n(p, q) = \frac{(p^{2n} - 1)(q^{2n} - 1)B_n}{2n},$$

Lipschitz [3] a démontré que $\delta_n(p, q)$ est un nombre entier, pourvu que p et q soient sans diviseur commun.

Or, c'est une conséquence immédiate du théorème II que $\delta_n(p, q)$ est toujours un nombre entier, pourvu que le plus grand diviseur commun de p et q soit premier à $2b_n$.

---

[1] *De numeris Bernoullianis commentatio*, Erlangue, 1845.
[2] *The Scientific Papers* of John Couch Adams, t. 1, p. 430. Cambridge, 1896.
[3] *Journal de Crelle*, t. 96, 1884, p. 3.

LXII. — D'autres théorèmes de von Staudt.

Le dénominateur bernoullien b_n est à désigner comme une fonction numérique bien définie, quoiqu'il n'est pas possible d'indiquer son expression générale, parce que nous ne connaissons dès à présent l'ensemble

$$(1) \qquad \lambda_1, \lambda_2, \lambda_3, \ldots, \lambda_{\nu_n}$$

des nombres premiers du rang n.

Quant au numérateur bernoullien a_n, ce nombre semble être beaucoup plus compliqué que b_n, et c'est la même chose pour le nombre entier A_n qui figure dans la formule fondamentale

$$(2) \qquad (-1)^n B_n = A_n + \frac{1}{2} + \frac{1}{\lambda_1} + \frac{1}{\lambda_2} + \ldots + \frac{1}{\lambda_{\nu_n}}.$$

Le théorème II du paragraphe précédent indique une propriété générale du numérateur bernoullien a_n; une autre propriété de a_n est exprimée par le théorème suivant, où nous avons remplacé ν_n par ν simplement :

I. *Le numérateur bernoullien du rang a_n satisfait toujours à la congruence*

$$(3) \qquad \frac{(-1)^{n+\nu-1}\, a_n}{2} \equiv \frac{(\lambda_1-1)(\lambda_2-1)\ldots(\lambda_\nu-1)}{(\lambda_1^{2n-1}-1)(\lambda_2^{2n-1}-1)\ldots(\lambda_\nu^{2n-1}-1)} \qquad (\mathrm{mod}\ b_n).$$

Il est très intéressant, ce me semble, que le second membre de (3) ne dépend que des nombres premiers du rang n.

Quant à la démonstration de la congruence susdite, elle peut être déduite de la formule fondamentale (2). Or, nous ne nous arrêtons pas à une telle déduction du théorème I, parce que la congruence en question se présente comme une conséquence immédiate d'une autre formule générale, nous le verrons dans le paragraphe LXXVII.

Quant aux deux nombres a_n et b_n, von Staudt a découvert une autre congruence, que nous avons à généraliser un peu.

A cet effet, nous prenons pour point de départ la formule de

Jacques Bernoulli, écrite sous la forme suivante :

$$(2n+1)S_{2n}(a-1)$$
$$= a^{2n+1}-\left(n+\frac{1}{2}\right)a^{2n}+\sum_{s=1}^{s=n}(-1)^{s-1}\binom{2n+1}{2s}B_s a^{2n-2s+1};$$

soit ensuite $a = 4$, nous aurons par conséquent

$$(4)\quad (-1)^{n-1}(2n+1)S_{2n}(3) = 4(2n+1)B_n - 64\binom{2n+1}{3}B_{n-1}+512k,$$

où k désigne un nombre rationnel, dont le dénominateur est impair.

Posons ensuite, dans (1),

$$B_n = \frac{a_n}{2b_n}, \qquad B_{n-1} = \frac{a_{n-1}}{2b_{n-1}},$$

puis multiplions par b_n les deux membres de la formule en question, il résulte la congruence

$$(5)\qquad (2n+1)a_n - 16n\,\frac{4n^2-1}{3}\,\frac{a_{n-1}b_n}{b_{n-1}}$$
$$\equiv \frac{(-1)^{n-1}(2n+1)b_n}{2}(1^{2n}+2^{2n}+3^{2n}) \qquad (\bmod\ 256).$$

Soit maintenant n un nombre pair, savoir $n = 2m$, et soit $m \geqq 2$, nous aurons, en vertu de (5), en divisant par $2n+1$,

$$(6)\qquad\qquad a_{2m} \equiv -\frac{1+3^{4m}}{2}b_{2m} \qquad (\bmod\ 32).$$

Or, la formule binomiale donnera

$$3^{4m} \equiv (1-4)^{4m} \equiv 1-48m \qquad (\bmod\ 64);$$

c'est-à-dire que la congruence (6) deviendra

$$a_{2m} \equiv (24m-1)b_{2m} \qquad (\bmod\ 32)$$

ou, ce qui est la même chose,

$$(7)\qquad\qquad a_{2m}+(8m+1)b_{2m} \equiv 0 \qquad (\bmod\ 32) \qquad (m \geqq 2).$$

Quant au cas exclu $m = 1$, on aura

$$B_2 = \frac{1}{30}, \qquad a_2 = 1, \qquad b_2 = 15,$$

ce qui donnera

$$a_2 + b_2 = 16,$$

savoir la congruence

$$(8) \qquad a_2 + b_2 \equiv 0 \qquad (\bmod\ 8).$$

Étudions ensuite le cas où n est un nombre impair, savoir

$$n = 2m + 1 \qquad (m \geqq 1),$$

il résulte, en vertu de (5),

$$(9) \qquad a_{2m+1} \equiv \left(16 + \frac{1 + 3^{2m+2}}{2} \right) \qquad (\bmod\ 32);$$

dans ce cas, la formule binomiale donnera

$$3^{2m+2} = (1 - 4)^{2m+2} \equiv 9 + 80 m \qquad (\bmod\ 64),$$

d'où, en vertu de (9),

$$a_{2m+1} \equiv (21 + 40 m) b_{2m+1} \qquad (\bmod\ 32)$$

ou, ce qui est la même chose,

$$(10) \qquad a_{2m+1} - (8 m - 11) b_{2m+1} \equiv 0 \qquad (\bmod\ 32).$$

Quant au cas exclu $m = 0$, on trouvera directement

$$B_1 = \frac{1}{6}, \qquad a_1 = 1, \qquad b_1 = 3,$$

ce qui donnera

$$(11) \qquad a_1 + b_1 \equiv 0 \qquad (\bmod\ 4).$$

Cela posé, nous avons démontré le théorème suivant :

II. *Soit* $m \geqq 1$, *les deux nombres* a_n *et* b_n *satisfont aux con-*
gruences

$$(12) \qquad \begin{cases} a_{2m+1} - (8 m - 11) b_{2m+1} \equiv 0 \qquad (\bmod\ 32), \\ a_{2m+2} + (8 m + 1) b_{2m+2} \equiv 0 \qquad (\bmod\ 32). \end{cases}$$

Appliquons ensuite la congruence spéciale (8), il résulte les deux congruences dues à von Staudt ([1])

$$(13) \qquad \begin{cases} a_{2m} + b_{2m} \equiv 0 & (\text{mod } 8), \\ a_{2m+1} + 3b_{2m+1} \equiv 0 & (\text{mod } 8), \end{cases}$$

où il faut supposer $m \geq 1$.

On voit du reste que les congruences de von Staudt se présentent sous cette autre forme plus élégante, mais moins générale,

$$(14) \qquad a_n + (-1)^n b_n \equiv 0 \quad (\text{mod } 4) \qquad (n \geq 2).$$

Revenons maintenant à la formule fondamentale (2), que nous écrirons sous la forme

$$(15) \qquad (-1)^n B_q = A_n + \frac{1}{2} + \frac{d_n}{b_n},$$

le numérateur d_n est évidemment la somme des ν_n produits formés de $\nu_n - 1$ facteurs inégaux pris parmi les ν_n nombres premiers du rang n.

Supposons ensuite que σ parmi les nombres premiers du rang n soient de la forme $4m+1$, τ de la forme $4m+3$, de sorte que nous aurons

$$\sigma + \tau = \nu_n,$$

il nous reste à étudier séparément les deux cas suivants :

1° τ *est un nombre pair*, ce qui donnera

$$(16) \qquad b_n = 4K + 1,$$

tandis que d_n contient précisément σ termes de la forme $4\mu+1$, obtenus en supprimant un des nombres premiers de la même forme, et τ termes de la forme $4\mu+3$, obtenus en supprimant un des nombres premiers de la même forme; c'est-à-dire que nous aurons

$$(17) \qquad d_n \equiv \sigma + 3\tau \equiv \nu_n + 2\tau \equiv \nu_n \quad (\text{mod } 4).$$

2° τ *est un nombre impair*; dans ce cas nous aurons

$$(18) \qquad b_n = 4K + 3,$$

tandis que d_n contient σ termes de la forme $4\mu+3$ et τ termes de la

---

([1]) *De numeris Bernoullianis commentatio altera.* Erlangue, 1845.

forme $4\mu + 1$, de sorte que nous aurons ici

$$(19) \qquad d_n \equiv 3\tau + \tau \equiv \nu_n + 2\tau \equiv 2 - \nu_n \qquad (\bmod\ 4);$$

car le nombre

$$\nu_n + \tau \equiv \tau + 2\tau$$

est impair.

Cela posé, la formule (15), écrite sous la forme

$$\frac{(-1)^n a_n}{2 b_n} = A_n + \frac{1}{2} + \frac{d_n}{b_n},$$

donnera immédiatement

$$\frac{a_{2n}}{2 b_{2n}} + \frac{1}{2} = A_{2n} + 1 + \frac{d_{2n}}{b_{2n}},$$

$$-\left(\frac{a_{2n+1}}{2 b_{2n+1}} + \frac{3}{2}\right) = A_{2n+1} - 1 + \frac{d_{2n+1}}{b_{2n+1}},$$

de sorte que nous aurons, en vertu de (13),

$$(20) \qquad A_n b_n + (-1)^n b_n + d_n \equiv 0 \qquad (\bmod\ 4),$$

où il faut supposer $n > 1$.

Soit maintenant τ un nombre pair, il résulte, en vertu de (16) et (17),

$$(21) \qquad A_n + \nu_n \equiv (-1)^{n-1} \equiv (-1)^{n+\tau-1} \qquad (\bmod\ 4),$$

tandis que l'hypothèse τ impair donnera, en vertu de (18) et (19),

$$-A_n + (-1)^{n-1} + 2 - \nu_n \equiv 0 \qquad (\bmod\ 4)$$

ou, ce qui est la même chose,

$$(22) \qquad A_n + \nu_n \equiv 2 - (-1)^n \equiv (-1)^{n+\tau-1} \qquad (\bmod\ 4).$$

Cela posé, nous aurons, en vertu de (21) et (22), le théorème déduit par Stern ([1]) à l'aide d'une longue suite de congruences compliquées :

III. *Le nombre entier* A_n *qui figure dans la formule fondamentale de von Staudt et le nombre* ν_n *des nombres premiers du*

([1]) *Journal de Crelle*, t. 81, 1876, p. 290-294.

rang n satisfont à la congruence

$$(23) \qquad A_n + \nu_n \equiv (-1)^{n+\tau-1} \qquad (\bmod\ 4).$$

On voit que le théorème III donnera immédiatement cet autre, dû à von Staudt ([1]) :

IV. *La somme* $A_n + \nu_n$ *est toujours un nombre impair.*

Telle est notre connaissance très modeste de la nature des nombres A_n; dans le Chapitre XVIII nous avons à développer une suite de formules qui contiennent les A_n, mais ces formules ne disent rien sur la nature des nombres en question, parce qu'elles expriment des propriétés communes aux coefficients des formules récursives pour les nombres de Bernoulli.

LXIII. — Des nombres T_n et E_n.

La généralisation du théorème de Fermat, savoir le théorème I du paragraphe LX, donnera immédiatement cet autre, dû à Euler ([2]) :

I. *Le nombre*

$$(1) \qquad t_n = 2(2^{2n} - 1)B_n$$

est toujours entier et impair.

Appliquons ensuite la formule eulérienne

$$(2) \qquad T_n = \frac{2^{2n}(2^{2n} - 1)B_n}{2n},$$

ce qui donnera, en vertu de (1),

$$(3) \qquad t_n = \frac{n T_n}{2^{2n-2}},$$

il résulte ces deux autres théorèmes qui semblent être donnés

---

([1]) *De numeris Bernoullianis commentatio.* Erlangue, 1845.
([2]) *Institutiones calculi differentialis,* p. 495 (Petrograd, 1755); *Opuscula analytica,* t. 2, p. 273 (Petrograd, 1785). Comparez la remarque de Stern (*Journal de Crelle,* t. 88, 1880, p. 91).

explicitement par Worpitzky ([1]) :

II. *Le nombre entier t_n est divisible par tous les diviseurs impairs de l'indice n.*

III. *Soit l'indice n de la forme*

$$(4) \qquad n = 2^p(2\nu + 1) \qquad (p \geqq 0),$$

nous aurons toujours

$$(5) \qquad T_n = 2^{2n-p-2}(2Q + 1).$$

Remarquons, en passant, que la formule (28) du paragraphe XVIII donnera une expression directe du nombre t_n, savoir

$$(4) \qquad t_n = E_n - \sum_{s=1}^{s=n-1} \binom{2n}{2s} 2^{2s} B_s E_{n-s}.$$

Quant à la nature des coefficients des tangentes, les formules récursives (13) et (17) du paragraphe XXXVIII, savoir

$$\sum_{s=0}^{s=n-1} (-1)^s \binom{2n-1}{2s} 3^{2s} T_{n-s} = (-1)^n (2 - 3^{2n-1}),$$

$$\sum_{s=0}^{s=n-1} (-1)^s \binom{2n}{2s+2} 5^{2s+1} T_{n-s} = T_{n+1} - 5 E_n - (-1)^n 4(3^{2n} - 2)$$

donnent des éclaircissements intéressants.

En effet, on aura immédiatement les deux congruences

$$(7) \qquad \begin{cases} T_n \equiv (-1)^n 2 \pmod 9 & (n \geqq 2), \\ T_n \equiv -1 - (-1)^n 2 \pmod 5 & (n \geqq 1), \end{cases}$$

tandis que nous aurons particulièrement, pour $n = 1$,

$$(8) \qquad T_1 \equiv -2 \pmod 3,$$

ce qui donnera le théorème :

([1]) *Journal de Crelle*, t. 94, 1883, p. 203-232.

IV. *Les coefficients des tangentes se présentent sous la forme*

$$(9) \qquad T_{2n+1} = 2^{4n}(30h + 1),$$

$$(10) \qquad T_{2n} = 90k + 2,$$

et pourvu que $n > 1,$

$$(11) \qquad T_{2n} = 180l + 92,$$

où h, k, l, *désignent des entiers non négatifs.*

En effet, les congruences (7) montrent clairement que T_{2n} est un nombre de la forme $45m + 2$, ce qui donnera (10), parce que T_{2n} est un nombre pair. Soit ensuite $n > 1$, T_{2n} est divisible par 4; c'est-à-dire que le nombre k doit être impair, et nous trouvons l'expression (11).

Quant à T_{2n+1}, on aura immédiatement, en vertu de (7),

$$(12) \qquad T_{2n+1} = 15\mu + 1.$$

Or T_{2n+1} étant un nombre de la forme $2^m(2\alpha + 1)$, on aura, en vertu de (12), pourvu que $n \geq 1$,

$$15\mu + 1 \equiv 0 \qquad (\text{mod } 16),$$

ce qui donnera

$$\mu = 16\mu_1 + 1, \qquad 15\mu + 1 = 16(15\mu_1 + 1),$$

et ainsi de suite.

Étudions maintenant les nombres d'Euler; les formules récursives (11), (15) et (30) du paragraphe XXXIX, savoir :

$$\sum_{s=0}^{s=n-1} (-1)^s \binom{2n}{2s} 3^{2s} E_{n-s} = (-1)^n (2^{2n+1} - 3^{2n}),$$

$$\sum_{s=0}^{s=n-1} (-1)^s \binom{2n-1}{2s} 5^{2s} E_{n-s} = 5T_n + (-1)^n (3 - 2^{2n-1})2^n,$$

$$(2n+1)E_n + \sum_{s=1}^{s=n-1} (-1)^s \binom{2n}{2s+1} 4^{2s} E_{n-s} = \frac{(-1)^n}{2}(3 - 3^{2n})$$

donnent les congruences

$$(13) \qquad E_n \equiv (-1)^n 2 \equiv (-1)^{n+1} \quad (\text{mod } 3),$$

$$(14) \qquad E_n \equiv [1 - (-1)^n]3 \quad (\text{mod } 5),$$

$$(15) \qquad (2n+1)E_n \equiv (-1)^n \quad (\text{mod } 4).$$

On voit du reste que (15) se présente sous cette autre forme plus élégante

$$(16) \qquad E_n \equiv 1 \qquad (\mathrm{mod}\ 4);$$

cette congruence est due à Sylvester [1].

Cela posé, nous aurons immédiatement ce théorème, analogue au précédent :

V. *Les nombres d'Euler se présentent sous la forme*

$$(17) \qquad E_{2n+1} = 60h + 1,$$
$$(18) \qquad E_{2n} = 60k + 5,$$

où h et k désignent des entiers non négatifs.

Ce théorème est généralement attribué à Stern [2]. Or, il faut remarquer que Scherk [3] a déjà indiqué des expressions de la forme

$$(19) \qquad E_{2n+1} = 30h' + 1,$$
$$(20) \qquad E_{2n} = 30k' + 2,$$

et il est évident qu'une combinaison de ces résultats et de la congruence de Sylvester donnera immédiatement les expressions (17) et (18).

---

[1] *Comptes rendus*, t. 52, 1861, p. 212-214.
[2] *Journal de Crelle*, t. 79, 1875, p. 67, 73.
[3] *Mathematische Abhandlungen*, p. 21-24. Berlin, 1825.

CHAPITRE XIV.

LES CONGRUENCES DE KUMMER.

LXIV. — Applications du théorème de Fermat.

Dans le Chapitre présent nous avons à étudier des expressions de
la forme

$$(1) \qquad \Omega_n = \sum_{s=0}^{s=m} k_s K_s^n,$$

où m est un positif entier fixe, quel que soit n, tandis que ni les k_s
ni les K_s ne dépendent de n.

Soient ensuite ν et μ des positifs entiers quelconques, il résulte
immédiatement, en vertu de (1),

$$(2) \qquad \sum_{s=0}^{s=\nu} (-1)^s \binom{\nu}{s} \Omega_{n+2s\mu} = \sum_{s=0}^{s=m} k_s K_s^n (1 - K_s^{2\mu})^\nu,$$

ce qui donnera, en vertu du théorème généralisé de Fermat, savoir
le théorème I du paragraphe LX, cet autre théorème, essentiel dans
les recherches suivantes :

I. *Soient, dans* (1), *tous les k_s et les K_s des nombres entiers
qui ne dépendent pas de n, et soit λ le positif entier le plus
grand qui satisfasse aux deux conditions*

$$(3) \qquad \lambda \leqq n, \qquad \lambda \leqq \nu,$$

les nombres Ω_n satisfont aux congruences

$$(4) \qquad \sum_{s=0}^{s=\nu} (-1)^s \binom{\nu}{s} \Omega_{n+2s\mu} \equiv 0 \qquad (\mathrm{mod}\ b_\mu^\lambda),$$

où b_μ désigne le dénominateur bernoullien du rang μ.

Cela posé, il est évident que les trois nombres

$$\mathcal{A}_q^n = \sum_{s=0}^{s=m} (-1)^s \binom{q}{s} (q-s)^n \qquad (m \geqq q),$$

$$A_q^n = \sum_{s=0}^{s=m} \binom{q}{s} (q-s)^n \qquad (m \geqq q),$$

$$\mathrm{Hb}_q^{m,n} = \sum_{s=0}^{s=q-1} (-1)^s \binom{m+1}{s} (q-s)^n,$$

qui jouent un rôle fondamental dans les développements du Chapitre XII satisfont, quel que soit le nombre q, aux congruences

$$(5) \qquad \mathcal{Ab}_{n,q}^\nu = \sum_{s=0}^{s=\nu} (-1)^s \binom{\nu}{s} \mathcal{Ab}_q^{n+2s\mu} \equiv 0 \qquad (\bmod\ b_\mu^\lambda),$$

$$(6) \qquad A_{n,q}^\nu = \sum_{s=0}^{s=\nu} (-1)^s \binom{\nu}{s} A_q^{n+2s\mu} \equiv 0 \qquad (\bmod\ b_\mu^\lambda),$$

$$(7) \qquad \mathrm{Hb}_{n,q}^\nu = \sum_{s=0}^{s=\nu} (-1)^s \binom{\nu}{s} \mathrm{Hb}_q^{m,n+2s\mu} \equiv 0 \qquad (\bmod\ b_\mu^\lambda).$$

Dans ce qui suit, nous avons à appliquer d'autres résultats tirés directement de l'identité (2). A cet effet, soient a et b des positifs entiers sans diviseur commun, et soit p un nombre premier du rang n, qui ne divise pas b, nous aurons

$$\frac{a}{b}\left[\left(\frac{a}{b}\right)^{2n} - 1\right] b^{2n+1} = a(a^{2q} - 1) - a(b^{2n} - 1),$$

et le second membre est évidemment divisible par p. Dans ce qui suit, nous écrirons par conséquent simplement

$$(8) \qquad \frac{a}{b}\left[\left(\frac{a}{b}\right)^{2n} - 1\right] \equiv 0 \qquad (\bmod\ p).$$

Cette définition adoptée, nous aurons, en vertu de (4), cet autre théorème :

II. *Soient, dans la formule* (1), *tous les k_s et les K_s des fractions irréductibles, dont les dénominateurs sont premiers avec le* *nombre premier p du rang n, nous aurons, avec la définition (3) du nombre λ,*

$$(9) \qquad \sum_{s=0}^{s=\nu} (-1)^s \binom{\nu}{s} \Omega_{a+2s\mu} \equiv 0 \qquad (\bmod\ p^\lambda).$$

Dans nos recherches suivantes, nous avons aussi à appliquer d'autres formes des congruences (2) et (9). A cet effet, posons pour abréger

$$(10) \qquad M_{a,r} = \sum_{s=0}^{s=r} (-1)^s \binom{r}{s} \Omega_{a+2s\mu},$$

$$(11) \qquad N_{a,r} = \sum_{s=0}^{s=r} (-1)^s \binom{r}{s} \omega^{2s\mu} \Omega_{a+2s\mu},$$

où ω désigne un nombre complexe quelconque, différent de zéro, nous avons tout d'abord à démontrer les deux identités, inverses l'une de l'autre,

$$(12) \qquad N_{a,r} = \sum_{s=0}^{s=r} (-1)^s \binom{r}{s} (\omega^{2\mu} - 1)^s M_{a+2s\mu,\,r-s},$$

$$(13) \qquad M_{a,r} = \sum_{s=0}^{s=r} \binom{r}{s} (\omega^{2\mu} - 1)^s N_{a+2s\mu,\,r-s}.$$

Quant à la formule (12), introduisons, dans le terme sommatoire, qui figure au second membre de (11),

$$\omega^{2s\mu} = [(\omega^{2\mu} - 1) + 1]^s = \sum_{\nu=0}^{\nu=s} \binom{s}{\nu} (\omega^{2\mu} - 1)^\nu,$$

ordonnons ensuite, d'après les puissances $(\omega^{2\mu} - 1)^\nu$, puis appliquons l'identité évidente

$$\binom{r}{s} \binom{s}{\nu} = \binom{r}{\nu} \binom{r - \nu}{s - \nu},$$

nous aurons la formule (12).

Pour démontrer la formule inverse (13), nous multiplions par

$$1 = [\omega^{2\mu} - (\omega^{2\mu} - 1)]^s = \sum_{\nu=0}^{\nu=s} (-1)^\nu \binom{s}{\nu} \omega^{2\mu(s-\nu)} (\omega^{2\mu} - 1)^\nu$$

le terme sommatoire qui figure au second membre de (10), et le même procédé que dans le cas précédent nous conduira à la formule (13).

Cela posé, nous aurons immédiatement les deux théorèmes :

III. *Supposons remplies les conditions indiquées dans le théorème I, puis supposons que ω soit un nombre premier avec le dénominateur bernoullien du rang μ, les deux congruences*

$$(14) \qquad M_{n,r} \equiv 0 \quad (\bmod\ b_\mu^\lambda),$$

$$(15) \qquad N_{n,r} \equiv 0 \quad (\bmod\ b_\mu^\lambda)$$

sont équivalentes.

IV. *Supposons remplies les conditions énumérées dans le théorème II, puis désignons par ω une fraction irréductible dont ni le numérateur, ni le dénominateur ne soient divisibles par le nombre premier p du rang μ, les deux congruences*

$$(16) \qquad M_{n,r} \equiv 0 \quad (\bmod\ p^\lambda),$$

$$(17) \qquad N_{n,r} \equiv 0 \quad (\bmod\ p^\lambda)$$

sont équivalentes.

Dans ce qui suit, nous avons encore besoin de quelques autres résultats tirés des congruences (2) et (9). A cet effet, posons pour abréger

$$(18) \qquad \begin{cases} h_0(x) = 1, \\ h_q(x) = x(x-1)\dots(x-q+1), \end{cases}$$

nous aurons à étudier l'expression

$$(19) \qquad A_{q,r} = \sum_{s=0}^{s=r} (-1)^s \binom{r}{s} h_q(n + 2s\mu)\, \Omega_{n+2s\mu}.$$

Les identités évidentes

$$(n + 2r\mu - q)\binom{r}{s} h_q(n + 2s\mu) - 2r\mu \binom{r-1}{s} h_q(n + 2s\mu)$$
$$= \binom{r}{s} h_{q+1}(n + 2s\mu),$$

où il faut supposer $0 \leqq s \leqq r - 1$, et

$$(n + 2r\mu - q) h_q(n + 2r\mu) = h_{q+1}(n + 2r\mu)$$

donnent, quel que soit q, la formule récursive

$$(20) \qquad (n + 2r - q) A_{q,r} - 2r\mu A_{q,r-1} = A_{q+1,r}.$$

Cela posé, la conclusion ordinaire de q à $q + 1$ donnera immédiatement, en vertu de (2) et (9), la congruence plus générale

$$(21) \qquad \sum_{s=0}^{s=\nu} (-1)^r \binom{r}{s} \binom{n + 2s\mu}{q} \Omega_{n+2s\mu} \equiv 0 \qquad (\bmod\ p^{\lambda-q}),$$

où p désigne un nombre premier du rang μ, et où il faut supposer à la fois $q < r$ et $q < \lambda$.

LXV. — Applications sur les fonctions de Bernoulli.

Pour donner une application intéressante des théorèmes généraux que nous venons de démontrer, nous prenons pour point de départ ou la formule (4) du paragraphe LVI, savoir

$$n! \, [B_{n+1}(x) - B_{n+1}(0)] = \sum_{s=1}^{s=m} (-1)^{n-s} \binom{x + s}{s + 1} \mathcal{A}_s^n \qquad (m = n),$$

ou la formule (3) du paragraphe LVIII, savoir

$$n! \, [B_{n+1}(x) - B_{n+1}(0)] = (-1)^{m-n} \sum_{s=1}^{s=m} \binom{x + s}{m + 1} \mathfrak{B}_s^{m,n} \qquad (m \geqq n).$$

Posons ensuite, dans ces formules,

$$(1) \qquad x = -\frac{\alpha}{\gamma},$$

où α et γ désignent des positifs entiers sans diviseur commun, nous avons tout d'abord à étudier le coefficient binomial

$$(2) \qquad \binom{\pm \dfrac{\alpha}{\gamma}}{r} = \frac{A}{B},$$

où r désigne un positif entier quelconque, tandis que la fraction qui figure au second membre est irréductible. Ces définitions adoptées, je dis que le dénominateur ne peut contenir d'autres facteurs premiers que ceux qui divisent γ.

En effet, il résulte, en vertu de (2),

$$(3) \qquad \pm \frac{A}{B} = \frac{\pm \alpha(\pm \alpha - \gamma)(\pm \alpha - 2\gamma)\ldots[\pm \alpha - (r-1)\gamma]}{1.2.3\ldots r.\gamma^r};$$

soit ensuite p un nombre premier égal à r au plus, qui ne divise pas γ, et soit p^q une puissance de p égale à r au plus, nous aurons

$$r = ap^q + b \qquad (a \geqq 1; \quad 0 = b \div p^q - 1).$$

Cela posé, il est évident que les a multiples de p^q

$$p^q, \quad 2p^q, \quad 3p^q, \quad \ldots, \quad ap^q$$

se trouvent parmi les positifs entiers de 1 à r. Étudions maintenant l'équation indéterminée du premier degré

$$- \gamma x \pm \alpha = p^q y,$$

cette équation admet des solutions entières de x et y, parce que γ et p^q sont sans diviseur commun; soit ensuite x_1 la valeur de x qui satisfait à la condition

$$0 \leqq x_1 \leqq p^q - 1,$$

une valeur quelconque de x se présente sous la forme

$$x = x_1 + sp^q,$$

où s désigne un entier quelconque; c'est-à-dire que le numérateur de la fraction qui figure au second membre de (3) contient précisément comme facteurs les a multiples de p^q

$$\pm \alpha - \gamma(x_1 + sp^q) \qquad (0 \leqq s \leqq a - 1).$$

Ces résultats obtenus, il est évident que la puissance p^q disparaîtra dans la fraction irréductible qui figure au second membre de (2), de sorte que B ne peut contenir d'autres facteurs premiers que ceux qui divisent γ.

Cela posé, il est facile de démontrer le théorème suivant, essentiel dans nos recherches sur les nombres B_n, T_n, E_n :

I. *Désignons par α et γ des positifs entiers sans diviseur commun, par p un nombre premier du rang μ qui ne divise pas γ, et par n et ν des positifs entiers quelconques, les nombres rationnels*

$$(4) \qquad \Omega_n = n! \left[B_{n+1}\left(-\frac{\alpha}{\gamma}\right) - B_{n+1}(0) \right]$$

satisfont à la congruence

$$(5) \qquad \sum_{s=0}^{s=\nu} (-1)^s \binom{\nu}{s} \Omega_{n+2s\mu} \equiv 0 \qquad (\bmod\ p^\lambda),$$

où λ est le positif entier le plus grand qui satisfasse aux conditions

$$(6) \qquad \lambda \leqq \nu, \qquad \lambda \leqq n.$$

En effet, prenons par exemple pour point de départ la première des deux formules générales que nous venons d'indiquer, il résulte une expression de la forme

$$(7) \qquad \Omega_n = \sum_{s=1}^{s=m} k_s(\alpha, \gamma)\, \vartheta_s^q \qquad (m \geqq n),$$

où les $k_s(\alpha, \gamma)$ désignent des fractions irréductibles qui sont indépendantes du nombre n, et dont les dénominateurs ne contiennent d'autres facteurs premiers que ceux qui divisent γ.

Appliquons ensuite la formule (5) du paragraphe LXIV, nous aurons

$$(8) \qquad \sum_{s=0}^{s=\nu} (-1)^s \binom{\nu}{s} \Omega_{n+2s\mu} = \sum_{s=1}^{s=m} k_s(\alpha, \gamma)\, \vartheta_{n,s}^r \equiv 0 \qquad (\bmod\ p^\lambda),$$

ce qui est précisément la congruence (5); et l'on voit du reste que le nombre arbitraire m est à choisir tel que $m \geqq n + 2r\mu$.

Posons maintenant, dans (4), $\frac{\alpha}{2}$, puis $\frac{\alpha+\gamma}{2}$ à la place de α, et soustrayons ensuite les deux équations ainsi obtenues, il résulte une expression de la forme

$$(9) \qquad n!\, E_n\left(-\frac{\alpha}{\gamma}\right) = \sum_{s=1}^{s=m} l_s(\alpha, \gamma)\, \vartheta_s^q \qquad (m \geqq n),$$

où les $l_s(\alpha, \gamma)$ sont des fractions irréductibles, qui ne dépendent pas du nombre n, et dont les dénominateurs ne contiennent d'autres facteurs premiers que ceux qui divisent γ.

Cela posé, nous aurons cet autre théorème, analogue à I :

II. *Supposons remplies les conditions indiquées dans le théorème I, les nombres rationnels*

$$(10) \qquad \Omega'_n = n! \, \mathrm{E}_n\left(-\frac{\alpha}{\gamma}\right)$$

satisfont à la congruence

$$(11) \qquad \sum_{s=0}^{s=r} (-1)^s \binom{r}{s} \Omega'_{n+s\mu} \equiv 0 \qquad (\bmod\ p^\lambda).$$

Il est digne de remarque que les nombres rationnels Ω_n, définis par la formule (4), jouent un rôle fondamental dans nos recherches suivantes sur les résidus quadratiques.

LXVI. — Des coefficients des tangentes et des nombres d'Euler.

Il est évident que les deux théorèmes généraux, que nous venons de démontrer dans le paragraphe précédent, conduiront à plusieurs applications très intéressantes.

En premier lieu, posons, dans la formule (4) du paragraphe LXV,

$$\alpha = 1, \qquad \gamma = 2,$$

puis introduisons $2n - 1$ au lieu de n, il résulte

$$\Omega_{2n-1} = \frac{(-1)^n\, \mathrm{T}_n}{2^{4n}},$$

ce qui donnera, en vertu des théorèmes I du paragraphe LX et I du paragraphe LXIV,

$$(1) \qquad \sum_{s=0}^{s=r} (-1)^s \binom{r}{s} \mathrm{T}_{n+s\mu} \equiv 0 \qquad (\bmod\ b_\mu^\lambda),$$

où b_μ désigne, comme ordinairement, le dénominateur bernoullien du rang μ, tandis que λ est à déterminer comme le positif entier le plus grand qui satisfasse aux deux conditions

$$(2) \qquad \lambda \leqq 2n - 1, \qquad \lambda \leqq r.$$

Remplaçons, dans (1), le module b_μ par $p = 2\mu + 1$, supposé premier, la congruence ainsi obtenue est due à Stern ([1]).

En second lieu, posons, dans la formule générale (4) du paragraphe LXV,

$$\alpha = 1, \qquad \gamma = 4,$$

puis posons $2n$ au lieu de n, nous aurons

$$\Omega_{2n} = \frac{(-1)^n E_n}{2^{4n+2}},$$

ce qui donnera

$$(3) \qquad \sum_{s=0}^{s=r} (-1)^{s+s\mu} \binom{r}{s} E_{n+s\mu} \equiv 0 \qquad (\mathrm{mod}\ b_\mu^\lambda),$$

où il faut supposer à la fois

$$(4) \qquad \lambda \leqq 2n, \qquad \lambda \leqq r.$$

Remplaçons, dans (3), le module b_μ par $p = 2\mu + 1$, supposé premier, la congruence ainsi obtenue est due à Kummer ([2]).

Appliquons maintenant la congruence (21) du paragraphe LXIV, nous aurons, en vertu de (1) et (3),

$$(5) \qquad \sum_{s=0}^{s=r} (-1)^{s+s\mu} \binom{r}{s} \binom{n+s\mu}{q} T_{n+s\mu} \equiv 0 \qquad (\mathrm{mod}\ p^{\lambda-q}).$$

$$(6) \qquad \sum_{s=0}^{s=r} (-1)^{s+s\mu} \binom{r}{s} \binom{n+s\mu}{q} E_{n+s\mu} \equiv 0 \qquad (\mathrm{mod}\ p^{\lambda-q}),$$

où p désigne un nombre premier du rang μ, et où il faut supposer $q < \lambda$ et $q < p$.

Soit encore, dans (1) et (3), $r = 1$, il résulte les congruences spéciales

$$(7) \qquad E_{n+\mu} \equiv (-1)^\mu E_n \qquad (\mathrm{mod}\ b_\mu),$$

$$(8) \qquad T_{n+\mu} \equiv (-1)^\mu T_n \qquad (\mathrm{mod}\ b_\mu),$$

([1]) *Journal de Crelle*, t. 88, 1880, p. 91.
([2]) *Journal de Crelle*, t. 41, 1851, p. 372.

d'où, en supposant $n = 1$,

$$(9) \qquad T_{\mu+1} \equiv E_{\mu+1} \equiv (-1)^{\mu} \qquad (\bmod\ b_{\mu});$$

cette dernière congruence qui correspond à $T_{\mu+1}$ a été observée par Saalschütz ([1]).

Remarquons, en passant, que les deux formules numériques

$$2^{2n+1}\sigma_{2n}(m) = (2m+1)^{2n} + \sum_{s=1}^{s=n}(-1)^s\binom{2n}{2s}(2m+1)^{2n-2s}E_s,$$

$$2^{2n+2}\sigma_{2n+1}(m) = (2m+1)^{2n+1}$$
$$+\sum_{s=1}^{s=n}(-1)^s\binom{2n+1}{2s}(2m+1)^{2n-2s+1}E_s - (-1)^{m+n}T_{n+1},$$

tirées directement des formules (2) du paragraphe XVII et (21) du paragraphe XXXVI, et où m et n désignent des positifs entiers quelconques, conduiront sans peine aux congruences (1) et (3).

En effet, nous aurons

$$(10) \qquad 2^{2n+1}\sigma_{2n}(m) \equiv (-1)^n E_n \qquad (\bmod\ 2m+1),$$

$$(11) \qquad 2^{2n+2}\sigma_{2n+1}(m) \equiv (-1)^{m+n-1}T_{n+1} \qquad (\bmod\ 2m+1),$$

ce qui conduira immédiatement au but, si nous posons

$$2m+1 = b_{\mu}^{\lambda}.$$

Nous avons encore à appliquer la congruence (10) pour déduire une propriété intéressante des nombres d'Euler. A cet effet, posons, conformément à la formule (7) du paragraphe XXXVI,

$$1-(-1)^m = 2\sigma_0(m) = 2\sum_{s=1}^{s=m}(-1)^{m-s},$$

il résulte, en vertu de (10),

$$(12) \qquad 1-(-1)^m-(-1)^n E_n \equiv 2\sum_{s=1}^{s=m}(-1)^{m-s}\left[1-(2s)^{2n}\right] \qquad (\bmod\ 2m+1).$$

Cela posé, divisons en deux parties l'ensemble des nombres premiers du rang n

$$\lambda_1,\ \lambda_2,\ \lambda_3,\ \ldots,\ \lambda_{\nu_n},$$

([1]) *Vorlesungen über die Bernoullischen Zahlen*, p. 165. Berlin, 1893.

savoir

$$\lambda'_1, \lambda'_2, \lambda'_3, \ldots, \lambda'_\sigma, \qquad \lambda'_s = 4a + 1, \qquad 1 \leqq s < \sigma,$$
$$\lambda''_1, \lambda''_2, \lambda''_3, \ldots, \lambda''_\tau, \qquad \lambda''_s = 4a + 3, \qquad 1 \leqq s \leqq \tau,$$

de sorte que nous aurons $\sigma + \tau = \nu_n$.

Posons ensuite pour abréger

$$(13) \qquad \begin{cases} k_n = \lambda'_1, \lambda'_2, \ldots, \lambda'_\sigma, \\ l_n = \lambda''_1, \lambda''_2, \ldots, \lambda''_\tau, \end{cases}$$

de sorte que nous aurons, pour le dénominateur bernoullien du rang n,

$$(14) \qquad b_n = k_n l_n.$$

Introduisons ensuite, dans (12),

$$(15) \qquad 2m + 1 = b_n,$$

puis désignons par p un nombre premier du rang n, de sorte que

$$(16) \qquad b_n = pq,$$

nous aurons évidemment

$$m = \frac{b_n - 1}{2} = p\,\frac{q - 1}{2} + \frac{p - 1}{2};$$

c'est-à-dire que l'ensemble des m positifs entiers

$$1, 2, 3, \ldots, m$$

contient précisément les multiples suivants de p

$$p, 2p, 3p, \ldots, \frac{q - 1}{2}\,p.$$

Cela posé, nous aurons, en vertu de (12),

$$(17) \qquad 1 - (-1)^m - (-1)^n E_n \equiv 2 \sum_{s=1}^{s = \frac{q-1}{2}} (-1)^{m-s} \qquad (\bmod\ p)$$

ou, ce qui est la même chose,

$$(18) \qquad 1 - (-1)^m - (-1)^n E_n \equiv (-1)^{m-1} 2\sigma_0\left(\frac{q - 1}{2}\right).$$

Soit maintenant, en premier lieu,

$$b_n = 4n + 1, \qquad m = 2n,$$

les deux nombres p et q sont, en vertu de (16), en même temps de la forme $4\nu + 1$ ou de la forme $4\nu + 3$; c'est-à-dire que nous aurons, en vertu de (18),

$$(19) \qquad \begin{cases} E_n \equiv 0 \pmod p, & p = 4r + 1, \\ E_n \equiv (-1)^n 2 \pmod p, & p = 4r + 3. \end{cases}$$

En second lieu, soit

$$b = 4n + 3, \qquad m = 2n + 1,$$

les deux nombres $p + 2$ et q sont en même temps de la forme $4r + 1$ ou de la forme $4r + 3$, ce qui donnera, en vertu de (18),

$$2 - (-1)^n E_n \equiv 2 T_0 \left(\frac{p+1}{2} \right) \pmod p;$$

c'est-à-dire que les congruences (19) sont valables dans ce cas aussi, de sorte que nous aurons le théorème, nouveau, je le pense :

I. *Soient k_n et l_n les deux facteurs complémentaires du dénominateur bernoullien du rang n, définis par les expressions (13), les nombres d'Euler satisfont aux deux congruences*

$$(20) \qquad \begin{cases} E_n \equiv 0 \pmod{k_n}, \\ E_n \equiv (-1)^n 2 \pmod{l_n}. \end{cases}$$

Soit particulièrement $p = 2n + 1$ un nombre premier, nous aurons par conséquent pour n pair, savoir $n = 2m$,

$$(21) \qquad E_{2m} \equiv 0 \pmod p, \qquad p = 4m + 1,$$

tandis que l'hypothèse $n = 2m + 1$ donnera

$$(22) \qquad E_{2m+1} \equiv -2 \pmod p, \qquad p = 4m + 3.$$

Ces deux congruences spéciales sont indiquées par M. Ely ([1]); chose curieuse, cet auteur semble croire que la congruence (3) de Kummer est due à Lucas.

---

[1] *American Journal of Mathematics*, t. 5, 1880, p. 341.

Il saute aux yeux que notre méthode générale est en défaut quand il s'agit de déterminer les exposants k et l qui figurent dans les congruences

$$(23) \qquad \sum_{s=0}^{s=r} (-1)^{s+s\mu} \binom{r}{s} T_{n+s\mu} \equiv 0 \qquad (\bmod \ 2^k),$$

$$(24) \qquad \sum_{s=0}^{s=r} (-1)^{s+s\mu} \binom{r}{s} E_{n+s\mu} \equiv 0 \qquad (\bmod \ 2^l),$$

Stern ([1]) a essayé, le premier, de déterminer ces deux exposants k et l qui correspondent à $\mu = 2$; cependant, il applique des séries divergentes, et il est très curieux, ce me semble, que cette ancienne méthode classique ait conduit, dans ce cas, à des résultats parfaitement faux. La méthode donnera, en effet, le résultat surprenant que les nombres d'Euler sont des nombres pairs!

Saalschütz ([2]) a observé que le résultat susdit de Stern relatif aux coefficients des tangentes est inexact. Néanmoins, feu M. Bachmann ([3]), dans son beau Livre sur la Théorie des Nombres, donne le développement de Stern, sans réservations, et il ne me semble pas sûr que Bachmann ([4]) ait détourné les difficultés en question, dans sa Note récente.

De plus, c'est une conséquence immédiate des recherches récentes de feu M. Frobenius ([5]) et de M. Haussner ([6]) que les résultats de Stern relatifs aux nombres d'Euler sont faux aussi.

Or, les congruences susdites ne jouent aucun rôle dans nos recherches suivantes; de plus, on n'a pas réussi à déterminer exactement les exposants k et l, mais à donner certaines limites inférieures. C'est pourquoi nous nous bornons à renvoyer le lecteur aux deux Mémoires susdits et à une petite Note plus récente de M. Löchte Jensen ([7]).

([1]) *Journal de Crelle*, t. 79, 1875, p. 67-98.
([2]) *Vorlesungen über die Bernoullischen Zahlen*, p. 164. Berlin, 1893.
([3]) *Niedere Zahlentheorie*, t. II, p. 40. Leipzig, 1910.
([4]) *Archiv de Grunert*, 3ᵉ série, t. 16, 1910, p. 363-365.
([5]) *Berliner Sitzungsberichte*, 1910, p. 809-847.
([6]) *Leipziger Sitzungsberichte*, t. 62, 1910, p. 356-318.
([7]) *Bulletin de l'Académie Royale des Sciences de Danemark*, 1915, p. 321-331.

LXVII. — Des nombres de Bernoulli.

Introduisons maintenant, dans la formule fondamentale (5) du paragraphe LXV, $2n-1$ à la place de n, puis posons successivement

$$s = 0,\ 1,\ 2,\ \ldots,\ \gamma-1,$$

nous aurons, en ajoutant toutes les congruences ainsi obtenues, puis appliquant la formule (24) du paragraphe XVI, savoir

$$\sum_{s=0}^{s=\gamma-1}\left[B_{2n}\left(-\frac{s}{\gamma}\right)-B_{2n}(0)\right] = \frac{(-1)^n(\gamma^{2n}-1)B_n}{(2n)!\,\gamma^{2n+1}},$$

due à Kummer,

$$(1)\qquad \sum_{s=0}^{s=r}(-1)^{s+s\mu}\binom{r}{s}\frac{(\gamma^{2n+2s\mu}-1)B_{n+s\mu}}{(2n+2s\mu)\gamma^{2n+2s\mu+1}} \equiv 0 \pmod{p^{\lambda}},$$

où p est un nombre premier du rang μ, qui ne divise pas le positif entier γ, tandis que λ doit satisfaire aux deux conditions

$$(2)\qquad \lambda \leqq 2n-1, \qquad \lambda \leqq r.$$

Appliquons ensuite le théorème IV du paragraphe LIV, la congruence (1) se transforme dans celle-ci :

$$(3)\qquad \sum_{s=0}^{s=r}(-1)^{s+s\mu}\binom{r}{s}\frac{(\gamma^{2n+2s\mu}-1)B_{n+s\mu}}{2n+2s\mu} \equiv 0 \pmod{p^{\lambda}}.$$

Posons encore pour abréger

$$(4)\qquad M_{n,r} = \sum_{s=0}^{s=r}(-1)^{s+s\mu}\binom{r}{s}\frac{B_{n+s\mu}}{2n+2s\mu},$$

tandis que $N_{n,r}$ désigne le premier membre de (3), la formule (12) du paragraphe LXIV donnera ici

$$(5)\qquad N_{n,r} = (\gamma^{2n}-1)M_{n,r} + \gamma^{2n}\sum_{s=1}^{s=r}(-1)^{s\mu}\binom{r}{s}(\gamma^{2\mu}-1)^s M_{n+s\mu,\,r-s}.$$

Supposons ensuite que le nombre premier du rang μ ne soit pas aussi du rang n, puis désignons par γ une racine primitive modulo p, la différence $\gamma^{2n} - 1$ qui figure au second membre de (5), comme facteur de $M_{n,r}$, ne peut jamais être divisible par p.

De plus, posons

$$(6) \qquad \frac{B_{n+s\mu}}{2n + 2s\mu} = \frac{a_{n+s\mu}}{d_{n+s\mu}},$$

où la fraction qui figure au second membre est supposée irréductible, nous savons, en vertu du théorème de von Staudt, savoir le théorème II du paragraphe LXI, que le dénominateur $d_{n+s\mu}$ ne peut jamais être divisible par p.

Cela posé, introduisons dans (5), successivement

$$r = 1, 2, 3, 4, \ldots,$$

la conclusion ordinaire de r à $r+1$ donnera immédiatement la congruence

$$(7) \qquad \sum_{s=0}^{s=r} (-1)^{s+s\mu} \binom{r}{s} \frac{B_{n+s\mu}}{2n + 2s\mu} \equiv 0 \qquad (\bmod\ p^{\lambda}),$$

où il faut supposer à la fois

$$(8) \qquad \lambda \leqq 2n - 1, \qquad \lambda \leqq r,$$

tandis que le nombre premier p du rang μ ne doit pas être aussi du rang μ. Le cas particulier $p = 2\mu + 1$ de la congruence (7) appartient à Kummer [1].

Appliquons maintenant la formule (21) du paragraphe LXIV, nous aurons, en vertu de (7),

$$(9) \qquad \sum_{s=0}^{s=r} (-1)^{s+s\mu} \binom{r}{s} B_{n+s\mu} \equiv 0 \qquad (\bmod\ p^{\lambda-1})$$

et plus généralement

$$(10) \qquad \sum_{s=0}^{s=r} (-1)^{s+s\mu} \binom{r}{s} \binom{n+s\mu}{q} B_{n+s\mu} \equiv 0 \qquad (\bmod\ p^{\lambda-q-1}),$$

---

[1] *Journal de Crelle*, t. 41, 1851, p. 368-372.

où il faut supposer à la fois $q < \lambda - 1$ et $q < p$; ces deux dernières congruences semblent être nouvelles.

On voit que la formule (9) est analogue à celles démontrées, dans le paragraphe précédent, pour les T_n et les E_n.

Soit particulièrement, dans (7), $p = 2\mu + 1$, $r = 1$, il résulte

$$n B_{n+2} \equiv (-1)^{\mu}(n + \mu)B_n \qquad (\mathrm{mod}\ p)$$

ou, ce qui est la même chose, .

$$2 n B_{n+2} \equiv (-1)^{\mu}(2n - 1)B_n \qquad (\mathrm{mod}\ p);$$

soit ensuite $p = 2m + 1$, savoir $p = 4m + 3$, nous aurons, en posant dans (11), $n = m + 1$, la congruence intéressante

$$(12) \qquad B_{3m+2} \equiv B_{m+1} \qquad (\mathrm{mod}\ p), \qquad p = 4m + 3.$$

Revenons maintenant à la formule générale (7); nous avons supposé que le nombre premier p du rang μ ne soit pas aussi du rang n. Or, cette condition suffisante n'est pas nécessaire pour l'existence d'une congruence de la forme (7).

En effet, prenons pour point de départ la somme de puissances

$$S_{2n}(a) = 1^{2n} + 2^{2n} + 3^{2n} + \ldots + a^{2n},$$

nous aurons

$$\sum_{\nu=0}^{\nu=r}(-1)^{\nu}\binom{r}{\nu}S_{2n+2\nu\mu}(a) = \sum_{s=1}^{s=a} s^{2n}(1 - s^{2\mu})^{r};$$

soit ensuite p un nombre premier du rang μ, et soit encore $a \leqq p - 1$, nous aurons par conséquent, quel que soit le positif entier n,

$$(13) \qquad \sum_{\nu=0}^{\nu=r}(-1)^{\nu}\binom{r}{\nu}S_{2n+2\nu\mu}(a) \equiv 0 \qquad (\mathrm{mod}\ p^{r}).$$

Or, la formule de Jacques Bernoulli, savoir la formule (22) du paragraphe XXXVI,

$$S_{2m}(p - 1) = \frac{p^{2m+1}}{2m+1} - \frac{p^{2m}}{2} + \sum_{s=1}^{s=m}\frac{(-1)^{s-1}}{2m - 2s + 1}\binom{2m}{2s}B_s p^{2m-2s+1},$$

donnera la congruence

$$S_{2m}(p-1) \equiv (-1)^{m-1} B_m p \pmod{p^2}, \tag{14}$$

pourvu que $p \geqq 5$, $m \geqq 1$.

En effet, soit $p \geqq 5$, $q \geqq 3$, nous aurons toujours

$$\frac{B_r p^q}{q} \equiv 0 \pmod{p^3};$$

on voit immédiatement que le cas le plus désavantageux est celui où p est du rang r, et où q est en même temps divisible par p. Or, soit p^α la puissance la plus élevée de p qui divise q, le dénominateur de la fraction

$$\frac{B_r}{q},$$

supposée irréductible, est dans ce cas divisible précisément par $p^{\alpha+1}$, de sorte que nous avons à démontrer que $q - 3 \geqq \alpha$.

Or, nous aurons évidemment

$$q \geqq p^\alpha = [1 + (p-1)]^\alpha \geqq 1 + \alpha(p-1),$$

ce qui donnera, pourvu que $p \geqq 5$, $\alpha \geqq 1$,

$$q - 3 \geqq 4\alpha - 2 \geqq 2\alpha > \alpha.$$

Cela posé, nous aurons, en vertu de (13) et (14), pourvu que $\nu \geqq 2$,

$$\sum_{s=0}^{s=r} (-1)^{s+s\mu} \binom{r}{s} B_{n+s\mu} \equiv 0 \pmod{p}. \tag{15}$$

Soit particulièrement, dans (13), $n = 0$, l'égalité

$$S_0(p-1) = p - 1$$

donnera, en vertu de (14),

$$1 - \frac{1}{p} \equiv \sum_{s=1}^{s=r} (-1)^{s+s\mu} \binom{r}{s} B_{\mu s} \pmod{p}. \tag{16}$$

Je n'ai pas réussi à démontrer que le premier membre de (15) soit divisible par une puissance plus élevée du nombre premier p.

On voit du reste, en vertu du théorème de von Staudt et de

Th. Clausen, que le terme

$$\frac{1}{p}$$

disparaîtra dans les formules (15) et (16).

LXVIII. — D'autres congruences.

En terminant ces recherches, nous avons encore à indiquer quelques autres congruences d'une forme plus spéciale que les précédentes, mais utile pour nos recherches suivantes.

En premier lieu, prenons pour point de départ la formule (13) du paragraphe XII, due à Euler,

$$(1) \qquad (2n+1)B_n = \sum_{s=1}^{s=n-1} \binom{2n}{2s} B_s B_{n-s}$$

puis supposons que $p = 2n+1$ soit un nombre premier, le théorème de von Staudt et Th. Clausen donnera immédiatement la congruence

$$(2) \qquad \sum_{s=1}^{s=n-1} B_s B_{n-s} \equiv (-1)^n \qquad (\text{mod } p),$$

car nous aurons évidemment

$$\binom{2n}{2s} = \binom{p-1}{2s} \equiv 1 \qquad (\text{mod } p).$$

Supposons ensuite que $p = 2n-1$ soit un nombre premier, nous aurons de même, en vertu de (1),

$$(2n+1)B_n \equiv 2n(2n-1)B_1 B_{n-1} \equiv (-1)^{n-1} 2n B \qquad (\text{mod } p)$$

ou, ce qui est la même chose,

$$B_n \equiv (-1)^{n-1} n B_1 \qquad (\text{mod } p),$$

d'où, en remplaçant n par $n+1$, ce qui donnera $p = 2n+1$,

$$(3) \qquad \frac{B_{n+1}}{2n+2} \equiv \frac{(-1)^n B_1}{2} \qquad (\text{mod } p),$$

ce qui est un cas spécial de la congruence de Kummer étudiée dans le paragraphe précédent. J'ignore si la congruence générale peut être développée à ce point de vue.

En second lieu, nous avons à appliquer la formule de Jacques Bernoulli, écrite sous la forme

$$\sum_{s=0}^{s=n-1} (-1)^s \binom{2n}{2s} B_{n-s-1}\, a^{2s+1} = (-1)^n \left[2n\, S_{2n-1}(a) - a^{2n} - n a^{2n-1}\right],$$

où $p = 2n + 1$ est un nombre premier, tandis que le positif entier a est au plus égal à $p - 1$.

Dans ce cas nous aurons, en vertu du théorème de Fermat,

$$(4)\qquad \sum_{s=0}^{s=n-1} (-1)^s a^{2s+1} B_{n-s-1} \equiv (-1)^{n-1}\left(\frac{1}{1} + \frac{1}{2} + \ldots + \frac{1}{a} + \frac{a-1}{2a}\right)$$
$$(\operatorname{mod} p);$$

la congruence spéciale qui correspond à $a = 1$, savoir

$$(5)\qquad \sum_{s=0}^{s=n-1} (-1)^s B_{n-s-1} \equiv (-1)^{n-1}\frac{3}{2} \qquad (\operatorname{mod} p),$$

joue un rôle dans nos recherches sur les résidus quadratiques.

Appliquons ensuite la formule récursive (9) du paragraphe XXXVII, qui est aussi un cas particulier de la formule de Bernoulli,

$$\sum_{s=1}^{s=n} (-1)^{s-1} \binom{p}{2s} B_s = \frac{p-1}{2},$$

où $p = 2n + 1$ est un nombre premier, la congruence évidente

$$\frac{1}{p}\binom{p}{2s} \equiv -\frac{1}{2s} \qquad (\operatorname{mod} p)$$

donnera immédiatement

$$(6)\qquad \sum_{s=1}^{s=n-1} \frac{(-1)^{s-1} B_s}{2s} \equiv -\frac{1}{2} + \frac{1}{p} + (-1)^{n-1} B_n \qquad (\operatorname{mod} p).$$

En troisième lieu, étudions les deux formules (9) du paragraphe XXXVIII et $\left(\frac{7}{7}\right)$ du paragraphe XXXIX, savoir

$$\sum_{s=0}^{s=0} (-1)^s \binom{2n+1}{2s} T_{n-s+1} = (-1)^q,$$

$$\sum_{s=0}^{s=n} (-1)^s \binom{2n+2}{2s} E_{n-s+1} = (-1)^n,$$

où $p = 2n+1$ est un nombre premier, nous aurons immédiatement les congruences

$$(7) \qquad T_{n+1} \cdot E_{n+1} \quad (-1)^q \quad (\bmod p),$$

qui représentent un cas spécial des congruences (9) du paragraphe LXVI.

Introduisons encore, dans la dernière des formules récursives susdites, $n-1$ à la place de n, puis supposons que n soit premier, il résulte

$$(8) \qquad E_n \cdot 1 \quad (\bmod n).$$

Cela posé, la formule (11) du paragraphe XXXVIII

$$T_{n+1} - \sum_{s=0}^{s=n-1} (-1)^s \binom{2n}{2s+2} T_{n-s} = E_n$$

donnera, en vertu de (8),

$$(9) \qquad T_{n+1} \cdot 2 \quad (\bmod n),$$

où n est supposé premier.

En dernier lieu, étudions la formule (9) du paragraphe XXXIX

$$\sum_{s=0}^{s=n-1} (-1)^s \binom{2n+1}{2s} E_{n-s} = T_n,$$

puis supposons premier le nombre $p = 2n+1$, il résulte la congruence remarquable

$$(10) \qquad\qquad T_n \equiv E_n \qquad (\mathrm{mod}\, p).$$

La congruence (8) a été observée par Stern [1], dans son
Mémoire assez étendu sur les nombres d'Euler.

____

[1] *Journal de Crelle*, t. 79, 1873, p. 86.

TROISIÈME PARTIE.

APPLICATIONS SUR LA THÉORIE DES NOMBRES.

CHAPITRE XV.

APPLICATIONS DES POLYNOMES SYMÉTRIQUES.

LXIX. — Formules générales de première espèce.

Supposons que les zéros

$$(1) \qquad x_1,\; x_2,\; x_3,\; \ldots,\; x_n$$

du polynome entier du $n^{ième}$ degré

$$(2) \qquad f(x) = x^n + a_1 x^{n-1} + a_2 x^{n-2} + \ldots + a_{n-1} x + a_n$$

satisfassent aux conditions

$$(3) \qquad x_s + x_{n-s+1} = p \qquad (1 \leqq s \leqq n),$$

où p désigne un nombre complexe, différent de zéro, mais arbitraire du reste, nous avons, dans le paragraphe XXIV, démontré les formules générales

$$(4) \qquad [1 - (-1)^r] a_r = \sum_{s=0}^{s=r-1} (-1)^s \binom{n-s}{r-s} p^{r-s} a_s,$$

$$(5) \qquad 0 = \sum_{s=0}^{s=2r+} (-1)^s \binom{n-s}{2r-s+1} \left(\frac{p}{2}\right)^{2r-2s+1} a_s,$$

$$(6) \qquad (-1)^r \left[a_{2r+1} - p\left(\frac{n}{2} - r\right) a_{2r} \right]$$
$$= \sum_{s=0}^{s=r-1} (-1)^s \binom{n-2s-1}{2r-2s} p^{2r-2s} a_{2s+1} B_{r-s,}$$

et

$$(7) \qquad (-1)^r a_{2r+1} = \sum_{s=0}^{s=r} (-1)^s \binom{n-2s}{2r-2s+1} \left(\frac{p}{2}\right)^{2r-2s+1} a_{2s} T_{r-s+1}.$$

Posons ensuite

$$(8) \qquad \begin{cases} s_0 = n, \\ s_r = x_1^r + x_2^r + x_3^r + \ldots + x_n^r, \end{cases}$$

les développements du paragraphe susdit donnent les formules analogues

$$(9) \qquad [1-(-1)^r] s_r = \sum_{\nu=0}^{\nu=r-1} (-1)^\nu \binom{r}{\nu} p^{r-\nu} s_\nu,$$

$$(10) \qquad 0 = \sum_{\nu=0}^{\nu=2r+1} (-1)^\nu \binom{2r+1}{\nu} \left(\frac{p}{2}\right)^{2r-\nu+1} s_\nu,$$

$$(11) \qquad (-1)^r \left[s_{2r+1} - p\left(r + \frac{1}{2}\right) s_{2r} \right]$$
$$= \sum_{\nu=0}^{\nu=r-1} (-1)^\nu \binom{2r+1}{2\nu+1} p^{2r-2\nu} s_{2\nu+1} B_{r-\nu},$$

$$(12) \qquad (-1)^r s_{2r+1} = \sum_{\nu=0}^{\nu=r} (-1)^\nu \binom{2r+1}{2\nu} \left(\frac{p}{2}\right)^{2r-2\nu+1} s_{2\nu} T_{r-\nu+1}.$$

De plus, nous aurons, en vertu de la formule de Newton,

$$(13) \qquad s_r - a_1 s_{r-1} + a_2 s_{r-2} - \ldots + (-1)^{r-1} a_{r-1} s_1 + (-1)^r r a_r = 0,$$

où il faut supposer $1 \leqq r \leqq n$.

Cela posé, les formules (4) et (9) donnent immédiatement le théorème général :

I. *Soit p un positif entier, et soient tous les coefficients a_s des nombres rationnels, dont les dénominateurs sont premiers avec p, nous aurons les deux congruences*

$$(14) \qquad a_{2r+1} \equiv 0 \pmod{p}, \qquad 0 \leqq r \leqq \frac{n-1}{2};$$

$$(15) \qquad s_{2r+1} \equiv 0 \pmod{p}, \qquad 0 \leqq r \leqq \frac{n-1}{2}.$$

En effet, on voit, en vertu de (13), que les sommes de puissances s_v sont aussi des nombres rationnels, dont les dénominateurs sont premiers avec p.

Désignons plus généralement par

$$(16) \qquad \Phi(z_1, z_2, \ldots, z_n)$$

une fonction rationnelle et entière, homogène et symétrique des n nombres z_i et d'un degré impair, savoir $2N+1$, tandis que tous les coefficients numériques de Φ sont des nombres rationnels, dont les dénominateurs sont premiers avec p, nous aurons de même

$$(17) \qquad \Phi(z_1, z_2, \ldots, z_n) \equiv 0 \qquad (\mathrm{mod}\ p).$$

En effet, la fonction en question se présente sous la forme

$$\Phi = \Sigma A_{\alpha, \beta, \ldots, \nu}\, a_1^\alpha,\, a_2^\beta,\, \ldots,\, a_n^\nu,$$

où les coefficients numériques $A_{\alpha, \beta, \ldots, \nu}$ sont des nombres rationnels, dont les dénominateurs sont premiers avec p, et nous aurons de plus

$$\alpha + 2\beta + 3\gamma + \ldots + n\nu = 2N + 1;$$

c'est-à-dire que l'ensemble des exposants

$$\alpha, \quad \beta, \quad \gamma, \quad \ldots, \quad \nu$$

contient toujours un nombre impair au moins.

Cela posé, il est très facile de démontrer cet autre théorème général :

II. *Supposons remplies les conditions indiquées dans le théorème I, puis supposons que les coefficients a_i satisfassent aux conditions ultérieures*

$$(18) \qquad a_{2r} \equiv 0 \ (\mathrm{mod}\ p), \qquad 1 \leqq r \leqq \mu,$$

nous aurons les trois autres congruences

$$(19) \qquad a_{2r+1} \equiv 0 \ (\mathrm{mod}\ p^2), \qquad 1 \leqq r \leqq \mu;$$
$$(20) \qquad s_{2r} \equiv 0 \ (\mathrm{mod}\ p), \qquad 1 \leqq r \leqq \mu;$$
$$(21) \qquad s_{2r+1} \equiv 0 \ (\mathrm{mod}\ p^2), \qquad 1 \leqq r \leqq \mu.$$

En effet, appliquons les formules (4), (13) et (9), il est évident que les trois congruences en question sont des conséquences immédiates de (18).

Plus généralement, on aura de la même manière

$$(22) \qquad \Phi(a_1, a_2, \ldots, a_n) \equiv 0 \pmod{p^N}, \qquad 1 \le N \le \mu.$$

Appliquons de nouveau les formules (4), (9) et (13), il résulte le théorème suivant :

III. *Supposons remplies les conditions indiquées dans le théorème II, nous aurons les trois congruences ultérieures*

$$(23) \qquad \frac{a_{2r+1}}{p^2} \equiv \left(\frac{n}{2} - r\right)\frac{a_{2r}}{p} \pmod{p}, \qquad 1 \le r \le \mu;$$

$$(24) \qquad \frac{s_{2r+1}}{p^2} \equiv \left(r + \frac{1}{2}\right)\frac{s_{2r}}{p} \pmod{p}, \qquad 1 \le r \le \mu;$$

$$(25) \qquad \frac{s_{2r}}{p} \equiv -2r\,\frac{a_{2r}}{p} \pmod{p} \qquad 1 \le r \le \mu.$$

Prenons maintenant pour point de départ la formule (13), nous aurons cet autre théorème :

IV. *Ajoutons aux conditions précédentes que p soit premier avec μ!, les congruences*

$$(26) \qquad s_{2r} \equiv 0 \pmod{p}, \qquad 1 \le r \le \mu \le n$$

entraînent les autres congruences indiquées dans les deux théorèmes précédents.

LXX. — Formules générales de seconde espèce.

Pour donner une autre application essentielle des polygones symétriques nous prenons pour point de départ le polynome entier

$$(1) \qquad f(x) = x^{2n} + a_1 x^{2n-1} + \ldots + a_{2n-1} x + a_{2n}$$

du degré $2n$, dont les racines

$$(2) \qquad \alpha_1, \ \alpha_2, \ \alpha_3, \ \ldots, \ \alpha_{2n}$$

satisfont aux conditions

$$(3) \qquad z_s + z_{2n-s+1} = p \qquad (1 \leqq s \leqq 2n),$$

où p désigne un positif entier.

De plus, nous posons

$$(4) \qquad \varphi(x) = (x - z_1)(x - z_2)\ldots(x - z_n)$$
$$= x^n - b_1 x^{n-1} + b_2 x^{n-2} - \ldots + (-1)^{n-1} b_{n-1} x + (-1)^n b_n,$$

ce qui donnera, en vertu de (3),

$$\varphi(p) = z_{n+1} z_{n+2} \ldots z_{2n},$$

de sorte que nous aurons

$$(5) \qquad b_{2n} = \varphi(p) b_n.$$

Cela posé, il est facile de démontrer le théorème :

I. *Supposons que les z, soient des nombres rationnels, diffé-rents de zéro, dont les dénominateurs sont tous premiers avec p, puis supposons*

$$(6) \qquad a_{2n} \equiv (-1)^\delta \qquad (\bmod p),$$

nous aurons de même

$$(7) \qquad b_n^2 \equiv (-1)^{n+\delta} \qquad (\bmod p).$$

En effet, la formule (5) donnera, en vertu de (4),

$$(8) \qquad (-1)^n a_{2n} = b_n^2 - b_n b_{n-1} p + K p^2,$$

où K est un nombre rationnel, dont le dénominateur est premier avec p, ce qui donnera immédiatement la congruence (7).

Quant aux congruences (4) et (7), nous aurons cet autre théorème :

II. *Soient, conformément au théorème précédent,*

$$(9) \qquad a_{2n} = (-1)^\delta + p Q_p,$$
$$(10) \qquad b_n^2 = (-1)^{n+\delta} + p Q_p',$$

nous aurons

$$(11) \qquad Q_p' \equiv (-1)^{n+\delta} \lambda_n + (-1)^n Q_p \qquad (\bmod p),$$

où nous avons posé pour abréger

(12) $$\lambda_n = \frac{1}{\alpha_1} + \frac{1}{\alpha_2} + \ldots + \frac{1}{\alpha_n}.$$

Quant à la démonstration de ce théorème, remarquons que les formules (8) et (9) donnent immédiatement, en vertu de (10),

$$Q'_p \equiv b_n b_{n-1} + (-1)^n Q_p \quad (\text{mod } p).$$

De plus, nous aurons évidemment

$$b_n b_{n-1} \equiv b_n^2 \lambda_n \equiv (-1)^{n+\delta} \lambda_n \quad (\text{mod } p),$$

ce qui donnera la congruence (11).

Or, il est possible de pousser ces recherches un peu plus loin, en démontrant un troisième théorème, savoir :

III. *Soit, dans la congruence* (10), $n+\delta$ *un nombre pair, il résulte*

(13) $$b_n \equiv \pm 1 \quad (\text{mod } p);$$

posons ensuite

(14) $$b_n = (-1)^\varepsilon + p Q''_p,$$

nous aurons

(15) $$2Q''_p \equiv (-1)^\varepsilon \lambda_n + (-1)^{n+\varepsilon} Q_p \quad (\text{mod } p).$$

En effet, les définitions (11) et (14) donnent

$$2Q''_p \equiv (-1)^\varepsilon Q'_p \quad (\text{mod } p),$$

et la formule (11) conduira immédiatement à la congruence (15).

Nous avons encore à étudier les deux sommes de puissances

(16) $$\begin{cases} s_r = \alpha_1^r + \alpha_2^r + \ldots + \alpha_n^r, & s_0 = 2n; \\ s'_r = \alpha_1^r + \alpha_2^r + \ldots + \alpha_n^r, & s_0 = n. \end{cases}$$

A cet effet, appliquons l'identité

$$s_r = s'_r + (p-\alpha_1)^r + (p-\alpha_2)^r + \ldots + (p-\alpha_n)^r,$$

qui est une conséquence immédiate de (3), nous aurons, pour $r \geqq 1$,

$$(17) \qquad s_r = [1 + (-1)^r] s_r' + \sum_{q=0}^{q=r-1} (-1)^q \binom{r}{q} p^{r-q} s_q'.$$

Remarquons ensuite que les formules de Newton

$$(18) \quad \begin{cases} s_r - a_1 s_{r-1} + a_2 s_{r-2} - \ldots + (-1)^{r-1} a_{r-1} s_1 + (-1)^r r a_r = 0, \\ s_r' - b_1 s_{r-1}' + b_2 s_{r-2}' - \ldots - (-1)^{r-1} b_{r-1} s_1' + (-1)^r r b_r = 0, \end{cases}$$

où il faut supposer $1 \leqq r \leqq 2n$, respectivement $1 \leqq r \leqq n$, montrent clairement que les sommes s_r et s_r' sont des nombres rationnels, dont les dénominateurs sont premiers avec p, il résulte, en vertu de (17),

$$(19) \quad \begin{cases} s_{2r+1} \equiv 0 & (\mathrm{mod}\ p), \\ s_{2r} \equiv 2 s_{2r}' & (\mathrm{mod}\ p), \end{cases}$$

où il faut supposer $r \geqq 0$. Soit $r \geqq 1$, nous aurons de même

$$(20) \qquad \frac{s_{2r} - 2 s_{2r}'}{p} \equiv -2 r s_{2r-1}' \qquad (\mathrm{mod}\ p).$$

Il saute aux yeux que l'on peut déduire, de ces formules générales, un grand nombre de résultats spéciaux, très intéressants du reste, en choisissant d'une manière convenable l'ensemble des nombres z_i.

1° L'ensemble des nombres

$$1, \quad 2, \quad 3, \quad \ldots, \quad p - 1$$

ou l'ensemble des nombres impairs

$$1, \quad 3, \quad 5, \quad \ldots, \quad 2n - 1.$$

2° L'ensemble des positifs entiers plus petits que p et premiers avec p.

3° L'ensemble des résidus quadratiques ou des non-résidus qui correspondent à un nombre premier de la forme $4m + 1$.

Or, les ensembles que nous venons d'énumérer exigent des recherches plus étendues; c'est pourquoi nous avons à regarder dans les deux paragraphes suivants, d'autres exemples de polynomes symétriques.

LXXI. — Des nombres A_p^n.

Regardons, comme première application des formules générales développées dans les deux paragraphes précédents, le polynome du $n^{ième}$ degré

$$(1) \qquad A_p^n(x) = \sum_{s=0}^{s=p} \binom{p}{s}(x+p-s)^n,$$

ou, ce qui est la même chose,

$$(2) \qquad A_p^n(x) = \sum_{s=0}^{s=n} \binom{n}{s} A_p^s\, x^{n-s},$$

où nous avons posé pour abréger

$$(3) \qquad A_p^n = \sum_{s=0}^{s=p} \binom{p}{s}(p-s)^n.$$

Nous ne connaissons pas les zéros du polynome en question, mais nous aurons évidemment, en vertu de (1),

$$A_p^n(-x-p) = (-1)^n A_p^n(x);$$

c'est-à-dire que les coefficients

$$a_r = \binom{n}{r} A_p^r,$$

satisfont aux formules récursives indiquées dans le paragraphe IX, ce qui donnera

$$(4) \qquad [1-(-1)]A_p^r = \sum_{s=0}^{s=r-1}(-1)^s \binom{r}{s} p^{r-s} A_p^s,$$

$$(5) \qquad 0 = \sum_{s=0}^{s=2r+1}(-1)^s \binom{2r+1}{s}\left(\frac{p}{2}\right)^{2r-s+1} A_p^s,$$

$$(6)\ (-1)^r\left[A_p^{2r+1} - p\left(r+\frac{1}{2}\right)A_p^{2r}\right] = \sum_{s=0}^{s=r-1}(-1)^s \binom{2r+1}{2s+1} p^{2r-2s} A_p^{2s+1} B_{r-s},$$

$$(7) \qquad (-1)^r A_p^{2r+1} = \sum_{s=0}^{s=r}(-1)^s \binom{2r+1}{2s}\left(\frac{p}{2}\right)^{2r-2s+1} A_p^{2s} T_{r-s+1}.$$

Quant à la nature des nombres A_p^n, la définition (3) donnera

$$(8) \qquad A_p^0 = 2^p;$$

soit ensuite $n \geq 1$, nous aurons de même

$$(9) \qquad A_p^n = \sum_{s=1}^{s=p} \binom{p}{s} s^n = p \sum_{s=1}^{s=p} \binom{p-1}{s-1} s^{n-1},$$

ce qui donnera, en vertu de (4), la proposition suivante :

I. *Supposons* $n > 1$, *les nombres* A_p^n *satisfont aux congruences*

$$(10) \qquad A_p^{2n} \equiv 0 \qquad (\bmod\; p),$$
$$(11) \qquad A_p^{2n+1} \equiv 0 \qquad (\bmod\; p^2),$$

valables, quel que soit le positif entier p.

Appliquons ensuite les formules numériques

$$(12) \quad \begin{cases} \binom{p-1}{s-1} = \dfrac{p^{s-1} - C_s^1 p^{s-2} + C_s^2 p^{s-3} - \ldots + (-1)^{s-1} C_s^{s-1}}{(s-1)!} & (s \geq 2), \\[2ex] C_s^{s-1} = (s-1)! \qquad C_s^{s-2} = (s-1)! \left(\dfrac{1}{1} + \dfrac{1}{2} + \ldots + \dfrac{1}{s-1} \right), \end{cases}$$

où les C_s^r sont les coefficients de factorielle du rang s, il résulte, en vertu de (9),

$$(13) \qquad A_p^n = (-1)^{p-1} \sigma_{n-1}(p) p$$
$$+ p^2 \sum_{s=2}^{s=p} (-1)^s s^{n-1} \left(\frac{1}{1} + \frac{1}{2} + \ldots + \frac{1}{s-1} \right) + p^3 K,$$

où K est un nombre rationnel, dont le dénominateur ne contient que des facteurs premiers plus petits que p.

Soit maintenant p un nombre premier impair, il résulte, en vertu de (13),

$$(14) \qquad \frac{1}{p} A_p^{2n} \equiv \sigma_{2n-1}(p) \qquad (\bmod\; p),$$

$$(15) \quad \frac{1}{p^2} A_p^{2n+1} \equiv \frac{1}{p} \sigma_{2n}(p) + \sum_{s=2}^{s=r} (-1)^s s^{2n} \left(\frac{1}{1} + \frac{1}{2} + \ldots + \frac{1}{s-1} \right) \quad (\bmod\; p),$$

de sorte que les deux formules *eulériennes* (23) et (24) du paragraphe XXXVI, savoir

$$\tau_{2n}(p) = \frac{p^{2n}}{2} + \sum_{r=1}^{r=n} \frac{(-1)^{r-1}}{2^{2r}} \binom{2n}{2r-1} T_r\, p^{2n-2r+1},$$

$$\tau_{2n+1}(p) = \frac{p^{2n+1}}{2} + \sum_{r=1}^{r=n} \frac{(-1)^{r-1}}{2^{2r}} \binom{2n+1}{2r-1} T_r\, p^{2n-2r} + \frac{(-1)^n \lfloor 1-(-1)^p \rfloor}{2^{2n+1}} T_{n+1}$$

donnent cette autre proposition :

II. *Soit p un nombre premier impair, nous aurons les con-gruences*

$$(16) \qquad \frac{1}{p} A_p^{2n} \equiv \frac{(-1)^{n-1} T_n}{2^{2n-1}} \qquad (\mathrm{mod}\ p),$$

$$(17) \qquad \frac{1}{p^2} A_p^{2n+1} \equiv \frac{(-1)^{n-1}(2n+1) T_n}{2^{2n}} \qquad (\mathrm{mod}\ p),$$

$$(18) \qquad \sum_{s=2}^{s=p} (-1)^s s^{2n}\left(\frac{1}{1} + \frac{1}{2} + \ldots + \frac{1}{s-1}\right) \equiv \frac{(-1)^{n-1} T_n}{2^{2n}} \qquad (\mathrm{mod}\ p),$$

où *il faut supposer* $n = 1$.

LXXII. — Des nombres $\mathfrak{S}_{p+1}^n$.

Comme seconde application spéciale des formules générales nous avons à étudier le polynome du degré n

$$(1) \qquad \frac{1}{p!} A_p^{p+n}(x) = \frac{1}{p!} \sum_{s=0}^{s=p} (-1)^s \binom{p}{s}(x+p-s)^{n+p},$$

qui satisfait évidemment à l'équation fonctionnelle

$$\frac{1}{p!} A_p^{p+n}(-x-p) = \frac{(-1)^n}{p!} A_p^{p+n}(x).$$

Posons pour abréger

$$(2) \qquad \mathfrak{S}_{p+1}^n = \frac{1}{p!} A_p^{p+n} = \frac{1}{p!} \sum_{s=0}^{s=p-1} (-1)^s \binom{p}{s}(p-s)^{p+n},$$

ce qui donnera spécialement

$$(3) \qquad \mathfrak{S}_{p+1}^0 = 1,$$

il résulte, en vertu de (1),

$$(4) \qquad \frac{1}{p!}\mathcal{A}_p^{p+n}(x) = \sum_{s=0}^{s=n}\binom{p+n}{p+s}\mathfrak{S}_{p+1}^s\, x^{n-s},$$

de sorte que nous avons à introduire, dans les formules générales du paragraphe LIX,

$$a_r = \binom{p+n}{p+r}\mathfrak{S}_{p+1}^r.$$

Cela posé, nous aurons, dans ce cas, les formules récursives

$$(5) \qquad [1-(-1)^r]\mathfrak{S}_{p+1}^r = \sum_{s=0}^{s=r-1}(-1)^s\binom{p+r}{p+s}p^{r-s}\mathfrak{S}_{p+1}^s,$$

$$(6) \qquad 0 = \sum_{s=0}^{s=2r+1}(-1)^s\binom{p+2r-1}{p+s}\left(\frac{p}{2}\right)^{2r-s+1}\mathfrak{S}_{p+1}^s,$$

$$(7) \qquad (-1)^r\left[\mathfrak{S}_{p+1}^{2r+1} - \left(\frac{p+1}{2}+r\right)p\,\mathfrak{S}_{p+1}^{2r}\right]$$
$$= \sum_{s=0}^{s=r-1}(-1)^s\binom{p+2r+1}{p+2s+1}p^{2r-2s}B_{r-s}\mathfrak{S}_{p+1}^{2s+1},$$

$$(8) \qquad (-1)^r\mathfrak{S}_{p+1}^{2r+1} = \sum_{s=0}^{s=r}(-1)^s\binom{p+2r+1}{p+2s}\left(\frac{p}{2}\right)^{2r-2s+1}T_{r-s+1}\mathfrak{S}_{p+1}^{2s}.$$

Quant aux nombres $\mathfrak{S}_{p+1}^n$, appliquons la formule (5) du paragraphe IX, savoir

$$\mathcal{A}_p^{p+n+1}(x) = p\,\mathcal{A}_p^{p+n}(x) + (x+p)\mathcal{A}_p^{p+n}(x),$$

ce qui donnera, en vertu de (2),

$$(9) \qquad \mathcal{A}_{p+1}^{n+1} = \mathcal{A}_p^{n+1} + p\,\mathcal{A}_{p+1}^n.$$

Remarquons maintenant que nous aurons, quel que soit n,

$$\mathfrak{S}_1^n = 1,$$

il résulte, en vertu de (3), la proposition suivante :

I. *Les nombres $\mathfrak{S}_{p+1}^n$ sont des positifs entiers.*

Appliquons ensuite les formules numériques (12) du paragraphe précédent, nous aurons ici

$$(10)\quad \mathfrak{C}_{p+1}^{n} = \frac{(-1)^{n-1}}{(p-1)!}\left[S_{n+p-1}(p) - p\sum_{s=1}^{s=p} s^{p+n-1}\left(\frac{1}{1} + \frac{1}{2} + \ldots + \frac{1}{s-1}\right) + p^2 K \right],$$

où K est un nombre rationnel, dont le dénominateur ne contient que des facteurs premiers plus petits que p.

Cela posé, la congruence (14) du paragraphe LXVIII donnera, en vertu de (5), cette autre proposition :

II. *Supposons que le nombre premier p ne soit pas du rang n, nous aurons les congruences*

$$(11)\qquad \mathfrak{C}_{p+1}^{2n} \equiv 0 \pmod{p},$$

$$(12)\qquad \mathfrak{C}_{p+1}^{2n+1} \equiv 0 \pmod{p^2},$$

$$(13)\qquad \sum_{s=2}^{s=p} s^{p+2n}\left(\frac{1}{1} + \frac{1}{2} + \ldots + \frac{1}{s-1}\right) \equiv 0 \pmod{p},$$

où il faut supposer $n \gtreqless 1$.

Dans le paragraphe LXXXII nous avons à étudier plus profondément les congruences (11) et (12), étude qui montrera clairement pourquoi nous avons remplacé les $\mathfrak{A}_p^{n+r}$ par les $\mathfrak{C}_{p+1}^{n}$.

CHAPITRE XVI.
LES SOMMES DE PUISSANCES.

LXXIII. — Formules de Bernoulli et d'Euler.

La détermination des sommes de puissances

$$(1) \qquad S_n(p) = 1^n + 2^n + 3^n + \ldots + p^n,$$

où p et n désignent des positifs entiers, problème apparemment élémentaire, a occupé les géomètres depuis la haute antiquité, et le même problème occupe certainement, même dans nos jours, beaucoup de géomètres, dans leur tendre jeunesse.

Or, le problème susdit, apparemment parfaitement élémentaire, est intimement lié avec des problèmes qui sont à regarder comme les plus difficiles de la Théorie des Nombres, nous le verrons bientôt.

Quant aux résultats obtenus au cours des temps, les Grecs ont connu les formules

$$(2) \qquad \begin{cases} S_1(p) = \dfrac{p(p+1)}{2}, \\[2mm] S_2(p) = \dfrac{p(p+1)(2p+1)}{6}, \\[2mm] S_3(p) = \dfrac{p^2(p+1)^2}{4} = [S_1(p)]^2, \end{cases}$$

formules qui ont fourni à Archimède le moyen de démontrer la formule

$$(3) \qquad D_x^{-1} x^m = \frac{x^{m+1}}{m+1} \qquad (m = 1, 2, 3).$$

Plus tard, les Arabes ont trouvé le résultat

$$(4) \qquad S_4(p) = \frac{p(p+1)(2p+1)}{30}(3p^2 + 3p - 1)$$

ou, ce qui est la même chose,

$$(5) \qquad 5 S_4(p) = S_2(p)[6 S_1(p) - 1].$$

Dans cette dernière forme la formule en question est indiquée par Fermat; ce grand maître des nombres a du reste indiqué, le premier que je sache, une méthode générale pour les déterminations des sommes $S_n(p)$, méthode qui n'est autre chose que la formule de Lampe, savoir la formule (10) du paragraphe LVI. De plus, Fermat a connu la formule générale

$$(6) \qquad S_n(p) = \frac{p^{n+1}}{n+1} + a_{n,1}\,p + a_{n,2}\,p^2 + \ldots + a_{n,n}\,p,$$

ce qui lui a permis de déduire la formule (3) pour une valeur quelconque du positif entier m.

Presque en même temps, Pascal a démontré, par la conclusion de n à $n+1$ la formule générale (6); sa méthode coïncide avec celle que nous avons appliquée dans le paragraphe LIX, pour démontrer la formule récursive du paragraphe susdit.

Or, c'est Jacques Bernoulli [1] qui a donné, le premier, la détermination générale de $S_n(p)$, en indiquant, sans démonstration, une formule de la forme

$$(7) \qquad S_n(p) = \frac{p^{n+1}}{n+1} + \frac{p^n}{2} + \sum_{s=1}^{\leqq \frac{n}{2}} \frac{(-1)^{s-1}}{n+1} \binom{n+1}{2s} B_s\, p^{n-2s+1}.$$

De plus, Bernoulli indique les valeurs générales des dix premières des sommes $S_n(p)$, savoir :

$$S_1(p) = \frac{p^2}{2} + \frac{p}{2},$$

$$S_2(p) = \frac{p^3}{3} + \frac{p^2}{2} + \frac{p}{6},$$

$$S_3(p) = \frac{p^4}{4} + \frac{p^3}{2} + \frac{p^2}{4},$$

$$S_4(p) = \frac{p^5}{5} + \frac{p^4}{2} + \frac{p^3}{3} - \frac{p}{30},$$

$$S_5(p) = \frac{p^6}{6} + \frac{p^5}{2} + \frac{p^4}{12} - \frac{p^2}{12},$$

$$S_6(p) = \frac{p^7}{7} + \frac{p^6}{2} + \frac{p^5}{2} - \frac{p^3}{6} + \frac{p}{42},$$

$$S_7(p) = \frac{p^8}{8} + \frac{p^7}{2} + \frac{7p^6}{12} - \frac{7p^4}{24} + \frac{p^2}{12},$$

$$S_8(p) = \frac{p^9}{9} + \frac{p^8}{2} + \frac{2p^7}{3} - \frac{7p^5}{15} + \frac{2p^3}{9} - \frac{p}{30},$$

$$S_9(p) = \frac{p^{10}}{10} + \frac{p^9}{2} + \frac{3p^8}{4} - \frac{7p^6}{10} + \frac{p^4}{2} - \frac{3p^2}{20},$$

$$S_{10}(p) = \frac{p^{11}}{11} + \frac{p^{10}}{2} + \frac{5p^9}{6} - p^7 + p^5 - \frac{p^3}{2} + \frac{5p}{66},$$

---

[1] *Ars Conjectandi*, p. 97-98. Bâle, 1713.

tableau qu'Euler [1] a continué jusqu'à $S_{10}(p)$; de plus, il a calculé les premiers coefficients de l'expression générale de $S_n(p)$ jusqu'à celui de la puissance p^{n-20} [2].

La première démonstration générale élémentaire de la formule (7) semble être due à Andreas von Ettingshausen [3] qui a appliqué les principes du calcul aux différences finies, mais cette démonstration est restée complètement inaperçue.

Cauchy [4] a de nouveau démontré la formule (7) et en a donné plusieurs applications intéressantes, tandis que F. Arndt [5] semble avoir appliqué, le premier, l'équation aux différences finies

$$(8) \qquad S_n(p) - S_n(p-1) = p^n,$$

méthode qui est intimement liée à notre démonstration de la formule en question, savoir en appliquant la fonction $B_{n+1}(x)$ de Bernoulli.

Quant à l'introduction d'une variable complexe au lieu du positif entier p, nous pouvons nous borner à renvoyer le lecteur aux indications données dans le paragraphe XV.

Les sommes alternées

$$(9) \qquad \sigma_n(p) = p^n - (p-1)^n + (p-2)^n - \ldots + (-1)^{p-1} 1^n$$

ne sont pas étudiées avec le même empressement que les $S_n(p)$; c'est Euler [6] qui a déterminé de telles sommes en donnant les formules générales

$$(10) \qquad \sigma_{2n}(p) = \frac{p^{2n}}{2} + \sum_{r=1}^{r=n} \frac{(-1)^{r-1}}{2^{2r}} \binom{2n}{2r-1} T_r p^{2n-2r+1},$$

$$(11) \qquad \sigma_{2n+1}(p) = \frac{p^{2n+1}}{2} + \sum_{r=1}^{r=n} \frac{(-1)^{r-1}}{2^{2r}} \binom{2n+1}{2r-1} T_r p^{2n-2r+2}$$

$$\qquad\qquad + \frac{(-1)^n [1 - (-1)^p] T_{n+1}}{2^{2n+2}}.$$

---

[1] *Institutiones calculi differentialis*, p. 59. Petrograd, 1755.
[2] *Ibid.*, p. 31-33, 433-434.
[3] *Vorlesungen über höhere Mathematik*, t. 1, p. 285. Vienne, 1827.
[4] *Voir* par exemple : *Résumés analytiques*, p. 71 (Turin, 1833); *Mémoires de l'Institut*, t. 17, 1890, p. 262, 371, 441.
[5] *Archiv de Grunert*, t. 10, 1847, p. 342-344.
[6] *Institutiones calculi differentialis*, p. 499. Petrograd, 1755.

Appliquons maintenant les sommes de puissances plus générales

$$(12) \qquad \begin{cases} s_n(x,p) = x^n + (x+1)^n + (x+2)^n + \ldots + (x+p-1)^n, \\ s_0(x,p) = p; \end{cases}$$

$$(13) \qquad \begin{cases} \sigma_n(x,p) = (x+p-1)^n - (x+p-2)^n + (x+p-3)^n - \ldots + (-1)^{p-1} x^n, \\ \sigma_0(x,p) = \dfrac{1-(-1)^p}{2}; \end{cases}$$

introduites dans le paragraphe XXXVI, il est évident que les formules

$$(14) \qquad B_{n+1}(x+p-1) - B_{n+1}(x-1) = \frac{s_n(x,p)}{n!},$$

$$(15) \qquad E_n(x+p-1) - (-1)^p E_n(x-1) = \frac{\sigma_n(x,p)}{n!}$$

donnent une suite d'autres développements pour les sommes de puissances numériques.

En effet, appliquons tout d'abord les formules de Raabe, développées dans le paragraphe XVII, l'hypothèse $x = 0$ donnera, en vertu de (14) et (15),

$$(16) \quad 2^{2n+1} S_{2n}(p) = \frac{(2p+1)^{2n+1}}{2n+1}$$
$$+ \sum_{s=1}^{s=n} \frac{(-1)^s}{2n+1} \binom{2n+1}{2s} (2^{2s} - 2)\, B_s (2p+1)^{2n-2s+1},$$

$$(17) \quad 2^{2n+2} S_{2n+1}(p)$$
$$= \frac{(2p+1)^{2n+2}}{2n+2} + \sum_{s=1}^{s=n} \frac{(-1)^s}{2n+2} \binom{2n+2}{2s} (2^{2s} - 2)\, B_s (2p+1)^{2n-2s+2}$$
$$- \frac{(-1)^n T_{n+1}}{2^{2n+1}},$$

$$(18) \quad 2^{2n+1} \sigma_{2n}(p) = (2p+1)^{2n} + \sum_{s=1}^{s=n} (-1)^s \binom{2n}{2s} E_s (2p+1)^{2n-2s},$$

$$(19) \quad 2^{2n+2} \sigma_{2n+1}(p) = (2p+1)^{2n+1} + \sum_{s=1}^{s=n} (-1)^s \binom{2n+1}{2s} E_s (2p+1)^{2n-2s+1}$$
$$- (-1)^{n+p} T_{n+1}.$$

Quant aux deux autres sommes de puissances

$$(20) \qquad t_n(p) = 2^n s_n\left(\frac{1}{2}, p\right) = \sum_{s=1}^{s=p} (2s-1)^n,$$

$$(21) \qquad \tau_p(p) = 2^n \sigma_n\left(\frac{1}{2}, p\right) = \sum_{s=0}^{s=p-1} (-1)^s (2p-2s-1)^n,$$

introduites dans le paragraphe XXXVI, posons, dans (14) et (15), $x = \frac{1}{2}$, puis appliquons les expressions de $B_n(x)$ et de $E_n(x)$, il résulte

$$(22) \qquad 2t_{2n}(p) = \frac{(2p-1)^{2n+1}}{2n+1} + \frac{(2p-1)^{2n}}{2}$$
$$+ \sum_{s=1}^{s=n} \frac{(-1)^{s-1}}{2n+1} \binom{2n+1}{2s} 2^{2s} B_s (2p-1)^{2n-2s+1},$$

$$(23) \qquad 2t_{2n-1}(p) = \frac{(2p-1)^{2n}}{2n} + \frac{(2p-1)^{2n-1}}{2}$$
$$+ \sum_{s=1}^{s=n-1} \frac{(-1)^{s-1}}{2n} \binom{2n}{2s} 2^{2s} B_s (2p-1)^{2n-2s} - \frac{(-1)^n T_n}{2^{2n-1}},$$

$$(24) \qquad 2\tau_{2n}(p) = (2p-1)^{2n} + \sum_{s=1}^{s=n} (-1)^{s-1} \binom{2n}{2s-1} T_s (2p-1)^{2n-2s+1}$$
$$+ (-1)^{n+p} E_n,$$

$$(25) \qquad 2\tau_{2n-1}(p) = (2p-1)^{2n-1} + \sum_{s=1}^{s=n} (-1)^{s-1} \binom{2n-1}{2s-1} T_s (2p-1)^{2n-2s},$$

tandis que les formules de Raabe donnent

$$(26) \qquad 2 t_n(p) = \frac{(2p)^{n+1}}{n+1} + \sum_{s=1}^{\leq \frac{n}{2}} \frac{(-1)^s}{n+1} \binom{n+1}{2s} (2^{2s}-2) B_s (2p)^{n-2s+1},$$

$$(27) \qquad 2\tau_{2n}(p) = (2p)^{2n} + \sum_{s=1}^{s=n} (-1)^s \binom{2n}{2s} E_s (2p)^{2n-2s}$$
$$+ (-1)^n [1-(-1)^p] E_n,$$

$$(28) \qquad 2\tau_{2n-1}(p) = (2p)^{2n-1} + \sum_{s=1}^{s=n-1} (-1)^s \binom{2n-1}{2s} E_s (2p)^{2n-2s-1}.$$

Dans nos recherches suivantes nous avons plusieurs fois à appliquer les formules numériques que nous venons de développer ici.

LXXIV. — D'autres développements.

Il est évident que les nombreuses expressions que nous venons de développer, dans nos recherches précédentes, pour les $B_n(x)$ et les $E_n(x)$, donnent des développements correspondants pour les sommes de puissances que nous avons étudiées dans le paragraphe précédent.

Or, nous nous bornerons à étudier les plus simples des sommes en question, savoir les $S_n(p)$ et les $\sigma_n(p)$.

En premier lieu, appliquons les formules (5) et (6) du paragraphe XVII, il résulte respectivement

$$(1) \qquad S_{2n+1}(p) = \frac{p^2(p+1)^2}{2n+2} \sum_{s=0}^{s=n-1} \alpha_{n,s} (p^2+p)^{n-s-1},$$

$$(2) \qquad \sigma_{2n}(p) = p(p+1) \sum_{s=0}^{s=n-1} \frac{\beta_{n,s}}{2^{2s+1}} (p^2+p)^{n-s+1},$$

où il faut supposer $n > 1$, et où nous avons posé pour abréger

$$(3) \quad \begin{cases} \alpha_{n,0} = 1, \\ \alpha_{n,s} = \binom{n+1}{s} + \sum_{r=1}^{r=s} (-1)^r \binom{n-r+1}{s-r} \binom{2n+2}{2r} (2^{2r}-2) B_r, \end{cases}$$

$$(4) \quad \begin{cases} \beta_{n,0} = 1, \\ \beta_{n,s} = \binom{n}{s} + \sum_{s=1}^{r=s} (-1)^r \binom{n-r}{s-r} \binom{2n}{2r} E_r; \end{cases}$$

les formules (9) et (10) du paragraphe susdit donnent de même

$$(5) \quad S_{2n}(p) = \frac{p(p+1)\left(p+\frac{1}{2}\right)}{(2n+1)(2n+2)} \sum_{s=0}^{s=n-1} \frac{(2n-2s+2)\alpha_{n,s}}{2^{2s}} (p^2+p)^{n-s-1},$$

$$(6) \quad \sigma_{2n+1}(p) = \frac{p+\frac{1}{2}}{2n+2} \sum_{s=0}^{s=n} \frac{(2n-2s+2)\beta_{n+1,s}}{2^{2s+1}} (p^2+p)^{n-s} + \frac{(-1)^{n+p} T_{n+1}}{2^{2n+2}}.$$

La formule (1) est indiquée par Jacobi [1], tandis que Prou
a démontré la formule correspondante (5); remarquons en
que ces deux formules se présentent aussi sous cette autre

$$(7) \qquad S_{2n+1}(p) = S_3(p) \sum_{r=0}^{r=n-1} a_{n,r}[S_1(p)]^{n-r-1},$$

$$(8) \qquad S_{2n}(p) = S_2(p) \sum_{r=0}^{r=n-1} b_{n,r}[S_1(p)]^{n-r-1}.$$

Dostor [2], qui indique quelques développements spéciau
genre, n'a évidemment pas connu les formules générales de
et de Prouhet.

En second lieu, posons pour abréger

$$(9) \quad \begin{cases} A_{n,0} = 1, \qquad A_{n,1} = \dfrac{n-2}{2}, \\[2mm] A_{n,2p+1} = \dfrac{n-2}{2} + \sum_{s=1}^{s=p-1} (-1)^{p-s} \left(\begin{matrix} n \\ 2p - 2s \end{matrix} \right) B_s, \\[2mm] A_{n,2p} = - A_{n,2p+1}, \end{cases}$$

il résulte, en vertu des formules (25) et (26) du paragraphe X

$$(10) \qquad S_n(p) = \frac{p(p+1)}{n+1} \sum_{s=0}^{s=n-1} A_{n+1,s} p^{n-s-1},$$

$$(11) \qquad S_n(p) = \frac{p(p+1)}{n+1} \sum_{s=0}^{s=n-1} (-1)^s A_{n+1,s} (p+1)^{n-s-1}.$$

Ladrasch [4] a étudié la dernière de ces deux formules et
la dernière des relations (9), sans connaître évidemment l'exp
générale du coefficient $A_{n,p}$.

Or, il est très facile de transformer d'une manière intér
les développements que nous venons de déduire. A cet eff
nons pour point de départ la formule (25) du paragraphe X

[1] *Journal de Crelle*, t. 12, 1834, p. 371.
[2] *Nouvelles Annales*, t. 10, 1851, p. 199.
[3] *Nouvelles Annales*, 2ᵉ série, t. 18, 1879, p. 453-464, 513-518.
[4] *Jahrbuch über die Fortschritte der Mathematik*, t. 18, 1886, p. 2

savoir

$$B_{n+1}(x) - B_{n+1}(0) = \frac{x(x+1)}{(n+1)!} \sum_{s=0}^{s=n-1} A_{n+1,s}\, x^{n-s-1},$$

puis posons

$$\varphi_{n-1}(x) = \sum_{s=0}^{s=n-1} A_{n+1,s}\, x^{n-s-1},$$

ce polynome est symétrique, et nous aurons de plus

$$\varphi_{n-1}(0) = A_{n+1,n-1} = (n+1)!\, B_n(0).$$

Cela posé, il résulte les développements

$$(12) \qquad \varphi_{n-1}(x) = 2 \sum_{s=0}^{\leq \frac{n-2}{2}} A_{n+1,2s}(n - 2s - 1)!\, B_{n-2s-1}(x),$$

$$(13) \qquad \varphi_{n-1}(x) = 2 \sum_{s=0}^{\leq \frac{n-2}{2}} A_{n+1,2s+1}(n - 2s - 2)!\, B_{n-2s-1}(x) + K,$$

où l'hypothèse $x = 0$ donnera

$$K = (n+1)!\, B_n(0) - 2 \sum_{s=0}^{\leq \frac{n-2}{2}} A_{n+1,2s+1}(n - 2s - 2)!\, B_{n-2s-1}(0),$$

de sorte que nous aurons

$$(14) \qquad \varphi_{n-1}(p) = 2 \sum_{r=0}^{\leq \frac{n-2}{2}} A_{n+1,2r+1}\, s_{n-2r-2}(p) + (n+1)!\, B_n(0).$$

Ces remarques faites, nous aurons, en vertu de (12),

$$(15) \quad \begin{cases} s_{2n+1}(p) = \dfrac{p(p+1)}{n+1} \sum_{r=0}^{r=n-1} A_{2n+2,2r}\, \sigma_{2n-2r}(p), \\[2ex] s_{2n}(p) = \dfrac{2p(p+1)}{2n+1} \left[\sum_{r=0}^{r=n-1} A_{2n+1,2r}\, \sigma_{2n-2r-1}(p) + (-1)^{n-p}\left(n + \dfrac{1}{2}\right) B_n \right] \end{cases}$$

et

$$(16)\ \begin{cases} s_{2n+1}(p) = \dfrac{p(p+1)}{n+1} \sum_{r=0}^{r=n-1} A_{2n+2,2r+1}\, s_{2n-2r-1}(p), \\[2em] s_{2n}(p) = \dfrac{2p(p+1)}{2n+1} \left[\sum_{r=0}^{r=n-1} A_{2n+1,2r+1}\, s_{2n-2r-2}(p) + (-1)^n \left(n+\tfrac{1}{2}\right)\Big(\ \end{cases}$$

les deux dernières de ces formules sont dues à M. Glaisher [1]

En troisième lieu, posons

$$(17)\ \begin{cases} A'_{n,0} = 1, \qquad A'_{n,1} = n-1, \\[2em] (-1)^p A_{n,p} = p+1 - np + \sum_{s=1}^{s \leq \frac{p}{2}} (-1)^{s-1}(p-2s+1)\binom{2n}{2s} B_s, \end{cases}$$

il résulte, en vertu de la formule (29) du paragraphe XXVIII,

$$(18)\ \begin{cases} s_{2n-1}(p) = \dfrac{p^2(p+1)^2}{2n} \sum_{r=0}^{r=2n-1} A'_{n,r}\, p^{2n-r-1}, \\[2em] s_{2n-1}(p) = \dfrac{p^2(p+1)^2}{2n} \sum_{r=0}^{r=2n-1} (-1)^r A'_{n,r}\,(p+1)^{2n-r-1}, \end{cases}$$

et la même méthode que dans le cas précédent donnera ici

$$(19)\ \begin{cases} s_{2n-1}(p) = \dfrac{p^2(p+1)^2}{n} \left[\sum_{r=0}^{r=n-1} A'_{n,2r+1}\, s_{2n-2r-2}(p) - \dfrac{(-1)^n\, n(2n-}{4} \right. \\[2em] s_{2n-1}(p) = \dfrac{p^2(p+1)^2}{n} \left[\sum_{r=0}^{r=n-1} A'_{n,2r}\ s_{2n-2r-2}(p) - \dfrac{(-1)^n\, n(2n-}{4} \right. \end{cases}$$

Quant aux sommes alternées $\sigma_n(p)$, les formules (35) et (3 paragraphe XXVIII donnent

$$(20)\ \begin{cases} \sigma_{2n}(p) = p(p+1) \sum_{r=0}^{r=2n-2} A''_r\, p^{2n-r-2}, \\[2em] \sigma_{2n}(p) = p(p+1) \sum_{r=0}^{r=2n-2} (-1)^r A''_r\,(p+1)^{2n-r-2}, \end{cases}$$

---

[1] *Messenger of Mathematics*, 2ᵉ série, t. 20, 1890, p. 120-128.

où nous avons posé pour abréger

$$(21)\quad \left\{ \begin{aligned} &A_0^r = -\frac{1}{2}, \\ &A_{2p-1}^r = -\frac{1}{2} + \sum_{s=0}^{s=p-1} \frac{(-1)^{p-s-1}}{2^{2p-2s}}\binom{n}{2p-2s-1}T_s, \\ &A_{2p}^r = -A_{2p-1}^r; \end{aligned}\right.$$

la méthode ordinaire donnera ici ces deux autres développements

$$(22)\quad \left\{ \begin{aligned} &\sigma_{2n}(p) = 2p(p+1)\left[\sum_{r=0}^{r=n-2} A_{2r}^r\,\sigma_{2n-2r-2}(p) - \frac{(-1)^n n\,T_n}{2^{2n}}\right], \\ &\sigma_{2n}(p) = 2p(p+1)\left[\sum_{r=0}^{r=n-2} A_{2r+1}^r\,S_{2n-2r-3}(p) - \frac{(-1)^n n\,T_n}{2^{2n}}\right]. \end{aligned}\right.$$

LXXV. — Formules récursives.

Comme analogie de la formule classique

$$[S_1(p)]^2 = S_3(p)$$

Jacobi([1]) a indiqué cette autre

$$2[S_3(p)]^2 = S_7(p) + S_3(p).$$

Or, il est évident que les formules (1) du paragraphe XLV et (1) du paragraphe XLVI, savoir

$$(1)\quad \left\{ \begin{aligned} x^n(x+1)^p ={}& \frac{(-1)^n n!\,p!}{(n+p+1)!} + \sum_{r=0}^{r=m-1}\left[\binom{p}{r+1} + (-1)^r\binom{n}{r+1}\right] \\ &\times (n+p+r-1)!\,B_{n+p-r}(x), \\ x^n(x+1)^p ={}& \sum_{r=0}^{r=m}\left[\binom{p}{r} + (-1)^r\binom{n}{r}\right](n+p-r)!\,B_{n+p-r}(x), \end{aligned}\right.$$

([1]) *Briefwechsel zwischen Gauss und Schumacher*, t. 5, p. 299.

où m désigne le plus grand des nombres n et p ou particuliè
$m = n = p$ représentent des généralisations très étendues de
mules numériques susdites.

En effet, soit dans les formules (1), x égal au positif entie
résulte immédiatement

$$(2) \qquad a^n(a-1)^p = \sum_{r=0}^{r=m-1} \left[\binom{p}{r+1} + (-1)^r \binom{n}{r+1} \right] S_{n+p-r-1}(a),$$

$$(3) \qquad a^n(a+1)^p = \sum_{r=0}^{r=m} \left[\binom{p}{r} + (-1)^r \binom{n}{r} \right] s_{n+p-r}(a),$$

d'où particulièrement, en supposant $p = n$,

$$(4) \qquad \frac{a^n(a+1)^n}{2} = \sum_{r=0}^{\leq \frac{n-1}{2}} \binom{n}{2r+1} S_{2n-2r-1}(a),$$

$$(5) \qquad \frac{a^n(a+1)^n}{2} = \sum_{r=0}^{\leq \frac{n}{2}} \binom{n}{2r} s_{2n-2r}(a).$$

Stern ([1]) a démontré la première de ces formules, par la co
sion de n à $n+1$, tandis que feu M. Lampe ([2]) a donné une dé
tration élégante pour la formule en question.

Permutons maintenant dans (2) et (3), les exposants n e
résulte des développements pour les expressions

$$a^n(a+1)^p \pm a^p(a+1)^n;$$

les formules de ce genre, obtenues de (2), sont dues à Radick
Posons ensuite, dans (1), $p = n$, puis cherchons les dérivé
deux membres, nous aurons, en posant $x = a$, puis remplaç

([1]) *Journal de Crelle*, t. 84, 1878, p. 216-218.
([2]) *Ibid.*, p. 270-272.
([3]) *Journal de Crelle*, t. 89, 1880, p. 261.

par $n + 1$,

$$(6) \qquad a^n(a+1)^n\left(a+\frac{1}{2}\right) = \sum_{r=0}^{\leq \frac{n}{2}} \binom{n+1}{2r+1} \frac{2n-2r+1}{n+1} S_{2n-2r}(a),$$

$$(7) \qquad a^n(a+1)^n\left(a+\frac{1}{2}\right) = \sum_{r=0}^{\leq \frac{n+1}{2}} \binom{n+1}{2r} \frac{s_{2n-2r+1}(a)}{n+1};$$

la première de ces deux formules est due à Radicke (¹).

Or, il est très facile de généraliser beaucoup les deux derniers développements que nous venons de donner.

A cet effet, multiplions les deux identités

$$x^n(x+1)^n = \sum_{r=0}^{r=n} \binom{n}{r} x^{2n-r},$$

$$\left(x+\frac{1}{2}\right)^p = \sum_{r=0}^{r=p} \binom{p}{r} \frac{x^{p-r}}{2^r},$$

il résulte un développement de la forme

$$x^n(x+1)^n\left(x+\frac{1}{2}\right)^p = \sum_{r=0}^{r=n+p} \Lambda_r x^{2n+p-r},$$

ce qui donnera, pour le polynome symétrique ainsi obtenu,

$$x^n(x+1)^n\left(x+\frac{1}{2}\right)^p = 2\sum_{r=0}^{\leq \frac{n+p-1}{2}} A_{2r+1}(2n+p-2r-1)!\,B_{2n+p-2r}(x) + K,$$

$$x^n(x+1)^n\left(x+\frac{1}{2}\right)^p = 2\sum_{r=0}^{\leq \frac{n+p}{2}} A_{2r}(2n+p-2r)!\,E_{2n+p-2r}(x),$$

(¹) *Journal de Crelle*, t. 89, 1880, p. 261.

d'où, en supposant x égal au positif entier a,

$$\frac{1}{2} a^n (a+1)^n \left(a+\frac{1}{2}\right)^p = \sum_{r=0}^{\leq \frac{n+p-1}{2}} A_{2r+1} S_{2n+p-2r-1}(a),$$

$$\frac{1}{2} a^n (a+1)^n \left(a+\frac{1}{2}\right)^p = \sum_{r=0}^{\leq \frac{n+p}{2}} A_{2r}\, \sigma_{2n+p-2r}(a);$$

la première de ces deux formules est indiquée par M. Lamp[e]
voit que l'hypothèse $p=1$ donnera les formules (6) et (7).

Il est évident que les formules développées dans le
graphe XX donnent une suite d'autres formules contenan[t]
sommes $S_n(p)$ et $\sigma_n(p)$.

En premier lieu, prenons pour point de départ la formule (
paragraphe susdit, il résulte

$$(9) \quad S_{n-1}(a) S_{p-1}(a) + p!\, S_{n-1}(a) B_p(0) + n!\, S_{p-1}(a) B_n(0)$$

$$= \frac{n+p}{np} S_{n+p-1}(a) + \sum_{r=1}^{\leq \frac{n-1}{2}} \frac{(-1)^{r-1} B_r}{n} \binom{n}{2r} S_{n+p-2r-1}(a)$$

$$+ \sum_{r=0}^{\leq \frac{p-1}{2}} \frac{(-1)^{r-1} B_r}{p} \binom{p}{2r} S_{n+p-2r-1}(a).$$

La formule (12) du paragraphe XX donnera de même

$$(10) \quad \sigma_n(a) \sigma_p(a) + (-1)^n \left[n!\, \sigma_p(a) E_n(0) + p!\, \sigma_n(a) E_p(0) \right]$$

$$= \sum_{r=0}^{\leq \frac{n-1}{2}} \frac{(-1)^r T_{r+1}}{2^{2r+2}} \binom{n}{2r+1} S_{n+p-2r-1}(a)$$

$$+ \sum_{r=0}^{\leq \frac{p-1}{2}} \frac{(-1)^r T_{r+1}}{2^{2r+2}} \binom{p}{2r+1} S_{n+p-2r-1}(a);$$

enfin, nous aurons, en vertu de la formule (16) du parag[raphe] susdit,

$$(11) \quad n\,S_{n-1}(a)\,\tau_p(a) + n!\,B_n(0)\,\sigma_p(a) + (-1)^n\,n\,S_{n-1}(a)\,p!\,E_p(a)$$

$$= \tau_{n+p}(a) + \sum_{r=1}^{\leq \frac{n}{2}} (-1)^{r-1}\binom{n}{2r} B_r\,\tau_{n+p-2r}(a)$$

$$+ n \sum_{r=1}^{\leq \frac{p+1}{2}} \frac{(-1)^r\,T_{r+1}}{2^{2r+2}}\binom{p}{2s+1}\,\tau_{n+p-2r-2}(a).$$

La formule (9) est due à Lucas [1], tandis que M. Lampe [2] a retrouvé cette même formule et indiqué des développements analogues du produit de plusieurs sommes $S_n(a)$.

Revenons maintenant aux développements généraux du paragraphe XXVII, nous avons à regarder les deux fonctions

$$F_{m,n}(x) = \sum_{r=0}^{r=m} (-1)^r \binom{n}{r}(m+r)!\,x^{n-r}\,B_{m+r+1}(x),$$

$$G_{m,n}(x) = \sum_{r=0}^{r=n} (-1)^r \binom{n}{r}(m+r)!\,x^{n-r}\,E_{m+r}(x).$$

Soit tout d'abord $m+n = 2p$, il résulte par conséquent

$$F_{m,n}(x) = \frac{m!\,n!\,x^{2p+1}}{2(p+1)!} - (-1)^{n+p}\sum_{s=0}^{\leq \frac{m-1}{2}} (-1)^s \binom{m}{2s+1}\frac{B_{p-s}}{2p-2s}\,x^{2s+1},$$

$$G_{m,n}(x) = (-1)^{n+p+1}\sum_{s=0}^{\leq \frac{m-1}{2}} (-1)^s \binom{m}{2s-1}\frac{T_{p+s}}{2^{2p+2s}}\,x^{2s+1},$$

tandis que l'hypothèse $m+n = 2p-1$ donnera

$$F_{m,n}(x) = \frac{m!\,n!\,x^{2p}}{(2p)!} - (-1)^{n+p}\sum_{s=0}^{\leq \frac{m}{2}} (-1)^s \binom{m}{2s}\frac{B_{p-s}}{2p-2s}\,x^{2s},$$

$$G_{m,n}(x) = (-1)^{n+p+1}\sum_{s=0}^{\leq \frac{m}{2}} (-1)^s \binom{m}{2s}\frac{T_{p-s}}{2^{2p-2s}}\,x^{2s}.$$

[1] *Nouvelles Annales*, 2ᵉ série, t. 14, 1875, p. 291-293.
[2] *Journal de Crelle*, t. 81, 1878, p. 270-272.

Introduisons maintenant, dans ces développements, le positif entier a au lieu de x, puis posons

$$(12)\quad\begin{cases} f(a) = \displaystyle\sum_{r=0}^{r=n} (-1)^r \binom{n}{r} a^{n-r} S_{m+r}(a) = \sum_{s=1}^{s=a-1} s^m (a-s)^n, \\[2ex] g(a) = \displaystyle\sum_{r=0}^{r=n} (-1)^r \binom{n}{r} a^{n-r} \sigma_{m+r}(a) = \sum_{s=1}^{s=a-1} (-1)^a s\, s^m (a-s)^n, \end{cases}$$

il résulte par conséquent pour $m + n = 2p$

$$(13)\quad\begin{cases} f(a) = \dfrac{m!\,n!\,a^{2p+1}}{(2p+1)!} - (-1)^{n+p} \displaystyle\sum_{r=0}^{\frac{m-1}{2}} \dfrac{(-1)^r B_{p-r}}{2p-2r} \left[\binom{m}{2r+1} + \binom{n}{2r+1} \right] a^{2r+1}, \\[3ex] g(a) = (-1)^{n+p-1} \displaystyle\sum_{r=0}^{\leq \frac{m-1}{2}} \dfrac{(-1)^r T_{p-r}}{2^{2p-2r}} \left[\binom{m}{2r+1} + \binom{n}{2s+1} \right] a^{2r+1}, \end{cases}$$

tandis que l'hypothèse $m + n = 2p - 1$ donnera de même

$$(14)\quad\begin{cases} f(a) = \dfrac{m!\,n!\,a^{2p}}{(2p)!} - (-1)^{n+p} \displaystyle\sum_{r=0}^{\frac{m}{2}} \dfrac{(-1)^r B_{p-r}}{(2p-2r)} \left[\binom{m}{2s} - \binom{n}{2s} \right] a^{2r}, \\[3ex] g(a) = (-1)^{n+p-1} \displaystyle\sum_{r=0}^{\frac{m}{2}} (-1)^s \left[\binom{m}{2s} - \binom{n}{2s} \right] \dfrac{T_{p-s}}{2^{2p-2s}} a^{2s}. \end{cases}$$

Dans les quatre dernières formules, la sommation est à étendre jusqu'à ce que les coefficients binomiaux qui figurent au second membre disparaissent tous deux.

M. Glaisher ([1]) a donné des développements de ce genre sans remarquer qu'ils représentent des généralisations des formules récursives incomplètes de Saalschütz.

---

[1] *Quarterly Journal of Mathematics*, t. 31, 1899, p. 241-247.

LXXVI. — Applications des formules générales.

Revenons maintenant aux recherches générales du Chapitre XV; il est évident que le polynome entier

$$f(x) = x^n + (x+1)^n + \ldots + (x+p)^n$$

ou, ce qui est la même chose,

$$f(x) = \sum_{r=0}^{r=n} \binom{n}{r} S_r(p) x^{n-r},$$

satisfait à l'équation fonctionnelle

$$f(-x-p) = (-1)^n f(x),$$

de sorte que les coefficients

$$a_r = \binom{n}{r} S_r(p)$$

satisfont aux formules générales du paragraphe XV, ce qui donnera

(1)
$$[1-(-1)^r] S_r(p) = \sum_{v=1}^{v=r} (-1)^v \binom{r}{v} p^{r-v} S_v(p),$$

(2)
$$0 = \sum_{v=0}^{v=2r+1} (-1)^v \binom{2r+1}{v} \left(\frac{p}{2}\right)^{2r-v+1} S_v(p),$$

(3)
$$(-1)^r \left[S_{2r+1}(p) - p \left(r - \frac{1}{2}\right) S_{2r}(p) \right]$$
$$= \sum_{v=0}^{v=r-1} (-1)^v \binom{2r+1}{2v+1} p^{2r-2v} S_{2v+1}(p) B_{r-v},$$

(4) $\quad$
$$(-1)^r S_{2r+1}(p) = \sum_{v=0}^{v=r} (-1)^v \binom{2r+1}{2v} \left(\frac{p}{2}\right)^{2r-2v+1} S_{2v}(p) T_{r-v+1}.$$

La formule (1) appartient à Euler (¹), tandis que (3), comme la formule analogue (10) du paragraphe XXIII, appartient à Radicke (²).

(¹) *Institutiones calculi differentialis*, p. 348-350. Petrograd, 1755.
(²) *Die Recursionsformeln für die Berechnung der Bernoullischen und Eulerschen Zahlen*, p. 3. Halle-a-S., 1880.

Appliquons maintenant la congruence (2) du paragraphe LIX, nous aurons le théorème :

I. *Supposons que p soit un nombre premier, les sommes de puissances* $S_m(p)$ *satisfont aux congruences*

$$(5) \qquad \begin{cases} S_{2n}(p) \equiv 0 & (\mathrm{mod}\, p), \\ S_{2n+1}(p) \equiv 0 & (\mathrm{mod}\, p^2), \end{cases}$$

où il faut supposer $1 \leqq n \leqq \dfrac{p-3}{2}$.

Or, la formule de Bernoulli donnera des éclaircissements beaucoup plus profonds sur le problème qui nous occupe ici. En effet, la démonstration de la congruence (14) du paragraphe LVII donnera, pourvu que p soit un nombre premier,

$$(6) \qquad \begin{cases} S_{2n}(p) \equiv (-1)^{n-1} B_n p & (\mathrm{mod}\, p^2), \\ S_{2n+1}(p) \equiv (-1)^{n-1}\left(n+\dfrac{1}{2}\right) B_n p^2 & (\mathrm{mod}\, p^3), \end{cases}$$

ce qui donnera cet autre théorème, supplémentaire au précédent :

II. *Les deux congruences* (5) *sont valables pourvu que le nombre premier p ne soit pas du rang n, et dans ce cas, nous aurons de plus*

$$(7) \qquad \begin{cases} \dfrac{1}{p} S_{2n}(p) \equiv (-1)^{n-1} B_n & (\mathrm{mod}\, p), \\ \dfrac{1}{p^2} S_{2n+1}(p) \equiv (-1)^{n-1}\left(n+\dfrac{1}{2}\right) B_n & (\mathrm{mod}\, p). \end{cases}$$

Soit maintenant p du rang n, les congruences (6) donnent, en vertu du théorème de von Staudt et de Th. Clausen,

$$(8) \qquad \begin{cases} S_{2n}(p) \equiv -1 & (\mathrm{mod}\, p), \\ S_{2n+1}(p) \equiv 0 & (\mathrm{mod}\, p), \\ \dfrac{1}{p} S_{2n+1}(p) \equiv -\left(n+\dfrac{1}{2}\right) & (\mathrm{mod}\, p). \end{cases}$$

On voit que la première de ces congruences est une conséquence immédiate du théorème de Fermat, et que la deuxième est valable aussi pour $n = 0$.

Quant aux sommes alternées $\sigma_n(p)$, nous prenons pour point de départ le polynome

$$\varphi(x) = (x+p)^n - (x+p-1)^n + (x+p-2)^n - \ldots + (-1)^p x^n$$

ou, ce qui est la même chose,

$$\varphi(x) = \sum_{r=0}^{r=n} \binom{n}{r} \sigma_r(p) x^{n-r}.$$

Dans ce cas, nous aurons

$$\varphi(-x-p) = (-1)^{n+p} \varphi(x),$$

et il est évident que $\varphi(x)$ est du degré n ou du degré $n-1$, selon que p est pair ou impair, de sorte que nous avons à étudier séparément ces deux cas.

1° *p est un nombre pair*. — Nous avons à substituer, dans les formules du paragraphe LXIX,

$$a_r = \binom{n}{r} \sigma_r(p),$$

ce qui donnera

$$(9) \qquad [1-(-1)^r]\,\sigma_r(p) = \sum_{v=0}^{v=r} (-1)^v \binom{r}{v} p^{r-v}\, \sigma_v(p),$$

$$(10) \qquad 0 = \sum_{v=0}^{v=2r+1} (-1)^v \binom{2r+1}{v} \left(\frac{p}{2}\right)^{2r-v+1} \sigma_v(p),$$

$$(11) \qquad (-1)^r \left[\sigma_{2r+1}(p) - p\left(r+\frac{1}{2}\right) \sigma_{2r}(p) \right]$$

$$= \sum_{v=0}^{v=r-1} (-1)^v \binom{2r+1}{2v+1} p^{2r-2v} \sigma_{2v+1}(p)\, B_{r-v},$$

$$(12) \quad (-1)^r \sigma_{2r+1}(p) = \sum_{v=0}^{v=r} (-1)^v \binom{2r+1}{2v} \left(\frac{p}{2}\right)^{2r-2v+1} \sigma_{2v}(p)\, T_{r-v+1},$$

formules qui sont parfaitement analogues à celles que nous venons de développer pour les $S_n(p)$.

2° *p est un nombre impair*. — Dans ce cas, nous avons à substituer, dans les formules générales susdites, $n-1$ au lieu de n, et à poser

$$a_r = \binom{n}{r+1} \sigma_{r+1}(p),$$

de sorte que nous aurons

$$(13) \qquad [1-(-1)^r] \sigma_{r+1}(p) = \sum_{\nu=0}^{\nu=r-1} (-1)^\nu \binom{r+1}{\nu+1} p^{r-\nu} \sigma_{\nu+1}(p),$$

$$(14) \qquad 0 = \sum_{\nu=0}^{\nu=2r-1} (-1)^\nu \binom{2r+1}{\nu+1} \left(\frac{p}{2}\right)^{2r-\nu+1} \sigma_{\nu+1}(p),$$

$$(15) \qquad (-1)^r \left[\sigma_{2r+2}(p) - p\left(r+\frac{1}{2}\right) \sigma_{2r+1}(p) \right]$$
$$= \sum_{\nu=0}^{\nu=r-1} (-1)^\nu \binom{2r+2}{2\nu+2} p^{2r-2\nu} \sigma_{2\nu+2}(p) B_{r-\nu},$$

$$(16) \quad (-1)^r \sigma_{2r+2}(p) = \sum_{\nu=0}^{\nu=r} (-1)^\nu \binom{2r+2}{2\nu+1} \left(\frac{p}{2}\right)^{2r-2\nu+1} \sigma_{2\nu+1}(p) T_{r-\nu+1}.$$

Appliquons encore les formules (6) et (7) du paragraphe XV, savoir

$$\frac{x^n}{n!} = \sum_{s=0}^{s=n} \frac{(-1)^s B_{n-s}(x)}{(s+1)!},$$

$$\frac{x^n}{n!} = 2\,E_n(x) + \sum_{s=1}^{s=n} \frac{(-1)^s E_{n-s}(x)}{s!}.$$

ou, ce qui est la même chose,

$$\frac{(x+1)^n}{n!} = \sum_{s=0}^{s=n} \frac{B_{n-s}(x)}{(s+1)!},$$

$$\frac{(x+1)^n}{n!} = 2\,E_n(x) + \sum_{s=1}^{s=n} \frac{E_{n-s}(x)}{s!},$$

il résulte ces deux groupes de formules

$$(17) \quad \begin{cases} p^n = \sum_{r=0}^{r=n-1} (-1)^r \binom{n}{r+1} S_{n-r}(p), \\[2mm] p^n = 2\,\sigma_n(p) + \sum_{r=1}^{r=n} (-1)^r \binom{n}{r} \sigma_{n-r}(p) \end{cases}$$

et

$$(18) \quad \begin{cases} (p+1)^n - 1 = \sum_{r=0}^{r=n-1} \binom{n}{r+1} S_{n-r-1}(p), \\[2ex] (p+1)^n - (-1)^p = 2\,\tau_n(p) + \sum_{r=1}^{r=n} \binom{n}{r} \sigma_{n-r}(p). \end{cases}$$

LXXVII. — Applications des sommes de puissances.

Supposons connues les sommes de puissances que nous venons d'étudier, il saute aux yeux que l'on pourra résoudre un grand nombre de problèmes concernant la sommation de certaines séries. Nous nous bornerons ici à un seul problème de ce genre, dont la solution n'exige que les sommes $S_n(p)$ et $\tau_n(p)$.

A cet effet, soit

$$f(x) = a_0 x^n + a_1 x^{n-1} + \ldots + a_{n-1} x + a_n$$

un polynome quelconque du $n^{\text{ième}}$ degré, la somme

$$f(1) + f(2) + f(3) + \ldots + f(p)$$

est une série arithmétique du $n^{\text{ième}}$ ordre. Quant à la sommation d'une telle série, posons, dans $f(x)$,

$$x = 1, 2, 3, \ldots, p,$$

il résulte, en ajoutant tous les résultats ainsi obtenus,

$$(1) \qquad f(1) + f(2) + f(3) + \ldots + f(p) = \sum_{r=0}^{r=n} a_r S_{n-r}(p).$$

Le même procédé donnera évidemment la formule analogue

$$(2) \qquad \sum_{s=0}^{s=p-1} (-1)^s f(p-s) = \sum_{r=0}^{r=n} a_r \sigma_{n-r}(p).$$

Soit, par exemple,

$$f(x) = x^n (x+1)^n,$$

nous avons tout d'abord à déterminer une suite infinie de polynomes entiers

$$F_0(x), \quad F_1(x), \quad F_2(x), \quad \ldots, \quad F_n(x), \quad \ldots,$$

assujettis à satisfaire aux conditions

$$(3) \qquad F_{2n+1}(x) - F_{2n+1}(x-1) = x^n(x+1)^n \qquad [F_{2n+1}(0) = 0],$$

$$(4) \qquad F_{2n}(x) = \frac{1}{2n} F'_{2n+1}(x) \qquad [F_0(x) = 0];$$

c'est-à-dire que nous aurons de plus

$$(5) \qquad F_{2n}(x) - F_{2n}(x-1) = x^{n-1}(x+1)^{n-1}\left(x + \frac{1}{2}\right) \qquad (n \geqq 1).$$

Cela posé, l'équation aux différences finies (3) donnera immédiatement

$$(6) \qquad F_{2n+1}(x) = \frac{(-1)^n \, n! \, n!}{(2n+1)! \, 2} + \sum_{s=0}^{s=n} \binom{n}{s} (2n - s)! \, B_{2n-s+1}(x),$$

car l'hypothèse $x = 0$ détermine, en vertu de la formule (3) du paragraphe XLV, la valeur de la constante; appliquons ensuite la formule (1) du paragraphe susdit, nous aurons, en vertu de (6),

$$(7) \qquad F_{2n+1}(x) = \frac{x^n(x+1)^n}{2} + \sum_{s=0}^{s \leqq \frac{n}{2}} \binom{n}{2s} (2n - 2s)! \, B_{2n-2s+1}(x).$$

Quant à la fonction $F_{2n}(x)$, les deux développements que nous venons de déduire donnent, en vertu de (4),

$$(8) \quad F_{2n}(x) = \frac{1}{2n} \sum_{s=0}^{s=n} \binom{n}{s} (2n - s)! \, B_{2n-s}(x),$$

$$(9) \quad F_{2n}(x) = \frac{x^{n-1}(x+1)^{n-1}\left(x + \frac{1}{2}\right)}{2} + \frac{1}{2n} \sum_{s=0}^{s \leqq \frac{n}{2}} \binom{n}{2s} (2n - 2s)! \, B_{2n-2s}(x).$$

En second lieu, nous avons à déterminer cette autre suite de polynomes entiers

$$G_0(x), \quad G_1(x), \quad G_2(x), \quad \ldots, \quad G_n(x), \quad \ldots,$$

assujettis à satisfaire aux conditions

$$(10)\qquad \begin{cases} G_{2n}(x) + G_{2n}(x-1) = x^n(x+1)^n, \\ G_{2n+1}(x) = \dfrac{1}{2n+2}\,G'_{2n+2}(x) \qquad (n \geqq 0), \end{cases}$$

ce qui donnera

$$(11)\qquad G_{2n+1}(x) + G_{2n+1}(x-1) = x^n(x+1)^n\left(x+\frac{1}{2}\right).$$

Dans ce cas, nous aurons

$$(12)\qquad G_{2n}(x) = \sum_{s=0}^{s=n}\binom{n}{s}(2n-s)!\,E_{2n-s}(x),$$

d'où, en vertu de la formule (1) du paragraphe XLVI,

$$(13)\qquad G_{2n}(x) = \frac{x^n(x+1)^n}{2} + \sum_{s=0}^{\leqq\frac{n}{2}}\binom{n}{2s}(2n-2s)!\,E_{2n-2s}(x),$$

de sorte que la définition de G_{2n-1} donnera

$$(14)\qquad \begin{cases} G_{2n-1}(x) = \dfrac{1}{2n}\sum_{s=0}^{s=n}\binom{n}{s}(2n-s)!\,E_{2n-s-1}(x), \\[2mm] G_{2n-1}(x) = \dfrac{x^{n-1}(x+1)^{n-1}\left(x+\frac{1}{2}\right)}{2} + \dfrac{1}{2n}\sum_{s=0}^{\leqq\frac{n}{2}}\binom{n}{2s}(2n-2s)!\,E_{2n-2s-1}(x). \end{cases}$$

Inversement, il est facile de développer les $B_n(x)$ d'après les $F_n(x)$ et les $E_n(x)$ d'après les $G_n(x)$. A cet effet, prenons pour point de départ les deux développements

$$(15)\qquad \frac{(x+1)^{2n}+x^{2n}}{2} = \sum_{s=0}^{s=n}\frac{n}{n+s}\binom{n+s}{s}(x^2-x)^{n-s},$$

$$(16)\qquad \frac{(x+1)^{2n+1}-x^{2n+1}}{2} = \sum_{s=0}^{s=n}\frac{2n+1}{2n+2s+1}\binom{n+s+1}{s+1}(x^2+x)^{n-s},$$

tirés directement des formules (12) et (13) du paragraphe XXIII, nous aurons tout d'abord

$$(17) \quad (2n)! \, B_{2n+1}(x) + \frac{(x+1)^{2n}-1}{2} = \sum_{s=0}^{s=n} \frac{n}{n+s} \binom{n+s}{2s} F_{2n-2s+1}(x),$$

car les deux membres de cette formule disparaissent pour $x = 0$ et l'opération Δ conduira à (15).

Appliquons ensuite la formule (4), il résulte, de même,

$$(18) \quad (2n-1)! \, B_{2n}(x) \div \frac{(x+1)^{2n-1}}{2} = \sum_{s=0}^{s=n} \binom{n+s-1}{2s} F_{2n-2s}(x),$$

de sorte que l'hypothèse $x = 0$ donnera

$$(19) \qquad \frac{(-1)^{n-1} B_n}{2n-1} + \frac{1}{2} = \sum_{s=0}^{s=n} \binom{n+s-1}{2s} F_{2n-2s}(0).$$

Quant à la formule (16), elle nous conduira aux développements

$$(20) \quad \begin{cases} \dfrac{(x+1)^{2n+1}-1}{2} = \displaystyle\sum_{s=0}^{s=n} \frac{2n+1}{2n+2s+1} \binom{n+s+1}{2s+1} F_{2n-2s+1}(x), \\[2em] \dfrac{(x+1)^{2n}}{2} = \displaystyle\sum_{s=0}^{s=n} \binom{n+s+1}{2s+1} F_{2n-2s}(x), \end{cases}$$

d'où, en vertu de (17) et (18),

$$(21) \quad \begin{cases} (2n)! \, B_{2n+1}(x) = \displaystyle\sum_{s=0}^{s=n} \frac{n}{n+s} \binom{n+s}{2s} F_{2n-2s+1}(x) \\[1.5em] \qquad\qquad - \displaystyle\sum_{s=0}^{s=n} \frac{2n+1}{2n+2s+1} \binom{n+s+1}{2s+1} F_{2n-2s+1}(x), \\[2em] (2n-1)! \, B_{2n}(x) = \displaystyle\sum_{s=0}^{s=n} \binom{n+s+1}{2s} F_{2n-2s}(x) \\[1.5em] \qquad\qquad - \displaystyle\sum_{s=0}^{s=n} \binom{n+s+1}{2s+1} F_{2n-2s}(x). \end{cases}$$

La même méthode donnera les formules, analogues aux précédentes,

$$(22)\quad\begin{cases}\dfrac{(x+1)^{2n+1}}{2}-(2n+1)!\,E_{2n+1}(x)\\[2mm]\quad=\displaystyle\sum_{s=0}^{s=n}\dfrac{2n+1}{2n+2s+1}\binom{n+s+1}{2s+1}G_{2n-2s}(x),\\[4mm]\dfrac{(x+1)^{2n}}{2}-(2n)!\,E_{2n}(x)=\displaystyle\sum_{s=0}^{s=n-1}\binom{n+s}{2s+1}G_{2n-2s-1}(x);\end{cases}$$

$$(23)\quad\begin{cases}\dfrac{(x+1)^{2n+1}}{2}=\displaystyle\sum_{s=0}^{s=n}\binom{n+s}{2s}G_{2n-2s+1}(x),\\[4mm]\dfrac{(x+1)^{2n}}{2}=\displaystyle\sum_{s=0}^{s=n}\dfrac{n}{n+s}\binom{n+s}{2s}G_{2n-2s}(x),\end{cases}$$

de sorte que nous aurons finalement

$$(24)\quad\begin{cases}(2n+1)!\,E_{2n+1}(x)=\displaystyle\sum_{s=0}^{s=n}\binom{n+s}{2s}G_{2n-2s+1}(x)\\[2mm]\qquad-\displaystyle\sum_{s=0}^{s=n}\dfrac{2n+1}{2n+2s+1}\binom{n+s+1}{2s+1}G_{2n-2s}(x),\\[4mm](2n)!\,E_{2n}(x)=\displaystyle\sum_{s=0}^{s=n}\dfrac{n}{n+s}\binom{n+s}{2s}G_{2n-2s}(x)\\[2mm]\qquad-\displaystyle\sum_{s=0}^{s=n-1}\binom{n+s}{2s+1}G_{2n-2s-1}(x).\end{cases}$$

LXXVIII. — Généralisations des sommes de puissances.

Il est très intéressant, ce me semble, que la formule de Bernoulli soit susceptible d'une généralisation très étendue. En effet, soit

$$(1)\qquad\qquad M=p_1^{r_1}p_2^{r_2}\dots p_\nu^{r_\nu}$$

un nombre quelconque décomposé en facteurs premiers, et soient

$$(2)\qquad\qquad \alpha_1,\ \alpha_2,\ \alpha_3,\ \dots,\ \alpha_{2\mu},\qquad 2\mu=\varphi(M)$$

les positifs entiers plus petits que M et premiers avec M, nous avons
à étudier les sommes de puissances

$$(3) \qquad S_n = \alpha_1^n + \alpha_2^n + \ldots + \alpha_{\frac{1}{2}\mu}^n.$$

Dans le cas particulier où M est égal à un nombre premier p, nous
aurons, par conséquent,

$$(4) \qquad S_n = S_n(p-1).$$

Soit ensuite m un positif entier quelconque, et soient

$$\beta_1, \quad \beta_2, \quad \beta_3, \quad \ldots, \quad \beta_{\frac{1}{2}m\mu}$$

l'ensemble des positifs entiers plus petits que mM et premiers à M,
nous posons de même

$$(5) \qquad S_n(m, M) = \beta_1^n + \beta_2^n + \ldots + \beta_{\frac{1}{2}m\mu}^n,$$

ce qui donnera évidemment

$$(6) \qquad S_n(1, M) = S_n;$$

de plus, nous posons, conformément à la définition (1),

$$(7) \qquad \psi_h(M) = (p_1^h - 1)(p_2^h - 1)\ldots(p_\nu^h - 1),$$

de sorte que nous aurons

$$(8) \qquad M\,\psi_1(M) = p_1 p_2 \ldots p_\nu\, \varphi(M).$$

Cela posé, nous avons à étudier tout d'abord le cas particulier
où M est une puissance d'un nombre premier, savoir

$$M = p^r;$$

dans ce cas, il est évident que

$$p, \quad 2p, \quad 3p, \quad \ldots, \quad mp^r$$

sont l'ensemble des multiples de p qui ne dépassent pas mM ; c'est-
à-dire que nous aurons

$$S_n(m, p^r) = S_n(mp^r) - p^n S_n(mp^{r-1}),$$

d'où, en vertu de la formule de Jacques Bernoulli,

$$(9) \quad S_n(m, p^r) = \frac{m^{n+1} p^{nr} \varphi(p^r)}{n+1}$$

$$- \sum_{s=1}^{\leq \frac{n}{2}} \frac{(-1)^{s-1}}{n+1} \binom{n+1}{2s} B_s (p^{2s-1} - 1)(mp^r)^{n-2s+1}.$$

Soit ensuite

$$M_1 = p_2^{r_2} p_3^{r_3} \ldots p_\nu^{r_\nu}$$

un nombre qui contient $\nu - 1$ facteurs premiers, nous supposons vraie la formule

$$(10) \quad S_n(m_1, M_1) = \frac{m_1^{n+1} M_1^n \varphi(M_1)}{n+1}$$

$$+ (-1)^{\nu-1} \sum_{s=1}^{\leq \frac{n}{2}} \frac{(-1)^{s-1}}{n+1} \binom{n+1}{2s} B_s \psi_{2s-1}(M_1)(m_1 M_1)^{n-2s+1},$$

où $\psi_k(M_1)$ est la fonction numérique définie par la formule (7).

Cela posé, introduisons, dans (10),

$$m_1 = mp_1^{r_1},$$

ce qui donnera, en vertu de (1),

$$m_1 M_1 = mM,$$

nous aurons évidemment

$$S_n(m, M) = S_n(mp_1^{r_1}, M_1) - p_1^n S_n(mp_1^{r_1-1}, M_1),$$

d'où, en vertu de (10),

$$(11) \quad S_n(m, M) = \frac{m^{n+1} M^n \varphi(M)}{n+1}$$

$$+ (-1)^\nu \sum_{s=1}^{\leq \frac{n}{2}} \frac{(-1)^{s-1}}{n+1} \binom{n+1}{2s} B_s \psi_{2s-1}(M)(mM)^{n-2s+1},$$

formule qui est précisément de la même forme que (10), c'est-à-dire que la formule (11) est valable pour un nombre composé quelconque.

Posons ensuite, dans (12), $m = 1$, il résulte, en vertu de (6),

$$(12)\quad S_n = \frac{M^n \varphi(M)}{n+1} + (-1)^\nu \sum_{s=1}^{s \leq \frac{n}{2}} \frac{(-1)^{s-1}}{n+1} \binom{n+1}{2s} B_s \psi_{2s-1}(M) M^{n-2s+1},$$

ce qui est précisément la formule générale de laquelle Thacker [1] a indiqué des cas spéciaux, tandis que J. Binet [2] a étudié, presque en même temps, mais d'un autre point de vue, la somme S_n.

Soit, dans (12), M égal au nombre premier p, nous aurons, après un calcul simple, la formule de Bernoulli pour la somme $S_n(p-1)$.

Soit ensuite M égal au dénominateur bernoullien du rang n, savoir

$$M = b_n = p_1 p_2 \ldots p_\nu,$$

où les p_i sont l'ensemble des nombres premiers du rang n, le théorème généralisé de Fermat, savoir le théorème du paragraphe LX, donnera

$$S_{2n} \equiv \varphi(b_n) \qquad (\bmod\ b_n),$$

de sorte que nous aurons, en vertu de (12),

$$\varphi(b_n) \equiv (-1)^{\nu+n-1} \psi_{2n-1}(b_n) B_n b_n \qquad (\bmod\ b_n)$$

ou, ce qui est la même chose,

$$(13)\quad \frac{(-1)^{\nu+n-1} a_n}{2} \equiv \frac{(p_1-1)(p_2-1)\ldots(p_\nu-1)}{(p_1^{2n-1}-1)(p_2^{2n-1}-1)\ldots(p_\nu^{2n-1}-1)} \qquad (\bmod\ b_n),$$

savoir le théorème I du paragraphe LXII.

Quant à la formule (12), elle n'est applicable que pour $n \geq 2$, de sorte qu'il faut déterminer directement la somme S_1; on aura, par la même méthode,

$$(14)\qquad S_1 = \frac{M \varphi(M)}{2},$$

résultat qui est évident, du reste, parce qu'il est possible d'ordonner

---

[1] *Journal de Crelle*, t. 40, 1850, p. 89-92. Voir aussi les Notes dans les *Nouvelles Annales*, t. 10, 1851, p. 324-328, 328-330.
[2] *Comptes rendus*, t. 32, 1851, p. 918-921.

les nombres α_s, de sorte que

$$(15) \qquad \alpha_s + \alpha_{2\mu\cdot s+1} = M \qquad (1 \leqq s \leqq 2\mu).$$

Nous aurons, en vertu de (12),

$$(16) \qquad \begin{cases} S_2 = \dfrac{M^2 \varphi(M)}{3} + \dfrac{(-1)^\nu M \psi_1(M)}{6}, \\[2mm] S_3 = \dfrac{M^3 \varphi(M)}{4} + \dfrac{(-1)^\nu M^2 \psi_1(M)}{4}. \end{cases}$$

L'analogie entre les sommes S_n que nous venons d'étudier et les sommes de puissances ordinaires peut être étendue plus loin encore. En effet, la formule (12) donnera immédiatement le théorème suivant :

1. *Supposons que le nombre composé* M *ne contienne aucun facteur premier du rang n, nous aurons les congruences*

$$(17) \qquad \begin{cases} S_{2n} \not\equiv 0 & (\mathrm{mod}\,M), \\ S_{2n+1} \equiv 0 & (\mathrm{mod}\,M^2); \end{cases}$$

$$(18) \qquad \begin{cases} \dfrac{1}{M} S_{2n} \equiv (-1)^{\nu+n-1} \psi_{2n-1}(M) B_n & (\mathrm{mod}\,M), \\[2mm] \dfrac{1}{M^2} S_{2n+1} \equiv (-1)^{\nu+n-1}\left(n + \dfrac{1}{2}\right) \psi_{2n-1}(M) B_n & (\mathrm{mod}\,M), \end{cases}$$

où il faut supposer $n \geqq 1$.

Les congruences

$$(19) \qquad \begin{cases} S_{2n} \equiv (-1)^{n-1} \psi_{2n-1}(M) B_n M & (\mathrm{mod}\,M), \\ S_{2n+1} \equiv 0 & (\mathrm{mod}\,M), \\[2mm] \dfrac{1}{M} S_{2n+1} \equiv (-1)^{n-1}\left(n + \dfrac{1}{2}\right) \psi_{2n-1}(M) B_n M & (\mathrm{mod}\,M) \end{cases}$$

montrent que le cas où M contient des facteurs premiers du rang n est assez compliqué.

Quant à la formule (12), elle peut aussi être déduite directement de celle de Bernoulli, à l'aide des remarques qui terminent le paragraphe IV, méthode que nous avons à appliquer pour déterminer la somme

$$(20) \qquad \sigma_n = \sum_{s=1}^{s=2\mu} (-1)^{\alpha_s}\, \alpha_s^n$$

dans le cas où M est supposé impair, de sorte que la moitié des nombres α, sont pairs, les autres impairs.

A cet effet, prenons pour point de départ la formule

$$\sigma_n(M-1)-(-1)^\nu E_n(0)=\frac{M^n}{2}+\sum_{s=1}^{\leq\frac{n+1}{2}}\frac{(-1)^s T_s}{2^{2s}}\binom{n}{2s-1}M^{n-2s+1},$$

valable pour $n\geqq 1$, nous aurons, par la méthode indiquée, les formules générales

$$(21)\quad\begin{cases}\sigma_{2n}=\displaystyle\sum_{s=1}^{s=n}\frac{(-1)^{\nu+s}T_s}{2^{2s}}\binom{2n}{2s-1}\psi_{2s-1}(M)M^{2n-2s+1},\\[2ex]\sigma_{2n+1}=\displaystyle\sum_{s=1}^{s=n}\frac{(-1)^{\nu+s}T_s}{2^{2s}}\binom{2n+1}{2s-1}\psi_{2s-1}(M)M^{2n-2s+2}-\frac{(-1)^{\nu+n}T_{n+1}}{2^{2n+2}}\psi_{2n+1}(M),\end{cases}$$

ce qui donnera

$$(22)\quad\begin{cases}\sigma_0=0,\qquad \sigma_1=\frac{(-1)^{\nu+1}}{2}\psi_1(M),\qquad \sigma_2=\frac{(-1)^{\nu+1}M}{2}\psi_1(M),\\[2ex]\sigma_3=\frac{(-1)^\nu \psi_3(M)}{4}-\frac{(-1)^\nu 3M^2}{4}\psi_1(M).\end{cases}$$

Appliquons maintenant la formule (15), il est évident que les S_n satisfont à des formules, obtenues de (1), (2), (3), (4) du paragraphe LXXVI, en y posant

$$p=M,\qquad S_r(p)=S_r.$$

Soit M un nombre pair, les σ_n satisfont à des formules, obtenues de (13), (14), (15), (16) du paragraphe susdit, en y posant

$$p=M,\qquad \sigma_r(p)=\sigma_r.$$

CHAPITRE XVII.

LES COEFFICIENTS DE FACTORIELLE.

LXXIX. — Théorèmes de Lagrange et de Wilson.

Revenons maintenant à la factorielle

$$(1) \qquad \begin{cases} \omega_p(x) = x(x+1)\ldots(x+p-1), \\ \omega_0(x) = 1, \end{cases}$$

introduite dans le paragraphe VII, et posons, comme ordinairement,

$$(2) \qquad \omega_p(x) = C_p^0 x^p + C_p^1 x^{p-1} + \ldots + C_p^{p-2} x^2 + C_p^{p-1} x,$$

les C_p^s sont les coefficients de factorielle du rang p.

La définition (2) donnera immédiatement

$$(3) \qquad \begin{cases} C_p^0 = 1, \\ C_p^{p-1} = (p-1)!, \end{cases}$$

tandis que C_p^s est la somme de tous les produits formés de s facteurs différents, pris parmi les nombres

$$1, \quad 2, \quad 3, \quad \ldots, \quad p-1,$$

de sorte que nous aurons

$$(4) \qquad C_p^1 = \frac{p(p-1)}{2}.$$

Appliquons ensuite l'identité évidente

$$(x+p)\omega_p(x) = \omega_{p+1}(x),$$

il résulte, en vertu de (2), la formule récursive

$$(5) \qquad C_{p+1}^r = C_p^r + p\, C_p^{r-1} \qquad (1 \leqq r \leqq p-1).$$

Cela posé, remarquons que la fonction

$$f(x) = \frac{1}{x}\omega_p(x) = (x+1)(x+2)\ldots(x+p-1)$$

satisfait à la condition

$$f(-x-p) = (-1)^{p-1}f(x),$$

les formules du paragraphe LXIX donnent immédiatement

$$(6) \qquad [1-(-1)^r]\,C_p^r = \sum_{s=0}^{s=r-1} (-1)^s \binom{p-s-1}{r-s} p^{r-s} C_p^s,$$

$$(7) \qquad 0 = \sum_{s=0}^{s=2r+1} (-1)^s \binom{p-2s-1}{2r-s} \left(\frac{p}{2}\right)^{2r-s+1} C_p^s,$$

$$(8) \qquad (-1)^r \left[C_p^{2r+1} - p\left(\frac{p-1}{2}-r\right) C_p^{2r} \right]$$

$$= \sum_{s=0}^{s=r-1} (-1)^s \binom{p-2s-2}{2r-2s} p^{2r-2s} C_p^{2s+1} B_{r-s},$$

$$(9) \quad (-1)^r C_p^{2r+1} = \sum_{s=0}^{s=r} (-1)^s \binom{p-2s-1}{2r-2s+1} \left(\frac{p}{2}\right)^{2r-2s+1} C_p^{2s} T_{r-s+1}.$$

Appliquons ensuite l'identité

$$\omega_{p+1}(x) - \omega_{p+1}(x-1) = (p+1)\omega_p(x)$$

tirée directement de la définition, il résulte

$$(10) \qquad \omega_{p+1}(x) = K + (p+1)\sum_{s=0}^{s=p-1} (p-s)!\, C_p^s\, B_{p-s+1}(x),$$

où K est une constante, savoir

$$K = \sum_{s=0}^{s=p} \frac{(-1)^s}{s+1} C_{p+1}^s.$$

Cherchons maintenant les dérivées de l'ordre $p-r+1$ des deux membres de la formule (10), puis posons $x=0$, il résulte la formule récursive

$$(11) \qquad \frac{p-r+1}{p+1} C^r_{p+1} - C^r_p - \frac{p-r+1}{2} C^{r-1}_p = \sum_{s=1}^{\leqq \frac{r}{2}} (-1)^{s-1} \binom{p-r+2s}{2s} B_s C^{r-2s}_p,$$

où il faut supposer $2 \leqq r \leqq p - 1$, tandis que l'hypothèse $r = p$ donnera la formule spéciale

$$(12) \qquad \frac{(p-1)(p-1)!}{2p+2} = \sum_{s=1}^{\leqq \frac{p}{2}} (-1)^{s-1} B_s C^{p-2s}_p$$

qui est due à Schlömilch [1] et retrouvée par Radicke [2].

La formule (11) est essentielle dans la théorie des coefficients de factorielle.

En effet, soit, dans (6), r un nombre impair, nous verrons que C^{2r+1}_p est toujours divisible par p; soient ensuite, dans (10), r un nombre impair, p un nombre premier, on conclut que C^{2r}_p est divisible par p, pourvu que $2s \leqq p - 3$; c'est-à-dire que nous avons démontré le théorème :

I. *Soit p un nombre premier impair, les coefficients de factorielle C^r_p satisfont aux congruences*

$$(13) \qquad C^{2r}_p \equiv 0 \pmod p, \qquad 1 \leqq r \leqq \frac{p-3}{2},$$

$$(14) \qquad C^{2r+1}_p \equiv 0 \pmod{p^2}, \qquad 1 \leqq r \leqq \frac{p-3}{2},$$

$$(15) \qquad C^1_p \equiv 0 \pmod p.$$

Lagrange [3] a démontré que C^r_p est toujours divisible par p, supposé premier, pourvu que $1 \leqq r \leqq p - 2$. Quant à la congruence (14), Wolstenholme [4] a donné le cas particulier qui correspond

---

[1] *Archiv de Grunert*, t. 9, 1847, p. 334.

[2] *Recursionsformeln für die Bernoullischen und Eulerschen Zahlen*, p. 15, Halle, 1880.

[3] *Nouveaux Mémoires de l'Académie de Berlin*, t. 2, 1771-1773, p. 125-137. Il est très curieux que le collaborateur du *Jahrbuch über die Fortschritte der Mathematik* (t. 30, p. 180, 182) attribue à Ferrers le théorème de Lagrange.

[4] *Quarterly Journal of Mathematics.* t. 6, 1862, p. 35-39.

à la plus grande valeur de r, savoir la congruence

$$(16) \qquad C_p^{p-2} \equiv 0 \qquad (\operatorname{mod} p^2),$$

qui est une conséquence immédiate du théorème de Lagrange.

En effet, soit p un nombre impair, l'identité

$$(p-1)! = \frac{1}{p}\,\omega_p(p) = p^{p-1} - C_p^1 p^{p-2} + \ldots + C_p^{p-3} p^2 - C_p^{p-2} p + C_p^{p-1}$$

donnera

$$p^{p-2} - C_p^1 p^{p-3} + \ldots + C_p^{p-3} p - C_p^{p-2} \equiv 0;$$

soit ensuite p un nombre premier, on trouvera immédiatement la formule (16), en appliquant le théorème de Lagrange. De plus, on aura, dans ce cas,

$$(17) \qquad \frac{1}{p^2} C_p^{p-2} \equiv \frac{1}{p} C_p^{p-3} \qquad (\operatorname{mod} p).$$

Remarquons maintenant que $(p-1)!$ est premier avec p, nous aurons, en vertu de (16),

$$\frac{1}{(p-1)!} C_p^{p-2} = \frac{1}{1} + \frac{1}{2} + \frac{1}{3} + \ldots + \frac{1}{p-1} \equiv 0 \qquad (\operatorname{mod} p^2);$$

soit ensuite $p = 2n + 1$, cette dernière congruence se transforme en celle-ci :

$$(18) \qquad \sum_{r=1}^{r=n} \frac{1}{r(p-r)} \equiv 0 \qquad (\operatorname{mod} p),$$

ou, ce qui est la même chose,

$$\frac{1}{1^2} + \frac{1}{2^2} + \frac{1}{3^2} + \ldots + \frac{1}{n^2} \equiv 0 \qquad (\operatorname{mod} p).$$

Quant à la congruence générale (14), elle est souvent attribuée à M. Glaisher ([1]), cependant j'ai publié cette même congruence ([2]) six ans avant M. Glaisher.

([1]) *Quarterly Journal of Mathematics*, t. 31, 1899-1900, p. 1-33, 321-353.

([2]) *Nyt Tidsskrift for Mathematik*, t. 4 B, 1893, p. 1-10. Malgré la remarque hautaine, dans le *Jahrbuch über die Fortschistte der Mathematik* (t. 25, p. 411) : « Die Beweise sind indessen nicht immer ganz genau » de mon compatriote M. Valentiner), je me permets de prétendre que mes démonstrations sont rigoureuses.

Revenons maintenant à la formule obtenue de (11) en y remplaçant r par $2r+1$, puis supposons premier le nombre p, il résulte la congruence

$$r\,C_p^{2r} \equiv (-1)^{r-1}\binom{p-1}{2r}\frac{p(p-1)}{2}B_r \qquad (\mathrm{mod}\ p^2),$$

savoir

$$\frac{r}{p}\,C_p^{2r} \equiv \frac{(-1)^r B_r}{2} \qquad (\mathrm{mod}\ p),$$

de sorte que nous aurons, en vertu de (6), le théorème dû à M. Glaisher ([1]) :

II. *Soit p un nombre premier impair, les coefficients de factorielle satisfaisant aux congruences*

$$(19) \qquad \frac{1}{p}\,C_p^{2r} \equiv \frac{(-1)^r B_r}{2r} \qquad (\mathrm{mod}\ p),$$

$$(20) \qquad \frac{1}{p^2}\,C_p^{2r+1} \equiv \frac{(-1)^{r-1}(2r+1)B_r}{4r} \qquad (\mathrm{mod}\ p).$$

Nous avons encore à étudier la formule (12); soit $p = 2n+1$ un nombre premier impair, il résulte

$$(21) \qquad (p-1)! \equiv (-1)^{n-1}p(p+1)B_n \qquad (\mathrm{mod}\ p^2).$$

Appliquons ensuite le théorème de von Staudt et de Th. Clausen, il résulte le théorème que Wilson ([2]) a indiqué sans démonstration :

III. *Soit p un nombre premier quelconque, nous aurons la congruence*

$$(22) \qquad (p-1)! + 1 \equiv 0 \qquad (\mathrm{mod}\ p).$$

La première démonstration connue de ce théorème est due à Lagrange ([3]).

Posons maintenant, conformément à (22),

$$(23) \qquad (p-1)! = -1 + p\,W_p,$$

([1]) Voir la note ([1]) de la page 327.
([2]) WARING, *Meditationes Algebraicœ*, p. 128. Londres, 1770.
([3]) *Nouveaux Mémoires de l'Académie de Berlin*, t. 2, (1771); 1773, p. 125-1373.

le nombre W_p est un nombre entier, que nous désignons comme le quotient de Wilson. Introduisons maintenant, dans la congruence (21), l'expression de $(p-1)!$ tirée de (23), il résulte la congruence

$$(24) \qquad W_p \equiv (-1)^{n-1} B_n - 1 + \frac{1}{p} \quad (\bmod\, p), \qquad p = 2n+1,$$

due à M. Glaisher [1] et indiquée plus tard, sans démonstration, par M. Lerch [2].

Quant au théorème de Wilson, nous aurons évidemment

$$1!-1 = 2, \qquad 2!+1 = 3, \qquad 4!+1 = 5^2,$$

mais Liouville [3] a démontré l'impossibilité d'une équation de la forme

$$(p-1)!+1 = p^k,$$

où p est un nombre premier plus grand que 5. De plus, la congruence (24) de M. Glaisher donnera immédiatement le théorème :

IV. *La condition suffisante et nécessaire pour l'existence de la congruence*

$$(25) \qquad (p-1)!+1 \equiv 0 \quad (\bmod\, p^2),$$

où p est un nombre premier, est représentée par cette autre congruence

$$(26) \qquad (-1)^n B_n - \frac{1}{p} + 1 \equiv 0 \quad (\bmod\, p), \qquad p = 2n+1.$$

On voit que la congruence (25) est applicable pour $p = 5$; de plus, nous aurons

$$- B_6 + \frac{1}{13} - 1 = -\frac{691}{2730} + \frac{1}{13} - 1 = -\frac{247}{210} \equiv 0 \quad (\bmod\, 13),$$

ce qui donnera

$$12!+1 \equiv 0 \quad (\bmod\, 13^2);$$

on trouvera, en effet,

$$12!+1 = 479001601 = 169 . 2834329.$$

---

[1] *Quarterly Journal of Mathematics*, t. 31, 1899-1900, p. 327.
[2] *Mathematische Annalen*, t. 60, 1905, p. 488.
[3] *Journal de Mathématiques pures et appliquées*, 2ᵉ série, t. 1, 1856, p. 351.

Appliquons maintenant le théorème de Wilson; il résulte, en vertu de (18),

$$-\frac{1}{p^3}C_p^{p-2} \equiv \frac{1}{p}\sum_{r=1}^{r=n}\frac{1}{r(p-r)} \pmod{p},$$

de sorte que la congruence (20) donnera, pour $r = n-1$,

$$(27)\qquad \frac{1}{p}\sum_{s=1}^{s=n}\frac{1}{s(p-s)} \equiv \frac{(-1)^{n-1}B_{n-1}}{3} \pmod{p}, \qquad p = 2n+1.$$

LXXX. — D'autres démonstrations.

Supposons connue la théorie des congruences d'ordre supérieur, dont le module est un nombre premier, il est très facile de déduire d'un seul coup, et le théorème de Wilson et les congruences de Lagrange.

A cet effet, prenons pour point de départ l'identité évidente

$$(1)\qquad \frac{1}{x}\omega_p(x) - (x^{p-1}-1) = C_p^1 x^{p-2} + C_p^2 x^{p-3} + \ldots + C_p^{p-2} x + [1+(p-1)!].$$

où p désigne un nombre premier, puis appliquons le théorème de Fermat, il est évident que la congruence

$$(2)\qquad C_p^1 x^{p-2} + C_p^2 x^{p-3} + \ldots + C_p^{p-2} x + [1+(p-1)!] \equiv 0 \pmod{p},$$

du degré $p-2$ par rapport à x, admet les $p-1$ racines incongruentes

$$(3)\qquad\qquad x = 1,\ 2,\ 3,\ \ldots,\ p-1,$$

parce que le premier membre de (1) est, pour les valeurs (3) de x, divisible par p; c'est-à-dire que la congruence (2) est identique, de sorte que nous aurons et les congruences de Lagrange

$$(4)\qquad\qquad C_p^r \equiv 0 \pmod{p}, \qquad 1 \le r \le p-2$$

et le théorème de Wilson

$$(5)\qquad\qquad 1+(p-1)! \equiv 0 \pmod{p}.$$

On voit que cette démonstration ne donne pas les congruences de M. Glaisher, ce qui a lieu pour la méthode suivante.

Remarquons que le polynome entier du degré $p-1$

$$\frac{1}{x}\,\varpi_p(x) = x^{p-1} + C_p^1 x^{p-2} + C_p^2 x^{p-3} - \ldots + C_p^{p-2} x + C_p^{p-1}$$

a les zéros

$$-1, \quad -2, \quad -3, \quad \ldots, \quad -(p-1);$$

la formule de Newton donnera

$$(6) \qquad S_r(p-1) - C_p^1 S_{r-1}(p-1) + \ldots$$
$$+ (-1)^{r-1} C_p^{r-1} S_1(p-1) + (-1)^r r C_p^r = 0,$$

où il faut supposer, par conséquent, $1 \leqq r \leqq p-1$.

Soit, tout d'abord, dans (26), r un nombre pair, on aura

$$(7) \qquad S_{2r}(p-1) + 2r C_p^{2r} \equiv 0 \qquad (\bmod\, p^2),$$

ce qui donnera

$$(8) \qquad C_p^{2r} \equiv 0 \quad (\bmod\, p), \qquad 1 \leqq r \leqq \frac{p-3}{2};$$

de plus, on trouvera, dans ce cas,

$$-\frac{2r}{p} C_p^{2r} \equiv \frac{1}{p} S_{2r}(p-1) \qquad (\bmod\, p),$$

d'où, en vertu de la congruence (7) du paragraphe LXXVI,

$$(9) \qquad \frac{1}{p} C_p^{2r} \equiv \frac{(-1)^r B_r}{2r} \qquad (\bmod\, p).$$

Soit ensuite $r = p-1$, la congruence (7) donnera, en vertu de (8) du paragraphe LXXVI, le théorème de Wilson

$$(10) \qquad (p-1)! + 1 \equiv 0 \qquad (\bmod\, p),$$

et, de plus, nous aurons, en posant $p = 2n+1$, puis introduisant le quotient de Wilson, défini par l'équation

$$(p-1)! = -1 + p W_p,$$

cette autre congruence

$$(-1)^{n-1} B_n p + (p-1)(-1 + p W_p) \equiv 0 \qquad (\bmod\, p^2),$$

ce qui donnera immédiatement la congruence de M. Glaisher

$$(11) \qquad W_p \equiv (-1)^{n-1} B_n - 1 + \frac{1}{p} \qquad (\bmod\, p).$$

Étudions maintenant le cas où r est supposé impair, nous aurons, en vertu de (6),

$$(12) \qquad \left\{ \begin{array}{l} S_{2r+1}(p-1) - C_p^1 S_{2r}(p-1) + C_p^{2r} S_1(p-1) \equiv (2r+1) C_p^{2r+1} \\ \hspace{4cm} (\operatorname{mod} p^2), \end{array} \right.$$

ce qui donnera immédiatement

$$(13) \qquad C_p^{2r+1} \equiv 0 \quad (\operatorname{mod} p^2), \qquad 1 \leqq r \leqq \frac{p-3}{2};$$

de plus, la formule (12) donnera, en vertu de (9) et des résultats obtenus dans le paragraphe LXXVI,

$$(14) \qquad \frac{1}{p^2} C_p^{2r+1} \equiv \frac{(-1)^{r-1}(2r+1) B_r}{4r} \qquad (\operatorname{mod} p).$$

LXXXI. — Théorèmes de Lagrange et de Gauss.

Soit

$$(1) \qquad m = p_1^{r_1} p_2^{r_2} \ldots p_\nu^{r_\nu}$$

un nombre quelconque décomposé en facteurs premiers, il est évident que la fonction

$$(2) \qquad f(x) = (x + \alpha_1)(x + \alpha_2) \ldots (x + \alpha_{2\mu}),$$

où

$$(3) \qquad \alpha_1, \quad \alpha_2, \quad \alpha_3, \quad \ldots, \quad \alpha_{2\mu}, \qquad 2\mu = \varphi(m)$$

sont les positifs entiers plus petits que m et premiers avec m, est analogue à la factorielle que nous venons d'étudier. Dans le cas où m est supposé premier, on aura même

$$(4) \qquad f(x) = \frac{1}{x} \omega_m(x).$$

Pósons maintenant

$$(5) \qquad f(x) = x^{2\mu} + a_1 x^{2\mu-1} + \ldots + a_{2\mu-1} x + a_{2\mu},$$

puis remarquons que $f(x)$ satisfait à l'équation fonctionnelle

$$f(-x - m) = f(x),$$

il est évident que les coefficients a_r satisfont aux relations obtenues des formules (4), (5), (6), (7) du paragraphe LXIX, en y posant

$$n = 2\mu, \qquad p = m.$$

Introduisons ensuite les sommes de puissances

$$(6) \qquad S_r = z_1^r + z_2^r + \ldots + z_{2\mu}^r$$

étudiées dans le paragraphe LXXVII, nous aurons, en vertu des formules de Newton,

$$(7) \qquad S_r - a_1 S_{r-1} + a_2 S_{r-2} + \ldots + (-1)^{r-1} a_{r-1} S_1 + (-1)^r r a_r = 0,$$

où il faut supposer $1 \leqq r \leqq 2\mu$.

Soit maintenant m un nombre impair, et soit $2q+1$ le plus petit de ses facteurs premiers, le théorème I du paragraphe LXXVIII donnera, en vertu de (7), cet autre théorème :

I. *Les coefficients a_r satisfont aux congruences*

$$(8) \qquad \left\{ \begin{array}{ll} a_{2r} \equiv 0 & (\bmod\, m), \\ a_{2r+1} \equiv 0 & (\bmod\, m^2); \end{array} \right.$$

$$(9) \qquad \left\{ \begin{array}{ll} \dfrac{1}{m}\, a_{2r} \equiv \dfrac{(-1)^{r+\nu+n}}{2r}\, \psi_{2r-1}(m)\, B_r & (\bmod\, m), \\[2mm] \dfrac{1}{m^2}\, a_{2r+1} \equiv \dfrac{(-1)^{r+\nu+n-1}(r-\mu)}{2r}\, \varphi_{2r-1}(m)\, B_r & (\bmod\, m), \end{array} \right.$$

où il faut supposer $1 \leqq r \leqq q-1$.

Or cette analogie avec les coefficients de factorielle semble un peu difficile à étendre aux valeurs de r plus grandes que $q-1$, sauf pour le dernier des coefficients susdits, savoir

$$(10) \qquad a_{2\mu} = z_1 z_2 z_3 \ldots z_{2\mu}$$

qui a une propriété analogue à celle de C_p^{p-1}, exprimée par le théorème de Wilson.

A cet effet, nous avons à étudier les 2μ congruences du premier degré

$$(11) \qquad z_r x \equiv 1 \quad (\bmod\, m) \quad (r = 1, 2, 3, \ldots, 2\mu);$$

il est évident que la congruence (11) a une racine x qui satisfait aux conditions

$$1 \leqq x \leqq m - 1,$$

et cette racine est première avec m. De plus, la congruence ne peut avoir aucune racine commune à celle-ci :

$$x_s . x \equiv 1 \pmod m \qquad (r \neq s).$$

Cela posé, on peut choisir deux groupes de nombres

$$\alpha'_1, \quad x'_2, \quad x'_3, \quad \dots, \quad x'_q,$$
$$x''_1, \quad x''_2, \quad x''_3, \quad \dots, \quad x''_q$$

parmi l'ensemble (3) des positifs entiers plus petits que m et premiers avec m, de sorte que nous aurons

$$\alpha'_s x''_s \equiv 1 \pmod m, \qquad (\alpha'_s \neq \alpha''_s),$$

ce qui donnera

$$(12) \qquad \alpha'_1 x'_2 \dots x'_q . x''_1 x''_2 \dots x''_q \equiv 1 \pmod p.$$

Il nous reste encore à étudier les congruences

$$(13) \qquad x^2 \equiv 1 \pmod m,$$

ce qui donnera, de même,

$$(14) \qquad (m - \alpha_r)^2 \equiv 1 \pmod m,$$

et de plus, nous aurons, en vertu de (13),

$$(15) \qquad x_r (m - x_r) \equiv -1 \pmod m.$$

Multiplions ensuite la congruence (12) par toutes les congruences de la forme (15), nous aurons le théorème de Gauss ([1]) :

II. *Soit m un positif entier quelconque, nous aurons*

$$(16) \qquad a_{2\mu} \equiv (-1)^\delta \pmod m,$$

où δ désigne le nombre des congruences de la forme (15).

Gauss a aussi déterminé la valeur du nombre δ, ce qui nous conduirait trop loin ici.

---

[1] *Disquisitiones arithmeticæ*, art. 76, 78; *Untersuchungen über höhere Arithmetik*, p. 54-55 (Berlin, 1889); *OEuvres*, t. I, p. 61-62.

Soit maintenant m égal au nombre premier p, la congruence (13),
savoir

$$(\alpha_r+1)(\alpha_r-1) \equiv 0 \qquad (\bmod p),$$

n'a que les deux racines

$$\alpha_r \equiv 1, \qquad \alpha_r \equiv p-1,$$

de sorte que le nombre δ aura la valeur 1, et nous aurons, par conséquent, le théorème de Wilson, théorème qui se présente, en vertu de (12), sous cette autre forme aussi,

$$(17) \qquad (p-2)! \equiv 1 \qquad (\bmod p).$$

Appliquons maintenant le théorème II du paragraphe LXX, il résulte la proposition, due à Lagrange [1] :

III. *Soit $p = 2n+1$ un nombre premier, nous aurons*

$$(18) \qquad \left(\frac{p-1}{2}!\right)^2 \equiv (-1)^{n+1} \qquad (\bmod p).$$

Supposons ensuite que n soit de la forme $2q+1$, ce qui donnera $p = 4q+3$, nous aurons évidemment une congruence de la forme

$$(19) \qquad \frac{p-1}{2}! \equiv (-1)^s \qquad (\bmod p);$$

posons ensuite

$$(20) \qquad \frac{p-1}{2}! = (-1)^s + p\,W'_p,$$

le théorème II du paragraphe LXX donnera

$$(21) \qquad W'_p \equiv \frac{(-1)^s \lambda_{2q+1}}{2} - \frac{(-1)^s W_p}{2} \qquad (\bmod p),$$

où W_p désigne le quotient de Wilson, tandis que nous avons posé, pour abréger,

$$(22) \qquad \lambda_{2q+1} = \frac{1}{1} + \frac{1}{2} + \frac{1}{3} + \ldots + \frac{1}{2q+1}.$$

Dans nos recherches sur les résidus quadratiques, nous avons à revenir aux congruences (19) et (21).

---

[1] *Nouveaux Mémoires de l'Académie de Berlin*, t. 2, 1771-1773, p. 131.

LXXXII. — Les nombres $\mathfrak{C}^r_{p+1}$.

Revenons maintenant aux congruences (11) et (12) du paragraphe LXXII, que nous avons à étudier plus profondément, à l'aide d'une généralisation curieuse des coefficients de factorielle C^n_{p+1}, et des nombres $\mathfrak{C}^n_{p+1}$.

A cet effet, introduisons une suite de polynomes entiers définis par les expressions

$$(1) \quad \begin{cases} \Phi_1(x) = x, \\[1ex] \Phi_2(x) = \dfrac{x^2}{2} + \dfrac{x}{2}, \\[2ex] \Phi_{m+1}(x) = \dfrac{x^{m+1}}{m+1} + \dfrac{x}{2} + \displaystyle\sum_{s=1}^{\leq \frac{m}{2}} \dfrac{(-1)^{s-1}}{m+1} \binom{m+1}{2s} B_s\, x^{m-2s+1}, \end{cases}$$

de sorte que nous aurons généralement

$$\Phi_n(x) = (n-1)!\,[\,B_n(x) - B_n(0)\,],$$

ce qui donnera, pour $n \geqq 2$,

$$(2) \qquad (-1)^n \Phi_n(-x-1) = \Phi_n(x).$$

Cela posé, nous avons à déterminer une nouvelle suite de polynomes entiers, définis par les conditions

$$(3) \quad \begin{cases} \Psi_0(x) = 1, \\[1ex] \displaystyle\sum_{r=0}^{r=n-1} (-1)^r \Psi_{2r}(x)\,\Phi_{n-r+1}(x) + (-1)^n n\,\Psi_{2n}(x) = 0, \end{cases}$$

de sorte que $\Psi_{2n}(x)$ est précisément du degré $2n$ par rapport à x. De plus, je dis que les polynomes ainsi définis satisfont à l'équation fonctionnelle

$$(4) \qquad \Psi_{2n}(x+1) = \Psi_{2n}(x) + (x+1)\Psi_{2n-2}(x).$$

En effet, posons $x = p$, où p est un positif entier égal à n au moins; il résulte

$$(5) \qquad \Phi_{m+1}(p) = S_m(p),$$

de sorte que la définition (3) donnera, en vertu de la formule (6)
du paragraphe LXXX,

$$(6) \qquad \Psi_{2n}(p) = C_{p+1}^n$$

et l'équation fonctionnelle (4) se transforme, dans ce cas, en la formule bien connue

$$(7) \qquad C_{p+1}^n = C_p^n + p\, C_p^{n-1};$$

c'est-à-dire que l'équation algébrique (4), du degré $2n$ au plus, a
une infinité de racines inégales, savoir que cette équation est une
identité.

Posons maintenant, dans (3), $-x-1$ au lieu de x, il résulte,
en vertu de (2),

$$(7) \qquad n\, \Psi_{2n}(-x-1) = \sum_{r=0}^{r=n-1} \Phi_{n-r+1}(x)\, \Psi_{2r}(-x-1),$$

tandis que l'équation fonctionnelle (4) deviendra

$$(8) \qquad \Psi_{2n}(-x) = \Psi_{2n}(-x-1) - x\, \Psi_{2n-2}(-x-1),$$

de sorte que nous aurons

$$(9) \qquad \Psi_{2n}(-p-1) = \Theta_{p+1}^n,$$

car cette hypothèse donnera, en vertu de (8),

$$\Theta_p^n = \Theta_{p+1}^n - p\, \Theta_p^{n-1},$$

ce qui n'est autre chose que la formule récursive (9) du paragraphe LXXII.

Cela posé, nous aurons, en vertu de (7), cette autre formule pour
le calcul successif des Θ_{p+1}^n,

$$(10) \qquad n\, \Theta_{p+1}^n = \sum_{r=0}^{r=n-1} S_{n-r}(p)\, \Theta_{p+1}^r,$$

formule qui sera un supplément intéressant au théorème II du paragraphe LXXII, savoir :

I. *Soit p un nombre premier, nous aurons les congruences*

$$(11) \qquad \frac{1}{p}\mathfrak{S}_p^{2n} \equiv \frac{(-1)^{n-1}B_n}{2n} \equiv -\frac{1}{p}C_p^{2n} \qquad (\operatorname{mod} p),$$

$$(12) \qquad \frac{1}{p^3}\mathfrak{S}_p^{2n+1} \equiv \frac{(-1)^{n-1}(2n+1)B_n}{2n} \equiv \frac{1}{p^3}C_p^{2n+1} \qquad (\operatorname{mod} p),$$

$$(13) \qquad \sum_{r=2}^{r=p} r^{p+2n-1}\left(\frac{1}{1}+\frac{1}{2}+\frac{1}{3}+\dots+\frac{1}{r-1}\right) \equiv (-1)^{n-1}B_n \qquad (\operatorname{mod} p),$$

où il faut supposer

$$1 \leqq r \leqq \frac{p-3}{2}.$$

En effet, appliquons la même méthode que dans le paragraphe LXXX, nous verrons que les congruences (11) et (12) sont des conséquences immédiates de la formule (10). Quant à (13), la formule (10) du paragraphe LXXII donnera

$$\frac{(p-1)!}{p}\mathfrak{S}_{p+1}^{2n} \equiv \frac{1}{p}S_{2n+p-1}(p) - \sum_{r=2}^{r=p} r^{p+2n-1}\left(\frac{1}{1}+\frac{1}{2}+\frac{1}{3}+\dots+\frac{1}{p-1}\right)$$
$$(\operatorname{mod} p),$$

d'où, en vertu des théorèmes de Fermat et de Wilson,

$$-\frac{1}{p}\mathfrak{S}_{p+1}^{2n} \equiv \frac{1}{p}S_{2n+p-1}(p) - \sum_{r=2}^{r=p} r^{2n}\left(\frac{1}{1}+\frac{1}{2}+\dots+\frac{1}{p-1}\right) \qquad (\operatorname{mod} p),$$

de sorte que la congruence (7) du paragraphe LXVIII, savoir

$$\frac{B_n}{2n} \equiv \frac{(-1)B_{n+q}}{2n+2q} \quad (\operatorname{mod} p) \quad (p = 2q+1),$$

nous conduira au but.

LXXXIII. — Les fonctions de Bernoulli.

Les formules développées dans les paragraphes XXIV et LXXVI montrent clairement que les sommes de puissances des zéros d'un polynome symétrique sont parfaitement analogues aux sommes de puissances des nombres naturels.

Or, les sommes de puissances de ce genre qui proviennent des zéros d'un polynome de Bernoulli représentent un intérêt spécial, à cause de leur analogie parfaite avec les factorielles ordinaires; c'est pourquoi nous avons à étudier assez profondément de telles sommes de puissances.

A cet effet, posons

$$f_m(x) = m! \, B_m(x),$$

savoir

$$(1) \quad \begin{cases} f_1(x) = x, \\ f_2(x) = x^2 + x, \\ f_m(x) = x^m + \dfrac{m}{2} x^{m-1} + \displaystyle\sum_{s=1}^{\leqq \frac{m}{2}} (-1)^{s-1} \binom{m}{2s} B_s \, x^{m-2s}, \end{cases}$$

puis désignons par

$$(2) \qquad z_1, \quad z_2, \quad z_3, \quad \ldots, \quad z_m$$

les zéros de $f_m(x)$, les sommes de puissances

$$(3) \qquad S_n = z_1^n + z_2^n + \ldots + z_m^n \qquad (S_0 = m)$$

satisfont à des relations tirées des formules (1), (2), (3), (4) du paragraphe LXXVI en y posant

$$p = -1, \qquad S_r(p-1) = S_r,$$

tandis que les formules de Newton deviennent

$$(4) \quad \begin{cases} S_1 + \dfrac{m}{2} = 0, \\[2mm] S_2 + \dfrac{m}{2} S_1 + 2 \binom{m}{2} B_1 = 0, \\[2mm] S_{2n} + \dfrac{m}{2} S_{2n-1} + \displaystyle\sum_{r=1}^{r=n-1} (-1)^{r-1} \binom{m}{2r} B_r S_{2n-2r} - (-1)^n 2n \binom{m}{2n} B_n = 0, \\[2mm] S_{2n+1} + \dfrac{m}{2} S_{2n} + \displaystyle\sum_{r=1}^{r=n} (-1)^{r-1} \binom{m}{2r} B_r S_{2n-2r+1} = 0, \end{cases}$$

où il faut supposer $2n \leqq m$, respectivement $2n + 1 \leqq m$.

Cela posé, déterminons une suite de polynomes entiers

$$(5) \qquad \varphi_0(x), \quad \varphi_1(x), \quad \varphi_2(x), \quad \ldots, \quad \varphi_n(x), \quad \ldots,$$

de sorte que

$$(6)\ \left\{\begin{aligned}
&\varphi_0(x)=x,\qquad \varphi_1(x)=-\frac{x}{2},\\[4pt]
&\varphi_2(x)+\frac{x}{2}\varphi_1(x)+2\binom{x}{2}B_1=0,\\[4pt]
&\varphi_{2n}(x)+\frac{x}{2}\varphi_{2n-1}(x)+\sum_{r=1}^{r=n-1}(-1)^{r-1}\binom{x}{2r}B_r\,\varphi_{2n-2r}(x)-(-1)^n 2n\binom{x}{2n}B_n=0,\\[4pt]
&\varphi_{2n+1}(x)+\frac{x}{2}\varphi_{2n}(x)+\sum_{r=1}^{r=n}(-1)^{r-1}\binom{x}{2r}B_r\,\varphi_{2n-2r+1}(x)=0,
\end{aligned}\right.$$

puis désignons par m un positif entier quelconque, nous aurons · évidemment

$$(7)\qquad\qquad \varphi_n(m)=S_n\qquad (n\leqq m);$$

c'est-à-dire que les polynomes $\varphi_n(x)$ ainsi définis satisfont aux conditions

$$(8)\qquad [(-1)^n-1]\varphi_n(x)=\sum_{r=0}^{r=n-1}\binom{n}{r}\varphi_r(x),$$

$$(9)\qquad 0=\sum_{r=0}^{r=2n+1}\binom{2n+1}{r}2^r\,\varphi_r(x),$$

$$(10)\qquad (-1)^n\left[\varphi_{2n+1}(x)+\left(n+\frac{1}{2}\right)\varphi_{2n}(x)\right]$$
$$=\sum_{r=0}^{r=n-1}(-1)^r\binom{2n+1}{2r+1}B_{n-r}\varphi_{2r+1}(x),$$

$$(11)\qquad (-1)^{n-1}\varphi_{2n+1}(x)=\sum_{r=0}^{r=n}(-1)^r\binom{2n+1}{2r}\frac{T_{n-r+1}}{2^{2n-2r+1}}\varphi_{2r}(x).$$

En effet, soit m un positif entier, de sorte que $m\geqq 2n+1$, les relations susdites ne sont autre chose que les formules bien connues pour les sommes de puissances S_n, de sorte que les quatre équations algébriques en question sont des identités parce qu'elles ont une infinité de racines.

Quant aux polynomes $\varphi_n(x)$, les six premiers deviennent

$$\varphi_0(x) = x, \qquad \varphi_1(x) = -\frac{x}{2}, \qquad \varphi_2(x) = \frac{x^3}{12} + \frac{x}{6}, \qquad \varphi_3(x) = -\frac{x^4}{8},$$

$$\varphi_4(x) = -\frac{x^5}{720} + \frac{x^3}{45} + \frac{3x^2}{40} - \frac{x}{30}, \qquad \varphi_5(x) = \frac{x^4}{288} - \frac{x^3}{18} + \frac{x^2}{48},$$

ce qui nous conduira au résultat général :

I. *Soit $n \geq 1$, nous aurons*

$$(12) \quad \begin{cases} \varphi_{2n}(x) = a_{2n,0}\,x^{2n} + a_{2n,1}\,x^{2n-1} + \ldots + a_{2n,2n-1}\,x, \\ \varphi_{2n+1}(x) = a_{2n+1,1}\,x^{2n} + a_{2n+1,2}\,x^{2n-1} + \ldots + a_{2n+1,2n-1}\,x^2, \end{cases}$$

où les coefficients $a_{2n,r}$ et $a_{2n+1,r}$ sont des nombres rationnels, dont les dénominateurs ne sont divisibles par aucun nombre premier plus grand que $2n+1$. Les premiers et les derniers de ces coefficients deviennent

$$(13) \qquad a_{2n,0} = \frac{(-1)^{n-1}B_n}{(2n)!},$$

$$(14) \qquad a_{2n+1,1} = \frac{(-1)^n\left(n + \frac{1}{2}\right)B_n}{(2n)!},$$

$$(15) \qquad a_{2n,2n-1} = (-1)^{n-1}B_n,$$

$$(16) \qquad a_{2n+1,2n-1} = \frac{(-1)^n(2n+1)B_n}{2}.$$

En effet, supposons vraies les expressions susdites jusqu'à l'indice $2n - 1$, nous avons, en vertu de (6), à déterminer $a_{2n,0}$ par la formule

$$a_{2n,0} + \sum_{r=1}^{r=n-1} \frac{(-1)^{r-1}B_r\,a_{2n-2r,0}}{(2r)!} - \frac{(-1)^nB_n}{(2n-1)!} = 0,$$

d'où, en introduisant les valeurs des $a_{2n-2r,0}$,

$$(2n)!\,a_{2n,0} = (-1)^{n-1}\sum_{r=1}^{r=n-1} \binom{2n}{2r} B_r B_{n-r} + (-1)^n 2n B_n,$$

ce qui donnera, en vertu de la formule *eulérienne* (13) du paragraphe XII, précisément l'expression (13) de $a_{2n,0}$.

Appliquons ensuite, par exemple, la formule (11), il est évident que le polynome $\varphi_{2n+1}(x)$ deviendra du degré $2n$ et que nous aurons

$$a_{2n+1,1} = -\left(n + \frac{1}{2}\right)a_{2n,0},$$

ce qui donnera l'expression (14) de $a_{2n+1,1}$.

Quant aux valeurs des deux derniers coefficients $a_{2n,2n-1}$ et $a_{2n+1,2n-1}$, il est évident que

$$(-1)^{n-1}\,2n\binom{x}{2n}B_n, \qquad (-1)^{n-1}\binom{x}{2n}B_n\varphi_1(x) + \frac{x}{2}\varphi_{2n}(x)$$

sont les seuls termes des premiers membres des formules récursives générales (6), qui ne soient divisibles que par x respectivement par x^2, ce qui donnera immédiatement les expressions (15) et (16).

Remarquons, en passant, que la formule (11) donnera cet autre résultat :

$$(17) \qquad\qquad a_{2n+1,2} = -\left(n + \frac{1}{2}\right)a_{2n,1}.$$

Quant à la nature des coefficients $a_{2n,r}$ et $a_{2n+1,r}$ indiquée dans le théorème I, savoir qu'ils sont des nombres rationnels, dont les dénominateurs ne sont divisibles par aucun nombre premier plus grand que $2n+1$, cette propriété est, en vertu du théorème de von Staudt et de Th. Clausen, une conséquence directe des formules récursives générales (6).

LXXXIV. — Analogies aux factorielles ordinaires.

Il saute aux yeux que les sommes de puissances S_n que nous venons d'étudier sont très analogues aux sommes de puissances $S_n(m-1)$ provenues des zéros de la factorielle ordinaire $\omega_m(x)$.

Dans le cas où m est supposé égal au nombre premier p, l'analogie des deux fonctions

$$f_p(x) = p!\,B_p(x),$$
$$\omega_p(x) = x(x+1)\,..(x+p-1)$$

peut être étendue beaucoup plus loin. En effet, posons, pour abréger,

$$(1) \qquad f_p(x) = x^p + \frac{p}{2} x^{p-1} + C_2 x^{p-2} + C_3 x^{p-4} + \ldots + C_{p-1} x,$$

$$(2) \qquad \omega_p(x) = x^p + C_p^1 + x^{p-1} + C_p^2 x^{p-2} + \ldots + C_p^{p-1} x,$$

nous aurons, par conséquent,

$$(4) \qquad C_{2n} = (-1)^{n-1} \binom{p}{2n} B_r.$$

Cela posé, les résultats obtenus dans le paragraphe LXXIX donnent immédiatement la proposition suivante :

I. *Soit* $p = 2m + 1$ *un nombre premier plus grand que* 3, *nous aurons*

$$(5) \qquad C_{2r} \equiv C_p^{2r} \equiv 0 \qquad (\operatorname{mod} p),$$

$$(6) \qquad \frac{1}{p} C_{2r} \equiv \frac{1}{p} C_p^{2r} \equiv \frac{(-1)^r B_r}{2r} \qquad (\operatorname{mod} p),$$

où il faut supposer $1 \leqq r \leqq m - 1$.

Quant au cas spécial exclu $r = m$, le célèbre théorème de von Staudt et de Th. Clausen donnera

$$(7) \qquad (-1)^m B_m = \frac{1}{p} + \mathfrak{W}_m,$$

où $\mathfrak{W}$ est un nombre rationnel, dont le dénominateur n'est divisible par aucun nombre premier plus grand que $p - 2$, ce qui donnera

$$(8) \qquad C_{2m} \equiv C_p^{2m} \equiv -1 \qquad (\operatorname{mod} p);$$

de plus, nous aurons, en vertu de (4) et (7),

$$(9) \qquad C_{2m} \equiv -1 - p \mathfrak{W}_m,$$

tandis que le théorème de Wilson donnera

$$C_p^{2m} \equiv (p-1)! \equiv -1 + p \omega_p,$$
$$\omega_p \equiv -1 - \mathfrak{W}_m \qquad (\operatorname{mod} p);$$

c'est-à-dire que nous aurons

$$(10) \qquad \frac{C_{2m} + 1}{p} \equiv -\mathfrak{W}_m \qquad (\operatorname{mod} p),$$

$$(11) \qquad \frac{C_p^{2m} + 1}{p} \equiv -1 - \mathfrak{W}_m \qquad (\operatorname{mod} p),$$

de sorte que la congruence (6) n'a aucune analogie dans ce cas.

Quant aux sommes de puissances S_{2r} et $S_{2r}(p-1)$, nous aurons

$$(12) \qquad S_{2r} \equiv S_{2r}(p-1) \equiv (-1)^{r-1} B_r \, p \qquad (\bmod \, p^2);$$

ce qui donnera cette autre proposition :

II. *Soit* $p = 2m+1$ *un nombre premier plus grand que 3, et soit* $1 \leqq r \leqq m-1$, *nous aurons*

$$(13) \qquad S_{2r} \equiv S_{2r}(p-1) \equiv 0 \qquad (\bmod \, p),$$

$$(14) \qquad \frac{1}{p} S_{2r} \equiv \frac{1}{p} S_{2r}(p-1) \equiv (-1)^{r-1} B_r \qquad (\bmod \, p).$$

Quant au cas spécial exclu, il résulte, en vertu de (7) et (12),

$$S_{2m} \equiv S_{2m}(p-1) \equiv -1 - p\, \mathfrak{B}_m \qquad (\bmod \, p^2),$$

ce qui donnera immédiatement

$$(15) \qquad S_{2m} \equiv S_{2m}(p-1) \equiv -1 \qquad (\bmod \, p),$$

$$(16) \qquad \frac{S_{2m}+1}{p} \equiv \frac{S_{2m}(p-1)+1}{p} \equiv -\mathfrak{B}_m \qquad (\bmod \, p).$$

Étudions maintenant les deux sommes S_{2r+1} et $S_{2r+1}(p-1)$, il résulte, pour $1 \leqq r \leqq m-1$,

$$(17) \qquad S_{2r+1} \equiv S_{2r+1}(p-1) \equiv 0 \qquad (\bmod \, p^2),$$

mais il n'existe pas des congruences analogues à (6) et à (14). Or, il est bien remarquable, ce me semble, que les coefficients de factorielles C_p^{2r+1} représentent des analogies parfaites avec les sommes de puissances S_{2r+1}.

En effet, on aura tout d'abord

$$S_1 = -\frac{p}{2}, \qquad C_p^1 = \frac{p(p-1)}{2},$$

ce qui donnera

$$(18) \qquad \begin{cases} S_1 \equiv C_p^1 \equiv 0 & (\bmod \, p), \\[2mm] \dfrac{1}{p} S_1 \equiv \dfrac{1}{p} C_p^1 \equiv -\dfrac{1}{2} & (\bmod \, p), \end{cases}$$

tandis que nous aurons ici la proposition générale :

III. *Soit $p = 2m + 1$ un nombre premier plus grand que 3, et soit $1 \leqq r \leqq m - 1$, nous aurons*

$$(19) \qquad S_{2r+1} \equiv C_p^{2r+1} \equiv 0 \qquad (\bmod\, p^2),$$

$$(20) \qquad \frac{1}{p^2} S_{2r+1} \equiv \frac{1}{p^2} C_p^{2r+1} \equiv \frac{(-1)^r (2r+1) B_r}{4r} \qquad (\bmod\, p).$$

CHAPITRE XVIII.

LXXXV. — Formules et théorèmes généraux.

Revenons maintenant au théorème de von Staudt et de Th. Clausen

$$(1) \qquad (-1)^n B_n = A_n + \frac{1}{2} + \frac{1}{\lambda_1} + \frac{1}{\lambda_2} + \ldots + \frac{1}{\lambda_{\nu_n}},$$

où A_n est un nombre entier, tandis que les λ_s sont l'ensemble des nombres premiers du rang n, on a indiqué plusieurs relations dites *caractéristiques* pour les A_n.

Or, de telles formules sont illusoires à ce point de vue, parce qu'elles ne sont autre chose que des propriétés communes aux coefficients d'un groupe très étendu de formules récursives pour les nombres de Bernoulli, ce qui est évident si nous étudions, d'un point de vue général, le problème susdit sans nous borner à certains cas spéciaux.

A cet effet, prenons pour point de départ la formule récursive

$$(2) \qquad \sum_{s=1}^{\leq \frac{m-1}{2}} (-1)^s z_{m,2s} B_s = \beta_m \qquad (m \geq 3) :$$

désignons ensuite par

$$(3) \qquad p_1 p_2 p_3 \ldots p_\mu$$

l'ensemble des nombres premiers impairs égaux à m au plus, puis introduisons, dans (2), au lieu des B_s, les expressions correspondantes tirées de (1), il résulte une identité de la forme

$$(4) \qquad \sum_{s=1}^{\leqq \frac{m-1}{2}} \alpha_{m,2s} A_s = N_m - \sum_{r=1}^{r=\mu} \frac{A M_r}{P_r},$$

où nous avons posé, pour abréger,

$$(5) \qquad N_m = \beta_m - \frac{1}{2} \sum_{s=1}^{\leqq \frac{m-1}{2}} \alpha_{m,2s},$$

$$(6) \qquad M_r = \sum_{s=1}^{\leqq \frac{m-1}{p_r-1}} \alpha_{m,sp_r-s}.$$

Cela posé, soit $2\rho + 1 \leqq m$ un positif entier impair et soit ensuite

$$\omega_\rho = \sum_{s=1}^{\leqq \frac{m-1}{2\rho}} \alpha_{m,2s\rho},$$

il est évident que l'hypothèse $2\rho + 1 = p_q$ entraîne l'égalité

$$\omega_\rho = M_q,$$

ce qui nous conduira à étudier les équations

$$(7) \qquad \sum_{s=1}^{\leqq \frac{m-1}{2}} \alpha_{m,2s} A_s = N_m - \sum_{s=1}^{\leqq \frac{m-1}{2}} \frac{\omega_s \delta_s}{2s+1} \qquad (m \geqq 3),$$

linéaires par rapport aux nombres δ_s; appliquons ensuite la formule (4), il résulte le théorème :

I. *Posons, dans* (7), *successivement*

$$m = 3, 5, 7, \ldots, 2\rho + 1,$$

les ρ nombres

$$\delta_1, \quad \delta_2, \quad \delta_3, \quad \ldots, \quad \delta_\rho$$

sont parfaitement déterminés et nous aurons toujours $\delta_\rho = 1$ *ou* $\delta_\rho = 0$, *selon que* $2\rho + 1$ *est un nombre premier ou non.*

Revenons maintenant à la formule (4), puis supposons que $2\beta_m$

et tous les coefficients $z_{m,2s}$ soient des nombres entiers, il est évident que la somme qui figure au premier membre est un nombre entier. Remarquons ensuite que les dénominateurs, figurant au second membre de la formule susdite, sont sans diviseur commun; il faut qu'elle soit divisible par p_r, de sorte que nous aurons cet autre théorème :

II. *Supposons entiers* $\mathfrak{z}_m$ *et tous les coefficients* $z_{m,2s}$ *qui figurent dans la formule récursive* (2), *puis désignons par* p *un nombre premier impair égal à* m *au plus, nous aurons*

$$(8) \qquad \sum_{s=1}^{\leq \frac{m-1}{p-1}} z_{m,ps-s} \equiv 0 \qquad (\mathrm{mod}\, p).$$

Soit particulièrement m un nombre premier, il résulte, en vertu de (8), pour $p = m$,

$$(9) \qquad z_{m,m-1} \equiv 0 \qquad (\mathrm{mod}\, m).$$

Le théorème inverse de II est évident, savoir:

III. *Soient les coefficients* $\alpha_{m,2s}$ *des nombres entiers qui satisfont aux congruences* (8) *où* p *désigne un nombre premier impair, égal à* m *au plus, l'expression*

$$(10) \qquad 2 \sum_{s=1}^{\leq \frac{m-1}{2}} (-1)^s z_{m,2s} B_s$$

est toujours un nombre entier.

De plus, il est très facile de généraliser beaucoup les deux derniers théorèmes que nous venons de démontrer.

A cet effet, désignons par $\gamma_{m,2s}$ des nombres qui satisfont aux congruences

$$\gamma_{m,2r} \equiv \gamma_{m,2s} \qquad (\mathrm{mod}\, p),$$

où p est un nombre premier impair du rang $r - s$ et égal à m au plus, nous aurons évidemment

$$\sum_{s=1}^{\leq \frac{r-1}{p-1}} \alpha_{m,ps-s}\, \gamma_{m,ps-s} \equiv \gamma_{m,p-1} \sum_{s=1}^{\leq \frac{m-1}{p-1}} \alpha_{m,ps-s} \qquad (\mathrm{mod}\, p);$$

c'est-à-dire que l'expression (10) peut être remplacée par cette autre

$$(11) \qquad 2 \sum_{s=1}^{\leqq \frac{m-1}{2}} (-1)^s \varkappa_{m,2s}\, \gamma_{m,2s}\, B_{2s}$$

Étudions encore la fonction

$$(12) \qquad f(x) = K + \sum_{s=1}^{s=m-1} s!\, a_{m,s}\, B_s(x),$$

où K est une constante, tandis que les $B_s(x)$ désignent les fonctions de Bernoulli, de sorte que $f(x)$ est un polynome entier du degré $m - 1$; nous aurons le théorème analogue à II :

IV. *Supposons que tous les coefficients $a_{m,2s}$ qui figurent dans la formule* (12) *soient des nombres entiers, puis supposons que l'expression*

$$(13) \qquad 2 f(0) - 2 K - a_{m,1}$$

ait la même propriété, nous aurons les congruences

$$(14) \qquad \sum_{s=1}^{\leqq \frac{m-1}{p-1}} a_{m,ps-s} \equiv 0 \qquad (\bmod p),$$

où p désigne un nombre premier impair, égal à m au plus.

En effet, soit, dans (12), $x = 0$, il résulte la formule récursive

$$K - \tfrac{1}{2} a_{m,1} - f(0) = \sum_{s=1}^{\leqq \frac{m-1}{2}} (-1)^s a_{m,2s} B_{2s};$$

on voit du reste que les coefficients $a_{m,2s+1}$, où $s \geqq 1$, ne jouent aucun rôle pour les congruences (14).

LXXXVI. — Formules d'Hermite, de Lipschitz et de Stern.

Comme première application de nos théorèmes généraux, nous avons à étudier la formule de Bernoulli

$$(1) \qquad \sum_{s=1}^{\leqq \frac{m-1}{2}} (-1)^s \binom{m}{2s} B_s = 1 - \frac{m}{2} \qquad (m \geqq 3);$$

le théorème II du paragraphe précédent donnera immédiatement les congruences

$$(2) \qquad \sum_{s=1}^{\leqq \frac{m-1}{p-1}} \binom{m}{ps - s} \equiv 0 \qquad (\bmod p),$$

où p désigne un nombre premier impair, égal à m au plus.

Soit m un nombre impair, savoir $m = 2n + 1$, Hermite [1] a démontré directement les cas correspondants de la congruence (2), tandis que Lipschitz [2] a traité à un autre point de vue la formule en question.

Désignons ensuite par

$$p_1 p_2 p_3 \cdots p_\mu$$

l'ensemble des nombres premiers impairs, égaux à m au plus, posons

$$(3) \qquad \Omega_m = \sum_{k=1}^{k=\mu} \frac{1}{p_k} \left[\sum_{s=1}^{\leqq \frac{m-1}{p_k - 1}} \binom{m}{sp_k - s} \right],$$

puis remarquons que la formule binomiale donnera

$$\sum_{s=1}^{s=n} \binom{2n+1}{2s} = 2^{2n} - 1, \qquad \sum_{s=1}^{s=n} \binom{2n+2}{2s} = 2^{2n+1} - 2,$$

---

[1] *Journal de Crelle*, t. 81, 1876, p. 93-95.
[2] *Ibid.*, t. 96, 1889, p. 14.

nous aurons, en vertu de (1), les deux relations

$$(4) \qquad \sum_{s=1}^{s=n} \binom{2n+1}{2s} A_s = 1 - n - 2^{2n-1} - \Omega_{2n+1},$$

$$(5) \qquad \sum_{s=1}^{s=n} \binom{2n+2}{2s} A_s = 1 - n - 2^{2n} - \Omega_{2n+2},$$

dont la première est due à Hermite.

Or, il faut remarquer que G.-F. Meyer ([1]), déjà en 1862, a essayé de développer la formule (4) d'Hermite, mais qu'il n'a pas réussi à donner sous forme simple l'expression Ω_{2n+1}.

En soustrayant les deux formules (4) et (5), puis posant

$$(6) \qquad \Omega'_{2n+1} = \Omega_{2n+2} - \Omega_{2n+1} = \sum_{k=1}^{k=\mu} \frac{1}{p_k}\left[\sum_{s=1}^{\leq \frac{2n}{p_k-1}} \binom{2n+1}{sp_k-s-1} \right],$$

il résulte la formule de Stern ([2])

$$(7) \qquad \sum_{s=1}^{s=n} \binom{2n+1}{2s-1} A_s = - 2^{2n-1} - \Omega'_{2n+1}.$$

De plus, Stern, dans son grand Mémoire intitulé : *Beiträge zur Theorie der Eulerschen und Bernoullischen Zahlen* ([3]), consacre les six dernières pages à une application analogue de ses trois formules récursives :

$$\sum_{s=1}^{s=n-1} (-1)^s \binom{2n}{2s-2} B_s + (-1)^n \left[\binom{2n}{2} - 1 \right] B_n = 0,$$

$$\sum_{s=1}^{s=n-1} (-1)^s \binom{2n}{2s-1} B_s + (-1)^n (2n+1) B_n = -\frac{1}{2},$$

$$\sum_{s=1}^{s=n-1} (-1)^s \binom{2n-1}{2s-2} B_s - (-1)^n (2n+1) B_n = 0,$$

<hr>

[1] *Archiv de Grunert*, t. 38, 1862, p. 241-246.
[2] *Journal de Crelle*, t. 84, 1878, p. 267-269.
[3] *Göttinger Abhandlungen*, t. 23, 1878 (44 pages).

savoir les formules (16), (17), (18) du paragraphe XLIV; il est évident que ces formules satisfont aux conditions indiquées dans le théorème II du paragraphe précédent.

Soit ensuite p un nombre premier impair, égal à $2n + 1$ au plus, il résulte par conséquent les trois congruences

$$(8) \qquad \sum_{s=1}^{\frac{2n}{p-1}} \binom{2n}{sp - s - 2} \equiv \delta_p \qquad (\bmod\, p),$$

$$(9) \qquad \sum_{s=1}^{\frac{2n}{p-1}} \binom{2n}{sp - s - 1} \equiv -\delta_p \qquad (\bmod\, p),$$

$$(10) \qquad \sum_{s=1}^{\frac{2n}{p-1}} \binom{2n-1}{sp - s - 2} \equiv -\delta_p \qquad (\bmod\, p),$$

où $\delta_p = 1$, $\delta_p = 0$, selon que p est du rang n ou non. Stern démontre directement chacune des trois congruences en question.

Tels sont ses résultats obtenus jusqu'ici en appliquant, sur les formules récursives, le théorème de von Staudt et de Th. Clausen; on a cru évidemment que les congruences ainsi obtenues représentent les propriétés caractéristiques des coefficients binomiaux.

En effet, Hermite mentionne la fonction numérique Ω_m, définie par la formule (3), dans le cas où m est un nombre impair, savoir $m = 2n + 1$, mais il existe une fonction analogue du nombre pair $m = 2n + 2$, et ces fonctions ne sont autre chose que des cas particuliers de la fonction générale

$$\sum_{r=1}^{r=\mu} \frac{M_r}{p_r}$$

qui figure au second membre de la formule (4) du paragraphe précédent, pourvu que les conditions indiquées dans le théorème II soient remplies.

Lipschitz donne le cas particulier de notre théorème général I du paragraphe précédent, qui correspond à la formule (4) d'Hermite.

De plus, on dit que cette même formule d'Hermite soit une formule récursive pour les nombres entiers A_n, quoique notre formule générale (4) du paragraphe précédent ait précisément la même propriété, et en considérant les formules récursives que nous venons de développer pour les B_n, nous verrons que la plupart de ces formules satisfont aux conditions susdites.

Cela posé, il est évident que l'application du théorème de von Staudt et de Th. Clausen sur de telles formules récursives ne donne pas des propriétés caractéristiques des nombres entiers A_n, mais des propriétés communes des coefficients qui figurent dans les formules récursives susdites.

LXXXVII. — Sur les coefficients de factorielle.

Nous avons encore à étudier les deux formules (11) et (12) du paragraphe LXXIX, savoir

$$(1) \qquad \frac{n-r+1}{n+1} C_{n+1}^r - C_n^r - \frac{n-r+1}{2} C_n^{r-1}$$

$$= \sum_{s=1}^{\leqq \frac{r}{2}} (-1)^{s-1} \binom{n-r+2s}{2s} C_n^{r-2s} B_s,$$

$$(2) \qquad \frac{(n-1)!\,(n-1)}{2n+2} = \sum_{s=1}^{\leqq \frac{n}{2}} (-1)^{s-1} C_n^{n-2s} B_s,$$

où il faut supposer, dans (1), $2 \leqq r \leqq n-1$; il est évident que les premiers membres de ces deux formules ne satisfont pas aux conditions indiquées dans le théorème II du paragraphe LXXXV.

Étudions tout d'abord la formule (1); soit $p = 2q + 1 \leqq r+1$ un nombre premier impair qui ne divise pas $n+1$, nous aurons la congruence

$$(3) \qquad \sum_{s=1}^{\leqq \frac{r}{2q}} \binom{n-r+2s}{2qs} C_n^{r-2qs} \equiv 0 \quad (\operatorname{mod} p), \qquad 2 \leqq r \leqq n-1.$$

Soit maintenant $n+1$ un nombre composé et soit

$$p_1 p_2 p_3 \ldots p_\mu$$

l'ensemble des nombres premiers qui divisent $n+1$ et qui sont égaux à $r+1$ au plus, nous verrons, en vertu du théorème de von

Staudt et de Th. Clausen, que le produit

$$(4) \qquad p_1 p_2 p_3 \cdots p_\mu \frac{n-r+1}{n+1} C_{n+1}^r, \qquad 2 \leqq r \leqq n-1$$

est toujours un nombre entier.

Soit enfin $n+1 = p$ un nombre premier, nous aurons par conséquent la congruence de Lagrange

$$(5) \qquad C_p^r \equiv 0 \quad (\mathrm{mod}\, p), \qquad 1 \leqq r \leqq p-2.$$

Quant à la formule (2), la congruence qui correspond à (3) deviendra

$$(6) \qquad \sum_{s=1}^{\leqq \frac{n}{2q}} C_n^{n-2qs} \equiv 0 \qquad (\mathrm{mod}\, p),$$

où le nombre premier $p = 2q + 1 \leqq n + 1$ ne divise pas $n + 1$; on voit que l'expression correspondante (4) ne dit rien dans ce cas, tandis que l'hypothèse $n + 1$ égal au nombre premier p donnera, en vertu du théorème de von Staudt et de Th. Clausen, celui de Wilson, car le dernier terme qui figure au second membre est le seul dont le dénominateur soit divisible par p.

CHAPITRE XIX.

LXXXVIII. — Formules fondamentales.

Soit $p = 2m + 1$ un nombre premier impair quelconque, et soit a un positif entier non divisible par p, le théorème de Fermat s'écrira sous la forme suivante :

$$(1) \qquad a^{p-1} - 1 = 1 + p\,k(a),$$

où $k(a)$, le quotient de Fermat, est, pour $a > 1$, un positif entier, tandis que nous aurons

$$(2) \qquad k(1) = 0.$$

Il est bien connu que les quotients de Fermat possèdent des propriétés analogues à celles des indices ou même des logarithmes.

En effet, remplaçons, dans (1), le positif entier b non divisible par p, puis multiplions les deux équations ainsi obtenues, nous aurons immédiatement

$$(3) \qquad k(ab) = k(a) + k(b) \qquad (\mathrm{mod}\,p).$$

Soient ensuite, dans la congruence,

$$ax \equiv b \qquad (\mathrm{mod}\,p),$$

a et b premiers avec p, nous écrivons aussi

$$x \equiv \frac{b}{a} \qquad (\mathrm{mod}\,p),$$

ce qui donnera, en vertu de (3),

$$(4) \qquad k\left(\frac{b}{a}\right) = k(b) - k(a) \qquad (\mathrm{mod}\,p).$$

Disons, pour abréger, que la fraction

$$\frac{a}{b}$$

est première avec p, pourvu que ni a ni b ne soient divisibles par p, nous aurons le théorème suivant :

I. *Soient a_1, a_2, a_3, ..., a_r des nombres rationnels premiers avec p, tels que*

$$(5) \qquad a_1 a_2 a_3 \ldots a_r \equiv \pm 1 \qquad (\operatorname{mod} p),$$

puis posons

$$(6) \qquad a_1 a_2 a_3 \ldots a_r = \pm (1 - p\mathrm{A}),$$

nous aurons toujours

$$(7) \qquad \mathrm{A} \equiv \sum_{s=1}^{s=r} k(a_r) \qquad (\operatorname{mod} p).$$

En effet, la formule (6) donnera

$$(a_1 a_2 a_3 \ldots a_r)^{p-1} \equiv 1 - (p-1) p \mathrm{A} + p^2 k,$$

tandis que nous aurons, en vertu de (1),

$$(a_1 a_2 a_3 \ldots a_r)^{p-1} \equiv 1 + p \sum_{s=1}^{r=p} k(a_s) + p^2 k',$$

ce qui nous conduira immédiatement à la congruence (7).

Choisissons, par exemple, de l'ensemble

$$1, \quad 2, \quad 3, \quad \ldots, \quad p-1$$

$2r$ nombres différents

$$(8) \qquad \begin{cases} a_1, & a_2, & \ldots, & a_r, \\ b_1, & b_2, & \ldots, & b_r, \end{cases}$$

de sorte que nous aurons, pour $1 \leqq s \leqq r$,

$$(9) \qquad a_s + b_s = p;$$

l'identité évidente

$$(10) \qquad a_1 a_2 a_3 \ldots a_r = (p - b_1)(p - b_2) \ldots (p - b_r)$$

donnera

$$(11) \qquad \frac{a_1 a_2 a_3 \dots a_r}{b_1 b_2 b_3 \dots b_r} \equiv (-1)^r \qquad (\operatorname{mod} p).$$

Posons ensuite

$$(12) \qquad \frac{a_1 a_2 a_3 \dots a_r}{b_1 b_2 b_3 \dots b_r} = (-1)^r (1 - p\Lambda),$$

nous aurons, en vertu de (10),

$$(13) \qquad \Lambda \equiv \frac{1}{b_1} + \frac{1}{b_2} + \dots + \frac{1}{b_r} \qquad (\operatorname{mod} p),$$

tandis que le théorème I donnera de même

$$(14) \qquad \Lambda = \sum_{s=1}^{s=r} k(a_s) - \sum_{s=1}^{s=r} k(b_s).$$

Ces remarques faites, nous avons à mentionner quelques relations intéressantes entre les quotients de Fermat et d'autres nombres essentiels.

LXXXIX. — Les quotients d'Euler et de Sylvester.

Remarquons que le théorème de Fermat se présente sous la forme suivante :

$$(a^m + 1)(a^m - 1) \equiv 0 \qquad (\operatorname{mod} p), \qquad p = 2m + 1 ;$$

il est évident que le positif entier a, non divisible par p, satisfait à une des deux autres congruences

$$(1) \qquad a^{\frac{p-1}{2}} \equiv \pm 1 \qquad (\operatorname{mod} p).$$

Posons maintenant, d'après Legendre,

$$(2) \qquad a^{\frac{p-1}{2}} \equiv \left(\frac{a}{p}\right) \qquad (\operatorname{mod} p),$$

nous aurons, par conséquent,

$$\left(\frac{a}{p}\right) = \pm 1.$$

Posons ensuite, conformément à la congruence (2),

$$(3) \qquad a^{\frac{p-1}{2}} = \left(\frac{a}{p}\right)[1 + p\,k_1(a)];$$

il est évident que $k_1(a)$, le quotient d'Euler, est un nombre entier, et nous aurons, en vertu de (1),

$$a^{p-1} = 1 + 2p\,k_1(a) + p^2\,k_1^2(a),$$

ce qui donnera la congruence bien connue (¹)

$$(4) \qquad k(a) \equiv 2k_1(a) \qquad (\mathrm{mod}\,p).$$

Soit en second lieu a un positif entier quelconque, le théorème de Sylvester, savoir la formule (10) du paragraphe LXI, montre que l'expression

$$(5) \qquad \frac{a^{2m}(a^{2m}-1)\mathrm{B}_m}{2m} = k_2(a)$$

est un nombre entier; nous désignons ce nombre $k_2(a)$ comme le quotient de Sylvester.

Soit maintenant

$$\lambda_1, \quad \lambda_2, \quad \lambda_3, \quad \ldots, \quad \lambda_\nu$$

l'ensemble des nombres premiers du rang m; l'expression

$$\frac{a^{2m}(a^{2m}-1)}{2\lambda_1\lambda_2\ldots\lambda_\nu}$$

est, en vertu du théorème de Fermat, un nombre entier.

Soit ensuite $2m+1 = p$ un nombre premier, tandis que a ne soit pas divisible par p, nous aurons, en vertu du théorème de von Staudt et de Th. Clausen,

$$(-1)^m a^{2m}(2^{2m}-1)\mathrm{B}_m \equiv \frac{a^{2m}(a^{2m}-1)}{p} \qquad (\mathrm{mod}\,p),$$

ce qui donnera immédiatement, en vertu de (5),

$$(6) \qquad k(a) \equiv (-1)^{m-1} k_2(a) \quad (\mathrm{mod}\,p), \qquad p = 2m+1,$$

______

(¹) *Voir* le beau Mémoire de M. Lerch (*Mathematische Annalen*, t. 60, 1905, p. 479).

c'est-à-dire que nous avons démontré le théorème :

I. *Désignons par* $p = 2m + 1$ *un nombre premier impair quelconque, par a un positif entier qui n'est pas divisible par p, les quotients de Fermat* $k(a)$, *d'Euler* $k_1(a)$ *et de Sylvester* $k_2(a)$ *sont liés par les congruences*

$$(7) \qquad k(a) \equiv 2 k_1(a) \equiv (-1)^{m-1} k_2(a) \qquad (\mathrm{mod}\, p).$$

Soit particulièrement $a = 2$, nous aurons, en vertu de la formule (2) du paragraphe XVI,

$$(8) \qquad k_2(2) = \frac{2^{2m}(2^{2m} - 1)\mathrm{B}_m}{2m} = \mathrm{T}_m,$$

où T_m est le $m^{\text{ième}}$ coefficient des tangentes, ce qui donnera, en vertu de (7),

$$(9) \qquad k(2) \equiv 2 k_1(2) \equiv (-1)^{m-1} \mathrm{T}_m \qquad (\mathrm{mod}\, p).$$

Revenons maintenant à la congruence (2), savoir

$$\left(\frac{a}{p}\right) \equiv a^m,$$

puis remarquons que la formule (4) donnera

$$a^{3m} = \left(\frac{a}{p}\right) [1 + 3p\, k_1(a) + 3p^2\, k_1^2(a) + p^3\, k_1^3(a)],$$

il résulte, en vertu de (4),

$$(10) \qquad 2\left(\frac{a}{p}\right) \equiv 3 a^m - a^{3m} \qquad (\mathrm{mod}\, p^2).$$

Nous aurons de même

$$(11) \qquad 8\left(\frac{a}{p}\right) \equiv 15 a^m - 10 a^{3m} + 3 a^{5m} \qquad (\mathrm{mod}\, p^3),$$

et ainsi de suite.

XC. — Expressions explicites de première espèce.

La définition des quotients de Fermat nous permet de transformer les deux nombres

$$(1) \qquad \mathscr{A}_{p-1}^{n} = \sum_{s=0}^{s=p-} (-1)^s \binom{p-1}{s} (p-s-1)^n,$$

$$(2) \qquad A_{p-1}^{n} = \sum_{s=0}^{s=p-1} \binom{p-1}{s} (p-s-1)^n,$$

que nous avons appliqués plusieurs fois dans nos recherches précédentes.

En effet, soit p un nombre entier impair, tandis que le positif
entier a n'est pas divisible par p, nous aurons, en vertu de la définition du quotient de Fermat,

$$(3) \qquad p a^n k(a) = a^{n+p-1} - a^n,$$

ce qui donnera en vertu des définitions (1) et (2),

$$(4) \qquad p \sum_{s=0}^{s=p-2} (-1)^s \binom{p-1}{s} (p-s-1)^n k(p-s-1) = \mathscr{A}_{p-1}^{n+p-1} - \mathscr{A}_{p-1}^{n},$$

$$(5) \qquad p \sum_{s=0}^{s=p-2} \binom{p-1}{s} (p-s-1)^n k(p-s-1) = A_{p-1}^{n+p-1} - A_{p-1}^{n},$$

d'où, particulièrement pour $n = 0$,

$$(6) \qquad p \sum_{s=0}^{s=p-2} (-1)^s \binom{p-1}{s} k(p-s-1) = (p-1)! + 1,$$

$$(7) \qquad p \sum_{s=0}^{s=p-2} \binom{p-1}{s} k(p-s-1) = A_{p}^{p-1} - p\, k(2),$$

car nous aurons

$$\mathscr{A}_{p-1}^{0} = (-1)^p, \qquad \mathscr{A}_{p-1}^{p-1} = (p-1)!,$$
$$A_{p-1}^{0} = 2^{p-1} - 1 = p\, k(2).$$

Cela posé, nous aurons les deux congruences

$$(8) \qquad (p-1)! + 1 \equiv 0 \pmod p, \qquad A_{p-1}^{p-1} \equiv 0 \pmod p.$$

dont la première n'est autre chose que le théorème de Wilson; c'est-à-dire que nous venons de donner une nouvelle démonstration de ce célèbre théorème.

Posons maintenant, pour abréger,

$$(9) \qquad (p-1)! + 1 = p\,W_p, \qquad A_{p-1}^{p-1} = p\,W'_p,$$

où W_p n'est autre chose que le quotient de Wilson, les formules (6) et (7) donnent immédiatement les expressions explicites

$$(10) \qquad W_p = \sum_{s=0}^{s=p-2} (-1)^s \binom{p-1}{s} k(p-s-1),$$

$$(11) \qquad W'_p = k(2) + \sum_{s=0}^{s=p-2} \binom{p-1}{s} k(p-s-1).$$

Appliquons ensuite les congruences évidentes

$$\binom{p-1}{s} \equiv (-1)^s \pmod p,$$

nous aurons de plus

$$(12) \qquad W_p \equiv \sum_{s=0}^{s=p-2} k(p-s-1) \pmod p,$$

$$(13) \qquad W'_p \equiv k(2) + \sum_{s=0}^{s=p-2} (-1)^s k(p-s-1) \pmod p;$$

la première de ces congruences est due à M. Lerch [1].

Quant à la première des congruences susdites, posons, en vertu de la formule (12) du paragraphe LXXXVIII,

$$(14) \qquad \frac{2.4.6\ldots(p-1)}{1.3.5\ldots(p-2)} = (-1)^m(1-p w_p) \qquad (p = 2m+1),$$

---

[1] *Mathematische Annalen*, t. 60, 1905, p. 472.

nous aurons, par conséquent,

$$(15) \qquad w_p \equiv \frac{1}{1} + \frac{1}{2} + \frac{1}{3} + \ldots + \frac{1}{p-2} \qquad (\bmod\, p),$$

$$(16) \qquad w_p \equiv \sum_{s=0}^{s=p-2} (-1)^s\, k(p-s-1) \qquad (\bmod\, p),$$

ce qui donnera, en vertu de (13),

$$(17) \qquad W'_p \equiv w_p + k(2) \qquad (\bmod\, p).$$

Pour trouver maintenant une expression explicite du quotient de Fermat $k\,(a)$, nous avons à appliquer la formule *eulérienne* (1) du paragraphe LIX, savoir

$$a^p - a = \sum_{r=1}^{r=p-1} \binom{p}{r} S_{p-r}(a-1) = ap\, k(a),$$

ce qui donnera le résultat bien connu

$$(18) \qquad a\, k(a) = \sum_{r=1}^{r=p-1} \frac{1}{r} \binom{p-1}{r-1} S_{p-r}(a-1),$$

d'où, particulièrement pour $a = 2$,

$$(19) \qquad 2\, k(2) = \sum_{r=1}^{r=p-1} \frac{1}{r} \binom{p-1}{r-1}.$$

Introduisons ensuite, dans (10), au lieu des $k(p-s-1)$, les expressions correspondantes tirées de (18), nous aurons une expression explicite, mais très compliquée, pour le quotient de Wilson.

Remarquons que les formules (18) et (19) donnent les congruences

$$(20) \qquad a\, k(a) \equiv \sum_{r=1}^{r=p-1} \frac{(-1)^{r-1}}{r} S_{p-r}(a-1) \qquad (\bmod\, p),$$

$$(21) \qquad 2\, k(2) \equiv \sum_{r=1}^{r=p-1} \frac{(-1)^{r-1}}{r} \qquad (\bmod\, p),$$

dont la dernière est due à Eisenstein (1).

____

(1) *Berliner Monatsberichte*, 1850, p. 71.

Appliquons encore l'identité évidente

$$\frac{1}{a} + \frac{1}{p-a} = \frac{p}{a(p-a)},$$

nous aurons

$$(22) \qquad \frac{1}{1} + \frac{1}{2} + \frac{1}{3} + \ldots + \frac{1}{p-1} \equiv 0 \qquad (\bmod\, p),$$

ce qui donnera, en vertu de (21), le résultat bien connu

$$(23) \qquad k(2) \equiv \frac{1}{1} + \frac{1}{3} + \frac{1}{5} + \ldots + \frac{1}{p-2} \qquad (\bmod\, p),$$

de sorte que nous aurons, en appliquant les congruences (11), (15) et (17), les résultats suivants :

$$(24) \qquad W_p \equiv k(2) \quad (\bmod\, p), \qquad W'_p \equiv 2\,k(2) \quad (\bmod\, p),$$

$$(25) \qquad \sum_{q=3}^{q=p-1} (-1)^s k(s) \equiv 0 \qquad (\bmod\, p).$$

Posons enfin $p = 2m+1$, nous aurons de plus, en vertu de la congruence (9) du paragraphe LXXXIX,

$$(26) \qquad W'_p \equiv (-1)^{m-1}\,2\,T_m \quad (\bmod\, p). \qquad (p = 2m+1),$$

ou, ce qui est la même chose,

$$(27) \qquad \frac{1}{p}\,A_{p-1}^p \equiv (-1)^{m-1}\,2\,T_m \qquad (\bmod\, p).$$

de sorte que nous aurons, en vertu de la congruence (16) du paragraphe LXXI, le résultat curieux

$$(28) \qquad \frac{1}{p}\,A_p^{p-1} \equiv \frac{1}{p}\,A_{p-1}^p \qquad (\bmod\, p).$$

XCI. — Expressions explicites de seconde espèce.

Revenons maintenant à la formule de Bernoulli

$$S_{2n}(a-1) = \frac{a^p}{p} - \frac{a^{p-1}}{2} + \sum_{s=1}^{s=n} \frac{(-1)^{s-1} B_s}{2s} \binom{2n}{2s-1} B_s a^{p-2s},$$

où $p = 2n+1$ est un nombre premier, puis appliquons la définition du quotient de Fermat et la congruence évidente

$$\binom{2n}{2s-1} \equiv -1 \qquad (\operatorname{mod} p),$$

nous aurons, après une réduction simple,

$$(1) \quad k(a) \equiv -\frac{1}{2a} + (-1)^n B_n - \frac{1}{p} + 1 + \sum_{s=1}^{s=n-1} \frac{(-1)^{s-1} B_s\, a^{2n-2s}}{2s} \qquad (\operatorname{mod} p).$$

Appliquons ensuite la congruence (6) du paragraphe LXVIII, savoir

$$-\frac{1}{2} + \frac{1}{p} + (-1)^{n-1} B_n \equiv \sum_{s=1}^{s=n-1} \frac{(-1)^{s-1} B_s}{2s} \qquad (\operatorname{mod} p),$$

il résulte finalement

$$(2) \qquad k(a) \equiv \frac{a-1}{2a} + \sum_{s=1}^{s=n-1} \frac{(-1)^{s-1} B_s}{2s}\,(a^{2n-2s} - 1) \qquad (\operatorname{mod} p);$$

cette congruence, nouvelle je le crois, est entièrement différente de la formule (20) du paragraphe précédent.

Soit particulièrement $a = 2$, la formule (2) donnera, en vertu de la congruence (21) du paragraphe précédent,

$$(3) \quad \sum_{r=1}^{r=p-1} \frac{(-1)^{r-1}}{r} \equiv -\frac{1}{2} + \sum_{s=1}^{s=n-1} \frac{(-1)^{s-1} B_s}{2s}\,(2^{2n-2s} - 1) \qquad (\operatorname{mod} p),$$

congruence que je n'ai pas réussi à démontrer directement.

Remarquons que la formule (1) se présente aussi dans cette autre forme :

$$(4) \qquad k(a) \equiv -\frac{1}{2a} - W_p + \sum_{s=1}^{s=n-1} \frac{(-1)^{s-1} B_s\, a^{2n-2s}}{2s} \qquad (\operatorname{mod} p),$$

où W_p est le quotient de Wilson, il résulte, pour $a = 2$,

$$(5) \quad \frac{1}{2}\sum_{r=1}^{r=p-1} \frac{(-1)^{r-1}}{r} \equiv -\frac{1}{4} - W_p + \sum_{s=1}^{s=n-1} \frac{(-1)^{s-1} B_s\, 2^{2n-2s}}{2s} \qquad (\operatorname{mod} p).$$

Étudions maintenant à un autre point de vue le problème qui nous occupe ici.

A cet effet, nous prenons pour point de départ la formule (1) du paragraphe LXXX, savoir

$$\omega_{p-1}(a+1) - (a^{p-1}-1) = C_p^1 a^{p-2} + C_p^2 a^{p-3} + \ldots + C_p^{p-1}a + [1 + (p-1)!],$$

que nous écrivons sous la forme

$$\omega_{p-1}(a+1) - p\,k(a) = C_p^1 a^{p-2} + C_p^2 a^{p-3} + \ldots + C_p^{p-1}a + p\,\mathrm{W}_p;$$

posons ensuite, dans cette formule, successivement,

$$(6) \qquad\qquad a = 1, 2, 3, \ldots, p-1,$$

puis ajoutons toutes les équations ainsi obtenues; il résulte

$$(7) \quad \frac{1}{p}[\omega_p(p) - p!] - p\mathrm{K}_p = \sum_{r=1}^{r=p-2} C_p^r S_{2n-r}(p-1) + p(p-1)\mathrm{W}_p,$$

où nous avons posé, pour abréger,

$$(8) \qquad \mathrm{K}_p = k(1) + k(2) + k(3) + \ldots + k(p-1).$$

Or, en introduisant, successivement dans (4), les valeurs (6), on aura, en ajoutant toutes les formules ainsi obtenues,

$$(9) \qquad\qquad \mathrm{W}_p \equiv \mathrm{K}_p \qquad (\bmod p),$$

savoir la formule (12) du paragraphe XC.

Cela posé, remarquons que la formule (7) s'écrira aussi sous cette autre forme :

$$\sum_{r=0}^{r=p-2} C_p^r p^{2n-r} - p\,\mathrm{K}_p = \sum_{r=1}^{r=p-2} C_p^r S_{2n-r}(p-1) + p(p-1)\mathrm{W}_p,$$

nous aurons

$$\frac{1}{p}(\mathrm{W}_p - \mathrm{K}_p) \equiv \mathrm{W}_p + \frac{1}{p^2}\sum_{r=1}^{r=p-1} C_p^r S_{2n-r}(p-1) \qquad (\bmod p),$$

ou, ce qui est la même chose,

$$\frac{1}{p}(\mathrm{W}_p - \mathrm{K}_p) \equiv \mathrm{W}_p + \frac{1}{p^2}\sum_{r=1}^{r=n-1} C_p^{2r} S_{2n-2r}(p-1) \qquad (\bmod p);$$

appliquons ensuite les congruences modulo p

$$\frac{1}{p}C_{p}^{r} \equiv \frac{(-1)^{r-1}B_r}{2r}, \qquad \frac{1}{p}S_{p}^{n-2r}(p-1) \equiv (-1)^{n-r-1}B_r,$$

il résulte finalement

$$(10) \qquad \frac{1}{p}(W_p - K_p) \equiv W_p + (-1)^n \sum_{r=1}^{r=n-1} \frac{B_r B_{n-r}}{2r} \qquad (\bmod\, p).$$

Revenons maintenant à la congruence (2), elle se rattache évidemment à un problème proposé par Abel [1] :

Le nombre $a^{p-1} - 1$ peut-il être divisible par p^2, p étant un nombre premier et a un entier moindre que p et plus grand que l'unité ?

On sait que Jacobi [2] a communiqué des solutions du problème susdit, par exemple,

$$p = 11, \qquad a = 3, \qquad a = 9,$$
$$p = 29, \qquad a = 14,$$
$$p = 37, \qquad a = 18.$$

Quant au problème général, nous aurons la proposition suivante :

1. *La condition suffisante et nécessaire pour l'existence de la congruence*

$$(11) \qquad\qquad a^{p-1} \equiv 1 \qquad (\bmod\, p^2),$$

où p est un nombre premier qui ne divise pas a, est représentée par cette autre congruence :

$$(12) \qquad \frac{1-a}{2a} \equiv \sum_{s=1}^{s=n-1} \frac{(-1)^{s-1}B_s}{2s}(a^{2n-2s} - 1) \qquad (\bmod\, p).$$

---

[1] *Journal de Crelle*, t. 3, 1828, p. 212; *Œuvres*, t. I, p. 619.
[2] *Journal de Crelle*, t. 3, 1828, p. 301-302; *Werke*, t. VI, p. 238-239.

XCII. — Détermination des sommes diverses

Posons dans la formule

$$(1) \qquad a^n k(a) = \frac{a^{n+2m} - a^n}{p} \qquad (p = 2m + 1),$$

où n désigne un entier non négatif, successivement

$$a = 1, 2, 3, \ldots, p - 1,$$

puis ajoutons toutes les équations ainsi obtenues, nous aurons

$$(2) \qquad \sum_{a=1}^{a=p-1} a^n k(a) = \frac{S_{n+2m}(p-1) - S_n(p-1)}{p}.$$

Soit tout d'abord $n = 0$, nous aurons la congruence, déjà trouvée dans le paragraph. précédent,

$$(3) \qquad \sum_{r=1}^{r=p-1} k(r) \equiv (-1)^{m-1} B_m + \frac{1}{p} - 1 \qquad (\bmod p),$$

tandis que l'hypothèse $n = 1$ donnera de même

$$(4) \qquad \sum_{r=1}^{r=p-1} r\, k(r) \equiv \frac{1}{2} \qquad (\bmod p);$$

ces deux congruences sont dues à M. Lerch ([1]).

Soit maintenant, dans (2), n un nombre pair, nous remplaçons n par $2n$, ce qui donnera, en vertu de la formule (11) du paragraphe LXVII,

$$(5) \qquad \sum_{r=1}^{r=p-1} r^{2n} k(r) \equiv \frac{(-1)^n B_n}{2n} \qquad (\bmod p).$$

Remplaçons, au contraire, dans (2), n par $2n + 1$, il résulte

$$(6) \qquad \sum_{r=1}^{r=p-1} r^{2n+1} k(r) \equiv 0 \qquad (\bmod p);$$

([1]) *Mathematische Annalen*, t. 60, 1905, p. 477.

appliquons ensuite de nouveau la congruence (11) du paragraphe LXVII, un calcul simple donnera

$$(7) \qquad \frac{1}{p} \sum_{r=1}^{r=p-1} r^{2n+1} k(r) \equiv (-1)^n B_n \qquad (\bmod\, p).$$

C'est un fait digne d'attention, ce me semble, que les seconds membres des formules (5) et (7) sont indépendants du nombre premier p.

Revenons maintenant à la formule (1), nous aurons de même

$$(8) \qquad \sum_{r=1}^{r=p-1} (-1)^r r^n k(r) = \frac{\sigma_{n+2m}(p-1) - \sigma_n(p-1)}{p}.$$

Or, $\sigma_{2n+1}(p-1)$ n'étant pas généralement divisible par p, nous nous bornerons à l'étude du cas où n est un nombre pair, et nous remplaçons n par $2n$, de sorte que nous avons à appliquer la formule (10) du paragraphe LXIII, due à Euler,

$$(9) \qquad \sigma_{2n}(p-1) = \frac{p^{2n}}{2} + \sum_{r=1}^{r=n} \frac{(-1)^{r2}}{2^{2r}} \binom{2n}{2r-1} T_r p^{2n-2r+1}.$$

Soit tout d'abord $n = 0$, nous aurons à poser

$$\sigma_0(p-1) = 0,$$

ce qui donnera

$$(10) \qquad \sum_{r=1}^{r=p-1} (-1)^r k(r) \equiv \frac{(-1)^m 2m\, T_m}{2^{2m}} \qquad (\bmod\, p^2),$$

ou, ce qui est la même chose,

$$(11) \qquad \sum_{r=1}^{r=p-1} (-1)^r k(r) \equiv k(2) \qquad (\bmod\, p),$$

de sorte que nous aurons une nouvelle démonstration de la formule (25) du paragraphe XC, savoir

$$(12) \qquad \sum_{r=1}^{r=p-1} (-1)^r k(r) \equiv 0 \qquad (\bmod\, p).$$

Quant à la formule générale (8), posons, dans la congruence (1) du paragraphe LXVI, $r = 1$, il résulte, en vertu de (9),

$$(13) \qquad \sum_{r=1}^{r=p-1} (-1)^r r^{4n} k(r) \equiv \frac{(-1)^{n-1} T_n}{2^{4n}} \qquad (\mathrm{mod}\, p);$$

c'est une chose digne de remarque, ce me semble, que le second membre de cette congruence est indépendant du nombre premier p.

Étudions maintenant des sommes contenant les symboles de Legendre :

$$\left(\frac{a}{p}\right) \equiv a^m \qquad (\mathrm{mod}\, p),$$

nous aurons tout d'abord

$$a^n \left(\frac{a}{p}\right) k(a) \equiv \frac{a^{n+3m} - a^{n+m}}{p} \qquad (\mathrm{mod}\, p),$$

ce qui donnera

$$(14) \qquad \sum_{r=1}^{r=p-1} r^n \left(\frac{a}{p}\right) k(r) \equiv \frac{S_{n+3m}(p-1) - S_{n+m}(p-1)}{p} \qquad (\mathrm{mod}\, p).$$

Soit, en premier lieu, $n + m$ un nombre pair, savoir

$$n + m = 2r,$$

il résulte, en vertu de la congruence (11) du paragraphe LXVII,

$$(15) \qquad \sum_{a=1}^{a=p-1} a^n \left(\frac{a}{p}\right) k(a) \equiv \frac{(-1)^r B_r}{2r} \qquad (\mathrm{mod}\, p);$$

posons particulièrement $n = 0$, ce qui donnera $m = 2r$, $p = 4r + 1$, nous aurons, en remplaçant r par m,

$$(16) \qquad \sum_{a=1}^{a=p-1} \left(\frac{a}{p}\right) k(a) \equiv (-1)^{m-1} 2 B_m \qquad (\mathrm{mod}\, p); \qquad (p = 4m + 1);$$

cette congruence particulière est due à M. Lerch ([1]).

([1]) *Mathematische Annalen*, t. 60, 1905, p. 480.

Soit, en second lieu, $n+m$ un nombre impair, savoir

$$n+m=2r-1,$$

la formule (14) donnera

$$(17) \qquad \sum_{a=1}^{a=p-1} a^n \left(\frac{a}{p}\right) k(a) \equiv 0 \qquad (\mathrm{mod}\, p).$$

Appliquons maintenant la congruence (10) du paragraphe LXXXIX, nous aurons

$$\sum_{a=1}^{a=p-1} a^n \left(\frac{a}{p}\right) k(a) \equiv \frac{4 S_{2r+2m+1}(p-1) - 3 S_{2r+1}(p-1) - S_{2r+2m-1}(p-1)}{p}$$
$$(\mathrm{mod}\, p),$$

ce qui donnera, en vertu des congruences

$$B_{s+2m} \equiv (-1)^m 2 B_{s+m} - B_s \qquad (\mathrm{mod}\, p),$$
$$(-1)^m B_{m+n} \equiv \frac{2n-1}{2n} B_n \qquad (\mathrm{mod}\, p).$$

tirées directement des formules générales (7) et (9) du paragraphe LXVIII,

$$(18) \qquad \frac{1}{p} \sum_{a=1}^{a=p-1} a^n \left(\frac{a}{p}\right) k(a) \equiv \frac{(-1)^r (4r+1) B_r}{4r} \qquad (\mathrm{mod}\, p).$$

Posons $n=0$, ce qui donnera $m=2r+1$, $p=4r+3$, nous aurons, en remplaçant r par m,

$$(19) \qquad \frac{1}{p} \sum_{a=1}^{a=p-1} \left(\frac{a}{p}\right) k(a) \equiv \frac{(-1)^m 2}{3} B_m \qquad (\mathrm{mod}\, p); \qquad (p=4m+3).$$

Nous aurons de même

$$\sum_{a=1}^{a=p-1} (-1)^a a^n \left(\frac{a}{p}\right) k(a) \equiv \frac{\sigma_{n+2m}(p-1) - \sigma_{n+m}(p-1)}{p} \qquad (\mathrm{mod}\, p),$$

ce qui donnera, en vertu de la congruence (1) du paragraphe LXVI,
pourvu que $n + m = 2r$,

$$(20) \qquad \sum_{a=1}^{a=p-1} (-1)^a \, a^n \left(\frac{a}{p}\right) k(a) \ldots \equiv \frac{(-1)^{r-1} T_r}{2^{2r}} \qquad (\bmod\ p).$$

Soit particulièrement $n = 0$, ce qui donnera $m = 2r$, $p = 4r + 1$, nous aurons, en remplaçant r par m,

$$(21) \qquad \sum_{a=1}^{a=p-1} (-1)^a \left(\frac{a}{p}\right) k(a) \ldots \equiv - T_m \qquad (\bmod\ p); \qquad (p = 4m + 1).$$

CHAPITRE XX.

DES RÉSIDUS QUADRATIQUES.

XCIII. — Nombres des résidus dans un intervalle donné.

Soit $p = 2m + 1$ un nombre premier impair quelconque, le positif entier a, plus petit que p, est dit « résidu quadratique de p », pourvu que la congruence

$$(1) \qquad x^2 \equiv a \pmod{p}$$

ait des racines. Or, remarquons qu'un nombre carré quelconque non divisible par p donnera le même reste modulo p que donnera un des nombres

$$1^2, \quad 2^2, \quad 3^2, \quad \ldots, \quad m^2,$$

il existe évidemment précisément m résidus quadratique de p.

Appliquons la définition (1), il résulte

$$(2) \qquad a^m \equiv x^{2m} \equiv 1 \pmod{p},$$

de sorte que nous aurons, dans ce cas, en appliquant le symbole de Legendre,

$$(3) \qquad \left(\frac{a}{p}\right) = 1.$$

Supposons, au contraire, que la congruence (1) n'admette pas des racines, nous aurons par conséquent

$$(4) \qquad a^m \equiv -1 \pmod{p}$$

ou, ce qui est la même chose,

$$(5) \qquad \left(\frac{a}{p}\right) = -1;$$

dans ce cas, a est dit « non-résidu de p ».

Soit maintenant a un positif entier plus petit que p, nous désignons par $R(a)$ le nombre des résidus quadratiques de p qui se trouvent parmi les nombres

$$(6) \qquad 1, \; 2, \; 3, \; \ldots, \; a,$$

tandis que $I(a)$ est le nombre des non-résidus trouvés parmi les mêmes nombres.

Cela posé, nous aurons évidemment

$$(7) \qquad R(a) + I(a) = a,$$

tandis que les congruences (2) et (4) donnent

$$(8) \qquad R(a) - I(a) = S_m(a) \qquad (\bmod p).$$

Appliquons maintenant les formules bien connues

$$S_n(a) = n! \, [B_{n+1}(a) - B_{n+1}(0)],$$

$$B_{n+1}(x) = \sum_{s=0}^{s=n+1} \frac{(x+z)^{n-s+1}}{(n-s+1)!} B_s(-z),$$

où x et z sont des variables complexes quelconques, nous aurons, en introduisant

$$x = a, \qquad z = \frac{r}{q},$$

puis posant

$$(9) \qquad aq + r = p,$$

cette autre représentation de la somme de puissances $S_n(a)$

$$(10) \quad S_n(a) = -n! \, B_{n+1}(0) + \sum_{s=0}^{s=n+1} \frac{n! \, p^{n-s+1}}{(n-s+1)! \, q^{n-s+1}} B_s\left(-\frac{r}{q}\right).$$

Soit ensuite, dans (10), p un nombre premier impair, tandis que q et r désignent des entiers non négatifs, le théorème de von Staudt et de Th. Clausen donnera la congruence

$$(11) \qquad S_n(a) \equiv n! \left[B_{n+1}\left(-\frac{r}{q}\right) - B_{n+1}(0) \right] \qquad (\bmod p),$$

où il faut supposer $1 \leqq n \leqq p - 3$.

Cela posé, nous aurons immédiatement, en vertu de (8), le théorème :

1. *Soit $p = 2m + 1$ un nombre premier impair quelconque, et soit*

$$aq + r = p,$$

les définitions susdites de $R(a)$ *et* $I(a)$ *donnent*

$$(12) \qquad R(a) - I(a) = m!\left[B_{m+1}\left(-\frac{r}{q}\right) - B_{m+1}(0) \right] \qquad (\bmod p),$$

Désignons ensuite par a_1 un autre entier tel que $a < a_1 \leqq p - 1$, puis posons

$$a_1 q_1 + r_1 = p,$$

il est évident qu'on pourrait, en vertu du théorème susdit, déterminer les nombres des résidus ou des non-résidus parmi les nombres

$$a + 1, \quad a + 2, \quad \ldots, \quad a_1.$$

Dans ce qui suit, nous ne donnons que les applications qui permettent de déterminer, en vertu des formules numériques déduites dans le paragraphe XVI, sous forme simple le second membre de (12).

Première application : $r = q = 1$, *ce qui donnera* $a = p - 1$. — Nous aurons le résultat évident

$$(13) \qquad R(p - 1) = I(p - 1) = m.$$

Deuxième application : $q = 2$, $r = 1$, *ce qui donnera* $a = m$. — Nous avons à considérer séparément les deux cas suivants :

1° m est un nombre pair, savoir $m = 2n$, ce qui donnera $p = 4n + 1$; nous aurons le résultat évident

$$(14) \qquad R(2n) = I(2n) = n.$$

2° Soit, au contraire, m un nombre impair, savoir $m = 2n + 1$; ce qui donnera $p = 4n + 3$, nous aurons

$$(15) \quad R(2n + 1) - I(2n + 1) = \frac{(-1)^{n+1}(2^{2n+2} - 1)B_{n+1}}{(4n + 3)\,2^{2n}} \qquad (\bmod p)$$

ou, ce qui est la même chose,

$$(16) \qquad R(2n + 1) - I(2n + 1) = \frac{(-1)^{n+1}T_{n+1}}{2} \qquad (\bmod p).$$

Appliquons ensuite l'égalité

$$\left(\frac{2}{4n+3}\right) = (-1)^{n-1},$$

nous aurons pour n pair, savoir $p = 8m + 3$,

$$(17) \qquad R(4m+1) - I(4m+1) \equiv -6 B_{2m+1} \qquad (\bmod\, p),$$

tandis que l'hypothèse $p = 8m + 7$ donnera de même

$$(18) \qquad R(4m+3) - I(4m+3) \equiv 2 B_{2m+2} \qquad (\bmod\, p).$$

Ces deux résultats sont dus à Cauchy ([1]).

Troisième application : $q = 4$. — Nous aurons à étudier séparément les deux cas suivants :

1° $p = 4m + 1$, $a = m$, $r = 1$; ce qui donnera

$$(19) \qquad R(m) - I(m) \equiv \frac{(-1)^m E_m}{4} \qquad (\bmod\, p);$$

2° $p = 4m + 3$, $a = m$, $r = 3$; nous aurons dans ce cas

$$(20) \quad R(m) - I(m) \equiv (-1)^{m+1}(2^{m+2} - 1)(2^{2m+1} + 1) B_{m+1} \qquad (\bmod\, p).$$

Soit ensuite

$$m = 2n, \qquad p = 8n + 3, \qquad \left(\frac{2}{p}\right) = 1,$$

il résulte

$$(21) \qquad R(2n) - I(2n) \equiv n,$$

tandis que l'hypothèse

$$m = 2n + 1, \qquad p = 8n + 7, \qquad \left(\frac{2}{p}\right) = 1$$

donnera de même

$$(22) \qquad R(2n+1) - I(2+1) \equiv 2 B_{2n+2} \qquad (\bmod\, p).$$

Quatrième apolication : $q = 3$. — Nous avons à étudier séparément les deux cas suivants :

([1]) *Mémoires de l'Institut,* t. XVII (1830) 1840, p. 265-266, 442-443.

1° $p = 12m + 7$, $a = 4m + 2$, $r = 1$, $\left(\dfrac{3}{p}\right) = -1$; ce qui donnera

$$(23) \qquad R(4m + 2) - I(4m + 2) \equiv (-1)^m 4 B_{3m+2} \qquad (\bmod\, p);$$

2° $p = 12m + 11$, $a = 4m + 3$, $r = 2$, $\left(\dfrac{3}{p}\right) = 1$; nous aurons ici

$$(24) \qquad R(4m + 3) - I(4m + 3) \equiv (-1)^{m+1} 2 B_{3m+2} \qquad (\bmod\, p).$$

Cinquième application : $q = 6$. — Nous avons à étudier les même cas que dans l'application précédente :

1° $p = 12m + 7$, $a = 2m + 1$, $r = 1$; ce qui donnera

$$(25) \qquad R(2m + 1) - I(2m + 1) \equiv (-1)^m 2 B_{3m+2} \qquad (\bmod\, p);$$

2° $p = 12m + 11$, $a = 2m + 1$, $r = 3$; nous aurons dans ce cas

$$(26) \qquad R(2m + 1) - I(2m + 1) \equiv (-1)^{m+1} 2 B_{3m+2} \qquad (\bmod\, p).$$

XCIV. — Nombre des résidus dans une série arithmétique.

Soit $p = 2m + 1$ un nombre premier impair quelconque, et soit a un positif entier plus petit que p, nous avons à étudier les nombres $R_{a,b}$ et $I_{a,b}$ des résidus, respectivement des non-résidus de p, qui se trouvent parmi les termes de la série arithmétique

$$(1) \qquad b,\; b + a,\; b + 2a,\; \ldots,\; b + qa,$$

où il faut supposer

$$b + qa < p \qquad (1 \leqq b \leqq a).$$

Ces définitions adoptées, nous aurons tout d'abord

$$(2) \qquad R_{a,b} + I_{a,b} = q + 1;$$

posons ensuite

$$p = am + d \qquad (1 \leqq d \leqq a - 1),$$

nous avons à déterminer le positif entier c, tel que

$$(3) \qquad b + c + aq = p \qquad (0 \leqq c \leqq a - 1),$$

ce qui donnera

$$(4) \qquad \begin{cases} b + c = d, & m = q & (b \leqq d), \\ b + c = a + d, & m = q + 1 & (b > d), \end{cases}$$

Appliquons maintenant le même procédé que dans le paragraphe précédent, nous aurons ici

$$(5) \qquad R_{a,b} - I_{a,b} \equiv \sum_{s=0}^{s=q} (b + as)^m \qquad (\bmod\, p),$$

de sorte que nous avons à étudier la somme de puissances qui figure au second membre de cette congruence.

À cet effet, prenons pour point de départ les deux formules bien connues

$$B_{n+1}(x + q) = B_n(x - 1) + \frac{1}{n!} \sum_{s=0}^{s=q} (x + s)^n,$$

$$B_{n+1}(x) = \sum_{s=0}^{s=n+1} \frac{(x + s)^{n-s+1}}{(n - s + 1)!} B_s(-s);$$

posons, conformément à la formule (3),

$$x = \frac{b}{a}, \qquad s = \frac{c}{a},$$

nous aurons

$$\frac{1}{n!\, a^n} \sum_{s=0}^{s=q} (b + as)^n = -B_{n+1}\left(\frac{b-a}{a}\right) + \sum_{s=0}^{s=n+1} \frac{p^{n-s+1}}{(n-s+1)!\, a^{n-s+1}} B_s\left(-\frac{c}{a}\right),$$

ce qui donnera, en vertu du théorème de von Staudt et de Th. Clausen,

$$(6) \qquad \sum_{s=0}^{s=n} (b + sa)^n \equiv n!\, a^n \left[B_{n+1}\left(-\frac{c}{a}\right) - B_{n+1}\left(\frac{b-a}{a}\right) \right] \qquad (\bmod\, p),$$

où il faut supposer $1 \leqq n \leqq p - 3$.

Cela posé, nous aurons immédiatement, en vertu de (5), le théorème :

1. *Soient* $R_{a,b}$ *et* $I_{a,b}$ *les nombres des résidus respectivement des non-résidus parmi les termes de la série arithmétique* (1),

nous aurons avec la *définition* (3) *du positif entier* c

$$(7) \quad R_{a,b} - I_{a,b} \equiv m!\,a^m\left[B_{m+1}\left(-\frac{c}{a}\right) - B_{m+1}\left(\frac{b-a}{a}\right)\right] \quad (\bmod\,p).$$

L'analogie de ce théorème avec celui que nous venons de démontrer dans le paragraphe précédent est évidente.

Considérons tout d'abord les équations (4), puis supposons donnés les nombres a et b, nous aurons à choisir un autre positif entier b_1, tel que

$$(8) \qquad b + b_1 = d \qquad \text{ou} \qquad b + b_1 = a + d,$$

selon que $b < d$ ou $b \geqq d$.

Cela posé, la formule (7) donnera, en vertu de l'équation fonctionnelle de Jacobi,

$$(9) \qquad R_{a,b} - I_{a,b} = (-1)^m (R_{a,b_1} - I_{a,b_1}),$$

résultat qui est évident du reste.

Soit maintenant d un nombre pair, savoir $d = 2\delta$, ce qui exige a impair; soit ensuite $a + d = 2\delta$, ce qui exige aussi a impair; nous aurons en posant, dans (8), $b = b_1 = \delta$,

$$(10) \quad \begin{cases} R_{a,\delta} = I_{a,\delta}, & p = 4m + 3, \\[2mm] R_{a,\delta} - I_{a,\delta} \equiv 2m)!\,2a^{2m} B_{2m+1}\left(-\dfrac{\delta}{a}\right) \quad (\bmod\,p), & (p = 4m + 1); \end{cases}$$

le premier de ces deux résultats est évident aussi.

Dans les applications suivantes, nous nous bornons à l'étude des cas particuliers, dont les résultats se présentent sous forme simple.

Première application : $a = 2$. — Nous avons à étudier séparément les deux cas :

1° $p = 4m + 1$; nous aurons les résultats évidents

$$(11) \qquad\qquad R_{2,1} = I_{2,1} = m, \qquad R_{2,2} = I_{2,2} = m;$$

2° $p = 4m + 3$; dans ce cas, nous trouvons

$$(12) \quad \begin{cases} R_{2,1} - I_{2,1} = I_{2,2} - R_{2,2}, \\[2mm] R_{2,1} - I_{2,1} \equiv \dfrac{(-1)^m(2^{2m+1} - 1)B_{m+1}}{2m + 2} \end{cases} \quad (\bmod\,p),$$

ce qui donnera finalement

$$(13)\quad\begin{cases} R_{3,1} - I_{3,1} \equiv -6\,B_{4m+1} & (\mathrm{mod}\,p), \quad (p = 8m+3),\\ R_{6,1} - I_{3,1} \equiv -2\,B_{4m+2} & (\mathrm{mod}\,p), \quad (p = 8m+7), \end{cases}$$

Deuxième application : a = 1. — 1° Soit $p = 4m + 1$, nous aurons

$$(14)\quad\begin{cases} R_{1,1} - I_{1,1} = R_{4,1} - I_{4,1}, \qquad R_{1,3} = I_{1,3} = R_{4,1} - I_{4,4}\\ R_{1,1} - I_{1,1} = I_{1,3} - R_{4,3} \equiv \dfrac{1 - 1^{m}}{4}\,K_{m} \qquad (\mathrm{mod}\,p); \end{cases}$$

2° Soit $p = 4m + 3$, nous aurons de même

$$R_{1,2} - I_{1,2} = I_{1,2} - R_{4,2}, \qquad R_{1,3} - I_{1,3} = I_{1,1} - R_{4,1},$$
$$R_{1,3} - I_{1,3} \equiv (-1)^m(2^{2m+1} - 1)(2^{2m+2} + 2)B_{m+1} \qquad (\mathrm{mod}\,p),$$
$$R_{1,1} - I_{1,1} \equiv (-1)^m(2^{2m+1} - 1)(2^{2m+1} - 2)B_{m+1} \qquad (\mathrm{mod}\,p),$$

ce qui donnera, pour $p = 8m + 3$,

$$(15)\quad\begin{cases} R_{1,2} = I_{1,2},\\ R_{0,1} - I_{1,1} \equiv 12\,B_{2m+1} \qquad (\mathrm{mod}\,p), \end{cases}$$

tandis que nous aurons, pour $p = 8m + 7$,

$$(16)\quad\begin{cases} R_{1,2} - I_{1,2} \equiv -4\,B_{2m+2} \qquad (\mathrm{mod}\,p),\\ R_{1,1} = I_{1,1}. \end{cases}$$

Troisième application : a = 3. — 1° L'hypothèse $p = 12m = 7$ donnera

$$(17)\quad\begin{cases} R_{3,2} - I_{3,2} = 2m + 1,\\ R_{3,1} - I_{3,1} = I_{3,3} - R_{3,3},\\ R_{3,1} - I_{3,1} \equiv -4\,B_{3m+2} \qquad (\mathrm{mod}\,p); \end{cases}$$

2° Soit ensuite $p = 12m + 11$, nous aurons de même

$$(18)\quad\begin{cases} R_{3,1} = I_{3,1},\\ R_{3,2} - I_{3,2} = I_{3,3} - R_{3,3},\\ R_{3,2} - I_{3,2} \equiv (-1)^m\,2\,B_{3m+2} \qquad (\mathrm{mod}\,p). \end{cases}$$

Quatrième application : a = 6. — 1° $p = 12m + 7$; dans ce cas nous avons

$$R_{6,1} - I_{6,1} = I_{6,6} - R_{6,6}, \qquad R_{6,2} - I_{6,2} = I_{6,5} - R_{6,3},$$
$$R_{6,3} - I_{6,3} = I_{6,4} - R_{6,4};$$

de plus, nous trouvons

$$(19) \quad \begin{cases} R_{8,1} - I_{8,1} \equiv (-1)^m 2 B_{2m+2} & (\bmod\, p), \\ R_{8,2} - I_{8,2} \equiv 2[2^m - (-1)^m] B_{2m+2} & (\bmod\, p), \\ R_{8,3} - I_{8,3} \equiv (-1)^{m+1} 2 B_{2m+2} & (\bmod\, p); \end{cases}$$

2° L'hypothèse $p = 12m = 11$ donnera

$$(20) \quad \begin{cases} R_{8,1} = I_{8,1}, \quad R_{8,4} = I_{8,4}, \\ R_{8,2} - I_{8,2} = I_{8,3} - R_{8,3} \cdots \equiv 2[1 + (-1)^m] B_{3m+2} & (\bmod\, p), \\ R_{8,3} - I_{8,3} = I_{8,6} - R_{8,6} \cdots \equiv 2[1 + (-1)^m] B_{3m+2} & (\bmod\, p). \end{cases}$$

Cinquième application : $a = 12$. — 1° Soit $p = 12m + 7$, nous trouvons

$$(21) \quad R_{12,3} - I_{12,3} = I_{12,4} - R_{12,4} \equiv (-1)^{m+1} 2 B_{3m+2} \quad (\bmod\, p);$$

2° L'hypothèse $p = 12m + 11$ donnera de même

$$(22) \quad \begin{cases} R_{12,3} - I_{12,3} = I_{12,9} - R_{12,9} \equiv (-1)^{m+1} 4 B_{3m+2} & (\bmod\, p), \\ R_{12,2} - I_{12,2} = I_{12,9} - R_{12,9} \equiv (-1)^m 4 B_{3m+2} & (\bmod\, p), \end{cases}$$

XCV. — Sommes de puissances.

Désignons par a un positif entier, tel que $1 \leqq a \leqq p - 1$, où $p = 2m + 1$ est un nombre premier impair, puis désignons par $R_n(a)$ et $I_n(a)$ les sommes des $n^{\text{ièmes}}$ puissances des résidus respectivement des non-résidus de p qui se trouvent parmi les nombres

$$(1) \qquad 1, \ 2, \ 3, \ \ldots, \ a;$$

nous aurons évidemment

$$(2) \qquad R_n(a) + I_n(a) = S_n(a),$$

tandis que les congruences

$$a^m \equiv \pm 1 \quad (\bmod\, p),$$

selon que a est résidu ou non-résidu de p, donnent de plus

$$(3) \qquad R_n(a) - I_n(a) \equiv S_{n+m}(a) \quad (\bmod\, p);$$

c'est-à-dire que nous aurons

$$(4) \qquad \begin{cases} 2\,R_n(a) \equiv S_n(a) + S_{n+m}(a) & (\mathrm{mod}\,p), \\ 2\,I_n(a) \equiv S_n(a) - S_{n+m}(a) & (\mathrm{mod}\,p). \end{cases}$$

Étudions tout d'abord le cas $a = p - 1$; les formules (4) donnent immédiatement le théorème suivant qui est très connu :

I. *Soit p un nombre premier impair quelconque, nous aurons*

$$(5) \qquad R_n(p-1) \equiv I_n(p-1) \equiv 0 \quad (\mathrm{mod}\,p), \qquad \left(1 \leqq n \leqq \frac{p-3}{2}\right).$$

Appliquons maintenant la congruence (10) du paragraphe LXXXIX, nous aurons

$$2\,R_n(a) - 2\,I_n(a) \equiv 3\,S_{n+m}(a) - S_{n+3m}(a) \qquad (\mathrm{mod}\,p^2),$$

ce qui donnera, en vertu de (2),

$$(6) \qquad \begin{cases} 4\,R_n(a) \equiv 2\,S_n(a) + 3\,S_{n+m}(a) - S_{n+3m}(a) & (\mathrm{mod}\,p^2), \\ 4\,I_n(a) \equiv 2\,S_n(a) - 3\,S_{n+m}(a) + S_{n+3m}(a) & (\mathrm{mod}\,p^2). \end{cases}$$

de sorte que nous aurons cet autre théorème :

II. *Soit p un nombre premier de la forme $4m+1$, nous aurons*

$$(7) \qquad R_{2n+1}(p-1) \equiv I_{2n+1}(p-1) \equiv 0 \quad (\mathrm{mod}\,p^2), \qquad (1 \leqq n \leqq m-1).$$

Dans ce cas, nous appliquons la congruence (11) du paragraphe LXXXIX, ce qui donnera

$$8\,R_n(a) - 8\,I_n(a) \equiv 15\,S_{n+m}(a) - 10\,S_{n+3m}(a) + 3\,S_{n+5m}(a) \qquad (\mathrm{mod}\,p^3),$$

de sorte que nous aurons, en vertu de (2),

$$(8) \qquad \begin{cases} 16\,R_n(a) \equiv 3\,S_n(a) + 15\,S_{n+m}(a) - 10\,S_{n+3m}(a) + 3\,S_{n+5m}(a) \\ \qquad\qquad\qquad\qquad (\mathrm{mod}\,p^3), \end{cases}$$

$$(9) \qquad \begin{cases} 16\,I_n(a) \equiv 8\,S_n(a) - 15\,S_{n+m}(a) + 10\,S_{n+3m}(a) - 3\,S_{n+5m}(a) \\ \qquad\qquad\qquad\qquad (\mathrm{mod}\,p^3). \end{cases}$$

Cela posé, il est évident qu'il faut étudier séparément le cas particulier $n = 1$.

L'hypothèse $p = 4m + 1$ ne présente aucun intérêt, parce que nous avons évidemment

$$(10) \qquad R_1(p-1) \equiv I_1(p-1) \equiv \frac{p(p-1)}{4}.$$

Soit maintenant $p = 4m + 3$, les congruences (6) donneront

$$4\,R_1(p-1) \equiv -p + (-1)^m(3\,B_{m+1} + B_{3m+2})\,p \qquad (\operatorname{mod} p^2),$$

de sorte que nous aurons finalement, en vertu de la congruence (12) du paragraphe LXVII,

$$(11) \quad \begin{cases} \dfrac{4\,R_1(p-1)}{p} \equiv -1 + (-1)^m\,4\,B_{m+1} & (\operatorname{mod} p), \\[2mm] \dfrac{4\,I_1(p-1)}{p} \equiv -1 - (-1)^m\,4\,B_{m+1} & (\operatorname{mod} p); \end{cases}$$

ces résultats sont dus à M. Voronoï [1].

Étudions maintenant le cas général. Supposons tout d'abord

$$p = 4m + 3,$$

nous aurons, en vertu de (6),

$$(12) \qquad \frac{R_{2n}(p-1)}{p} \equiv \frac{I_{2n}(p-1)}{p} \equiv \frac{(-1)^{n-1}B_n}{2} \qquad (\operatorname{mod} p);$$

il est très curieux, ce me semble, que les seconds membres de ces congruences ne dépendent pas du nombre premier p.

Appliquons ensuite la congruence (11) du paragraphe LXVII, nous aurons de plus

$$(13) \quad \frac{R_{2n+1}(p-1)}{p} \equiv - \frac{I_{2n+1}(p-1)}{p} \equiv \frac{(-1)^{n+m}(8n+1)}{8n+2}\,B_{n+m} \qquad (\operatorname{mod} p).$$

Soit ensuite

$$p = 4m + 1,$$

le même procédé donnera

$$(14) \quad \begin{cases} \dfrac{R_{2n}(p-1)}{p} \equiv (-1)^{n-1}\left(\dfrac{B_n}{2} + \dfrac{(-1)^m\,2n}{4n-1}\,B_{n+m} \right) & (\operatorname{mod} p), \\[3mm] \dfrac{I_{2n}(p-1)}{p} \equiv (-1)^{n-1}\left(\dfrac{B_n}{2} - \dfrac{(-1)^m\,2n}{4n-1}\,B_{n+m} \right) & (\operatorname{mod} p). \end{cases}$$

---

[1] *Jahrbuch über die Fortschritte der Mathematik*, t. 30, 1899, p. 184.

Quant aux sommes $R_{2n+1}(p-1)$ et $I_{2n+1}(p-1)$, nous avons à appliquer les congruences (8) et (9), ce qui donnera, en vertu des formules

$$B_{n+2m} \equiv (-1)^m 2\, B_{n+m} - B_n \qquad (\mathrm{mod}\, 2),$$

$$(-1)^m B_{n+m} \equiv \frac{2n-1}{2n} B_n \qquad (\mathrm{mod}\, p),$$

tirées directement des congruences (9) et (11) du paragraphe LXVII,

$$(15) \quad \begin{cases} \dfrac{R_{2n+1}(p-1)}{p^2} \equiv (-1)^{n-1}\left(n+\dfrac{1}{2}\right)\left(\dfrac{B_n}{2} + \dfrac{(-1)^m 2n}{4n-1} B_{n+m}\right) & (\mathrm{mod}\, p), \\[3mm] \dfrac{I_{2n+1}(p-1)}{p^2} \equiv (-1)^{n-1}\left(n+\dfrac{1}{2}\right)\left(\dfrac{B_n}{2} - \dfrac{(-1)^m 2n}{4n-1} B_{n+m}\right) & (\mathrm{mod}\, p), \end{cases}$$

de sorte que nous aurons

$$(16) \quad \begin{cases} \dfrac{R_{2n+1}(p-1)}{p^2} \equiv \left(n+\dfrac{1}{2}\right)\dfrac{R_{2n}(p-1)}{p} & (\mathrm{mod}\, p), \\[3mm] \dfrac{I_{2n+1}(p-1)}{p^2} \equiv \left(n+\dfrac{1}{2}\right)\dfrac{I_{2n}(p-1)}{p} & (\mathrm{mod}\, p), \end{cases}$$

congruences qui sont précisément de la même forme que celle-ci

$$\frac{S_{2n+1}(p-1)}{p^2} \equiv \left(n+\frac{1}{2}\right)\frac{S_{2n}(p-1)}{p} \qquad (\mathrm{mod}\, p),$$

tirée directement des formules (7) du paragraphe LXXVI.

Appliquons les congruences (4), nous verrons que la formule (11) du paragraphe XCIII admet des applications immédiates sur les sommes $R_n(a)$ et $I_n(a)$. Or, les résultats généraux étant assez compliqués, nous nous bornerons à indiquer les formules les plus simples, tirées directement des congruences (4).

Soit p de la forme $4m+3$, nous aurons

$$(17) \quad \begin{cases} R_{2n}(2m+1) = -I_{2n}(2m+1) \equiv \dfrac{(-1)^{n+m+1} T_{n+m+1}}{2^{4n+3}} & (\mathrm{mod}\, p), \\[3mm] R_{2n+1}(2m+1) = I_{2n+1}(2m+1) \equiv \dfrac{(-1)^{n+1} T_{n+1}}{2^{4n+3}} & (\mathrm{mod}\, p), \end{cases}$$

de sorte que le second membre de la dernière de ces formules est indépendant du nombre premier p.

Soit maintenant p de la forme $4m+1$, nous aurons au contraire

$$(18) \qquad R_{2n}(2m) \equiv I_{2n}(2m) \equiv 0 \qquad (\mathrm{mod}\, p);$$

l'étude ultérieure de ces congruences, établie à l'aide des congruences (6), donnera des résultats assez compliqués.

Dans le cas $p = 4m + 1$, nous aurons de même

$$(19) \quad \begin{cases} R_{2n}(m) \equiv \dfrac{(-1)^n}{2^{4n+2}}(E_n + (-1)^m E_{n+m}) \quad (\bmod p), \\[2ex] I_{2n}(m) \equiv \dfrac{(-1)^n}{2^{4n+2}}(E_n - (-1)^m E_{n+m}) \quad (\bmod p). \end{cases}$$

Les formules que nous venons de développer montrent clairement qu'il existe une analogie très étendue entre les sommes de puissances $S_n(a)$ et les sommes $R_n(a)$ et $I_n(a)$.

Or, il est possible de pousser beaucoup plus loin l'analogie susdite, nous le verrons dans les paragraphes suivants.

XCVI. — Analogies des coefficients de factorielle.

Soient

$$(1) \qquad r_1, \; r_2, \; r_3, \; \ldots, \; r_m$$

l'ensemble des résidus quadratiques du nombre premier $p = 2m + 1$, les coefficients a_n du polynome entier du degré m

$$(2) \qquad \begin{aligned} f(x) &= (x + r_1)(x + r_2)\ldots(x + r_m) \\ &= x^m + a_1 x^{m-1} + \ldots + a_{m-1} x + a_m \end{aligned}$$

et les sommes

$$R_n(p-1) = r_1^n + r_2^n + \ldots + r_m^n,$$

que nous venons d'étudier, sont liés par les formules de Newton

$$(3) \qquad R_n(p-1) + \sum_{q=1}^{q=n-1} (-1)^q a_q R_{n-q}(p-1) + (-1)^n n a_n = 0,$$

où il faut supposer $2 \leqq n \leqq m$, tandis que nous aurons

$$(4) \qquad R_1(p-1) - a_1 = 0,$$

ce qui donnera le résultat connu

$$(5) \qquad a_n \equiv 0 \quad (\bmod p); \qquad (1 \leqq n \leqq m-1).$$

De plus, nous aurons, en vertu de (3) et (4),

$$(6) \qquad R_n(p-1) + (-1)^n n a_n \equiv 0 \pmod{p^2}, \qquad 1 \leq n \leq m.$$

Soit maintenant p de la forme $4m+3$, la première des congruences (1) du paragraphe précédent donnera

$$(7) \qquad a_1 \equiv -\frac{1}{4} + (-1)^m B_{m+1} \pmod{p},$$

tandis que nous aurons généralement, en vertu des formules (12) et (13) du paragraphe susdit,

$$(8) \quad \begin{cases} \dfrac{a_{2n}}{p} \equiv \dfrac{(-1)^n B_n}{4n} \pmod{p}, \\[2ex] \dfrac{a_{2n+1}}{p} \equiv \dfrac{(-1)^{n+m}(2n+1)}{(2n+1)(2n+2)} B_{n+m} \pmod{p}, \end{cases}$$

où il faut supposer $1 \leq n \leq 2m$, respectivement $1 \leq n \leq 2m-1$.

Soit ensuite p de la forme $4m+1$, nous aurons de même

$$(9) \quad \frac{a_{2n}}{p} \equiv (-1)^n \left(\frac{B_n}{4n} + \frac{(-1)^m B_{n+m}}{4n-1} \right) \pmod{p}, \qquad (1 \leq n \leq 2m-1),$$

tandis que les a_{2n+1} satisfont à la condition

$$(10) \qquad a_{2n+1} \equiv 0 \pmod{p^2}, \qquad (1 \leq n \leq 2n-1);$$

nous aurons dans ce cas, en vertu de (3),

$$R_{2n+1}(p-1) - a_1 R_{2n}(p-1) + a_{2n} R_1(p-1) + (2n+1) a_{2n+1} \equiv 0 \pmod{p^2},$$

ce qui donnera après un calcul simple

$$(11) \quad \frac{a_{2n+1}}{p^2} \equiv (-1)^{n-1} \left(n + \frac{1}{4} \right) \left(\frac{B_n}{4n} + \frac{(-1)^m B_{m+n}}{4n-1} \right) \pmod{p},$$

d'où, en vertu de (9),

$$(12) \qquad \frac{a_{2n+1}}{p^2} \equiv - \left(n + \frac{1}{4} \right) \frac{a_{2n}}{p} \pmod{p}.$$

Quant au coefficient a_1, il résulte, en vertu de (4),

$$(13) \qquad a_1 \equiv R_1(p-1) \equiv \frac{p(p-1)}{4}.$$

Revenons maintenant à la formule (3), puis posons $n = m$, il résulte

$$(14) \quad R_m(p-1) + (-1)^n m\, r_1 r_2 \ldots r_m \equiv 0 \quad (\bmod\, p^2), \quad (p = 2m+1);$$

appliquons ensuite les congruences

$$r_s^m \equiv 1 + p\, k(r_s) \quad (\bmod\, p^2), \quad (1 \leqq s \leqq m),$$

tirées directement des formules (4) et (5) du paragraphe LXXXIX, il résulte

$$R_m(p-1) \equiv p - 1 + p \sum_{s=1}^{s=m} k(r_s) \quad (\bmod\, p^2),$$

ce qui donnera le résultat bien connu

$$(15) \quad r_1 r_2 r_3 \ldots r_m \equiv (-1)^{m-1} \quad (\bmod\, p).$$

Posons ensuite

$$(16) \quad r_1 r_2 \ldots r_m \equiv (-1)^m (1 - p\, \Omega_p),$$

nous aurons, pour le nombre entier Ω_p,

$$(17) \quad \Omega_p \equiv \sum_{s=1}^{s=m} k(r_s) \quad (\bmod\, p).$$

Appliquons maintenant la congruence

$$4\, R_m(p-1) \equiv 2\, S_m(p-1) + 3\, S_{2m}(p-1) - S_{4m}(p-1) \quad (\bmod\, p^2),$$

tirée directement de la formule (6) du paragraphe XCV, et

$$1 - \frac{1}{p} \cdot B_{2m} \cdot (-1)^m 2\, B_m \quad (\bmod\, p)$$

obtenue de la formule générale (16) du paragraphe LXVII, en y posant $r = 2$, nous aurons, en vertu de (14) et (16),

$$(18) \quad \Omega_p \equiv \frac{(-1)^{m-1}}{2} B_m + \frac{1}{2p} - \frac{1}{2} + \frac{S_m(p-1)}{p} \quad (\bmod\, p).$$

Soit ensuite p de la forme $4m + 1$, nous aurons par conséquent

$$(19) \quad \Omega_p \equiv -\frac{1}{2} B_{2m} + \frac{1}{2p} - \frac{1}{2} + (-1)^{m-1} B_m \quad (\bmod\, p),$$

tandis que l'hypothèse $p = 4m + 3$ donnera

$$(20) \qquad \Omega_p \equiv \frac{1}{2} B_{2m+1} + \frac{1}{2p} - \frac{1}{2} \qquad (\bmod\ p).$$

En second lieu, soient

$$(21) \qquad i_1, \ i_2, \ i_3, \ \ldots, \ i_m,$$

l'ensemble des non-résidus du nombre premier $p = 2m + 1$, il est évident que les coefficients b_n du polynome entier du degré m

$$(22) \qquad \begin{aligned} \varphi(x) &= (x + i_1)(x + i_2)\ldots(x + i_m) \\ &= x^m + b_1 x^{m-1} + \ldots + b_{m-1} x + b_m. \end{aligned}$$

et les sommes

$$l_n(p - 1) = i_1^n + i_2^n + \ldots + i_m^n$$

sont liées par des formules analogues à (3). ce qui nous conduira à une suite de résultats parfaitement analogues aux précédents.

C'est pourquoi nous nous bornerons à l'étude du cas particulier

$$(23) \qquad l_m(p - 1) + (-1)^m\, m\, i_1 i_2 i_3 \ldots i_m \equiv 0 \qquad (\bmod\ p^2);$$

appliquons la congruence

$$2\, l_m(p - 1) \equiv -p + 1 - p \sum_{s=1}^{s=m} k(i_s) \qquad (\bmod\ p^2),$$

nous aurons le résultat bien connu

$$(24) \qquad i_1 i_2 i_3 \ldots i_m \equiv (-1)^m \qquad (\bmod\ p).$$

Posons maintenant

$$(25) \qquad i_1 i_2 i_3 \ldots i_m = (-1)^m (1 - p\,\Omega_p').$$

nous aurons par conséquent

$$(26) \qquad \Omega_p' \equiv \sum_{s=1}^{s=m} k(i_s).$$

et nous trouvons de même, pour $p = 4m + 1$,

$$(27) \qquad \Omega_p' \equiv -\frac{1}{2} B_{2m} + \frac{1}{2p} - \frac{1}{2} + (-1)^m B_m \qquad (\bmod\ p).$$

tandis que l'hypothèse $p = 4m + 3$ donnera

$$(28) \qquad \Omega'_p \equiv \frac{1}{2} B_{m+1} + \frac{1}{2p} - \frac{1}{2} \qquad (\operatorname{mod} p),$$

de sorte que nous aurons, dans ce cas,

$$(29) \qquad \Omega_p \equiv \Omega'_p \qquad (\operatorname{mod} p).$$

On voit que l'analogie des deux congruences (15) et (24) avec le théorème de Wilson est parfaite. On voit de plus que chacun des deux nombres entiers Ω_p et Ω'_p, que nous désignons comme quotients de Gauss, est très semblable au quotient de Wilson.

Multiplions les deux congruences susdites, nous avons une nouvelle démonstration du théorème de Wilson, de sorte que les formules (16) et (25) donnent, pour les quotients de Wilson et de Gauss,

$$(30) \qquad W_p \equiv \Omega_p + \Omega'_p \qquad (\operatorname{mod} p),$$

d'où, en vertu de (29),

$$(31) \qquad \Omega_p \equiv \Omega'_p \equiv \frac{1}{2} W_p \qquad (\operatorname{mod} p), \qquad (p = 4m + 3).$$

congruence qui est facile à démontrer directement.

On voit que la congruence (30) donnera de nouveau l'expression bien connue pour le quotient de Wilson.

XCVII. — Applications des polynomes symétriques.

Soit p un nombre premier de la forme $4m + 1$, la congruence évidente

$$a^{\frac{p-1}{2}} \equiv (p-a)^{\frac{p-1}{2}} \qquad (\operatorname{mod} p)$$

montre clairement que a et $p - a$ sont en même temps résidus ou non-résidus de p; c'est-à-dire qu'il est possible d'ordonner les résidus quadratiques

$$(1) \qquad r_1, \ r_2, \ r_3, \ \ldots, \ r_{2m},$$

de sorte que nous aurons toujours

$$(2) \qquad r_s + r_{m-s+1} = p, \qquad (1 \leqq s \leqq 2m).$$

Cela posé, il est évident que le polynome du degré $2m$

$$(3)\qquad f(x) = (x+r_1)(x+r_2)\ldots(x+r_{2m})$$
$$= x^{2m} + a_1 x^{2m-1} + \ldots + a_{2m-1}x + a_{2m}$$

satisfait à l'équation fonctionnelle

$$(4)\qquad f(-x-p) = f(x),$$

de sorte que nous aurons, en vertu des formules générales du paragraphe LXIX,

$$(5)\qquad [1-(-1)^n]a_n = \sum_{s=0}^{s=n-1}(-1)^s\binom{2m-s}{n-s}p^{n-s}a_s,$$

$$(6)\qquad 0 = \sum_{s=0}^{s=2n+1}(-1)^s\binom{2m-s}{2n-s+1}\left(\frac{p}{2}\right)^{2n-2s+1}a_s,$$

$$(7)\qquad (-1)^n[a_{2n+1}-p(m-n)a_{2n}] = \sum_{s=0}^{s=n-1}(-1)^s\binom{2m-2s-1}{2n-2s}p^{2n-2s+1}B_{n-s}a_{2s+1},$$

$$(8)\qquad (-1)^n a_{2n+1} = \sum_{s=0}^{s=n}(-1)^s\binom{2m-2s}{2n-2s+1}\left(\frac{p}{2}\right)^{2n-2s+1}T_{n-s+1}a_{2s}.$$

Posons ensuite pour abréger

$$(9)\qquad s_n = R_n(p-1) = r_1^n + r_2^n + \ldots + r_{2m}^n,$$

nous aurons de même

$$(10)\qquad [1-(-1)^n]s_n = \sum_{v=0}^{v=n-1}(-1)^v\binom{n}{v}p^{n-v}s_v,$$

$$(11)\qquad 0 = \sum_{v=0}^{v=2n+1}(-1)^v\binom{2n+1}{v}\left(\frac{p}{2}\right)^{2n-v+1}s_v,$$

$$(12)\qquad (-1)^n\left[s_{2n+1}-p\left(n+\frac{1}{2}\right)s_{2n}\right] = \sum_{v=0}^{v=n-1}(-1)^v\binom{2n+1}{2v+1}p^{2n-2v}B_{n-v}s_{2v+1},$$

$$(13)\qquad (-1)^n s_{2n+1} = \sum_{v=0}^{v=n}(-1)^v\binom{2n+1}{2v}\left(\frac{p}{2}\right)^{2n-2v+1}T_{n-s+1}s_{2v}.$$

Cela posé, il est évident que les congruences

$$(14)\qquad s_{2n} = R_{2n}(p-1) \equiv 0 \pmod{p}, \qquad (1 \leq n \leq m-1)$$

donnent tous les autres résultats trouvés dans les paragraphes XCV et XCVI, savoir, en premier lieu,

$$(15) \qquad R_{2n+1}(p-1) \equiv s_{2n+1} \equiv a_{2n+1} \equiv 0 \quad (\mathrm{mod}\, p^2), \qquad (1 \leqq n \leqq m-1).$$

De plus, nous aurons, en vertu de (7) et (12),

$$(16) \qquad \frac{a_{2n+1}}{p^2} \equiv -\left(n+\frac{1}{4}\right)\frac{a_{2n}}{p} \quad (\mathrm{mod}\, p), \qquad (1 \leqq n \leqq m-1),$$

$$(17) \qquad \frac{s_{2n+1}}{p^2} \equiv \left(n+\frac{1}{2}\right)\frac{s_{2n}}{p} \quad (\mathrm{mod}\, p), \qquad (1 \leqq n \leqq m-1),$$

savoir les congruences (12) du paragraphe XCVI et (16) du paragraphe XCV.

Soient ensuite

$$(18) \qquad i_1, \quad i_2, \quad i_3, \quad \ldots, \quad i_{2m}$$

l'ensemble des non-résidus de p, il est évident que le polynome

$$(19) \qquad \varphi(x) = (x+i_1)(x+i_2)\ldots(x+i_{2m})$$
$$= x^{2m} + b_1 x^{2m-1} + \ldots + b_{2m-1}x + b_{2m}$$

satisfait aussi à l'équation fonctionnelle (4). C'est-à-dire que nous pouvons remplacer, dans les formules (5), (6), (7), (8), les a_s par les b_s correspondants.

De plus, posons pour abréger

$$(19) \qquad s'_n = l_n(p-1) = i_1^n + i_2^n + \ldots + i_{2m}^n,$$

nous pouvons remplacer, dans les formules (10), (11), (13), les s_q par les s'_q correspondants.

Revenons maintenant aux formules (16) et (25) du paragraphe précédent, savoir

$$(20) \qquad \begin{cases} a_{2m} = -1 + p\,\Omega_p, \\ b_{2m} = 1 - p\,\Omega'_p, \end{cases}$$

le théorème I du paragraphe LXX donnera respectivement

$$(21) \qquad (r_1 r_2 r_3 \ldots r_m)^2 \equiv (-1)^{m-1} \quad (\mathrm{mod}\, p),$$
$$(22) \qquad (i_1 i_2 i_3 \ldots i_m)^2 \equiv (-1)^{m} \quad (\mathrm{mod}\, p).$$

Soit maintenant m un nombre impair, savoir $m = 2n+1$, ce qui donnera

$$p = 8n+5,$$

il résulte, en vertu de (21),

$$(23) \qquad r_1 r_2 r_3 \ldots r_{2n+1} \equiv \pm 1 \qquad (\mathrm{mod}\, p);$$

posons ensuite

$$(24) \qquad r_1 r_2 r_3 \ldots r_{2n+1} = (-1)^\delta + p\,\Omega_p^\circ,$$

le théorème II du paragraphe LXX donnera les congruences

$$(25) \qquad \Omega_p^\circ \equiv (-1)^\delta \left(\frac{1}{r_1} + \frac{1}{r_2} + \ldots + \frac{1}{r_{2n+1}} \right) - (-1)^\delta \Omega_p \qquad (\mathrm{mod}\, p).$$

Soit, au contraire, m un nombre pair, savoir, $m = 2n$, ce qui donnera

$$p = 8m + 1,$$

il résulte, en vertu de (22),

$$(26) \qquad i_1 i_2 i_3 \ldots i_{2n} \equiv \pm 1 \qquad (\mathrm{mod}\, p);$$

posons ensuite

$$(27) \qquad i_1 i_2 i_3 \ldots i_{2n} = (-1)^\epsilon + p\,\Omega_p^{\circ\circ},$$

nous aurons par conséquent

$$(28) \qquad 2\,\Omega_p^{\circ\circ} \equiv (-1)^\epsilon \left(\frac{1}{i_1} + \frac{1}{i_2} + \ldots + \frac{1}{i_{2m}} \right) + (-1)^\epsilon \Omega_p'.$$

XCVIII. — Des nombres premiers de la forme $4m + 3$.

Quant au nombre premier $p = 4m + 3$, la congruence évidente

$$a^{2m+1} \equiv - (p - a)^{2m+1} \qquad (\mathrm{mod}\, p)$$

montre qu'il est possible d'ordonner les résidus quadratiques et les non-résidus de p

$$(1) \qquad \begin{cases} r_1, & r_2, & r_3, & \ldots, & r_{2m+1}, \\ i_1, & i_2, & i_3, & \ldots, & i_{2m+1}, \end{cases}$$

de sorte que nous aurons toujours

$$(2) \qquad r_s + i_{2m-s+2} = p, \qquad (1 \leqq s \leqq 2m + 1);$$

c'est-à-dire que les deux polynomes du degré $2m+1$:

$$(3) \qquad f(x) = (x+r_1)(x+r_2)\ldots(x+r_{2m+1})$$
$$= x^{2m+1} + a_1 x^{2m} + \ldots + a_{2m}x + a_{2m+1},$$

$$(4) \qquad \varphi(x) = (x+i_1)(x+i_2)\ldots(x+i_{2m+1})$$
$$= x^{2m+1} + b_1 x^{2m} + \ldots + b_{2m}x + b_{2m+1},$$

sont liés par la relation

$$(5) \qquad f(-x-p) = -\varphi(x).$$

Dans ce cas nous aurons

$$(6) \qquad a_{2m+1} = r_1 r_2 r_3 \ldots r_{2m+1} = 1 - p\,\Omega_p,$$
$$(7) \qquad b_{2m+1} = i_1 i_2 i_3 \ldots i_{2m+1} = -1 + p\,\Omega_p.$$

Soient maintenant

$$(8) \qquad \begin{cases} r_1, & r_2, & r_3, & \ldots & r_\mu, \\ i_1, & i_2, & i_3, & \ldots & i_\nu \end{cases}$$

les ensembles des résidus, respectivement des non-résidus de p, égaux à $2m+1$ au plus, savoir

$$\mu + \nu = 2m + 1,$$

les résidus, respectivement les non-résidus plus grands que $2m+1$ deviennent

$$(9) \qquad \begin{cases} p-i_1, & p-i_2, & \ldots, & p-i_\nu, \\ p-r_1, & p-r_2, & \ldots, & p-r_\mu. \end{cases}$$

Cela posé, la formule (6) se présente sous cette autre forme

$$r_1 r_2 \ldots r_\mu (p-i_1)(p-i_2)\ldots(p-i_\nu) = 1 - p\,\Omega_p$$

ou, ce qui est la même chose,

$$(10) \quad (-1)^\nu \frac{p-1}{2}! - (-1)^\nu \frac{p-1}{2}!\left(\frac{1}{i_1} + \frac{1}{i_2} + \ldots + \frac{1}{i_\nu}\right)p + p\,K^2 = 1 - p\,\Omega_p,$$

où K est un nombre entier; c'est-à-dire que nous aurons la proposition due à Dirichlet (¹), relativement à la congruence de Lagrange :

I. *Soit p un nombre premier de la forme $4m + 3$, nous aurons*

$$(11) \qquad \frac{p-1}{2}! \equiv (-1)^\nu \qquad (\bmod\, p),$$

où ν est le nombre des non-résidus de p, égaux à $\frac{p-1}{2}$ au plus.

Posons ensuite, conformément à la formule (20) du paragraphe LXXX,

$$(12) \qquad \frac{p-1}{2}! \equiv (-1)^\nu + p\,W'_p,$$

où W'_p est un nombre entier, il résulte, en vertu de (10),

$$(13) \qquad W'_p = (-1)^\nu \left(\frac{1}{i_1} + \frac{1}{i_2} + \ldots + \frac{1}{i_\nu} \right) = (-1)^\nu \Omega_p.$$

Appliquons ensuite la formule (7), écrite sous la forme

$$i_1 i_2 \ldots i_\nu (p - r_1)(p - r_2) \ldots (p - r_\mu) = -1 + p\,\Omega'_p,$$

nous aurons de même

$$(14) \qquad W'_p = (-1)^\nu \left(\frac{1}{r_1} + \frac{1}{r_2} + \ldots + \frac{1}{r_\mu} \right) = (-1)^\nu \Omega'_p.$$

Or, nous aurons

$$\frac{b_{2m}}{b_{2m+1}} = \frac{1}{i_1} + \frac{1}{i_2} + \ldots + \frac{1}{i_{2m+1}} \equiv 0 \qquad (\bmod\, p)$$

ou, ce qui est la même chose,

$$\frac{1}{i_1} + \frac{1}{i_2} + \ldots + \frac{1}{i_\nu} + \frac{1}{p - r_1} + \frac{1}{p - r_2} + \ldots + \frac{1}{p - r_\mu} \equiv 0 \qquad (\bmod\, p),$$

(¹) *Journal de Crelle*, t. 3, 1828, p. 407-408; *Œuvres*, t. I, p. 107-108 (Berlin, 1889).

ce qui donnera

$$\frac{1}{i_1} + \frac{1}{i_2} + \ldots + \frac{1}{i_\nu} \equiv \frac{1}{r_1} + \frac{1}{r_2} + \ldots + \frac{1}{r_\mu} \qquad (\bmod\, p).$$

Cela posé, il résulte, en vertu de (13) et (14),

$$(15) \qquad\qquad \Omega_p \equiv \Omega'_n \qquad (\bmod\, p),$$

de sorte que nous venons de donner une démonstration nouvelle de cette congruence, établie dans nos recherches générales sur les coefficients a_n et b_n et sur les sommes de puissances des résidus, respectivement des non-résidus d'un nombre premier quelconque.

FIN.

TABLE DES MATIÈRES.

CHAPITRE V.

LES POLYNOMES SYMÉTRIQUES

CHAPITRE VI.

LES SUITES RÉGULIÈRES.

CHAPITRE VII.

LES FONCTIONS $B_a(px)$ et $E_a(px)$.

CHAPITRE VIII.

MÉTHODE DE JACQUES BERNOULLI.

CHAPITRE IX.

FORMULES INCOMPLÈTES DE PREMIÈRE ESPÈCE.

CHAPITRE X.

FORMULES INCOMPLÈTES DE SECONDE ESPÈCE.

CHAPITRE XI.

D'AUTRES FORMULES INCOMPLÈTES.

CHAPITRE XII.

EXPRESSIONS EXPLICITES.

CHAPITRE XIII.

DE LA NATURE DES NOMBRES DE BERNOULLI.

CHAPITRE XIV.

LES CONGRUENCES DE KUMMER.

CHAPITRE XV.

APPLICATIONS DES POLYNOMES SYMÉTRIQUES.

CHAPITRE XVI.

LES SOMMES DES PUISSANCES.

CHAPITRE XVII.

LES COEFFICIENTS DE FACTORIELLE.

CHAPITRE XVIII.

LES FORMULES RÉCURSIVES DES B_n.

CHAPITRE XIX.

DES QUOTIENTS DE FERMAT.

CHAPITRE XX.

DES RÉSIDUS QUADRATIQUES.

FIN DE LA TABLE DES MATIÈRES.

PARIS. — IMPRIMERIE GAUTHIER-VILLARS ET Cⁱᵉ,

6477   55, quai des Grands-Augustins.